奥地利林茨的咖啡馆

秩序的本质
建造的艺术与宇宙的本质

THE NATURE OF ORDER
An Essay on the Art of Building and the Nature of the Universe

第一卷

生命的现象

BOOK ONE
THE PHENOMENON OF LIFE

［美］克里斯托弗·亚历山大 著

颜 培 张琳捷 杨思然 等译
杨豪中 审校

中国建筑工业出版社

著作权合同登记图字：01-2023-6288 号

图书在版编目（CIP）数据

生命的现象 /（美）克里斯托弗·亚历山大著；颜培等译 . -- 北京：中国建筑工业出版社，2024.7
（秩序的本质：建造的艺术与宇宙的本质；第一卷）
书名原文：BOOK ONE THE PHENOMENON OF LIFE
ISBN 978-7-112-29520-3

Ⅰ.①生… Ⅱ.①克…②颜… Ⅲ.①建筑学—研究 Ⅳ.① TU-0

中国国家版本馆 CIP 数据核字 (2023) 第 253753 号

THE NATURE OF ORDER An Essay on the Art of Building and the Nature of the Universe
BOOK ONE THE PHENOMENON OF LIFE
Copyright© 2002 CHRISTOPHER ALEXANDER for books1 and 2
Copyright© 2005 CHRISTOPHER ALEXANDER for books 3
Copyright© 2003 CHRISTOPHER ALEXANDER for book 4

All rights reserved. No part of this book may be reproduced in any form or by any means, electronic or mechanical, including photocopying, recording, or by any information storage and retrieval system, without permission in writing from the publisher.
Reprinted in Chinese by China Architecture & Building Press(CABP).

Translation copyright© 2024 China Architecture & Building Press
本书经美国环境结构中心授权我社翻译出版

责任编辑：石枫华　率　琦　戚琳琳
责任校对：王　烨

秩序的本质
建造的艺术与宇宙的本质
THE NATURE OF ORDER
An Essay on the Art of Building and the Nature of the Universe

第一卷　生命的现象
BOOK ONE THE PHENOMENON OF LIFE
[美] 克里斯托弗·亚历山大　著
颜　培　张琳捷　杨思然 等 译
杨豪中　审校
*
中国建筑工业出版社出版、发行（北京海淀三里河路9号）
各地新华书店、建筑书店经销
北京点击世代文化传媒有限公司制版
临西县阅读时光印刷有限公司印刷
*
开本：850 毫米 ×1168 毫米　1/16　印张：30¾　字数：650 千字
2025 年 3 月第一版　2025 年 3 月第一次印刷
定价：**398.00 元**
ISBN 978-7-112-29520-3
（42266）

版权所有　翻印必究
如有内容及印装质量问题，请与本社读者服务中心联系
电话：（010）58337283　QQ：2885381756
（地址：北京海淀三里河路 9 号中国建筑工业出版社 604 室　邮政编码：100037）

翻译委员会

主 任 委 员　王树声

副主任委员　杨豪中

译委会成员　王树声　杨豪中　吴　宇　颜　培　张琳捷
　　　　　　　杨思然　张　颖　宋　霖　鲁　旭　达　芸
　　　　　　　周晓娇　潘有金　张　沛　魏　燕　王　芳
　　　　　　　赵成芳　李效愚　董　清　王　涛　刘　婷
　　　　　　　李小龙　范晓鹏　高　元　严少飞　徐玉倩
　　　　　　　朱　玲　李欣鹏　来嘉隆　王　凯

我要将这四卷书献给我的家人：

献给我多年前去世的亲爱的母亲；

献给一直帮助我、激励我的亲爱的父亲；

献给我亲爱的莉莉和索菲；

还有将她们带给我，并与我分享天伦之乐的亲爱的妻子帕梅拉。

这四卷书总结了我在人生的第六十三年对这个世界的理解。

译者序

建筑，作为人类文明的结晶，是承载我们生活、情感与梦想的物质空间载体，肩负着汇通物质世界与生命本质的崇高使命。然而，随着工业化和快速城镇化的加速，现代社会中建筑逐渐偏离，甚至失去了与自然秩序及人类本质的联系。城市与人类变得疏离，建筑的本质与意义被削弱，归属感与和谐感也日渐衰落，原本应该具备的情感深度和生命力被忽视了。在这一背景下，如何重新找回建筑与生命之间的深层联系，创造出充满生命力与和谐美感的建筑，成为当代建筑学无法回避的核心命题。

吴良镛先生对这一问题十分关注。我在清华大学跟随先生学习时，就曾亲耳聆听了先生对这一问题的深刻阐释。他倡导人居环境规划建设要关注人，回归人本，重视人文，唤回人类数千年来人居空间与生俱来的生命意义和基于生命价值的空间营造规律。当时，吴先生专门提到美国学者克里斯托弗·亚历山大教授的学术思想，谈及他赴美讲学时，亚历山大教授邀请他到家里畅谈东西方建筑思想，关注建筑生命意义的场景，并赠送了四卷本的"秩序的本质：建造的艺术与宇宙的本质"。在我结束清华大学的学习时，吴先生一再嘱咐我，希望我回西安后能组织翻译这四卷凝聚了亚历山大教授毕生心血的著作，这将对我国城乡人居环境的建设与发展大有裨益。

回西安后，我一边带领团队紧张开展《中国城市人居环境历史图典》的研究工作，一边筹建新的团队着手"秩序的本质：建造的艺术与宇宙的本质"四卷书的翻译工作。《中国城市人居环境历史图典》出版后，翻译工作有了更大的进展。

这部四卷本著作从揭示生命现象的本质到探索创造生命的过程，再到描绘生命世界的愿景，最后回归生命的终极本源——通过层层深入的结构逻辑，阐明了如何通过建筑实现人与自然的深度统一，以及如何在建造中唤醒人类与世界的本真联系。

《第一卷　生命的现象》以理论为起点，揭示了"生命"是一种能够被感知、测量并创造的真实存在。建筑的美和生命皆因其作为一个整体，通过具有尺度层级、强中心感知体、边界、交替重复、积极空间、优美的形状、局部对称、深度连锁与模糊、对比、渐变、粗糙、呼应、虚空、简约和内在宁静、不可分割这15种属性的中心感知体的嵌套和关联而构成。亚历山大教授指出，当代建筑领域的混乱与困境，根源就在于对建筑生命本质的忽视。本卷提出了一种结合科学、哲学与艺术，基于人类感知重新理解建筑的美与生命的科学观测方法，为创造和谐、具有生命的建筑环境提供支撑。

《第二卷 创造生命的过程》从动态生成的角度切入，提出了一种以"生命过程"为核心的全新建筑与规划方法。亚历山大教授指出，现代社会因机械化的设计流程和僵化的制度，阻碍了建筑的生命在创作过程中的自然展开。他强调，建筑生命的创造是一个兼顾整体与局部的渐进过程，通过"15种结构保持转换"逐步实现。过程的每一步决策都基于环境和现有结构，每一步都有助于提升整体的深层秩序并赋予其独特性，每一步都在去除冗余、强化必要，最终形成具有复杂性与整体性、能够激发人类深层感受的生命结构。这种生命过程不仅为现代建筑设计提供了方法论支持，而且对当前机械僵化的设计模式提出了深刻反思。

《第三卷 生命世界的愿景》聚焦实践层面，描绘了一幅基于"生命过程"的设计愿景。通过大量实际案例，本卷探索和实践了一种有机的、强调建筑与环境依存关系的设计方法，并探讨了如何运用新方法构建充满归属感、和谐美感和独特性的建筑环境。亚历山大教授用细腻的笔触向读者展示，无论是城市公共空间的规划还是建筑细节的设计，生命过程都能在建筑、使用者与环境之间持续反馈与调适，从而实现共生关系。这一方法不仅能满足使用者深层次的情感需求，还能赋予建筑作为艺术品的永恒价值，使其成为能够与世界和谐共存的杰作。

《第四卷 生命之光的根基》将视角提升到哲学和艺术的高度，回归生命结构的本源，探讨了"自我"作为万物生命之光的深层意涵。通过对古代艺术与建筑的剖析，亚历山大教授揭示了它们的伟大之处均源于对最深层自我的真实表达。他提出了一种忠于自我的秩序创造方法，以实现物质与自我的深层链接。这种方法以整体展开结构为引导，尊重自然的秩序与动态的生成过程，逐步强化自我与物质的关联，从而创造出超越机械化、能够滋养人类心灵的深刻之作。

全四卷紧密相连，环环相扣，为我们提供了一种全新的理解建筑、自然与人类关系的视角——从生命的本质出发，以自然为师，通过动态生成的过程，将建筑的秩序与生命重新带回人类的生活场景。亚历山大教授的洞察力和实践精神，将为每一位读者带来新的启发，让我们重新认识建筑的意义——建筑不仅是生活的载体，更是生命的延续。

这四卷不仅是一部建筑学的理论巨著，更是一部融合哲学、科学与艺术的跨学科的学术经典。亚历山大教授的理论不仅为建筑设计提供了深刻的指导，更为我们思考人与自然、人与环境的和谐共存提供了重要启示。通过全四卷的阅读，或许我们能够重新认识建筑与生命的关系，重新定义建筑的意义。在生命与秩序的指引下，我们将不再止步于形式化的美学追求，而是深入探索如何创造出真正能够滋养人类内心的空间，让我们重新在建筑中发现生命的光辉，在生活中拥抱

译者序

自然的秩序,并在人与世界的深层统一中找到真正的宁静与满足。

四卷书的翻译团队主要汇集了西安建筑科技大学中国城乡建设与文化传承研究院、建筑学院和文学院外语系教师。翻译团队秉持着对原著的尊重,相互学习,相互切磋,试图理解亚历山大教授的学术思想。这既是一场与亚历山大教授的隔空对话,又是努力完成吴先生嘱托的一场学术考验,每一步都充满敬畏与慎重,唯恐辜负先生的这份重托。经过章节试译、组内研讨、专家审校等多轮次讨论,第一卷最终于2021年年底成稿,特别邀请杨豪中教授最终审校。杨豪中教授在外国建筑史研究领域成就显著,对东西方建筑文化有着深刻的理解和把握,为全书翻译付出了大量心血。第一卷出版之前,特邀请西安外国语大学专家对全书再次把关。全书翻译过程中颜培、吴宇两位老师统筹协调,保障了翻译组工作的顺利开展。在此,特向为本书翻译、出版付出心力的所有人员致以诚挚的谢意,感谢中国建筑出版传媒有限公司的石枫华、率琦和戚琳琳三位编辑所给予的大力支持。

全书翻译过程中我们不断学习亚历山大教授的学术思想,不断体悟吴良镛先生人居科学的真谛,不断感悟中西学人的学术理想与共同追求。在出版之际,不由想起吴先生常常引用的前人之言"中西之学,盛则俱盛,衰则俱衰。风气即开,互相推动。且居今日之世,讲究今日之学,未有西学不兴而中学能兴者,亦未有中学不兴而西学能兴者"。站在新时代,我们应增强文化自信,融贯中西,博采众长,吐故纳新,守正创新,不断开创学术新风气,迎接中国建筑和城市文化的伟大复兴!

王树声
2022年10月7日

中文版序

克里斯托弗·亚历山大的"秩序的本质：建造的艺术与宇宙的本质"四卷本著作，是其27年的研究与一生深刻的原创思想结晶。

亚历山大提出了一种新的建筑、物质和组织理论，吸引了全世界成千上万的读者和实践追随者。他对传统建造方式所蕴含的基本真理的把握，对赋予城镇和建筑生命、美以及真正功能的理解，都是在揭示所有现象的秩序特征这一背景下提出的。同时，书中的数百个案例都是用来展示这一理论是如何应用的。

这四卷书将21世纪的建筑作为一个领域，一种职业、实践和社会哲学进行了重新定义。每卷都涉及该学科的一个方面。这种世界观为建筑提供了一个新的基础，描述了规划、设计和建造的过程，以及对风格和建筑形态、城市化模式和建筑形式的态度。这是一种看待世界的全新方式。正如一位作家所表达的那样，"这些书为构建并过渡到一个根植于人类本性的新型社会提供了语言"。

四卷中的每一卷都是以生命结构为主题的文章，是相互联系、相互依存的。每一卷都揭示了生命结构的一个方面：第一卷，定义；第二卷，生命结构的生成过程；第三卷，以"生命结构"的概念为引导的建筑实践观；第四卷，"生命结构"这一概念构建的宇宙学基础及其带来的启示。

四卷书提出了一种以人为中心的宇宙观、一种秩序观。在这种秩序观中，灵魂，或人类的感受与灵魂一起发挥着核心作用。在这里，实验并非仅在抽象的笛卡儿模式下具有可行性。它是一种新的实验，以人类的感受作为测量方式，并向我们明确地展示出存在于人类内心的某种事物才是建筑的基础。四卷书中展示和讨论的这个"事物"，究竟被视为一种新的物质基础，还是过去所谓的"灵魂"，这都要由读者来决定。

总的来说，这四卷书对事物的本质提出了一个全新的概念，既是客观的、具有结构性的（因此它属于科学），又是个人的（因为它展示了事物如何以及为何具有触动人心的力量）。在4个世纪形成的科学思想中，几何结构和它所创造的感受两个领域被分开了，但是通过对事物本质这两个方面的认知，它们终于又走到了一起。

这四卷书可以分卷阅读,也可以按任意顺序阅读。然而,正是由于它们是一个整体,才产生了最大的影响。每卷书都从不同角度全面探讨了宇宙的连贯特性,并最终使我们与之融为一体。

这些概念远远超出了建筑领域。许多领域的学者和从业者正在发现这些思想与他们自己的研究和实践领域的相关性,例如,物理学、生物学、哲学、宇宙学、人类学、计算机科学、宗教学,等等。

在这里,欢迎中国读者阅读"秩序的本质:建造的艺术与宇宙的本质"四卷本著作的中译本。我们希望克里斯托弗·亚历山大的观点能够激励你们去创造充满生命和美的环境,让人们与社区得以在这个环境中充满生命力,让我们的世界得以修复。再次欢迎"秩序的本质:建造的艺术与宇宙的本质"四卷本著作的新读者们,希望你们能够通过"Building Beauty"计划延续亚历山大的思想。

克里斯托弗·亚历山大的夫人、
美国环境结构中心总裁

(玛吉·穆尔·亚历山大)

总　序

我们称之为建造的这样一种活动，持续不断、永无止境、日复一日地创造了世界的物质秩序。5000年来，人类建造了数不胜数的成果，建造了成千上万的建筑、住宅、道路和城市，乃至于整个世界。我们的世界已经被我们创造出的秩序所主导。

尽管在世界上创造了大量的秩序，但人们还不明白"秩序"的真正含义。目前，我们对"秩序"概念的理解是模糊的，尽管这个词被艺术家、生物学家、物理学家不经意地使用，通常用来描述某种难以定义的深层规律，但人们需要更好地理解秩序深刻的几何特质。尽管一直以来人类不停地建造世界、生成秩序，但不得不承认，人们始终没有理解秩序的真正含义。因此，人们仍会不知所谓、不明所以、不知其意地持续生成"秩序"。

我们可以借鉴物理科学和生物科学中的一些研究来理解秩序现象及其生成过程。在过去的70年中，人们已经研究了通过形态建成过程创造生物和物质，在宇宙大爆炸中生成星系，粒子间互相作用生成新粒子。通过这些有限的案例，我们对"秩序—生成"（order-creating）有了基本认知，这些认知对人类理解世界至关重要。可以说现代人类的宇宙观建立在我们对物理、化学、生物科学中"秩序—生成"过程的认知之上。

迄今为止，同其他科学相比，建造艺术还未对我们认识宇宙的本质产生影响。

迄今为止，宇宙的现代图景、空间和物质的构成尚未被建筑所影响。但是需要强调的是，建造也是创造秩序的过程，其重要性完全可以与生物科学和物理科学中的秩序创造相提并论，而且建造的规模宏大且范围广阔，普遍存在于人类的体验之中。因此可以认为，建造艺术会带来同等重要的深远影响。

接下来，我将全力阐释一种理解秩序的方法，它具有普适性并能够合理地阐释建造和建筑的本质。我希望这足以阐明美和建筑生命的直觉。它告诉我们怎样成为一幢伟大的建筑，什么时候建筑能恰当地发挥作用。我确信，这是一种符合常理的、有说服力的并被实践所印证的见解。

如果你认同我的观点，那么将会得到一

个出乎意料的真知灼见。这一观点将会修正人们对物理世界及其组织方式的认知。因此，尽管这一观点始于对建筑的认知，但最终可能影响我们对生物、物理科学的认知。当我们从秩序这一出发点理解建造艺术时，将会发现它不但会改变我们对建造过程的认知，而且有可能改变人们的宇宙观。

我起初并不打算像哲学家那样写一本哲学著作或是探究事物的本源，这并非我的研究领域。我只关心一个问题：如何创造美的建筑。但我仅对"真实"的美有兴趣，而对同时代建筑师们所设计的华而不实的建筑毫无兴趣。在诸多案例中，他们放弃创造真正的美，甚至间接地放弃本可达到的理想。这可能也不难理解。对我们而言，建造美的建筑非常困难，但在12世纪或15世纪的欧洲，又或在人类历史上几乎所有时代的数百种其他文明中，这样美的建筑却十分常见。无论是在20世纪末还是即将到来的21世纪，对于我们而言这都尤为困难。出于某种我在35年前也未完全明晰的原因，这对我们来说异常困难，以至于建筑师们几乎放弃，但我不愿意放弃。我无法忍受退而求其次，无法接受20世纪某些建筑师给公众强行灌输的所谓"好建筑"的愚蠢观念。我希望做一些真正的事情，因此必须明白何为真正的事情。这并非源于求知欲，而仅源于一个实际原因——我希望自己能身体力行地去做这件事。

思考这些问题非常艰难。我用35年的时间思考如何走出原本的知识框架。我相信当今每一位建筑师都会感到这种知识的混沌。平心而论，我是一位经验主义者，认真思索事物并希望其具有意义。我一次又一次地发现，正是现代思维的模式，以及我们看待世界的方式，使我们很难甚至无法在建造中把握事物的本质。

过去一些简单直白的想法，例如，灵魂的存在、石块中生命的存在，在我们现在看来都无法接受。我发现自己在研究过程中同样很难接受某些理论概念。但如果立志创造美的事物，我们就必须面对它。正是这个缘由一直鼓励着我，促使我一次又一次地回到诸多基本问题上去，思索物质的本质、经验主义的本质，尤其是那些承袭于笛卡儿理论的传统本质。

作为在剑桥大学圣三一学院进行过数学培训的科学家，我发现自己提出的一些假说很难被接受，有时甚至感觉背叛了过去所受的科学教育。因为我意识到这些新规律似乎难以成立，很多时候还难以清晰地陈述和思考。基于经验主义的传统以及在剑桥大学获得的思维方式，我有时会羞于表达这些观点。但是，实际情况比我的谨小慎微更为紧迫重要。我发现通过提出认知空间和物质本质的（通常是令人惊讶的）一些新概念，可以构建一个连贯的秩序观、一个诚实面对美的本质的秩序观。最终，正是对经验真理的尊重打消了疑虑，并给予我制订新概念的力量，对20世纪的经验主义者而言，这些新概念是存疑的，或许有些荒谬。

即使是现在，当我翻阅四卷书中所阐释的理论时，也难以相信这是真实的。它展现出一种令人惊讶的宇宙观，就如同科幻小说一般，与我们目前对物理现实的常识性思维方式相去甚远。但是数日之后当我再次思考这些问题时，却发现无论这些观点有多么奇怪，也无法否定其真实性。似乎没有（至少我还没有发现）其他观点能够整体地、正确地解释如此重要的问题。

持怀疑态度的读者同样会感受到我对这些推论的疑虑，部分推论的确很难理解。正是出于这个原因，为了说服持怀疑态度的读者，我表达出自己对本研究的疑虑；我承认自己像最为质疑的读者一样谨小慎微，甚至比他们更为强烈。但最终，我十分确信我在此处所阐述内容的真实性。

孩提时代，我对圣女特蕾莎（Teresa）印象颇深，她是16世纪西班牙加尔默罗修会（Carmelite）的修女。历史告诉我们，她的封圣不是因为她坚定地信仰上帝，而是因为她心存疑虑。大多数时间她并不信仰上帝，从未打消疑虑或放弃抗争。她与自己的信仰抗争，并且在怀疑和不信之中偶然发现了可以让她确信的瞬间。为此，她被封为圣女。

我一直很认同圣女特蕾莎。她的困惑和真诚似乎对我们这个时代的人而言非常典型。很多时候，我也想知道自己在书中阐明的理论是否真的正确，或者它们仅仅是我编造的荒诞小说。但在一些头脑清醒的时刻，我很清楚地认识到它们一定是正确的，因为除此之外没有其他解释可以涵盖所有事实并同样令人信服。但在另一个瞬间，我又开始怀疑了。因为对于像我这样根深蒂固的经验主义者而言，要相信自己文字中形而上学的部分，以及关于物质和空间本质的分析，其实非常困难。

几年前，我受邀参加一个与自己作品相关的电影首映式。一开始我并不愿意去，因为那是个周末，我想和家人在一起。可是最终，我们一家人[帕梅拉（Pamela）、莉莉（Lily）、索菲（Sophie）和我]决定一起去。电影在旧金山的电影节上放映，地点位于教会区的一个老影院，片长半小时。当灯光再次亮起时，我站了起来，上台回答大家的提问。

令我惊讶的是人们开始欢呼。我十分感动，但说实话，我不太明白大家为何如此喜欢这部电影。当然，我自己非常喜欢，不过大家的反应还是令人不解。

我走上台的过程中，人们一直欢呼鼓掌。当我到达舞台中央时，灯光变得非常明亮。人们开始提问，起初我的回答并不尽如人意，可能是因为灯光太亮了。这个环节就这样持续了几分钟。

有人问我，你是如何想到"模式语言"（pattern language）这一概念的？你是如何寻找到本质的？

我说："其实这与其他科学相比也没有什么特别之处。我和我的同事们一起观察，找到起作用的因素，研究它，尝试凝炼本质，然后将它写出来。"

"但是，"我继续说："我们确实做了一件不一样的事情。一开始我们就假设，万物都是基于人类感受的真实本质——这正是不寻常之处——人类的感受大致相同，不同人的感受大致相同，每个人的感受也大致相同。当然其中还存在部分感受因人而异，每个人都有自己独有的气质和个体特性，这是讨论和比较感受时最为关注的部分。但感受的特性部分实际只占10%，90%的感受都是相同的，我们都会产生相同的感受。因此，从一开始提出模式语言时，我们关注的其实是人的体验和感受中相同的那部分。这就是模式语言——记录了人类内在感受中相同的那90%。"

我说这些话时一阵声浪响起，观众再次尖叫鼓掌，起立欢呼。这时候我才恍然大悟，为什么人们在我起立后开始鼓掌,因为他们在我这里听到了一个声音,这个声音诉说了那些被遗忘的、深藏于混乱观点和个体差异中的共通感受。人们发现并为之感动的,是我们对那片浩大的真实海洋的尊重,即人类感受中共通的 90% 的部分。然而事实上,这个巨大的基础、这片浩大的海洋已经被遗忘——或许在我的工作中再次唤醒——正是这一切,引导人们去看那部电影;正是这一切,让人们起立欢呼。

从根本上讲,这四卷书关乎人们共有的那 90% 的共通感受,关乎一个更为现实的世界观和宇宙观的出现,也只有我们承认人类每个个体大都相同时,它才能真正出现。

或许我应该用几句话简要地阐释自己的观点,说明为何以"秩序的本质:建造的艺术与宇宙的本质"为四卷书命名。在阐述建筑观以及如何构建连贯建筑的过程中,我提出了具备两个特征的模型,它们能够证明四卷书的确关乎宇宙本质。

第一个特征是,所有的空间和物质,无论有机或无机,都具有一定程度的生命强度(the degree of life)。而且,物质或空间所具有生命强度的多寡都取决于其自身的结构和布局(structure and arrangement),这一点在《第一卷 生命的现象》中进行了探讨。第二个特征是,所有的物质或空间都具有一定程度的自我度(the degree of "self")。这种自我度——或者个体的某个方面——对所有物质或空间会产生全面的影响。但是,所有我们熟悉的物质现在都被认为是机械的。这是《第四卷 生命之光的根基》所探讨的内容。

在未来,如果两个特征中的任何一个能被大众所接受,都会彻底地改变人们的宇宙观。事实上,人们可能会说,我们在过去 400 年中所认识的宇宙,乃至近几十年被讨论的振奋人心、精彩纷呈的物理科学和宇宙科学,都必须被一种完全不同的、更个体化的物质观所替代。

目　录

译者序 ·· vii

中文版序 ··· xi

总　序 ·· xiii

前　言 ·· 1

第一部分

第1章　生命的现象 ·· 23

第2章　生命强度 ··· 59

第3章　整体和中心感知体理论 ·· 75

第4章　生命如何源于整体性 ··· 105

第5章　15种基本属性 ·· 139

第6章　自然界的15种属性 ··· 239

第二部分

第7章　个性的秩序本质 ··· 295

第8章　自我镜像 ··· 309

第9章　超越笛卡儿：科学观察的新模式 ························· 347

第10章　生命结构对人类生命的影响 ······························ 367

第11章　空间的觉醒：建筑的作用原理 ··························· 399

结　语 ·· 437

附　录　整体性与生命结构中的数学 ······························ 441

致谢和图片来源 ··· 469

前　言

1 / 我们对建筑的困惑

20世纪经历了一段特殊时期，在这一时期，建筑学学科进入一种极度糟糕的混乱状态。有时我觉得这是一种前所未有的群体病态，地球上数量庞大的当代社会的人们，创造出反生命的、错乱的、充斥了各种错综复杂形象的、空洞的建筑样式。在世界各地的城市中，20世纪由房屋、街道和停车场散发出的丑陋、陈腐、平庸和自命不凡的气息已然充斥全球，其中大多数建筑是开发商、房屋管理局、酒店和汽车旅馆老板、机场管理局所为。如此说来，建筑师或许不应该受到指责，因为在一定程度上这些创造出的丑陋在现实中是由时间、金钱、劳动力和材料相互作用的新关系所决定的，在这样的前提下，想要建造出具有深层情感和真实价值的真正建筑，几乎成了不可能的事情。

但建筑师也不是完全无辜的，多数情况下建筑师选择袖手旁观，满足于他们在20世纪这个社会机器中所扮演的角色，甚至很多时候建筑师的参与让情况变得更糟。建筑师带着自以为是的态度，为商业开发画蛇添足。许多建筑师把设计者的自我意识提升到一个新高度，发明出一套荒谬的建筑思维方式，用大量可怕的、毫无意义的设计荼毒地球。

当然也有许多建筑师在努力建造有益于社会的公益性建筑，例如，低成本住宅、无家可归者庇护所、社区及步行街区、更宜居的公寓、绿色景观和公园中的办公场所等，但从某种程度上讲，这些努力没能达到目的。这是因为人们从中获得的真实价值感无法与对这些目标的认知相匹配，也无法由滋养并承载人类神圣生活的建筑、街道和邻里空间来满足。

传统社会中，建筑几乎总是代表着人的价值观，它们将生命提升到人类能力所至的最高境界，支撑了人类存在的精神和现实意义。

而现在，太多的建筑师见利忘义地摩拳擦掌，向公众强加自己构建的图景，创造出无论对人还是精神世界都不友好的设计，但这些设计能让开发商赚得盆满钵满，同样也能帮助建筑师名利双收。

当然，建筑师和其他人一样，也有良知。他们中有人对现实痛心；有人在现实中挣扎，犹如溺水的人在大海中挣扎；有人不知道应该做什么。建筑师也得吃饭，无法承担失去工作的后果。我们不能仔细推敲为什么产生缺乏人情味的建筑，因为过于仔细的推敲会带来令人不悦的问题，而这些问题会导致建筑师失去工作。因此，我们这些参与现代环境建设的建筑师、工匠、规划师和银行家都会以这样或那样的形式，被迫或自愿地参与到这场对地球的劫掠中。

这就是我所说的群体病态，在这个星球的历史上是否发生过这样的事情——一群人受社会委托，创造或保护我们的客观世界，但他们却不幸地选择与仇敌为伍，共同破坏我们的世界，成为仇敌的帮凶。许多人甚至连敌人是谁都不知道。敌人真的存在吗？我们中很多人不仅利用自己的专业技能追求癫狂，而且诱导他人沿袭、保护，甚至拓展这种癫狂。

我不认为建筑师看到这些现象时比其他人更开心快乐。过去的20年已经出现一些声音，人们在发文和发声。不要皇帝的新衣！我们都能看到他是赤裸的，让我们打破这个哑谜吧。

我们到底应该做什么？意识到这些错误的建筑师应该如何进行修正？许多人都知道哪里不对，却不知道具体应该如何改正。当有如此破坏力的众多进程深深植根于社会里，我们如何还能期望改善这种境况？一个建筑师，甚至100个建筑师联合起来都难以与之对抗或是产生积极的效果。

2 / 建筑取决于我们对世界的认知

我认为极少有人意识到，当下存在于建筑领域的混乱与我们的宇宙观有多大程度的关联。

我开始相信，建筑遭到如此令人心痛的破坏，正是因为我们——这个时代的建筑师——正在用一种对世界的认知、一种世界观进行艰难的抗争，这种抗争使得建造好的建筑失去了可能性。我相信这个问题已经深入骨髓，以至于用普通的方法建造最朴素、实用的建筑都极度困难。

许多人并未意识到，我们看待事物的观点（也就是我们的宇宙观）会对建筑师的工作产生直接且具体的影响。我们极尽所能地尝试创造认为"好"的各种建筑，这是个艰难的任务，我们为此而奋斗。但我认为，人们并没有意识到这种努力牢牢地被我们看待事物的观点（也就是世界观）所牵制。或许绝大多数人甚至没有意识到，我们具有一种特定的世界观。

如果我们仔细地审视自己的世界观，毫无疑问将会发现事物间的一种相当复杂的模糊混合状态，诸如原子、星系、恒星的模糊状态，出现在地球上的有机生命源自多种原始氨基酸液体的混合。此外，无疑还夹杂着某种对人类同胞的关心、某种虔诚，以及某些事物更美好而另一些事物更逊色的意识。这种对世界的杂乱无章的认知，怎么能够对任何事物承担起责任呢？

这种观念怎么会对建造者的努力产生如此深刻的影响，以至于建造一栋好的建筑成为不可能的事情了呢？

这种影响大得难以置信，我相信我们潜在的世界观从本质上讲是机械性的，可以称其为机械理性主义世界观；我相信每个人的潜意识都或多或少地受残存的机械理性主义世界观的控制，无论人们对此相信与否，无论人们能否意识到，这种潜在的世界观无疑对我们产生了巨大影响，甚至当我们转而关注精神及生态时也是如此。这种世界观进入我们的躯体，感染了我们，影响我们的行为，影响我们的道德，影响我们的美感。它控制着我们建造建筑时的思维方式，在我看来，正是它使得建造出美丽的建筑变成不可能的事情。

机械理性主义世界观到底是什么意思？它大致指的是19世纪的物理科学观，认为世界由原子构成，原子遵循机械方式旋转，整个宇宙具有一种隐性的机制，一切物质在"自然法则"的作用下旋转。这一机械论法则能够很好地解释原子构成及其运动方式。其他科学领域也有类似的观点，那是一种更加宏观的观点，天气、气候、农业、动物、社会、经济、生态、医药、政治、行政甚至家庭生活，基本都可以用这种机械的方式来解释。尽管我们承认尚未掌握准确无误的法则与机制，但同时也意识到，在日常生活的方方面面存在的这些尚待确切落实的法则能解释各种事物是如何运行的。这样一来，我们就以一种随意的、简化的心态推演，世间万物形成于各种元素的相互作用之中，如同19世纪人们所理解的原子之间的相互作用一样。

当然，今天完全相信世界果真如此的人相对只是少数，物理学家，尤其是那些伟大的物理学家，对宇宙的本质持有一种谦恭、好奇的态度，许多非科学界人士也持有同样的态度，但建筑师很少关心机械理性主义世界观，至少表现得不够明显，从表面上看，建筑师似乎更关心深层次的审美问题和社会问题，因为那些问题更神秘有趣。

然而，在试图探究建筑世风日下的谜底时，我逐渐发现许多建筑师（尤其是近年来著名的建筑师）为这样的机械性观念所控制，尽管这些建筑师自己并没有意识到，但他们的作品已经成为青年建筑师效仿的榜样。我得出的结论是，那些对我们的物质世界产生重大影响的奇怪幻想，建筑领域的行内语言，20世纪美术馆艺术的奇异自然，解构主义、后现代主义、现代主义等诸多的"主义"，都是因为建筑本质、建筑实践及宇宙机械观相互纠缠而产生的。

因此，在建筑及艺术领域，问题的根源在于对物质和宇宙的本质的错误理解，确切地说，建筑艺术的错误与困惑源自我们对物质概念的认识。

目前，物质的概念以及我想提出的与之对立的概念，都是关于秩序本质的探讨，秩序认知从根本上决定了物质认知，物质的认知取决于如何排布空间的认知，反过来有序的空间排布形成了物质的认知。因此，秩序的本质是建筑问题的根源，四卷书的卷名也由此而来。

当我们理解了什么是秩序之后，就会更好地理解什么是物质，从而理解宇宙本身。但只要无意识地囿于一种过于简单的机械物质观，我们以及我们创造的建筑必然还会持续陷入长达半个多世纪的盲目混乱之中。

我在书中将用一种新的秩序观和物质观揭示物质自身的本质，进而展示如何能够再度整体性地建造建筑。

前言

3 / 什么是秩序？

什么是秩序？我们周围世界的一切都遵从于秩序。随意闲行时我们屏息，每时每刻都能感受到秩序的存在，草地、天空、悬挂梢间的树叶、流淌的河水、紧临路边的窗——所有的一切都井井有条。这些场景中的秩序是不断变幻次序的天空、云朵、花儿、树叶、我们周围的面庞，这令人眼花缭乱的几何连贯性一起构成了我们心中的愿景。这些富有意义的几何图案毋庸置疑使我们能清晰感受到秩序的存在，但我们却无法用言语描述它。

我们应该如何创造秩序？当面对繁杂的任务，精细工艺的结构、地板、门、窗和装饰物时，我们应该注入怎样的秩序？特别是在大型项目中，我们更容易混淆，事物越繁杂就越危险，因此找到秩序的本质就显得至关重要。我们更多地依靠理性的观念。我们对秩序的假设开始逐渐明晰——秩序不仅是一块砖、一扇门、一个屋顶，还或许是一个需要百万美元建设的完整邻里单元、某个历

冬景

史时期容纳数百人的聚居环境。我应该如何着手做这件事？它应该体现什么样的秩序，才能确保是成功的？

面对这些任务中的任何一项，我马上就会遇到这个问题：我所说的秩序到底是什么意思？我必须准确阐释我所表达的秩序的涵义。假设我能获得一个足够深刻的秩序概念，这的确是很有帮助的，它能帮助到我、我的工匠、我的学生、我的客户、我的学徒和我的员工。

在某种意义上，每个人都知道秩序是什么。但当我问自己"秩序到底是什么"时，即从一种深层次的几何意义上说，它要深刻到足够我可以使用，并能够帮助我在建筑中创造生命。可事实证明这种"秩序"是很难定义的。

请看本卷书首页的这座土黄色的塔，它所拥有的佛陀的微笑、生命的微笑和质朴的微笑打动了我们的内心。我想用一个足够微妙的秩序概念解释这座塔带给我们的感觉。目前物理学定义的秩序和关于其他秩序的概念，都不足以达到这样深远的目标。

一个世纪以来，科学家们都在试图定义秩序。1872年，路德维希·玻尔兹曼（Ludwig Boltzmann）通过熵的概念对理想气体中分子的有序性进行了数值分析，首次把热力学的意外成果——秩序作为一个精确的概念引入物理学。令人遗憾的是，能被视为负熵的秩序太简单，对于复杂的审美几乎是微不足道的。[1] 在20世纪，科学界对某种精确的秩序概念的渴望如此强烈，以至于许多物理学领域之外的学者试图将热力学秩序的概念延伸。[2] 物理学家也对热力学秩序的概念作了认真的概括。[3] 但是这些观念的进展还不足以给艺术家带来借鉴意义。[4]

我们能否从现代物理学中得到一些其他秩序观念的启发？或许可以关注特殊类型的秩序，如结晶的规律（晶序），其定义源于重复。[5] 但这一概念有局限性，对创造微妙且美的事物收效甚微。我们可以探索上下级或者层次序列，研究这些秩序，但同样收效甚微。[6] 由交互规则生成的复杂模式更有趣，通过观察这种可计算的生成过程，人们希望能够揭示什么是秩序。[7] 因此，或许秩序可以理解为相互作用过程中的形态发生的法则。[8] 基于可模拟出的抛物线轨迹或破碎波轨迹（breaking wave）中相互作用的法则，我们可以在其中找到有规律的形态发生过程。人们也开始借鉴一些生物学中更复杂的秩序观念，比如一个系统不断衍化生成另一个系统，这是事物生长的法则。[9] 近几年，生物学家推演出许多关于秩序的理论，但这些尝试对建造技艺实践而言仍然有所欠缺。[10]

目前已有许多关于深层秩序的理论探索。首揭其面纱的物理学家兰斯洛特·怀特（Lancelot Whyte）用非对称性的结构研究生物学[11]对其进行了初步概括。试图描述从混沌中诞生结构的灾难理论近些年来有所发展，并被许多人认为是有希望的。[12] 到目前为止，物理学家大卫·博姆（David Bohm）提出的理论最为清晰明确，博姆试图勾勒出一种可能的理论，这种理论中存在着许多层次的秩序类型，并且由逐渐复杂的秩序类型的层次结构构建而成。[13]

然而这些理论无法被建造者直接利用。即使是最有预见性的理论仍然不够深入具

前 言

大雁塔,中国陕西省,建于约公元600年

帖木儿墓,乌兹别克斯坦撒马尔罕,建于15世纪

伊势神宫的立柱、绳索和小旗

体,不足以给我们在建造方面提供实际帮助,而我们实际上每天都在努力创造秩序。如果我想要建造一座像大雁塔那样美丽的建筑,这些秩序理论对我的实际帮助微不足道,甚至不能帮助我们解释大雁塔中的秩序。

查看书中第8~9页上的其他构建示例,每一个都暗含着某种深刻的秩序。但在目前有限的世界观中,我们无法科学地描述它,甚至无法理解建造者的意图。伊势神宫漂亮光滑的柱子有着非常微妙的秩序,几根绳子和一小块白布完全改变了整个建筑。帖木儿墓的高大体量和穹顶的凹槽装饰带来宏伟壮丽之感。这些建筑令人感动,触碰心灵。现代建筑中,柏林植物园温室的钢柱基础也有类似的品质,钢板和螺栓非常协调,尺度完美,好似动物骨骼。伦敦拱廊上玻璃和铁质骨架的屋顶也具有类似的、自然主义的品质。小段竹制饮水器皿也能给心灵带来纯粹和宁静。

相比之下,第10页上有几个近期建筑的例子,它们也有某种秩序,但不够温柔,无法深入心灵。阿姆斯特丹公寓的粗鲁重复和人类生活的有机秩序没有任何关联;在美国加利福尼亚州赖特的马林市政中心,那些假拱券是纯粹的装饰,与真实结构意义所体现出的深层秩序感没有任何关系;白色涂料的银行大楼了然无趣,过分简化,其秩序即便存在,也根本不能反映出一个复杂的人类群体建造物的真实之美和微妙之处;明尼阿

前言

玻璃和屋顶的铁质结构，英国伦敦

植物园温室的钢柱础，德国柏林达勒姆

波里斯市埃罗·沙里宁建造的战争纪念馆也是粗野的、蛮横的、可怕的。

这些直觉是客观可验的吗？后面例子中的秩序少于前面例子中的吗？或者只是展示了不同的秩序？

我们感觉到第8~9页上的示例和第10页上的示例之间的秩序差异，但是我们能够客观地理解这种区别吗？这些看似粗糙的例子真的比其他例子更粗糙吗？伊势神宫或帖木儿墓中展现的秩序，真实、客观地讲比阿姆斯特丹公寓的大面积重复更具有深远意义吗？在所有这些不同的情况下，我们直觉上感受到的秩序究竟是什么呢？

在当下的知识体系中，其中任何一个问

日本寺庙中在一小段竹子上安装把手后形成的饮水器皿

大规模的战后住宅，荷兰阿姆斯特丹

弗兰克·劳埃德·赖特设计的马林市政中心的装饰性拱券

白色粉刷的极简银行，美国加利福尼亚州南部

题都没有清晰答案，能认识到这一点就意义非凡。[14] 现有秩序观念中，没有任何一种可以帮助我们创造出意义深远的建筑或手工艺品。

当然，今天我们在实践中尝试建造建筑物时，通常会忽略秩序问题。我们知道物理学中关于秩序的认知不够充分，因此试图利用直觉搞清楚建筑的秩序。但是这种无力且机械化的秩序观念不太可能在21世纪的知识体系中继续发挥作用。不仅物理学中特定的秩序概念不充分，我们的直觉或艺术观念中对秩序的认知也不充分，因为在我看来，它们都建立在错误的基础之上。

对于创造事物或赋予事物生命而言，我们目前的秩序观念是绝对不充分的。

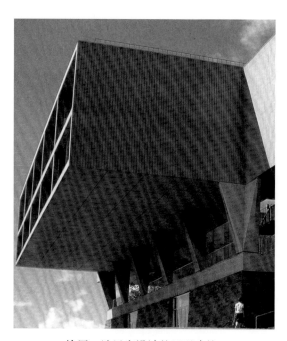

埃罗·沙里宁设计的巨型建筑，密尔沃基战争纪念馆

4 / 机械论的秩序

20世纪,人们幻想着能用科学——我们认为,主要通过物理学——解释观察到的周边世界的一切秩序。但是物理学和其他科学倾向于用机械论解释一些事物,这只不过为我们构建出一些秩序的局部图景,仅此而已。例如,我们能得到叶子的结构、桥的结构、原子核的结构。我们对这些例子中的每一个都有合理的机械式的秩序概念:树叶的茎支撑着植物的细胞膜,膜包裹着植物细胞,细胞将阳光转化为能量供植物生长;桥体结构的受力方式应对定量荷载,保证卡车通行,对抗风荷载和热膨胀的拉力和压力等。甚至在对原子核的描述中,秩序都被认为在本质上与力相关。构成原子的粒子是力的载体,它们使原子核聚集在一起,在特定条件下也能使其分裂。

在上述例子中,物理学家帮助我们定义的秩序是什么?它仅仅是一种机械式的秩序。这种秩序总是被描述为——甚至发明为——事物的运行就像一部机器。在当前的科学世界观下,我所列举的三个实例中的任何一个都被设想为一部小型机器,遇到推、刺、挤压或冲击会产生某种确定的结果。因此,我们在事物中所观察到的秩序以及对它进行描述的方法,本质上都是一种机器的秩序。这种秩序有一种确定的机器运行模式,或者至少在它的组成部分中有一种机械化的行为。

但秩序本身是什么呢?秩序——存在于一片树叶中,存在于伊势神宫中,存在于大雁塔中,存在于莫扎特的交响乐中,存在于一个漂亮的茶碗中,这种和谐的连贯性使我们的内心充盈而感动——这种秩序决不能被描述为一种机械。然而,正是秩序的这种和谐特征,使我们看到它时便铭记于心,并为之感动。

我们不可能把莫扎特的交响乐看作一部有着某种行为的机器。大雁塔也是一样。作为一位艺术家,想要真正理解大雁塔——假如我想创造出与它相媲美的事物——那么把它构想为一部机器将会毫无用处,因为我在大雁塔中所看到和渴求的美与秩序不能用任何机械式的理解来表达。因此,在艺术作品中,机械式的秩序观点总会使我们错失本质的东西。尽管20世纪的科学提供给我们一种方法,把秩序视为效果产生的原因——尤其因为事物的科学观念告诉我们物质的几何形态就像一部机器的零件,一部能做某些事情的机器——我们仍然无法找到一种能够看出一个简单存在的事物秩序的方法。没有一种方法能够看出佛像在微笑中的秩序、花瓶里的一朵花在恰当位置中的秩序、一首歌里的音符排列组合的秩序、一栋美妙的建筑里和谐一致的秩序。[15]

5 / 笛卡儿

秩序的机械论思想可以追溯到1640年的笛卡儿（Descartes）。他认为：如果你想了解某种事物的运行规律，可以将其假设为机器。将滚动的球体、坠落的苹果、人体内流动的血液等研究对象从其他要素中完全抽离出来，然后创建一种遵循某种规则、能够复制事物运行的机械模型。同时，这种模型也体现了一种思维方式。正是由于这种笛卡儿式思维，人类才能发现现代意义上的事物运行规律。[16]

然而，笛卡儿自己非常清楚，这种将事物抽离、拆解的方式，是一种事物运行规律的机器构想或模型，它并不真实，而是人们用来理解世界的一种简易的思维方式。但我们却总忽略这一事实。

笛卡儿自己明白，他的步骤是一种思维技巧。作为一名虔诚的教徒，他若知道20世纪的人们会认为现实本身就是如此，他一定会感到震惊。但在笛卡儿过世的这些年中，随着他的思想越来越具有影响力，人们发现真的可以通过假设事物为机器、进而了解血液流动或恒星形成的方式。17世纪～20世纪，人们几乎运用这种思想阐释了世界上的一切机械事物。而后大约到了20世纪，人们进入一种看待事物的全新思维状态，仿佛机械观就是万物的本源，似乎万物都是机器。

为了便于讨论，下文中我将此称为20世纪机械论观点。它的出现带来两个对艺术家而言具有毁灭性的巨大后果。第一个后果是，哲学意义上的"我"从人们的世界观中消失了，将世界视为机器的观点之中并没有"我"。"我"作为一个人意味着什么，以及作为一个人其内在的体验，都没有包含在此观点之中。当然，"我"仍然存在于人们的经验之中，但却未涵盖于我们认知事物的观点之中。那会发生什么？当整个创造事物的过程皆来自"我"，又怎么可能创造出无"我"的事物呢？在努力成为艺术家的过程中，当这个世界既缺乏"我"的合理概念，又没有使人的内在生命成为认知事物某一层面的自然方法，那么建造艺术将与环境完全隔绝。这是大家无论如何都无法理解的事情。

伴随着20世纪机械论观点的出现，第二个后果即是对价值的清晰认知在世界中消逝。物理学视角下的世界观因其仅由思维机器构成，不包含任何明确的价值感受：价值已被边缘化为一种见解，不再是世界固有的本质。

这两种后果使得秩序的概念开始瓦解。机械论观点对我们通过直觉体会到的世界深层秩序所谈甚少。然而，这种深层秩序才是我们关注的焦点。

这种深层秩序的真正本质取决于一个简单而基本的问题："我们认为哪一种陈述有真假之分？"这个问题可以区分源自笛卡儿的机械世界观和我在本卷中所描述的世界观。

笛卡儿创造的机械世界观获得了20世纪科学家的广泛认同。人们认为只有关于机械的陈述才有真假之分。这就是20世纪每个人都熟悉的所谓的"事实"。

在我描述的世界观中，还有一种陈述也能有真假之分。这些陈述关乎相对生命强度、和谐程度以及整体程度，简而言之，它是关乎价值的陈述。我认为，这些关于相对整体程度的陈述也是事实，是基本的陈述。它们和关于机械的陈述相比，起着更为根本的作用。正因为如此，我在本卷中所描述的秩序观一定会改变我们的世界观。

假设我想在某面墙上安装一扇门。当确定门的位置时，我可以给出许多针对事实的机械陈述。例如我可以指出，门应具有一定的宽度，以确保冰箱通过；门应满足一小时的防火标准；门重达25公斤等。我可以对事实提出更详尽的陈述，比如人处于某些位置时视线可以从门洞穿过，而另一些位置则不行。甚至我可以说，一扇门的位置可能会干扰人们的工作，因为他们的办公桌毫无保护地暴露于外界的噪声之中。我可能需要通过实验验证这些陈述的真伪，但原则上它们都是笛卡儿意义上的事实陈述。所有这些都可能是20世纪陈述事实的模式，是今天的人们对"事实"的理解。人们普遍认为，这种陈述有真假之分。

但在安装门时，还有另一种探讨安装位置的陈述方式，比如："门设置于某些位置时，效果会比其他位置更和谐"，"在这个位置安装门比其他位置更符合房间的整体性"，"这种门框比其他门框更协调，与房间的生命更契合"，"这扇门比其他门能给房间带来更多的生命"，"淡黄色的门比深灰色的门更富有生命"。在20世纪的科学准则下，这些陈述没有真假之分，仅仅当作一种见解。基于20世纪机械论的原则，以上陈述被认为可能没有真假之分。

我们学会了遵循这些原则，因为人们已经习以为常。但仔细想来这十分奇怪。作为建筑师、建设者和艺术家，我们在工作的每个瞬间都被要求不停地针对相对和谐程度作出判断。在建筑的持续营建中我们一直在努力地作出判断，哪种更好、哪种更差。如果针对事实的机械陈述是唯一有真假之分的陈述，如果所有与和谐、美、哪种更好、哪种更差以及生命多寡等有关的陈述都被认为是见解，仅能作为个人的、随意的判断标准——那么理论上，关于建筑的合理探讨将不复存在。

近几十年来，我认为尚未就这种状况对建筑发展的破坏性影响进行充分讨论。在一个不允许探讨价值的世界观中，在普遍认同何种陈述有真假之分的标准下，理论上讲，我们无法合理讨论建筑师所做的事情，也无望达成共识。如果我们接受20世纪的观点，即价值陈述必然仅为见解的陈述，那么在创造环境的过程中，原则上无法达成合理的共识，仅是随意的个人见解罢了。我们所看到的建成环境中的混乱状态必然会成为不可避免的结果，现实也的确如此。

1977年我和同事们出版了《建筑模式语言》[17]，讨论这部早期的著作也许有助于阐明这个问题。在这部书中我们调研了许多美好的环境。无论在当时还是现在，这本书都极具争议。书中描绘了存在于城市、建筑、花园、建筑细部之中许多关键的模式，它们对维持生命而言至关重要。有人认为模式语言描述了现实的一种重要形式，也有人认为模式语言没有反映现实的任何一种形式，只是包裹了现实的外衣。

依据当代科学的严格规范，关于"好"

模式的陈述的确无法令人信服,因为没有正确逻辑形式能够推导出它的正确性。现今的科学规范中,模式语言中的模式必然只是见解的陈述。一些基于笛卡儿机械论思维框架进行研究的学者实际上也有同感。[18]

然而该书出版后,还有很多读者认为模式语言不是见解的陈述,从某种意义上讲,它是一种真实存在。由于这些模式似乎证实了人们对真实环境的直觉,对那些不认同机械论的人而言,这些模式代表了一种反映常识的、更深层次智慧的胜利。[19]

我们应该怎样做?我认为,这意味着一定还有其他一些方式没有局限于有真假之分的机械论观念之中,在这些方式中,价值的陈述也能是真实的。事实上,这是本书论据的主要哲学假设。

在本卷中,我将提出一个更深远的客观真理,它拓展了19世纪和20世纪科学提供给我们的关于真实的现有概念,包括了对价值的陈述。正如我想要表达的那样,这一新的、深远的真理不仅是客观的,同样与人们的感受直接相关。更为重要的是,这一关于客观现实的深远观念将使得相对和谐、整体性等概念的陈述具有真假之分。这样一来,这类陈述不再是个体直觉的见解或观点,而是在客观描述世界的结构。

6 / 机械论对建造艺术的破坏性影响

基于新的事实构建一套建筑学理论绝非易事。为了确保读者能够完全理解,我认为有必要提出一种新的观点,我将提供一些以20世纪机械论为指导的建筑和艺术作品案例,它们造成了十分消极的影响。

在过去几十年间,关于价值的建设性讨论变得非常困难,有时几乎不可能。紧随机械论的世界观,我们构建了一个多元化的价值观。当我们想要讨论建筑、规划、景观之中某一个异乎寻常做法的利弊时,每个人都立足于一个"观点",或态度,或价值取向。几乎没有任何理论可以把不同人的价值观统一起来。因此,如果是公共事务,我们只是给每个人尽可能强烈地表达自己观点的机会,希望随后的民主对话会以某种方式使我们在中间大致达到平衡。

建筑项目、规划和引起任何公共状况的行动的确发生在20世纪的讨论之中。当讨论应在城镇的特定区域做些什么时,一些人认为消除贫穷是最重要的事情,而另一些人则认为保护生态最重要;一些人以交通为出发点,而另一些人则将发展利润最大化作为指导因素。所有这些观点都被理解为个人的、合理且存在内部矛盾,我们假设没有统一的观点将许多现实结合,这些问题只能在市场或公共论坛上决出胜负。

但是,与其形成清晰的洞察力,不如让人们共同意识到应该在建筑物或公园里,甚至在一个小小的公园长椅上做什么。简而言之,众人对"什么是好"这一问题没有统一

前　言

机械论的思维定式带来的片面结果之一：巴克敏斯特·富勒的张拉整体结构——超轻结构体系支配秩序

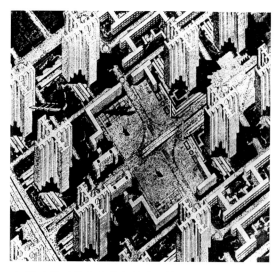

机械论的思维定式带来的片面结果之二：勒·柯布西耶的光辉城市——功能分区支配城市秩序

答案，此时立场相左，针锋相对的观点就会存在。

源于这种情况，必然在20世纪未能构建出一个生机勃勃的世界。在机械体系中，赋予建筑的不同价值观在本质上是不一致的，因此建筑师不假思索地将他们许多个人的、截然不同的思维方式所导致的困惑视为体系中必须存在的基本情况。无论是有意识的还是无意识的，建筑师都认为只有"事实陈述"（机械意义上的）是真实的，因此，将其作为进一步（无意识）假设，即什么是好的想法，添加到事实陈述之中（在当前的科学世界观中是必要的）只是见仁见智罢了。

这一切听起来都很抽象，但对世界的影响是巨大的。它创造了恣意的精神氛围，并为荒诞的建筑埋下了伏笔。

例如，几年前有人给我展示他做的建筑设计，这座建筑完全由装满水的油桶建造，被设计成了一幢节能建筑。然而，这座建筑在许多方面都是荒谬的。它丑陋、不实用、难以建造，靠近会让人感觉不舒服。但这对设计者来说是有意义的，因为他只是试图建造一个节能建筑。他将这个特定目标置于所有目标之上，使之成为其工作的基础。

对于巴克敏斯特·富勒来说，重量是首要的，因此他强调了最小重量结构的理念。网格穹顶使用不便，也许外观也不能给人带来愉悦感，而且内部也几乎无法进行细致划分，但这些对他来说都不重要，重要的是他选择的目标，是建造跨度最大、重量最小的建筑。[20]

勒·柯布西耶选择了功能分区。在国际现代建筑协会（Congrès Internationale l'Architecture Moderne，CIAM）的会议上，他提出居住、休憩、交通和工作非常重要，因此应该在城市中为这四个功能提供足够的独立空间并将之作为基础价值。在此过程中，他可能不得不忽略其他功能的交织作用。四大功能分置的目标居于首位，主导了他的城市规划。勒·柯布西耶"光辉之城"的图解就反映了他所选择的价值观。[21]

最近的一些案例表明,有些建筑师选择将历史参考作为他们工作中最在乎的东西。例如,本页建筑具有的新古典主义外观。在这种情况下,建筑物是否运作良好可能无关紧要:重要的是它具有某个"图像",也许是帕拉第奥的图像与20世纪40年代的图像混合在一起。这位建筑师选择了一个特定的目标,即创造独树一帜的突出形象。

另一位建筑师可能选择在地面上建造非常正式的几何形体,并称之为"好的设计"。但这种判断毫无经验依据。但同样,关于什么是真假,在可信的以经验为判断依据缺失的情况下,人们必须作出选择。所以,片面相信晶体几何形态就是好的设计,这种理念支撑了某些建筑师的作品,如我在第17页所展示的鹿特丹由方棱柱体构成的办公楼。

建筑师必须作出不同的独特选择。因为在机械主义的世界观中,不作出这样的个体选择就显得没有思维。实际上当今每位建筑师都被迫做类似的事情。有的建筑师是生态学的忠实拥护者,致力于保护自然。但是具体应该如何实施呢?是否应该清除伯克利山上的树木和灌木丛以预防火灾?是否应该把它建成公园,保留用于遮阳的树木?为了保护本地鸟类和植物的栖息地(生物学家的观点),是应该维持那里的荒凉和杂乱?还是应该保持原样以节约资金(大学的观点);是应该维持原始状态,还是应该有所修剪?在机械论体系中,这些争论仅仅是不同的立场之争,人们只要在相异观念中作出选择即可。诚然,以上观点不如我提供的极端建筑案例那么激进,但每个观点的本质依旧十分随意:无论最终选择的是其中一个观点,还是一些观点的组合,这种选择都是孤立的、武断的。

迄今为止,在20世纪的机械论思想中,

机械论的思维定式带来的片面结果之三:迈克尔·格拉夫的肯塔基州胡玛纳大楼——以历史形式的引用和夸张的对称支配秩序

前　言

机械论的思维定式带来的必然结果之四：鹿特丹的一个以倾斜的方棱柱体作为设计基本单元的办公楼

人们通过保持具有尊严和私密的价值观来回应内在的随意性。大致如此："科学只能告诉我们客观事实，当涉及搞清一个人应该做什么时，就是关乎艺术或道德的问题。每个人都应该形成自己的价值观，这是每个人与生俱来的权利，科学世界观不能告诉你与价值观有关的任何信息，对每个人而言，形成自己的价值观是每个人的民主义务"。

但用这一逻辑思维创造城镇、建筑、景观的"生命"似乎并不现实，就好像它不曾存在过一样。这也使得合作、协作和达成社会共识在原则上非常困难。表面的包容看似孕育了多元视角，似乎鼓励不同的意见。但实际上纵容了植根于世界如何形成的机械论的武断观点。

我们需要一种可共享的观点，在这种观点中，不同因素之间相互影响、和谐共存，以非对抗和争辩的方式协同合作，毕竟我们对生命目标的整体认识是一致的。

第一卷　生命的现象

7 / 建筑的新视野

为了创造出具有生命和深层秩序的建筑，我们必须从机械论的困境中解脱出来，转而关注建筑本身的生命和秩序。[22] 我相信，要做到这一点，就得有全新的世界观，这种世界观以整体而非局部或片段地认知事物，认为即使像建筑这样明显无生命的事物，其"生命"都真正存在。

全新的秩序观应源自后笛卡儿和非机械论的观点，它认为秩序的基本特征，即相对和谐程度、生命强度、整体程度的陈述，存在真假之分。这意味着以新的世界观讨论生命强度、整体程度是一种常见且至关重要的方式。

新的秩序观将会重新解读装饰和功能之间的关系。一方面，当下的建筑学认为功能是理性的，可以由笛卡儿的机械法则分析得出；另一方面，人们所钟爱的装饰无法以理性方式认知。功能和装饰一个是严肃的，一个是随性的，因此这两者相互分离。没有一种秩序观能让我们同时看到建筑的功能性和装饰性。

本卷中所描述的秩序观有所不同，它公平地对待装饰和功能，认为秩序应该同时具有深刻的功能性和装饰性；功能秩序和装饰秩序看起来似乎不同，其实它们是秩序的两个方面。

结构很重要，它是所有秩序的基础，同样也是人性化的。[23] 当我们学会理解它时，就会理解自身感受，那种根植于个人的感受，源自内心的快乐、坦率、朴素都与秩序有着千丝万缕的联系。因此，秩序离人类并不遥远，它深入人类经验的核心，由此解决了笛卡儿理论的困境，将客观现实的"外在"和人性现实的"内在"完全打通。

在构建秩序概念的过程中，为了得到判断正误的标准，需要借用所有的科学知识，包括物理学、生物学，借以推动知识的进步。只有这样，一幢建筑的生命才能在人的经验中真实可见。我们会发现，土黄色的大雁塔比现代主义建筑更具有生命力。得出这样的结论不是因为观点不同，而是因为建筑内在的秩序不同。

我的理论不与科学相悖，它是科学的延伸。和所有科学一样，这套理论建立在清晰定义的结构之上；这个结构用新的方法展示秩序，这一点与当下的科学思维有所不同。本书表达的是稍经修正的科学形象，不仅将过去理解的机械主义包括其中，还加入了新的强大结构以及一种新的观察方法，这改变了科学认知经验的范围和程度。

新的视野向我们呈现了一个与以往想象全然不同的世界。这个视野一旦建立，不仅建筑，所有的事物看起来都会不同：花朵、水洼、瀑布、桥梁、山岗、月亮、地球、潮汐、海浪、绘画，我们住的房子、穿的衣服，目之所及，都是新鲜和不寻常的。那时，人们将生活在一个截然不同的精神世界中。

到那时，我们不但能够把握具体的秩序并视其为影响所有建筑的单一现象，而且会被带入一个关于空间和物质的前所未有的视

前　言

日本京都龙安寺的后花园体现出由有机秩序支配的世界观

野。秩序的观念在词意上是清晰的，它在一定程度上帮助我们认知物质的本质，这些认知超越了现有的物质观，揭示了一些超越时空限制的未知领域。

因此，需要质疑的不仅是"秩序"的细节，还有"秩序"的真实本质。[24] 只要人们还没有充分掌握秩序的概念，就难免会建造出丑陋的建筑、无法承担日常生活的房屋、违背自然的花园和街道，甚至建造出摧毁灵魂的世界。

为了建造好的建筑，我们必须从根本上改变自己对秩序本质的理解。

注　释

1. 负熵（negative entropy）是度量某些物质结构的不可能性。它可以解释分子聚集的低级秩序，但无法解释建筑或艺术中的复杂秩序，也无法解释生物学和物理学中的复杂秩序。

2. 包括：Fred Attneave, APPLICATIONS OF INFORMATION THEORY TO PSYCHOLOGY: A SUMMARY OF BASIC CONCEPTS, METHODS, AND RESULTS（New York: Holt, Rinehart & Winston, 1959）; W.R.Garner, UNCERTAINTY AND STRUCTURE AS PSYCHOLOGICAL CONCEPTS（New York: John Wiley & Sons, 1962）; 以及其他著作。

3. 例如：Purcell 的"Order and Magnetism"，发表于 PARTS AND WHOLES, Daniel Lerner, ed.（New York: The Free Press of Glencoe, 1963）.

4. 的确，最开始的尝试略显单薄，对艺术领域的影响极其微弱。Rudolpoh Arnheim 在 ENTROPY OF ART（Berkeley: University of California Press, 1971）中对这个观点进行了详细论述。

5. 对晶体群的分析研究至关重要，但其范围极为有限。Andreas Speiser, THEORY OF GROUPS OF FINITE

ORDER（Berlin：J.Springer，1937）。

6. 例如：Albert G.Wilson 和 Donna Wilson 编辑的 HIERARCHICAL STRUCTURE（New York：American Elsevier Publishing Company，Inc.，1969）。

7.H.Eugéne Stanley,"Fractals and Multifractals：The Interplay of Physics and Geometry"发表于 Armin Bunde 和 Shlomo Havlin，eds.，FRACTALS AND DISORDERED SYSTEMS（Berlin：Springer-Verlag，1991）。

8. 首次由 Chomsky 定义的结构语法是此种秩序的特例，详见 Noam Chomsky，STRUCTURAL LINGUISTICS（The Hague：Mouton，1959）。

9. 早期的形态建成理论参见：A.M.Turning,"The Chemical Basis of Morphogenesis,"发表于 PHILOSOPHICAL TRANSACTIONS OF THE ROYAL SOCIETY，B（London，1952），pp.237ff。

10. 例如：André Lwoff，BIOLOGICAL ORDER（Cambridge，Mass.：MIT Press，1965）；C.S.Waddington，THE STRATEGY OF THE GENES：A DISCUSSION OF SOME ASPECTS OF THEORETICAL BIOLOGY（London：Allen and Unwin，1957）。

11. L.L.Whyte，THE UNITARY PRINCIPLE IN PHYSICS AND BIOLOGY（New York：Henry Holt and Co.，1949）与 L.L.Whyte，ACCENT ON FORM（New York：Harper & Brothers，1954）。

12.René Thom，STABILITÉ STRUCTURELLE ET MORPHOGÉNÈSE（Paris：Christian Bourgeois，1972）与 James Gleick，CHAOS：MAKING A NEW SCIENCE（New York：Viking，1987）。

13.David Bohm,"Remarks on the Notion of Order"与"Further Remarks on the Notion of Order",发表于 C.H. Waddington，ed.，TOWARDS A THEORETICAL BIOLOGY：2.SKETCHES（Chicago：Aldine Publishing，1976）。

14.Ernst Gombrich 在 ORDER AND ART（London：Allen and Unwin，1977）一书中尝试对艺术秩序进行描述，但在这本书中秩序仍然是一种附加的存在，附着于其他任何艺术作品之上，这些概念对艺术家来说几乎没有什么用处。

15.E. J. Dijksterhuis，THE MECHANIZATION OF THE WORLD PICTURE（Amsterdam：Meulenhoff，1959；翻译与再版，Princeton，N.J.：Princeton University Press，1986）。也是 Alexandre Koyré's FROM THE CLOSED WORLD TO THE INFINITE UNIVERSE（Baltimore，Md.：Johns Hopkins University Press，1957）的主要内容，文末写道："新宇宙学的无限宇宙，无限延续、无限延伸，其中永恒的物质按照永恒、必然的法则在永恒的空间里无休止、无目的地运动，继承了神性的一切本体论属性。然而，除了这些以外，其他一切都已经被逝去的上帝一起带走了。"

16. 机械理论的精髓是机器只受"局部效应"的影响，严格地说，受相互作用控制。最重要的是，没有"远距离的作用"，整体无法影响局部。在 17 世纪的物理学（牛顿）中，远距离的作用：引力。在 19 世纪和 20 世纪早期的物理学中，在电、光等场效应中，也有一些远距离的作用。但 20 世纪后期的特点是远距离作用的消失，电磁场，量子理论，甚至汉密尔顿函数的工作原理和最小作用原理都尽可能地采用局部效应来描述。详见：Richard Feynman，QED（Princeton，N.J.：Princeton University Press，1985）。

17.Christopher Alexander，Sara Ishikawa，Murray Silverstein，Ingrid King，Shlomo Angel，and Max Jacobson，A PATTERN LANGUAGE（New York：Oxford University Press，1977）。

18.例如：Jean Pierre Protzen,"The Poverty of the Pattern Language,"CONCRETE：JOURNAL OF THE STUDENTS IN THE DEPARTMENT OF ARCHITECTURE，Part one：vol.1，no.6，November 1，1977；Part two：vol.1，no.8，November 15，1977，University of California，Berkeley；reprinted in DESIGN STUDIES，vol.1，no.5（London，July 1980），pp.291-298。

19. 持这一观点的评论者在 1975 年以来发表的许多文章中阐述了自己的观点。最有力的案例详见：Stewart Brand,出现于 THE WHOLE EARTH CATALOG（Sausalito，Calif.：Doubleday，1980—1990）。

20."预装配的远距离趋势"，Buckminster Fuller,"The Long Distance Trending in Pre-Assembly," IDEAS AND INTEGRITIES：A SPONTANEOUS AUTOBIOGRAPHICAL DISCLOSURE，ed.R.W.Marks（Englewood Cliffs，NJ.：Prentice-Hall，1963）。

21.Le Corbusier，THE RADIANT CITY，Pamela Knight and Eleanor Levieux，trans.（New York：Orion Press，1967）。

22. 秩序可能作为一种基本的、而非机器般的概念存在，这一观点在 20 世纪物理学的某些部分中已经变得清晰可见。第一个例子是泡利的不相容原理，参见：Wolfgang Pauli,"Exclusion Principle and Quantum Mechanics,"COLLECTED SCIENTIFIC PAPERS，vol.2，R.Kronig and V.F.Weisskopf，eds.（New York：John Wiley and Sons，1964）；纯粹的排列特性被证明可以控制电子的行为和位置，这并非由于力或机制的作用，而纯粹是模式和秩序本身的结果。

23. 参见本卷第 8～11 章以及第四卷。

24. 从歌德开始的许多作家都提到，在艺术中创造出的秩序和在科学中观察到的秩序本质上可能是一样的。例如：György Kepes，THE NEW LANDSCAPE IN ART AND SCIENCE（Chicago：Theobald，1956）；Hermann Hesse，DAS GLASPERLENSPIEL（Zurich，1943）；Christopher Alexander,"The Bead Game Conjecture,"发表于 ORDER AND ART，Gyorgy Kepes，ed.，（New York：Braziller，1967）。

第一部分

生命结构是什么？

建筑中的生命是什么？

生命世界是什么？

生命世界的结构是什么？

第 1 章

生命的现象

1 / 绪论

我们建造的城市和建筑应在保护和延续地球生命方面起到应有的作用，如今这一观点得到了人们的广泛认同。之所以如此，大抵是因为人们对生态越来越感兴趣。谈到生态学，我们起初的概念是保护大自然，保护热带雨林、丛林和地球上的动植物。这种广泛的保护生命的意愿随即得以拓展，人们试图用同样的方式建造城镇、房屋和社区，让这些（建造）行为有助于营造和谐的环境与地球生命体系。

最初，人们认为在自然生命体系中营造能够发挥适当作用的建筑的尝试是一个狭隘的问题，它意味着建筑的耗能、材料选择和资源使用都应该与维护地球生态系统平衡的目标相一致。近些年这一目标得以拓展，许多人把营建的目标定义为将城镇和建筑建成地球生命结构的一部分，简言之，它们本身就具有生命。[1]

但是在这里，我们突然发现自己面对一个非比寻常的科学问题：20 世纪末的生物科学没有给"生命"（这个词）一个有用的、精准的或恰当的定义。在 20 世纪正统的科学定义中，"生命"，更确切地说，生命系统，被定义为一种特殊的机制。"生命"一词被用于描述一些特定现象的有限系统。在本书中，我们会发现，这一概念需要改变。秩序也许可以被理解为一种具有普遍性的数学结构系统，它孕生于空间的本质。同样，"生命"也是一个具有类似普遍性的概念。的确，在我的论述中，"秩序"的每一种形式都有一定程度的"生命力"。

因此，生命不是一种狭隘的机械概念，仅仅适用于描述能够自我繁殖的生物机器。生命是存在于空间自身的一种特性，适用于空间中的每一块砖、每一块石头、每一个人、每一个物种的物理结构。每一种事物都有自己的生命。

简单来说，生态学观点要求我们以更广阔的视野看待生命。现今许多人已经逐渐意识到动植物及生态系统对地球的重要性，并且开始在建筑学和城市规划中持有维系生命的理念。到目前为止，该尝试在很大程度上还是凭借直觉。这意味着除了建筑实体之外，建筑师还想要创造出可自我维持的系统和植物系统：这种建筑系统尊重自然，与自然进程协调发展，不再破坏亚马逊热带雨林，也不会伤害后院的鸟儿和蝴蝶。近年来，建筑师和非专业人士都认为这样的建筑形式才是人们向往的。

但我们应该继续把生态观念拓展开来。我们需要定义生命的概念，这个概念已经像种子一样播撒下去了。生命的概念超越了狭隘的机械生物观，从某种程度上讲，它包含了万事万物。

这来源于人们想要把万物中单一的系统融合成一个整体的愿望。若是借助生物学视角研究建筑，我们自然应该秉持这样的观点：建筑师的工作应该是在城镇和建筑中创造生命，并不只是在大自然的荒野之地创造生命。这与仅保护现有生命有很大区别，意味着在人造物和自然界之中创造生命。

比如说，英格兰南部就是最大的人造工程之一。我们认为它是自然的：从康沃尔到肯特，从南海岸到英格兰中部地区之间的广阔地带上分布着城镇、村庄、田野、森林和荒地。我们认为它是自然的，即便这里几乎全都是人造工程。3000年前这里什么都没有，这片大约300英里乘以100英里（1英里≈1.609公里）见方的区域是被刻意创造的结构，而它的创造过程缓慢而有耐心，历经千年。田野、沟渠、灌木丛、篱笆、街道、牛道、小溪、水池、小桥、村庄都包含自然和生命，但它们都是人造的。

主动创造有生命的、鲜活的非自然结构，其意义远大于单纯保护自然。开始这项工作更为困难，因为我们需要发明创造新事物，而不是简单地对大自然微笑着说"我们就照原样保护吧"。事实上这是对我们智力的巨大挑战。想要理解它，把握它的精神，并最后创造它，我们就必须厘清狭义生物学中活体组织和非生命物质概念（狭义生物学中的非生命物质）以及它们之间的关系。我们不能仅靠赋予灌木丛生命来表达对鸟、土壤、雨水等的尊重，还要理解窗台的一块木头、花坛边的一块混凝土如何融入这个生命模式并完善它。因此我们追求的是一种生命模式，这种模式既包括所谓的生命有机体，又包括所谓的单一生命系统中的非生命物质。这是人与自然互动并在这一过程中创造和谐的例子，它既体现自然之美，又体现生命的热忱。在不同时代、不同文化中不断重复这种结构的建造：日本的住宅和花园、中国的梯田和喜马拉雅山脉、马丘比丘的建筑、中世纪的景观、夏安族印第安人扎在平原上的圆锥形帐篷等。

我们要学习这些优秀案例，因为我们还要在自己制造的生态灾难和丑陋不堪、极具侵略性的且不利于生命存在的世界里苦苦挣扎。

萨塞克斯·唐斯（Sussex Downs）的彩铅速写，南英格兰乡村，我在那里长大

2 / 需要更广泛、更合适的生命概念

到目前为止,我们尚未发现一个生命的概念能够明确适用于这些更加宏大、更加复杂的系统。在20世纪的科学概念中,所谓的生命主要定义为单个有机体的生命,我们认为一个有机体是由若干碳、氧、氢、氮元素构成的系统,能够自我繁殖、自我修复,并在某些特定的生命周期内维持稳定。要准确理解这个概念并不容易,因为其本身存在着诸多难以界定的外延问题:例如,刚受精的受精卵有生命吗?病毒有生命吗?森林作为一个整体(超越组成物种的生命个体)有生命吗?碳、氧、氢、氮是我们要定义的生命所必需的吗?

尽管有诸多逻辑的漏洞和难以解答的问题,20世纪末,单个有机体的生命仍然是我们在广义上思考生存和定义"生命"问题的基础。诚然,我们已经开始将生命的概念进行一些外延,并尝试将它们应用于更加复杂的系统之中。例如我们成功地将这种机械的生命概念延伸到生态系统之中(尽管严格说来,生态系统不是生命,因为它不符合一个能够进行自我复制的有机体的概念)。人们认为生态系统是有机系统,尽管其本身没有生命,但与生物的生命息息相关。所以,用精确的术语来说,创造或保护自然界的任务可以被理解为,在世界的一个特定区域里尽力增加有机生命体的数量。这种理解多少具备一定的科学性。

但是这种推断无法帮助我们真正理解拥有生命的复杂系统。任何城市或建筑都存在自然与人工的混合物——英格兰南部这个巨大的480多公里长的结构同样如此——由此产生我们之前从未遇到的复杂概念问题。显而易见,所有这些例子中的非生命系统和生命系统都交织在一起:例如房屋的椽子、屋顶的瓦片、马路、小桥、大门,甚至田里的犁沟。就标准科学术语而言,我们不能说这些东西拥有生命,但它们确实在更加宏大的整体生命系统中扮演着重要的角色。如果我们坚持纯粹机械论的生命观,就会陷入保护主义者对生态自然最纯粹形式的执着——正如生态纯粹主义者事实上已经沉湎于保持自然"原样"的想法,因为只有这样他们才能清楚地解释自己所思所想和所做所为。现在,想要将更加复杂的建筑与自然系统合二为一,作为一个生命系统,难点在于没有合适的科学概念能够解释我们努力的目标。例如,按照当前的生物学术语,城市不是生命系统,尽管社会学家经常会把城市比喻为生命系统。显而易见,建筑也不是生命系统。我们如何才能把生命系统扩大到一片区域、一座城市、一幢建筑之外,甚至一片花园之外?根据当前正统的科学观念,这些事物都不是生命系统。

我将在本卷书中寻找一种更为广泛的生命概念,在这个概念下的每一种事物——无论它是什么——皆有一定程度的生命。[2] 每个石头、每条椽子、每块水泥都有一定程度的生命。有机体中出现的这种特别的生命强

度此时将仅被视为是更加广泛的生命概念里的一个特例。尽管对受过几十年正统科学教育的人而言,这听上去有些荒谬,我将尽力展示其科学上的深刻性,即这种构想对空间的认知在数学和物理学上都有坚实的基础。更重要的是,当我们试图让世界"活过来"时,它给世界和我们的所作所为提供了唯一合乎逻辑的概念。

在当今的科学世界观中,科学家不愿意把冲向海岸的一排波浪当作生命系统。如果我说这排波浪拥有某种生命,生物学家或许会劝我:"我想你的意思是说,波浪里面包含许多微生物,也许还有几只螃蟹,因此它是一个生命系统。"但这完全不是我的想法。我的意思是波浪本身——当今我们拥有的科学体系认为它是一种纯粹机械式的流体动力学系统——拥有某种程度的生命。简言之,物质空间连续统一体的每一部分都有一定程度的生命,只不过有的部分少,有的部分多。

不难想象,如果人们能够接受这样一种观点,那么建筑、城镇和区域的设计将会容易得多。如果这种生命的概念能够完全普及,我们那时就能将其从纯自然领域(保护一片美丽的树林)扩展至自然和人工交织的领域(道路、街道、花园、田地),直至建筑本身(屋顶、墙壁、窗户、房间)。在这样的精神世界里,理解建筑将会变得十分容易——因为那时我们将继续遵循这一总体思路,即我们所有的工作都与生命的创造有关,并且在任何实际项目中,我们要做的就是尽可能地让建筑充满生机。

一排波浪

3 /"生命"的新概念

本卷的目的在于创建一个科学的世界观，其中明确地提出，万物皆有其生命强度。³ 在此基础上，我们就能具体讨论在世界上创造生命所需的条件——无论是在一个单独的房间，一个门把手、一个邻里单元，还是在一个面积广大的区域，我们都可以创造生命。就像很久以前英格兰南部的人们曾经做的那样，我们也许可以再一次在加利福尼亚州的很多地方，或是在亚洲，甚至在地球上的任何地方创造生命。

第1章作为研究背景，我将简要举例，说明我们的确能够感知到事物中存在不同的生命强度，而且这种生命强度能获得每个人的一致认同。

首先研究一排波浪。当人们看到大海的波浪时，确实能感受到它具有某种生命。我们感受到波浪真实的生命，并受到了触动。当然，狭隘的生物机械论观点认为，除了海水中的海藻和浮游生物，波浪本身没有生命。但不可否认，至少在人的感受层面，奔腾的波浪与散发化学气味的工业水池相比拥有更多的生命。平静池塘上荡起的涟漪亦是如此。

同样明晰的是，有的湖泊会比其他湖泊更有生命之感：例如一潭死水较之于纯净的水晶山湖显得更加缺乏生机。不含有机物的火焰也具有生命。正在燃烧的篝火比即将燃尽的灰烬更有生命之感。如果你用望远镜观察过木星的卫星，会感觉它们就像四个光点一样具有生命。上述事物具有不可思议的生命，但从传统意义上讲它们都是无生命的。

黄金具有生命。天然黄金呈现出特有的黄色，与黄铁矿、珠宝店中的黄金截然不同，它那奇异、魔幻的本质让人感受到生命。这并不是因为它的货币价值，黄金最初被赋予货币价值正是因为它能给人深刻的感受。自然界中的铂和黄金的价值不相上下，铑则比黄金更加贵重，但它们却根本没有同样的生命之感。

大理石有时也具有生命。意大利卡拉拉（Carrara）采石场非常出名，因为那里出产的大理石有强烈的生命之感。其他地方出产的大理石可能更为华丽但却缺乏生机。拉斯维加斯浴室台面的人造大理石，也就是聚合石粉，就不会让人感受到生命。然而以上三例在生物学意义上均不具有所谓的生命。

我们经常会看到一块木头并惊叹于它的生命，然而有的木头则给人死气沉沉的感觉。当然你可以说，木头曾经具有生命。但从准确的生物学意义来讲，现在的枯枝确实没有生命。但我们的确能感受到有些木头上的纹理比其他木头上的纹理更具有生命。

因此在整个无机物质系统的世界之中，人们对生命强度作出了区分。我们似乎认识到一些物质具有很强的生命力，有些则没有，还有的介于两者之间。生命的直觉或印象存在于各种各样的物质系统之中。

接下来我们会发现，不同情形下生命的多寡和其自身的结构差异息息相关，这种差异能被精确测量。但现在我只想记录下这种直觉，即一些物质系统具有强烈的生命之感，另一些则没有。显然，这无法证明直觉不只是主观见解，但它至少打开一道门缝，使我们意识到感受背后存在着某种真实的结构性现象。迄今为止，我想要做的只是鼓励人们开始思考，这一切或许不仅是一个隐喻，而且是人类中心论的一种观点。

4 / 感知有机体的生命

通过比较不同的生物，我们能感受到一些生物比其他生物更有生命力。即便严格来说，从生命力的程度上讲它们是相同的。[4] 看看图中跳跃的猎豹，根本不需要提醒我们就知道它是活的；而且，这只猎豹不仅活着，还给我们带来强烈的生命之感。

草地上的花丛也一样。有时花朵本身就具有强烈的生命之感，比如薄雾弥漫的山谷中的百合花就散发出强烈的生命力。

人也一样。一个散发着生命力的人会感染他周围的人，一个萎靡不振的人则会让他人感到死气沉沉。我们能体会到某些人更有生命力，不同的人有不同程度的生命力，甚至一个人在不同时刻也会展现出不同的生命力。当然，人的健康状况会有不同。这种情况下，生命力的程度可能与医学上的健康状况有所对应。但不可否认的是，从严格机械的意义上来讲，所有生物都会给人或多或少的生命之感。

一只散发生命光辉的猎豹

5 / 感知生态系统中的生命

下面谈谈最为广泛的生命概念，它在我们周边的自然界中无处不在。这种更广义的"有机"生命存在于每个自然生态系统之中。它囊括了建筑内部或四周的植物、动物、寄生虫、鱼等大量自然界生物的生命。鱼塘、爬藤类花卉、草地、建筑上的苔藓、院子里的树荫、猫、狗、老鼠、昆虫和蜘蛛，囊括所有自然界中的有机体，所有能强烈感受到生命力的一切。正是这些生命之感和对自然之爱催生了生态学的新准则。

新英格兰的池塘

本页和下页有两个森林场景,从中我们能看到大量的野生有机体。它们的生命与自然界的生命、动植物的生命、我们自己的生命一样,是我们所熟知的。然而,正如前文所述,生命在生态系统没法简单定义。狭义生物学认为生态系统作为整体是无生命的。但无论如何,人们依然能够感受到整个生态系统的生命,可以看出不同生态系统在生命强度、健康程度上的差异。近年来,人们也开始着手借助生态技术参数来区别其健康程度。

夏天的森林

不管怎样,即使摒弃生态学的精准量化计算,我们也的确能够感受到有的草地、小溪更有生机,有的森林比其他森林更加安宁、更有活力、更有生机。

不管生物学家的研究有没有涉及,我们感知到的生命强度是一种本质概念,它是人们对大自然直抵内心的情感,同时作为一种基本事实从根本上滋养着人类。

6 / 感知人类日常活动中的生命

马蒂斯和他的鸟

在不同的人类活动中，我们当然会感受到不同程度的生命。首先细想一下几乎所有的社会活动。例如，最简单的握手动作，有的握手让人觉得充满生命力，有的握手则让人觉得非常机械、僵硬。

观察一下你最喜欢的酒吧：一个在夜晚活跃起来的地方会存在很多特殊的生活场景，有的脏乱不堪，有的喧闹刺耳。此外，夜店、鱼塘、公园座椅、握手、芭蕾表演都充满生机。

我所讨论的"生命"也存在于我们的日常活动之中，是显现于平凡事件中的生活本质。确切地说，实际上可能是一家后街的日式餐厅里的生活，可能是生动的意大利城市广场生活，是像科尼岛这样的游乐园生活，就连角落靠窗座椅上扔着的几个靠垫也充满了生命之感；也可能是任何我们能够感受到有生命的建筑、长满野花的山坡，又或是可以自由交谈、吃吃喝喝、放松身心的地方。我在《建筑的永恒之道》[5]的前几章描写了这些建筑和场所，它们非常平凡但却具有强烈的生命力特性，这种特性包括了功能释放和自由的内在活力所呈现的整体感，能够带给人舒适的感觉。当我们体验时就能感受到生机。我再以一些图片举例说明，帮助大家理解"普通"生命的一切到底是指什么，到

第 1 章　生命的现象

日式餐厅，美国旧金山

街上的爵士乐手

偷偷吸烟的孩子们

底意味着什么,作为一种结构出现时是什么样的。正如生物生命一样,"普通"生命有典型的表象。"普通"生命有凹凸的边缘,未被修整;它很舒适,边界未经加工,但顺滑得好像经过多次揉搓。这种生命与高雅艺术或时尚无关,与图像无关。当一切进展顺利时,当人们享受一段美好时光时,当人们体会快乐或悲伤时,当人们体验真情实感时,这种生命最为深刻。

生命处于精神至上的状态时,就是抵达其最平常的状态。正如伊斯兰教苏菲派信徒所言,这才是最快乐无忧、最无拘无束的时刻。此时,我们摆脱观念的束缚,能够对遇到的情景作出直接反应,所受到的矫揉造作、概念以及观念的限制最少,这就是禅宗和所有神秘宗教的中心教义。[6]这种情况下我们才能看到周围事物的整体性,直接感知它并作出反应。与酒馆有关不完全是荒唐的,醉酒自身毫无疑问会有些"邪恶",但它释放了让我们看清真相的能力。罗马人曾说过"酒后吐真言"。只有摆脱了压抑,我们行动或者作出反应的自由程度才能真正增加。

第 1 章 生命的现象

国际劳动节游行

7 / 感知传统建筑和艺术作品中的生命

人们能感觉到一些东西的生命力强于其他东西,这种情况当然也存在于建筑、手工制品和艺术作品之中。我将列举一系列图片,这些图片是表明生命存在于事物之中的极好实例,它们能帮助读者理解在具体实物中的"强烈生命感"。

史前米诺斯(Minoan)的花瓶形状复杂,虽是基本生活用品,但形态和颜色却极具冲击力,触动人心。丹麦的庭院被涂成红、黄、绿三种颜色,手法虽然简单、稚嫩,却带来了宁静、深远的感受,饱含生命力。色彩炫目的伊斯法罕(Isfahan)大清真寺宏伟壮丽,体量和色彩让人顿生敬畏。与哥特式教堂不同,它虽气氛肃穆,却不失鲜亮活泼。一个小号的韩国陶瓷茶壶座简单朴素且形制优美,毫无矫揉造作之感,充满了生命力。一座清真寺的黄绿瓦片由手工绘制,虽然重复却各不相同,在相似中保持和谐,一点儿也不缺乏创造性。罗马风时期工匠雕刻的石质柱头用在一座北非的清真寺里,给人宁静、肃穆、快乐之感,就像一朵花,或者一个人。一张著名的15世纪土耳其礼拜毯(Turkish

米诺斯花瓶,公元前18世纪

第 1 章　生命的现象

哥本哈根住宅的庭院

prayer rug）现藏于德国柏林博物馆，强烈的红色令人炫目，图案由直线、S 形线以及象征灵魂的祈祷拱门构成。

　　印度的拱券：深深的影、强烈的光、凉爽的感受，精美雕琢的拱券赋予强烈的光影以生命。7 世纪的一页手稿，给人全然的宁静之感，用色很少，但由于画家的技艺，闪烁着光彩。白色搭配一点黄色和棕色带来了奇异的感受，手工雕刻、绘制的圣母像体型不大，含蓄内敛，但它给我们带来的强烈情感可能超过文艺复兴时期的所有绘画作品。图片中波斯（Persian）碗表面微小的黑色蝇形

沙阿大清真寺，伊朗伊斯法罕

第 1 章 生命的现象

凯鲁万清真寺的手绘瓷片,突尼斯

茶壶座,韩国

罗马柱头

黎圣母院、沙特尔大教堂（Notre Dame or Chartres）、伊斯法罕大清真寺（the great mosque at Isfahan），也许还有阿尔罕布拉宫（Alhambra）或伊势神宫（Ise shrine），可能还会有日本最早的佛教寺庙东福寺（Tofukuji）。这个"伟大"建筑的名录就体现出人类共识的一致性。

生命的共识在一些不那么著名的建筑中也存在，例如，早期罗马基督教教堂、挪威的木板教堂（Norwegian stave churches）、凯鲁万清真寺（mosque at Kairouan）、帕伦克或伊克斯特兰遗迹（Palenque or Ixtlan）、秘鲁的马丘比丘（Machu Picchu）、新几内亚塞皮克河（Sepik river）居民的长屋、摩洛哥的砖瓦小住宅、德国与丹麦北部的大谷仓、博洛尼亚的拱廊、伊斯法罕的桥。

图案带来了生命之感，显然画工当时在碗内作画的速度极快。另一个就是伟大的大井户（Kizaemon）茶碗，人们惊讶于它的粗糙和简洁，这只茶碗产于韩国，现在珍藏于日本。

以上的每个例子都有强烈的生命感。[7] 人们从器物本身及器物的构成部分感受到生命。在秩序观念的指导下，人们体验到的生命似乎在很大程度上依附于真实的几何形态布局。

尽管无法清晰定义生命，但我猜想很多人都能在这些例子中看到一些类似生命的东西。人们不见得对这些例子达成百分之百的统一意见，但至少会达成一定程度的共识。

同理，如果让人们列出世界上"伟大"建筑的名录，一定会有帕提农神庙、巴

15世纪拜毯，安纳托利亚乌沙克，现藏于德国柏林博物馆

第1章 生命的现象

印度拱券

与那些最著名的建筑相比，虽然这些建筑的影响力小一些，但也足以触动心灵，使人产生宁静、安详、敬畏之感，因此这些建筑也很伟大。可以说，某种程度上万物皆有生命，尽管我们会再一次质问：生命是什么？甚至在还没有完全搞清楚如何定义生命的时候也会认可此种观点。

我所说的建筑中的生命是一种品质。很明显它与生物意义的生命不同。它是一个更庞大、更普遍的概念。我们直观上从这些物体中感受到的生命，存在于纯粹抽象的绘画中，存在于具有功能性的建筑中，也存在于生态系统里的一棵树木中。[7]

我的目标是那些具有相当普遍性的生命，它们是有形的、几何的、结构的、社会的、生物的、整体的。它们是前文所述图例几何结构中所蕴含的生命（抹灰、细部、瓦片以及色彩和形态中蕴含的生命）；它们也包括

7世纪基督教手稿：德拉姆福音片段

普通层面的生命，那些能让我们感受到活着的行为和事情，那些承载了人及动植物愉快生活的事物。同时还包括了生物学意义上的生命，这些生命在建筑之内及建筑之外的自然系统中受到滋养，因此它们在生物意义上是健康的。个别情况下，在一件事、一个人、一种行为、一幢建筑中，生命能以极其显著的水平呈现出来。这种状况在一件艺术品中，

第 1 章 生命的现象

大井户茶碗，韩国，16 世纪

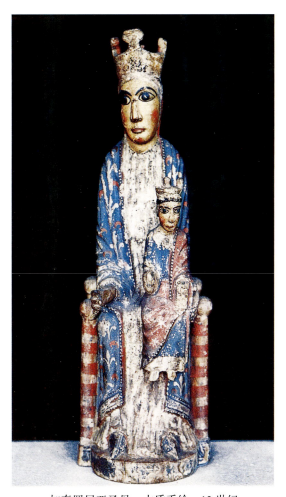

加泰罗尼亚圣母，木质手绘，12 世纪

黑白碗，波斯，13 世纪

身着传统服饰的挪威妇女

石制谷仓,西班牙

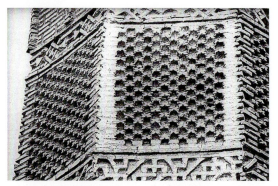
14世纪的砌筑技艺,阿富汗

阿卡陵墓的瓦作,撒马尔汗,14世纪

第1章 生命的现象

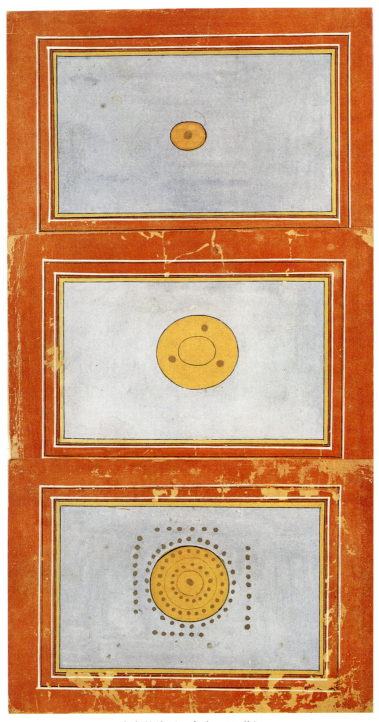

密宗的绘画，印度，18世纪

在一个人的生活之中，在一天中的某个时刻都可能发生。

总之，生命确实会出现在建筑和艺术作品中。本卷想要表达的正是这种生命，它蕴含一致性，是对秩序最深刻的体验，是我们建造建筑时竭尽全力想要达到的状态。

8 / 20世纪建筑和艺术作品中的生命

20世纪具有深度生命感的传统人工制品较为少见,在建筑中尤其如此。这是因为创造生命的必要进程在20世纪遭到了破坏,本套书的第二卷将对此进行详细说明。

尽管如此,20世纪数以百万例的作品在一定程度上也能让人产生伟大的生命之感。我收集整理了近期的一些建筑、场所、事物照片,它们平凡而普通,却又意义深远,人们从中足以感受到生命的气息。

从某种意义上来讲,这些例子能让人感受到生机,是因为它们尽可能地脱离了概念的束缚。它们不依赖于图像或现实观念,相反本身就很真实,并以一种自由自在的方式获得生命;它们生机勃勃且直截了当,创造者的灵魂融入其中,进入日常生活的普通进程之中;它们未被观点或概念玷污,以一种我们很容易接受的方式延展出来。

这些例子让人感到舒适,是因为它们是真实的,从中感受到的生命源自它们的真实性。我们的主要目标是在这个时代创造出具有生命之感的事物,这些现代的例子能很好地启发我们,它们是迈向成功的跳板。在这个时代我们努力地创造生命,因为它必须与正在寻找的和正在创造的20世纪的生活并

小丑的葬礼,选自《爵士乐》,亨利·马蒂斯

第 1 章　生命的现象

田纳西·威廉姆斯的书房

20世纪公寓,希腊雅典

东京帝国饭店,弗兰克·劳埃德·赖特

那不勒斯的船

第 1 章 生命的现象

曼哈顿大桥,美国纽约

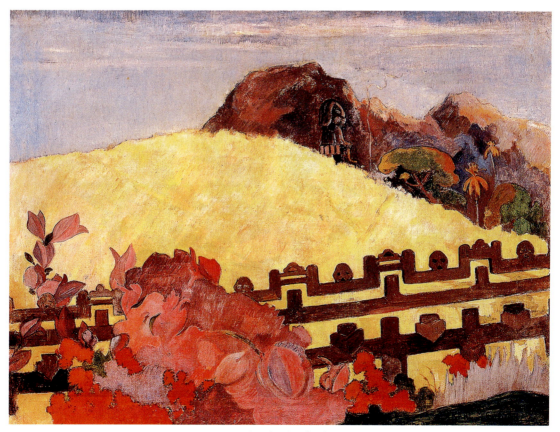

圣山,保罗·高更

第一卷 生命的现象

海岸边,美国新泽西州大西洋城

东野高等学校的教室,日本东京周边

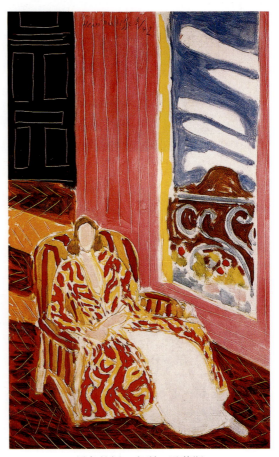
黑色的门,亨利·马蒂斯

第 1 章 生命的现象

存，这是最能鼓舞人心的，也是我们的主要目标。

为了创造这种生命，我们首先应该理解生命如何从整体中产生，理解生命如何具有整体性。整体性存在于我们周围，生命由此而生。每一个环境，即使是最为寻常的环境，都能够孕育生命。

20 世纪的钢铁加工机床

高架轨道之下，美国纽约布鲁克林

第一卷　生命的现象

斯卡拉歌剧院，意大利米兰

第 1 章 生命的现象

开花的杏树，文森特·梵高，绘于 20 世纪初，仍然是现代作品

宜人的平凡和缺乏"形象"的特征是我们当前情形下创造生命的关键。一位穿衬衫的男子、一家由加油站改造的咖啡馆、结实耐久且与普通花草相得益彰的铺路石、车间里的机器、大型卡车钻机上的装饰、不算太新的吊床、钉在墙上的照片、商店橱窗上的油漆、节日里供成千上万人跳舞的大帐蓬，午休时在仓库的装货码头上吃着三明治的两名工人。即便是在当前的环境中，这些普通的事物也在创造生命。我们需要明白，这种宜人的平凡所具有的表现形式，同最精彩的现代艺术一样，都是被同一种结构创造出来的，而且如果创造成功的话，这种结构就是"生命"。

9 / 贫困环境中的强大生命

本章中展示的一些手工艺品非常美丽，或许有人会说这些东西太特殊了，它们是少数特权阶级的艺术品，不能代表历史上绝大多数人的经验和感受。

但是生命的品质并非这种意义上的珍稀或"高级"。显而易见，它也存在于最平凡、最普通的日常生活之中。我们在马蒂斯和梵高的作品中所感受到的伟大的生命多少有些误导性——因为同样的生命感受也可以出现在脏乱的小屋或贫民窟中——事实上，生命往往更有可能出现在这样的地方，而非"建筑"作品之中。

这着实令人困扰，它看似矛盾，但这就是基本规律。对这一点的误解是罪魁祸首，几乎超过任何其他事情，导致我们无法在现代建筑中创造生命。

在此我以一张曼谷贫民窟的照片来举例，正是贫穷和肮脏赋予生命存在的空间，让生命成为焦点；中产阶级认为的好的观念不但没有起作用，反而扼杀了生命。这里的条件如此贫瘠，以至于仅能让生命本身存在。被杂志灌输的价值观念，被媒体塑造的欲望形象，在这里被统统丢出窗外，或者从未存在。

读者可能会觉得我在将贫穷浪漫化。那么中世纪呢？即使有着饥饿、疾病和可怕的偏见，他们建造的房子在某种程度上也比我们好得多，至少大教堂是这样。那么奴隶

曼谷贫民窟的生命力，真实的生命力

曼谷贫民窟内部

们被迫居住的茅草屋呢？这些茅草屋有生命吗？

是的，答案是有。

当然，过往时代的疾病和愚昧令人恐惧。没有什么比麻风病和饥荒更为血腥了，甚至我都曾在印度农村和秘鲁利马的贫民窟里居住过。

即便是在那样贫困的环境中，甚至在人们居住的窝棚里，都有着某种直白的（direct）和人情味十足的特点，它和我们在社区住宅、汽车旅馆、麦当劳汉堡店里的体验完全不同。再对比本页出现的自命不凡而又矫揉造作的后现代主义"住宅"，那真是一个可怕至极而又死气沉沉的东西。正常情况下这个建筑甚至不值一提，但我们的世界却颠倒黑白，把这种建筑当作合理的作品，值得在建筑杂志上配图展示，而上述的贫民窟却被当成可怕之物。

当然，事实如此，后现代主义建筑十分干净，没有疾病隐患，住在这里的人们大多身体健康，不愁吃喝。而曼谷贫民窟的人们则寿命较短，常常忍饥挨饿，这也是事实。不过，即便当人们考虑了这些事实之后，仍

后现代建筑，美国马萨诸塞州西斯托克桥镇

然觉得曼谷的贫民窟和在此生活的人们也许拥有更高的生命品质；而这张插图中的后现代主义住宅——布满发髻和耳朵形状的装饰，既与生命无关，又与现实无关。

某种程度上，贫民窟有内心发出的最直白的声音。印度农村的土屋中有这种声音，甚至现在也有。悲惨贫穷的利马贫民窟中可能也有这种声音。这就是生命，把人们的亲身经历、痛苦、怜悯、无知和温暖统统整合在一起的力量。这就是这里具有的一种真实的生命，它真的是生命。

根据我们自己的经验，在麦当劳汉堡店里、在自命不凡的后现代主义住宅里、在有着完善的给水排水设施和铺满地毯的社区住宅或东京公寓里，我们或许能拥有舒适性，或许能战胜疾病，或许能找到物质上的温暖与财富，但却往往听不到自己的心声。

如此说来，无论是历史上宏伟的纪念性建筑，还是中世纪的茅草屋，甚至是中国西藏民居里下垂的门柱，都和生命有着直接的联系，并且亲近我们的心灵，而这在我们今天的环境中十分少见。[8]

10 / 在事物中创造平凡生命的任务

回归到平凡、普通的工作上来。我希望我们所建造的房子、长凳、窗户都能蕴含简单的舒适感，让每个人都有家的感觉，从而让它们成为我们日常生活的支柱。

但事实是，这种简单的支撑生命的特质却难以捉摸。由于各种复杂原因，这一特质从20世纪起就大量缺失了。最根本的原因是某些事物深层的概念从我们的意识中被剔除了，这些概念起初只是与常识或实践有些渐行渐远，直到完全与常识或实践相悖。最为重要的也是最基础的概念——生命就是空间特质本身。生命，最为平凡的生命，那些我们在阳光下吃着三明治所感受到的生命，已经被我们从这个时代的知识领域中移除了。为了再一次找回它，我们必须小心谨慎地构建一个新的世界观，而它足以解释普世而深刻的世界是怎样的。

从表面上看，这一章列举的许多例子看起来都有所差异。每一个都属于它们自己的时代和地域。但如果我们深入挖掘，就会发现在某种程度上不同案例的表象是一致的，都体现出同样的深层特质。如果你以合适的方式进行观察，总能一次次无一例外地在其中找到同样的结构。

这种结构的一面是禅宗教义中的"侘寂"（wabi-to-sabi），作为一种日本美学概念，它可以理解为"残缺之美"（rusty beauty）。这些事物都很美，但却是残缺的。生命本身是残缺的，世上并没有任何完美的东西。日式餐厅、亚特兰大长凳上孤独的守望者、曼谷贫民窟的住宅、梵高开花的杏树都有一种粗糙可亲的特质。这种特质、这种真实的生命，以及所有伟大艺术作品、所有真实体验的深层生命，才是我们追求的目标。

第 1 章 生命的现象

河边野餐,卡蒂埃·布列松

令人惊奇的是,每次这种十分深刻的生命的表象看起来都一样。坐在河边的老人那饱经风霜的面庞、卡蒂埃·布列松拍摄的虽然匆忙但却精心制作的野餐、一条普通的天然河流、河岸边的青苔、宾夕法尼亚州传统谷仓旁堆叠得松垮粗糙的板材,这些例子中的生命特质并无不同。

甚至伊斯法罕清真寺及其瓷砖工程的宏伟和巧夺天工的工艺亦是如此,立面外在的完美隐藏了内部的自由与随意,对单个瓷片不经意的忽略,使工匠醉心于其中,创作出釉彩上自由的图案。

以上例子之所以令我们印象深刻,就在于它们都饱含愉悦和真挚的情感,这是一种单纯简单的特质。它们的深刻不是机械的构成:它们中存在着真实和简约。这种真实和简约引起我们心中的共鸣,甚至让人为之倾倒。这些作品提醒了人们生命的本质是什么,它们的简单反而超越了技巧。[9]

生命的特质也包括人类自己。最深层的生命就存在于人的内在生命和精神世界所能抵达的更深层之中。我体验所有建筑的一种方式是处于其中并感受生命的特质。

进一步而言,生命特质(的存在)十分普遍。生命既包括普通生物学里的生命(人们在评价建筑时常常忽略它),又或多或少包括构成建筑的石材、混凝土、木柱等的"生命"。这种深刻的生命在梵高画的苹果花中有很多表现,却很难在广告招贴画上看到。如同存在于每株植物和每只昆虫中一样,这种特质也存在于每个空间、每块石头、每个笔触中,当然也存在于正在我家花园里散步的鸭子身上（加利福尼亚大学附近人口稠密的伯克利山上）。

这种生命和建筑的概念，让我住的房子因为花园里的鸭子而变得更好，窗户美丽的形状不但赋予窗户更多的生命，而且使窗户和房间显得更大了。

同样，在这种概念下，我的精神世界、我们每个人的精神世界都被拓宽，从这个程度上讲，精神本身具有了更伟大的生命；我的生命历程中体会到的这种更伟大的精神世界，与构成建筑和房间的一木一石的现实世界紧密相连。

在接下来的篇章中，我希望能阐述清楚这种关于我们生命和周围环境的深层且神圣的生命概念与一种可识别的结构直接、切实相关。这种结构存在于空间之中。能够赋予建筑生命的这种深层秩序就是物理和数学结构在空间中的直接结果，它清晰且确切，能够被描述，也能够被理解。

注　释

1. 1991年，我和西蒙·范·德·瑞恩（Sim Van der Ryn）在埃萨伦（Esalen）研究所共同举办过一次研讨会，第一节中提到的观点变得更加清晰。我非常感谢他，也非常感谢研讨会的成员们所进行的鼓舞人心的讨论。

2. 虽然现代科学中没有这些概念，但它们在传统佛教中一直存在。佛教许多教派认为万物皆有其"生命"。还有许多万物有灵论的宗教——例如，非洲部落或澳大利亚土著部落——认为世界万物都有生命与灵魂。现代西方传统中确有很多半科学的尝试，即那些生机论的传统作品，例如：Goethe, Hans Driesch 和 Henri Bergson 的 CREATIVE EVOLUTION（New York: Henry Holt & Co., 1937）。但是这些关于生命普遍存在的诗意描述还不是科学思潮的一部分，它仍然不够坚实牢固，缺乏良好的结构感，不足以支撑人们分享经验上的知识。到目前为止，我们还没有这样的科学概念。

3. Theodore Roszak, THE VOICE OF THE EARTH（New York: Simon & Schuster, 1993）也把万物皆有生命描述为一种新兴的科学观念。

4. 根据当代自我复制系统的简化定义。

5. Christopher Alexander, THE TIMELESS WAY OF BUILDING（New York: Oxford University Press, 1979），第1章和第2章。

6. 参见：Aldous Huxley, THE PERENNIAL PHILOSOPHY（1945; New York: Meridian Paperbacks, 1962）。

7. 到1970年，一些作家开始评论我所描述的这种品质，其中最为深刻的就是伟大的日本陶工柳宗悦（Soetsu Yanagi），他在《未知的工匠：日本人对美的洞察力》（the UNKNOWN CRAFTSMAN: a Japanese INSIGHT INTO BEAUTY, Tokyo: Kodansha International, 1972）一书中解释了自己的态度。柳宗悦还建立了东京民间艺术博物馆，这是现代第一个满怀敬意纪念这些艺术品的公共机构。当下，这种对传统工艺品的赞赏和接受更为普遍。

8. 本章中的许多例子都具有伟大而深刻的"生命"，这一事实可以通过简单的实验得到经验上的证实。一些关键的实验以及这些实验的变体在第8章和第9章中有详细描述。

9. 每一个宗教讲义中都描述过这些照片（第30~57页）中的生命品质，例如，被苏菲派（the sufis）称为"在上帝中沉醉"（Umar Ibn al-Farid, KHAMRIYYAH, c.1235），"葡萄藤还没有长成，我们就醉了，借着醉意，思念心爱的酒"。禅宗艺术和早期禅宗大师也有类似的主题。在现代西方作家中，休伯特·贝诺伊特（Hubert Benoit）是少数几位能够理解这个问题的作家之一；参见：Hubert Benoit, THE SUPREME DOCTRINE（New York: Viking Press, 1959），译自法文版 LA DOCTRINE SUPREME SELON LA PENSEE ZEN（Paris: Le Courrier du Livre, 1951）；还有 LET GO（New York: Samuel Weiser, 1973）。以上总结可参见：Aldous Huxley, THE PERENNIAL PHILOSOPHY，另外可参见：克里斯托弗·亚历山大的《建筑的永恒之道》中第2章的"The Quality Without a Name"。

第 2 章

生命强度

1 / 日常环境中生命强度的差异

我确信，第 1 章论述的超越生物学意义的生命，作为所有物质系统的特质，以不同的强度存在于万事万物之中。例如，生命特质就存在于这句话书写完成的墨水和纸张中，也存在于此处印刷的字母 q 的墨水和纸张中。当然，这两种情形的生命存在强度都很微弱，但印刷字母 q 的生命略强于前者。这种生命特质以不同的强度广泛存在于各种人类活动之中。比如下图左侧所示多米尼加（Dominica）岛的生命更强一些，而右侧哈莱姆（Harlem）贫民窟的生命相对要弱一些。

在本章中我想让读者相信，几乎所有人都能察觉这种特质，并能感受到空间不同区域生命强度的差异。我还想为一个更宏大的目标打下基础，即：说服读者相信这种特质是真实的。我们在空间的不同区域所观察到的生命强度差异不仅仅是一种认知，也是这个空间客观真实的物理现象。

我认为，这一特质并非只是区分美丑的基础。在我们所处的世界每个角落，在最普通的场所、最普通的活动中，都可以觉察到这种细微的差异。这种特质因地而变，因时而变，体现出空间每个时刻、每个活动、每个场所强度的差异。

在下面几组照片中，请大家比较每组两张照片的相对生命强度，我将自己认为的生命强度较高的例子放在了左侧，反之则放在右侧。

两处贫困之地：一处更有生机，一处更为死寂

雨棚

哈莱姆的荒地

有树木的路　有交通灯的路

这组例子的差异相当明显，二者呈现的生命差异可以用精确的生物学概念进行描述。因为左侧有树木的路拥有更多有机物，"显然"会感到更有生机。但其他例子中生命强度的判别并非单纯依赖于有机物的数量。

有树木的郊区路

有交通灯的郊区路

对山更友好的道路　对山更粗暴的道路

下面两图中可见的草木数量基本相同，但左图的道路与山体的关系更为和谐，这种和谐带来了更高的生命强度；右图的道路则更荒凉，更粗暴。左图的道路对山更为友好，让人更为清晰地感知山的本质，同时带来更多的驾驶乐趣。

对山更友好的路

对山更粗暴的路

树荫遮蔽的路　开阔山区的路

这组照片有些难以判断。左图路旁有更多的树木、更强的光影，似乎更富有生命；而右图干枯的草地更多一些。此时很难从认知层面判断哪一个例子拥有更多的生命。初看时，有树荫遮蔽的左图会让人感受到更多的生命，但当你进一步问自己，"既然两个例子中草叶的数量基本相等，为什么会有如此感受"，这时就会陷入困惑。

但是，如果让你不假思索地在第一时间作出判断，我相信你会选择有树荫遮蔽的图片。这种感受很清晰，让人困惑的是很难找到证明直觉的理论。我相信，左图中较高的生命强度与光影有关，正是左图中的光影使这条路拥有了更多的生命。

树荫遮蔽的路

开阔山区的路

马厩内　马厩外

下面两张马厩的照片里都有工业装置、栅栏和人。右图聚焦于注视赛马场的人，但其空旷的场景显得死气沉沉。左图中的马厩尽管内部更为昏暗，但却有一种令人舒适的特质，不会显得那么冰冷。从这组照片中，人们也许会察觉，我们在不同场所中感受到的生命差异非常微妙，需要仔细审视自己的感受才能明晰。

马厩内部

观看赛马

更为友好的住宅边界　　更不友好的住宅边界

在这组例子中，左侧照片的花盆、其中存在的差异以及宜人的呈现方式等大量的细节给左图带来了生命；而右侧的住宅几乎不存在这种差异。左侧的场所得到了更为精心的照料，有更细腻的质感，或许更细腻的质感本身就是富有更多生命的原因。

更为友好的住宅边界

更不友好的住宅边界

普通敞篷小货车　　喷绘有机图案的小轿车

"时髦、有机"的形象并不一定总是具有更多的生命力。如图所示，加利福尼亚州喷绘有机图案的小轿车似乎代表了生命，因此粗心的读者可能会认为它拥有更多的活力。

但如果你问自己，哪一辆车事实上更有生命，更能让你感受到自己的内心，更能反映日常生活的真实状态？那么你就会发现，尽管那辆敞篷小货车很普通，但它更真实、更紧密地与生命相关联。

那辆喷绘着有机图案的小轿车与其说与生命的真实密切相关，不如说它只是一个图案而已。敞篷小货车看似不怎么有创造力，但却更具有真实的生命。

普通敞篷小货车

喷绘有机图案的小轿车

同一间卧室的两个不同视角

我们从两个不同视角去看同一房间的同一角落。一个视角聚焦窗户,此处生命较少;另一个视角聚焦床后的桌台,关注桌上摆放的个人物品。如图所示,左侧那张更加具有生命力。

这种强度的差异非常明显。但它值得深思,假如不习惯区分,你可能无法想象,即便在同一个房间,两个位置也能就其生命强度的差异进行比较。在本例中,由于左图与人相关,那里具有一定的协调性与舒适性,因此被更为频繁地使用,从而具有更多的生命。

床背后的区域

窗口的区域

加利福尼亚大学的两个停车场

此处特意选择了两个生命强度相差无几的例子。两个停车场都距加利福尼亚大学不到50英尺。但如果问你,哪一个更富有生命,哪一个让你无论是看到或身临其境都更能感受到自己的生命?你可能会挑选左侧的停车场。这是因为左图的汽车形状各异,还是因为较小体量的建筑带来了较小的尺度?原因很难说明,但这一微妙的事实的确存在。

更富有生机的停车场,不规则的停车方式,小建筑的介入创造了更多的联系

略微缺乏生命的停车场,整齐划一的停车方式,空间很大,更为同质,缺乏个性

镜子中的女孩 广告中的模特

科尼岛（Coney Island）上在镜子里注视着自己的小女孩，此刻的她与广告中更有姿态的模特相比，对生命更富有激情。这时，毫无疑问更有姿态的模特拥有更少的生命。

科尼岛上照镜子的小女孩

时尚的广告女郎

两个办公楼的大厅

这组例子非常有趣。令人惊讶的是，更华丽的大厅反而更具有生命力。左侧的大厅相较而言更为明亮，更为光滑，同时也更富有生命。这是因为左侧大厅明亮的特质非常具有吸引力，当人们经过此处时，会感到自己更为重要。右侧的大厅则鲜有值得赞许之处。尽管那里有很多人，但光线更加刺眼，更不友善，感觉死气沉沉，因此拥有更低的生命强度。

更加光亮的、具有生命的室内空间

混乱的、死气沉沉的室内空间

旧篱笆　新篱笆

这组例子中更破旧的篱笆反而拥有更强的生命力。旧篱笆逐渐被风化，开始倾颓，与环境中的风、水和土地相协调，因此它显然更加具有生命力。我们从中看到了一个事实，即生命在某种程度上依赖于时间，而此处微妙的差异和协调性是人们感知到的生命的一部分。

旧篱笆

新篱笆

两条城市中心的街道

这是两条拥挤的街道，都位于城市中心，一条在安纳波利斯，一条在图森。不过，安纳波利斯的街道更加具有生命力。无论街道或优或劣，生命强度总是存在。

美国马里兰州安纳波利斯

高速公路，美国亚利桑那州图森

第 2 章　生命强度

上海的两个城区

这两组照片是大规模建设的城市中心区。相较而言，左图的城区更有活力，更能承载人们的生活，人们能看到在生硬的形态之中仍存在着强烈的生命。右图的城区较为生硬，更为挑剔、刻板和乏味，人们在这里无法联想和感受到更多的生命力。

中国上海城区，有活力，显现出人类的存在

同样是中国上海城区，有些千篇一律

2 / 这些事实所基于的普遍感受

我用这些例子所引出事实的本质究竟是什么？至少对大多数人而言，这里最为重要的事实就是每组例子的左图都比右图更能让人感受到生命。现在描述或解释这种感受背后的原因还为时过早。假设你像我所期望的那样感知到了这种微妙的差异，尽管它有时十分微弱，但我还是希望每个人都能有所察觉。基于实证，这种差异的确真实地存在。即使读者对有些例子的判断和我不同，我依然认为，我们基本能够达成共识。

日常生活中，通过对比诸如两片树叶、两条河流的转弯处等场所、物体、社会场景，甚至是人类活动和生态系统，我们都能分辨出类似的差异。即便这种差异非常细微，我们也能进行分辨。当然，肯定也存在那种杰出的品质以及神秘的生命。第 1 章中列举的更为极致的例子都具有非常高的生命强度。

在各个历史时期，在许多所谓的原始文明中，人们都能普遍认识到世界上不同地方的生命或灵魂在程度上的差异。例如，对非洲部落的人、加利福尼亚州的印第安人或澳大利亚土著而言，他们都能分辨出两棵树或两块岩石之间的差异，也能识别出某些地方具有更特殊的意义。即使所有岩石都拥有生命，他们也认为这块岩石的生命或灵魂比那块更强。在沃特曼（T.T.Waterman）的协助下，加利福尼亚州的尤洛克（Yurok）印第安人进行了无数次这样的分辨行为。据他记载：一块特定的岩石被公认为"鱼礁"（fishing rock）或一棵树被公认为具有某种意义，这些情况非常普遍。[1]

即便是拥有科学思维习惯的我们，也会感受到某些地方具有更重要的意义。我们能感知到某棵树木、某块岩石、某处悬崖、某片空地具有强大的力量或灵魂，至少我们承认自己对那里心存敬畏，又或能感受到强烈的生命。此外，这种感受是共通的，并不特殊。当面对哥伦比亚河的那个弯道、那扇花园大门、那个房间、那座大桥、那条溪流、那片沙滩时，很多人都会有相同的感受。

3 / 认知事物生命普遍特质的困难

然而，我怀疑许多思虑周全的读者可能在理解这些事实的本质时存在困难。的确，有些读者可能会质疑我所说的是否真实，会怀疑我指出的现象是否可信。

对我的观点有这种反应似乎也情有可原。如果现代社会的我们能够在某种程度上相信如此重要的事实，那么人们会期望它被广泛地知晓和认可，期望它成为社会的普遍共识。如果"世界上不同地方蕴含不同强度的生命"这一理念是事实（且受到公认），它就自然而然地会成为我们进行建筑设计和城市规划时的理念基石。

但很明显，现实中明确的理念基石并非如此，它似乎与我所谓的事实背道而驰。的确，读者可能会注意到，至少在一些例子中，自己的第一判断与我所做的判断不尽相同。那么，是否存在这种可能性，我所提出的"事物皆有一定强度的生命"这一观念是个体的、特殊的判断，并不具备坚实的实证？

当然，如果这只是个人的价值判断，我们当前对世界上事物的感受就会保持不变。反之，如果客观上不同空间真的存在生命强度的差异，这一事实将极大地影响我们对世界的认知。

因此，假设这些观点不是真实的，或许会更加轻松。要让大家相信空间本身存在不同强度的生命，这确实很难。空间某个部分的生命力强于另一部分，以及这种差异并不依赖于其中生物体的数量，而是基于空间结构与生俱来的特质，这些观点会从根本上挑战我们的世界观。

我想当人们初次听到这些观点时，首先会本能地拒绝相信自己的感受。[2] 但在我看来，要想成功理解，就必须克服这种下意识的抗拒心理。为此，我将在下面两个小节中列举几组生命强度差异明显的例子。

4 / 曼谷平民窟住宅与后现代住宅

1992年，我在加利福尼亚大学给110名建筑学专业的学生[3]上课时，用屏幕向他们展示了曼谷贫民窟住宅和后现代八角塔形住宅。我让学生在其中选出一栋更具有生命力的建筑。

对有些学生而言，答案显而易见；但对另一些学生而言，这是一个令人不安的问题。他们提出了诸如"你的意思是什么？这个问题是什么意思？你对生命的定义是什么？"等问题。我明确表达，我并不想让学生作出事实判断，只是让他们根据自己的感受判断哪一个看起来更加具有生命力。即便如此，这个问题仍然令人不安。

为了让这个问题更容易接受，我让他们将自己分为以下三类：

- 感觉曼谷贫民窟更加具有生命力；
- 感觉八角塔形住宅更加具有生命力；
- 感觉这个问题没有意义或不愿意依据个人感受作出判断。

然后得到如下结果：

- 89人——感觉曼谷贫民窟更加具有生命力；
- 21人——感觉这个问题没有意义或不愿意依据个人感受作出判断；
- 0人——感觉八角塔形住宅更加具有生命力。

在此重申，其中没有任何一个人想说（或愿意说）后现代住宅比曼谷贫民窟住宅更加具有生命力。这显示出非常高的一致性。

当然，会有人嘲笑我所提的问题和我所选的两个例子。那座八角塔形住宅看上去无人居住。但是，难道这个问题询问的仅仅是哪一个住宅有人居住吗？如果真是这样，问题就没有意义。

但是在表象之下，即使那些心存疑虑、持反对意见的人也会清楚地意识到这个问题一定有某种深层的含义。后来，那21位无法作出判断的学生告诉我，他们也觉得贫民

曼谷贫民窟住宅

后现代八角塔形住宅

窟更加具有生命力，但他们觉得这样说会让自己无所适从。如果这个问题真的无关紧要，大家为什么会有这种感受呢？

我相信这不是无关紧要的问题，对那些学生而言也并非微不足道。学生之所以感到无所适从，是因为他们在建筑院校所获得的价值观和他们自身所感受到的、无法否认的真相之间产生了矛盾。即使贫民窟中充斥着贫穷、饥饿和疾病，学生们仍然能够察觉到普通生命的特质及其带来的所有感受。而在八角塔形住宅中则无法感知这样的生命特质，即使我告诉大家明天就会有人入住，情况也依旧如此。

因此在我看来，人们之所以能够作出正确的判断，就是因为生命差异真实存在。正因为如此，人们才会达成共识。的确，它关乎真实的存在。

它的影响具有非比寻常的力量，尤其是考虑到100多名观众大多数都是建筑学专业的学生。鉴于20世纪后期的文化环境和风气，许多学生来到学校就是为了学习建造类似于八角塔形住宅那样的后现代建筑。如果要求100多名学生选择二者中更加具有生命力的建筑时，其中并无一人选择显然更具建筑感（与其他课堂上的建筑范例更像）的例子，这就意味着表象之下隐藏了不可思议的事实。

我相信，学生们（至少学生中的很多人）肯定会觉得这个问题令他们不安，因为这个秘密，这个隐藏的真相不在他们目前的认知之中。那些承认曼谷贫民窟更加具有生命力的学生之后能否诚实地对自己说，"不管怎样，八角塔形住宅还是更好一些"，甚至说"后现代建筑更好"？

这个问题虽然简单，但却使扭曲的价值观受到质疑。学生们也许会觉得这是一个恼人的、愚蠢的或不合理的问题，也会有人选择回避这个问题，因为他们不喜欢，或者感到无法恰当地回答这个问题。然而事实上，当被问及这个问题时，绝大多数人都已然作出了判断。

5 / 古朴华美的手稿和礼堂细部

还有一次，我做了类似的实验，让学生对比古朴华美的手稿和礼堂墙体的细节——以圆形铜灯和黄铜色条带装饰的后现代风格的墙面。

这个实验再次达成高度的共识：二者相比，古朴华美的手稿具有更多的生命。但也像上次一样，有些学生不太情愿承认这一点。他们被这个问题搞得烦恼不安，认为问题是虚假的，或"作假的"。

一位建筑学专业的学生表达了这种不适之感，他抱怨这种比较"不公平"。我问他为什么觉得不公平，学生回应，这种比较似乎在隐晦地用不好的方式展示现代建筑。另一个学生则抱怨手稿"非常古老"。我追问，"非常古老"与这个实证问题有何关联？根据直觉和即时感受，你觉得哪个更有生命？

第2章 生命强度

学生再次回应,因为手稿"非常古老",二者没有相关性,所以这是"不公平"的比较。这个实验只是为了表明,人们的确会依据事物本身具有的生命强度作出反应,并且大家通常也认同这一点。实验中出现的异议表明,即使那些抱怨者也无法否认这一事实。因此,引入"该判断具有客观性"这一观点,实证再次触及他们在学校习得的独断的根源,这使学生感到紧张不安。

学生所表现出的不安揭示了这个现象的本质。我正是想在提问中把生命作为区分建筑好坏的基本准则。此外,我还想鼓励学生尽可能建造具有更强生命力的建筑。虽然我提的问题表面上看来简单且委婉,但它直指当下建筑教育和建筑实践症结的核心。

现代建筑的根基也受到这个简单问题的挑战了吗?

为了克服这种尴尬的认知困境,学生们发现自己不得不拖延时间。他们也许想要让人感觉这一准则难以应用,但后来却惊讶地发现其实相当简单。此外,他们也发现,依据这一准则挑选出的对象不是当前流行的建筑样式,反而是其他样式。

现在的建筑潮流似乎太过空洞,为了表示支持,追随者不得不拒绝看到事物的生命,又或拒绝运用这个准则判断好坏。越仔细观察,人们越觉得这个准则的存在威胁着现有建筑领域的认知秩序。

简而言之,我认为建筑师和建筑学专业的学生之所以面对这个问题时会感到不适,是因为他们在被提问的那一刻已经意识到大多数人会给出一致的答案,而这个答案在某种程度上与现行的建筑标杆背道而驰。

在当代生物学中,被赋予强度差异的生命没有明确的定义,这一事实带来了严峻的问题。缺乏理论框架来界定这类问题,自然会导致认知困惑。有些人清楚地告诉我,他们感到不适,是因为无法理解这个问题,无法用恰当的科学术语进行表述,无法为自己准确界定问题的真正含义。这个问题似乎打开了禁忌之门。

如果关注生命特质这一"危险"的层面,我们从事物中观察并感知到"生命"所具有的启发性的重要特征就会更加清晰。过

7世纪的基督教手稿

伍斯特报告厅的墙面,美国加利福尼亚州伯克利

去 30 年中，我逐渐意识到，发现并接受事物中生命的存在相当困难，因为它的社会影响非常广泛。简单地说，如果正如我的论述，万物都存在生命，这个事实本身就会带来巨大的影响，它意味着社会中很多事物和我们的生活方式都不得不改变。对改变的恐惧和对自然的抗拒，让我们的认知变得畏手畏脚，无法以更加开放的态度对待事实本身。因此有人可能不愿意承认事物中"生命"的存在，因为他隐约（也许有时非常清晰）地意识到，万一这种"生命"真的存在，整个社会和我们的世界观都必须随之改变。[4]

因此，和一个受此困扰的人谈话时，为了让他放松下来，我会说："我知道这个问题有些荒谬，但请你不要思考这个问题是否合理，只需说出你脑中浮现出的第一个想法。对你而言，哪个让你感受到具有更强的生命力？"人一旦放松下来，就会更愿意表达自己的感受。

即便如此，之后还会响起抱怨的声音："这是什么意思？是游戏吗？目的是什么？"无论他们如何回答，我们觉得大部分人都会给出相同的答案，抱怨的声音也会因为这一事实越来越大。为了维护机械世界观的合理性，我们头脑中建立的所有防御都开始反对这个问题，不喜欢被问及，并想将其定性为无意义的问题。

可能还有另外一个原因让人感到不安。20 世纪的建筑学建立了一些公认的风格范式，前文中所举的较为负面的例子皆是这些范式的典型。然而，它们显然都无法让人感受到生命。于是这个问题立即开启了针对 20 世纪建筑的严肃的批判之门。如果符合 20 世纪建筑风格范式且具有良好设计的典型建筑，还不如曼谷贫民窟住宅具有更强的生命力，也不如古朴华美的中世纪手稿具有更强的生命力，那么任何想要捍卫现代和后现代建筑的建筑师就不得不说"这个问题没有意义"，他只能用这种方式维护他的职业和作为专业技术人员的自我价值。

当然，"你感觉哪个更加具有生命力"这个问题本质上确实是基于经验的，正因为如此才让人烦恼不安。无论这个问题意义何在，它似乎都在探索一个思想领域，该领域可能会对 20 世纪末基于风格范式的建筑产生巨大的毁灭性影响。

6 / 一个显著的事实

我举的例子非常清楚地表明，只要我们跟随感受，就会发挥作用。即便在日常生活的最细微之处，我们也会注意到不同场所生命强度的差异。我们基本能够在生命多寡的判断上达成共识，在很多情况下，我们也能够凭直觉感知事物的生命强度。

然而，直到现在还没有对它的明确解释，生态机械论的生命定义无法解释这些差别。同时，我给出的非正式论述也确实无法解释所有例子。

但是越来越多的人猜测（或许一些读者也包括在内），这些例子可能拥有某种共同的结构。因此，一个物体的生命多于另一个，其原因均与结构特征相关：例如光线、细部层次（the level of detail）、圆度（roundness）、完整性（completeness）以及微小的细节等。然而，现阶段可以肯定的是，这种对生命强度的判断似乎是事物基本的原始特质，是对我们在世界中所遇到的各种现实进行的基本判断。

如果这一观点是正确的，那么如此强大的、普遍的特质竟然不属于我们对世界的普遍认知，这真的很奇怪。这个理论虽然简单，但我们不应因此就忽视其真正的、巨大的意义。我们似乎能观察到一种基本现象（迄今为止无法解释）：在每组活动、空间、场所及物质中，我们至少能依靠自己的感受来判断生命强度的差异。我们能观察到，大家对事物生命的感受基本相同。

对这一事实认知的缺乏，导致社会很难形成关于自身存在的合理概念。然而在过去的几百年中，现代社会几乎在缺乏这些认知的状态下存在，甚至在与此完全相悖的概念下构建了机构、组织和程序。

不同事物、场所和事件中可能存在的生命强度是客观的，而非仅存在于个体之中的特性。这就意味着，"被感知"的生命在真正巨大的万物结构中占有一席之地。如果事实果真如此，这种被感知的生命的存在（它必然以某种程度存在于万事万物之中）就是一个发现、一种觉醒，其非凡意义可与16世纪发现的地球围绕太阳公转，又或与19世纪发现光的电磁性相提并论。

7 / 我的基本假设

多年来，本章提及的观察现象（以及过去20年间我和同事们反复观察到的类似现象）使我相信，我们在万事万物中所察觉到的生命强度差异并非主观评价，而是客观存在。[5]它是对世界的一种描述，它存在于世界之中，同时也存在于结构之中。

我通过以下假设说明这一观点：我们所谓的"生命"是一种普遍状态，它或多或少地存在于空间各处：如砖块、石头、草地、河流、绘画、建筑、水仙花、人类、森林以及城市之中。此外：空间各处（空间的每一处相连部分，无论大小）都有一定的生命强度，这个生命强度非常明确，它客观存在且能被测量，这一观点非常重要。

该假设意味着，建筑的每个部分，包括每个窗台、每个踏步、每粒尘埃、这个座椅和那面墙体之间的空间、屋顶、屋檐下的空间、水泥路、停车位、停车位之间的停车线等，都有其生命强度。这是个简单的假设，但尚未完全确定。就像我们在本书后几章中所示，通过实证的方式判断这一命题真伪的科学方法精细且微妙。[6]因此，我不能要求读者认可该假设的正确性，我只是希望读者认为它可能是正确的。接下来我会通过展示所积累的证据和经验，试图进一步说服读者，让他们相信这的确是正确的。

这个假设之所以显得新奇，是因为它与当前正流行的、人们不经思考就接受的机械论概念大相径庭。但我将试图证明，我的假设并非源于自己不切实际的想法，而是能用结构性的术语精确描述的观点，并能在科学世界观中占有一席之地。

注　释

1. 沃特曼是一位人类学家，20 世纪初在加利福尼亚大学伯克利分校的人类学系工作，他的描述直率而朴实，总是给我留下深刻的印象。T.T.Waterman, YUROK GEOGRAPHY（Berkeley, California: University of California Publications in American Archaeology and Ethnology, 1920, 16 no.5, 177 314）。

2. 我相信，难以接受生命和生命度是一种普遍现象，这一点是不可避免的——因为这就是我在前言中讨论的那种机械论世界观的结果。

3. 建筑学院，1992 年秋。

4. 例如，在 1991 年关于日本高密度公寓建筑的公开讨论中，我提出了一种住宅模式，每个家庭 2.5 层，佐以小巷，以保障每个家庭都有一个花园。令人惊讶的是，这种住宅的户数可以达到每英亩 80 户（每公顷 200 户）——与如今日本典型的 10～14 层的高层公寓建筑密度相当，建设成本也一样。所以，到底应该选择哪种建设模式？

为了帮助名古屋市，我在日本的同事做了一项调查，调查 100 个家庭成员对我提议的这种住宅的感受，并与以同样的成本和密度建造的 14 层公寓楼进行比较。他们被问及更喜欢哪种环境，以及这两种环境中哪一种对他们来说更具有生命力。调查结果显示，绝大多数家庭更喜欢低层住宅，他们认为这是生命程度的问题，在他们看来，低层住宅更有生命（Hisae Hosoi, OPINIONS OF ONE HUNDRED FAMILIES ABOUT LOW-RISE AND HIGH-RISE APARTMENTS, unpublished ms., Tokyo, 1991）。

然而，即使最开始得到许可，进行这项调查也非常困难。名古屋的公共机构干预调查过程的实际细节，并试图改变问题以阻止调查的进行。我相信这种干扰是因为机构官员凭直觉猜到调查的结果（毕竟他们自己可能也会给出相同的答案），但知道答案与现行政策不一致，他们感到害怕，因此根本不想进行公众调查 [关于他们试图阻止这次调查的细节，在克里斯托弗·亚历山大和希赛·霍索伊即将出版的《珍贵的宝石》（THE PRECLOUS JEWEL）一书中有详述]。原因不难找到。如果人们接受我在日本提出的高密度低层住宅形式，就会打破许多现在的土地投机形式，特别是那些寻求更高密度的投机者，他们将被低层住宅计划所限制。因此，日本的货币利益集团支持那些试图避免公开披露这些事实的人们。

如果一种住房比另一种住房更有生命力是一个事实的话，它的存在可能会成为令人不安的潜在因素。对于城市住房部门、公寓、开发商、银行及其他相关利益部门，即便是现有的建筑实践探索、公开讨论和承认住房项目中的生命程度，可能都会导致建筑学和经济学领域各种根深蒂固的假设受到质疑。

因此，那些与既得利益相关的人会断言，一种具有生命的设计好于另一种设计只是观点之争。所有这一切使人们更难看到和承认事实本身，也更难认为其在理智和经验上具有合理性。

5. 我的同事 Hansjoachim Neis 教授进行了大量的研究，他在过去 15 年中反复进行此类实验，证明了这些判断的经验有效性和可复制性。其他证实这种判断存在可重复性和客观性的研究还包括：Cristina Piza de Toledo, "Empirical Studies Judging the Degree of Life in Photos of Buildings and of Artifacts," masters thesis, University of California, Berkeley, Architecture Department, 1974; Hansjoachim Neis, "City Building: Models for the Formation of Larger Urban Wholes," Ph.D.diss., University of California, Berkeley, Architecture Department, 1989.

6. 参见第 9 章。

第 3 章

整体和中心感知体理论

1 / 绪论

我相信人们已经能够理解建筑中"生命"的生成方式，下面我将提供一些词语来描述这种生命现象。

为了将生命作为一种现象来理解，需要定义我所谓的"整体"（the wholeness）以及我称之为"中心感知体"（centers）的关键实体。其中，中心感知体是整体的基本构成要素。尽管本章和这些概念相当抽象，但我必须要求读者尝试理解并使用这些概念，因为我定义的整体以及作为整体必要组成的中心感知体，是理解生命不可或缺的工具。掌握了这些定义，我们才能明白生命的产生方式、所有生命的结构特征，以及功能和装饰的本质。为了使我们能够将生命作为一种结构来理解，请仔细阅读下面的内容。

2 / 整体的概念

我们会凭直觉猜测，建筑的美、建筑的生命以及建筑维持生命的能力都来源于一个事实，即建筑作为一个整体发挥作用。建筑的整体观意味着我们将其视为一个延展的、不可分割的整体的一个部分。建筑不只是孤立的个体，而是包括花园、墙体、树木、场地外部的街道和周围建筑的整体环境的一部分。这个世界包含多个整体，各个整体之间的联系是连续且无界的。最重要的是，整体是完整且不可分割的。

尽管我们可以认为这是正确的，但这个非常明确的观点在建筑的专业和科学领域中还没有与其相对应的概念。整体作为一种常规概念，20世纪的许多学者对其进行了广泛讨论：它是当代思潮的主题之一。[1]物理学中，电子的局部运动受到更大范围的实验装置的影响[2]；引力粒子的局部运动受到粒子产生的更大范围的引力场的影响。[3]生物学中，汉斯·斯佩曼（Hans Spemann）的实验表明，胚胎中细胞的生长受到其在整体中所处位置的影响。[4]神经生理学中，卡尔·拉什利（Karl Lashley）关于记忆痕迹的实验显示，任何特定记忆都会储存于整个大脑中，而非局部位置。[5]医学中，霍尔丹（J.S.Haldane）对肺部的研究及其对生物体周围无法划定明确边界的解释，均可说明有机体和周围环境具有不可分割的特性，它们相互联系，作为一个整体存在。[6]宇宙学中，马赫（Ernst Mach）原理指出，万有引力常数G（以及重力作用）是宇宙万物都遵守的常量。[7]最近关于地球整体生态的研究甚至表明，将整个地球视为一个有机整体具有极大的意义。[8]

在以上所有例子中，整体都具有非常重要的意义：局部相对于整体而存在，局部的活动、特征和结构由更大的整体决定，局部存在于整体之中，同时也创造了这个整体。

凭直觉而言，整体在当代思潮中扮演了非常重要的角色，然而，却没人能定义整体。我们可以讨论整体，也能意识到以整体观看待事物的重要性，但没有人可以用精确的术语描述整体。我们无法用精确的数学术语描述或者厘清"整体"的概念。

大多数建筑师和艺术家凭直觉都明白，建筑也应以整体的方式运转，同时也应以整体观看待建筑世界。但正如最近科学界的其他例子一样，没有认知手段告诉我们如何去做。我们还没有一个精确的结构模型，可以称之为建筑世界的"整体"；我们也不明白"整体"如何助力建筑和空间发挥作用；在整体中会发生什么？整体会如何影响我们？这些都不清楚。当人们说到，建筑只有"作为整体"发挥作用，这才是正确的，我们也不知道为何这种说法就具有合理性。

经过多年的思考，我已经能够用精确的语言定义我们所说的整体。我们可以将整体精确定义为一种结构（其数学术语定义详见附录1），这是定义的基本思路。这种结构十分复杂，类似于拓扑中定义的基本结构。下面几节中，通过展示一些例子，我将使用日常语言解释这一概念。

3 / 一个简单例子中的整体

空间任何部分的整体都是由存在于其中所有多样连续的实体以及这些实体相互重叠嵌套关系所定义的结构，这是我的总体理念。

为了理解这个观点，我首先从一个非常简单的结构入手，从整体的角度对其展开研究。如图所示，右侧有一张白纸。我在上面画了一个圆点，尽管这个圆点很小，但它对这张纸的影响却非常巨大。空白的纸是一个整体，具有整体性。随着圆点的介入，整体发生了变化，其完形（gestalt）改变了。我们感知到一种遍布整体的微妙变化。整张白纸上的空间发生了变化（不仅在圆点处），矢量被创造出来，也产生了远超于圆点本身所构成的分化。白纸作为一个整体，生成了一个延展于整张白纸之中的、全新的整体结构。

任何关于整体的合理描述，都必须紧扣这种微妙的、普遍的影响。但是，这种影响如何发挥作用呢？

画上圆点后产生的新结构是什么？或许可以这样描述：圆点周围形成一种光晕，在

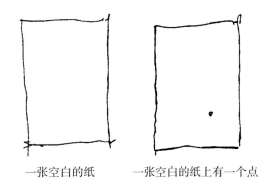

一张空白的纸　　一张空白的纸上有一个点

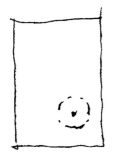 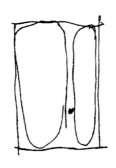 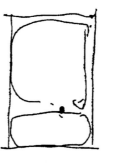

点周围的光晕　　四个潜在的、最大的长方形，重叠后创造出四角处的四个长方形，如右图所示　　射线系统

它的周围生成了更大的实体。此外，在圆点每一侧的白纸上都生成了与其相切的长方形，成为"潜在"的实体。这四个长方形的重叠又形成了白纸四角处的四个长方形（如下页插图所示）。四角处的四个长方形既通过其他长方形相互重叠形成，又是由最初的圆点诱发而成的。此外，这里还形成了能被觉察到的射线：圆点发射出四条与纸边平行的白色射线，形成一个十字；另有四条射线自圆点向白纸四角发出，它们不是很明显，其相对强度取决于圆点在纸上的位置。

因此，包括白纸本身这一主要实体在内，圆点在纸上至少创造出了 20 个实体。这些实体究竟是什么还不清楚，但可以肯定的是，它们以某种存在形式成为整体的一部分。我们能够确定，当置入圆点之后，这些部分被以某种方式标记出来，变得可见和突显，它们以某种方式开始具有前所未有的连贯或分化特点。尽管这些实体确切的属性还不清楚，但这些实体的确变得更为可见、显著、强大，这一点非常重要。

为了使这种结构更易观察，我们用图形进行表达。此处只是简单地列出那些相对强度较高的空间实体片段：1. 白纸本身；2. 圆点；3. 圆点周围的光晕；4. 圆点限定的底部长方形；5. 圆点限定的左侧长方形；6. 圆点限定的右侧长方形；7. 圆点限定的顶部长方形；8. 左上角；9. 右上角；10. 左下角；11. 右下角；12. 向上的射线；13. 向下的射线；14. 向左的射线；15. 向右的射线；16. 四条射线形成的白色十字；17. 圆点到最近的角的斜线；18. 圆点到第二个角的斜线；19. 圆点到第三个角的斜线；20. 圆点到第四个角的斜线。

正如我提出的整体的基本概念，那些更加强大的部分或实体共同定义了一种结构，这种结构就是我们看到的纸和圆点形成的整体。我将这里的结构称为整体，简写为 W。整体正式的数学定义详见附录 1～3，其中它被描述为相互重叠的实体系统。[9]

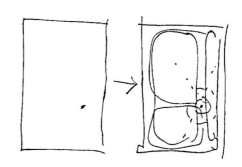

图解整体性：20 个最显著的实体相互重叠构成的系统，注意这只是一张长方形纸上一个点的整体

4 / 实体影响力的来源

影响力的来源是什么？是什么使一些特殊部分作为连贯的实体脱颖而出，进而形成整体？其影响力和中心性来源于综合要素，这些要素皆取决于空间的整体结构。

在白纸和圆点的例子中，纸的四角处有中心感知体，这里的空间高度分化。圆点四边用来"填充"白纸的稍大的长方形，是空间中未接触边缘的最大的对称形（symmetrical chunk）。由于圆点的存在，它们一直保持着最强烈的对称（symmetry），正是它们的同质性（homogeneity）使其变得更为明显。当然，圆点也被标识了出来，因为它在颜色上与其他要素存在物理差异。从圆点射向四角的线段也是由聚焦于两个端点的局部对称形成的。

由此我们可以得出一般原则，通过这些原则，可以在任何给定结构之中识别出作为中心感知体的空间部分。原则如下所示：

- 显现为实体的组合通常具有局部对称性，但也并非总是如此。
- 实体一般会拥有边界，即它们的边缘处总会有明显的结构突变。
- 有的实体通过其内部中心感知体得以标识，中心感知体附近的交界处会产生另一种变化。
- 结构所具有的简单、规律的特性，使其成为整体，并促使它们作为实体运作。
- 与周围空间相比，中心感知体内部相对同质。
- 中心感知体存在拓扑联系，并因此紧密结合。
- 中心感知体通常（并非总是）呈现凸形。

上述特征列表还不完整，但已经逐渐展现出促使空间片段产生连贯性的原因。[10] 稍后将在第 4 章和第 5 章进一步展示以更复杂方式形成的更为复杂的实体。

结构中存在的实体并非只能被感知，它在数学层面也是真实的存在，是空间本身的真实特征，能够通过空间分化的相对层级得以在数学层面进行建构。可以说，结构具有数学和物质层面的真实性。

此外，实体具有不同的强度。

5 / 中心感知体的概念

下面讨论的是构建整体的那些实体的本质。让我们仔细观察世界上任何一种结构，例如一栋建筑、一条街道、一个坐满打牌人的房间、一群人、一片森林，每种都有其整体性。我认为，在这些事物的内部都具有不同尺度的大量实体，它们按照我所描述的方式形成，所有这些实体及其嵌套方式共同构成了事物的整体。[11] 我们可以将这些实体看作片段（就如有时我们感知到的那样）、局部性整体或次级整体。但是，正如之前白纸和圆点的例子所示，这些片段或实体原本并不存在，它们本身多由整体创造而来。这个明显自相矛盾的观点（它看似自相矛盾只是因为简单的表达方式）是整体的本质：片段构成了整体；整体创造了片段。为了理解整体，我们必须建立整体和"片段"协同运转这一概念。

近年来，为了统一实体的概念，我可以把它们（无论是片段、局部性整体还是几乎不可见的连贯实体）称为"中心感知体"。[12] 也就是说，作为实体的标志，每个实体似乎都在更大的整体中作为局部中心感知体而存在，这就是空间的中心现象。因此，人的头部、耳朵、手指都是一种可辨的整体，同时在视觉和功能上也是一种中心感知体。我们将其作为中心感知体来感知，最终，中心性成为它最为清晰的特征。

我在这里使用的"中心感知体"一词，并非像重心那样的中心点。我用"中心感知体"一词指代某个有组织的空间区域，即空间中一组独特的点，由于其空间的组织关系、内部连贯性、外部关联性而显示出中心性，并构成相对于空间其他部分具有较强中心性的局部区域。当我使用"中心感知体"一词，通常指代的是一个物质集合，一种特殊的物质系统，它占据一定的空间体积，具有特别显著的空间连贯性。即使我所说的中心感知体是文化或社会的中心，归根结底它也具有空间属性：它发生于空间中，通常都有空间中心。[13]

把连贯的实体作为中心感知体而非整体有其数学原因。如果我想精确描述一个整体，自然需要明确这个整体的起点和终点。例如研究一个鱼塘，如果想称其为一个整体，基于数学理论的准确性，我就需要绘制出围绕该整体的精确边界，并说明空间中的每个点是否属于这组点的其中之一。但是，这很难操作。很明显，水是鱼塘的一部分。那么砌筑鱼塘的混凝土或水底的黏土呢？这些也能被称为"鱼塘"整体的一部分吗？应该涵盖到哪种广度呢？应该包括鱼塘上方的空气吗？它也是鱼塘的一部分吗？那么注水管呢？这些问题让人不快，但却并非微不足道。没有一种自然的方法，能够将绘制出的边界恰好包含该包含的部分，剔除该剔除的部分。若以非常僵化的方式思考，似乎鱼塘并非以整体而存在。但这明显是错误的结论，鱼塘确实存在。我们的困境只是不知道如何对其准确定义，似乎症结都在于我们要将鱼塘称为"整体"。这类术语似乎使我必须明确划定边界，将该包含的部分和该剔除的部分刚好分隔。而这正是错误所在。[14]

当将鱼塘称为中心感知体时，情况就有所变化。我意识到，鱼塘确实作为局部的活动中心而存在，该中心感知体即为一个生命系统，一个重点突出的实体，其边界的模糊性不再是问题。作为实体的鱼塘向它的中心聚焦，创造出中心区域；同时，周围的一切也在鱼塘中各司其职。此处的中心效应确实有所减弱，但更为重要的是，我不需要明确边界，确定哪些要素包括在其中，哪些在其外，因为那些都不是重点。在这个作为连贯实体存在的鱼塘中，重要的是鱼塘这一系统是由场效应形成的。在这个场效应中，不同要素共同作用形成中心感知体。以上论述在鱼塘真实的物质系统中也具有物理意义上的正确性：水、边界、浅滩、斜坡、百合花——所有要素都有助于构成鱼塘的中心感知体。从我对那个鱼塘的认知而言，这也是真实的。因此，将鱼塘称为中心感知体比将其称为整体更为有用，也更准确。同样，这也适用于窗户、门、墙壁或拱券。它们都无法划定准确的边界，都是边界模糊的实体，它们的存在主要归因于一个事实，即它们均以中心感知体存在于所处于的世界之中。

"中心感知体"这个名词优于"整体"还有另一个原因。我们所关注的建筑实体包括了楼梯、浴缸、门、厨房水槽、房间、顶棚、门廊、窗户、窗帘以及厨房角落等最为普通的要素。在设计时我们通常都要追问，这些要素之间合理的组织关系是什么？这又是一个使用"中心感知体"一词的重要原因。从设计中的组织关系来看，把厨房水槽称为"中心感知体"比"整体"更有意义。如果把厨房水槽称为"整体"，那么我会将水槽作为孤立的物体。但是，如果把水槽称为中心感知体，它就已经显示出其他含义。它让我觉得，水槽会在厨房里发挥作用。它让我感知到事物更大层面的模式，以及这个特殊的要素（厨房水槽）融入此种模式并在其中发挥作用的方式。它使水槽向外辐射延展，超越了自己的边界，作为一个整体在厨房中发挥作用。

另一方面，如果我把水槽称为整体，则产生了更多的边界感，失去了物体之间的联系。就好像在水槽之外包了一层皮，虽然水槽内部完整，但切断了它和周围要素的关系。因此，我会更为单纯地思考水槽个体，不会认识到它与更大的厨房之间已有的、将有的、又或应有的关系。

有一次，我和妻子帕梅拉（Pamela）讨论中心感知体的概念，发现它也适用于研究卧室的窗帘。妻子认为，正如我之前解释的那样，在我俩的谈话中只是引入"中心感知体"这一概念就改变了她对周围事物的认知。"当我凝视房间的窗帘，并将窗帘、窗帘杆、窗户、天空、顶棚上的灯视为中心感知体时，我逐渐意识到这些要素之间的关联。仿佛在伊甸园里吃了苹果一般，我的视野变得更为开阔。突然间我的眼睛以另外一种方式感知万物，我看到世间万物的联系，看到了真实的世界。"

世间所有的实体都是如此。当它们被看作整体或实体时，我聚焦于边界和分隔；当它们被视为中心感知体时，我更多关注的是它们的联系。我将它们视为不可分隔的更大整体的核心，并将世界视为一个整体。

6 / 作为微妙结构的整体

为了理解整体生成中心感知体的方式，让我们再观察一个抽象的例子。这里需要说明，正是因为建构所具有的整体性，中心感知体才得以成为中心感知体。如第82页插第一张，正方形呈现为强中心感知体。
第二张，深色三角形介入后，即使正方形仍旧存在，也没有之前的强度，因为整体的布局发生了改变

图所示，我绘制了一个正方形，它本身就成为一个强大的中心感知体。若在结构中加两块黑色三角形，此时，即便正方形没有发生变化，作为中心感知体的正方形的强度也不如之前了；三角形逐渐变得更为强大，遮住了原有的中心感知体，现在原本的中心感知体"消失了"。

因此任何中心感知体的强度不仅受到产生中心感知体本身的内部形态的影响，也受空间向外延展的各种要素的影响，并且通常与整体的结构有关。总之，下列的数学特征是影响中心感知体强度的因素，对称性（symmetry）、连通性（connectedness）、凸性（convexity）、同质性（homogeneity）、边界（boundaries）、特征骤变（sharp change of features）等都是整体结构的产物。组成任何整体的中心感知体都不是单独的个体，而是整体结构生成的要素。正是结构的宏观特征形成了局部中心感知体，并使其"趋于稳定"。

任何给定空间的整体都具有高度的动态特征，且极易受到几何结构微小变化的影响。随着时间的推移，整体在持续变化，同时受其内部和周围结构微小变化（有时变化极其微小）的影响。之所以如此，是因为中心感知体就是通过这种细微方式产生的，即使非常精细的结构中的微小改变也足以引起显著的变化。

再回到白纸和圆点的例子上。我们已经观察到，白纸上的一个圆点创造了白纸整体广泛且全局的结构。一个小点，面积不及纸张的万分之一，却完全改变了白纸的整体。

请观察第83页的案例1：当第二个点介入时，强化出一个全然不同的中心感知体，结构突然变得像一个头部。再请观察案例2：如果把第二个点放在其他位置，同样会得到全新的中心感知体。此时，一个形如对角线的结构突然出现，伴随产生的还有三角形和如箭头一般向上的斜线。

就如第一个点一样，新加入的每一个点的面积都不及纸张的万分之一，但这种微小的变化（面积或容积都很小）却再次完全改变了原有的整体。因此，每个例子中，我称之为"整体"的结构都对细节上相对微小的变化极其敏感。局部非常细微的物理变化，都会造成整体全局的改变，有时甚至引发彻底的改变。

因此，整体很明显是一种由整体产生的非常精妙的结构。从片段进行推测很难得出整体的结构，把整体当作"片段间"的关系也毫无帮助。整体是由结构的细节自主产生的全局结构，是空间真实的数学和物质结构；同时，它也是通过几何结构的对称和其他关系间接产生的。为了完全理解这种精妙结构的本质，我们必须要将中心感知体看作整体生成，而非由部分构成的。当前的传统认知（可能源于笛卡儿或机械论）告诉我们，万物均由部分组成。当前的人们尤其相信，整体是由部分组成的，部分的产生"早于"整体，这是此种观点的关键。也就是说，持有此种观点的人会认为，部分首先作为某种要素存在，然后这些要素相互关联或组织，从而基于这些部分及其组合创造出"中心"。

第 3 章 整体和中心感知体理论

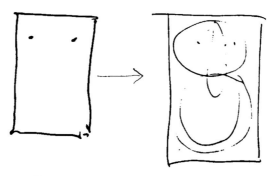

两个点，案例 1：在第一个点的布局中出现的第二个点，创造出全然不同的整体，两个点仿佛形成了一个头的形状

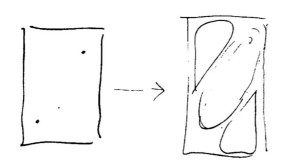

两个点，案例 2：当第二个点加在不同的位置，就会得到不同的布局。这个布局主要包括一个斜向的中心感知体和位于长方形左上和右下的两个三角形中心感知体

对角线不是构成元素或部分，而是产生于整体的中心感知体

我相信，整体的精确含义全然不同。当我们真的将整体理解为一种结构时，我们就会发现，多数情况下是整体创造了部分，中心感知体并非由部分组成。更确切地说，部分大多由整体产生，部分位于整体之中，并由整体创造出来。这就类似溪流产生漩涡的方式。溪流中的漩涡以及我们看作漩涡的中心感知体（漩涡、流线等）是由河岸、岩石等更大的结构产生的。因此，我们在水流回旋中观察到了形成的漩涡。这种理念与整体由要素或部分构成的观点存在根本的区别。

在两个点的例子中，我们会看到，看似部分的可见实体是由整体诱发产生的。因此，我们可以将案例 2 中的对角线称为一个"部分"，但它并非原本就存在，而是由整体作用诱发而出现的。这个部分自然而然地"爆发"于整体之中。从任何层面而言，它都不是构成中心感知体的要素。

基于整体理解事物的基本原则是，次一级整体或中心感知体均由整体引发，并来自整体。正因为如此，根据部分位于整体中的位置，它会在形态和尺寸上进行调整修正。一朵花的每片花瓣都不完全相同，它们虽具有相似性，但每片花瓣因其在整体中的位置和生长过程不同而有所差别。当部分被一个个复制时，我们不会看到完全相同的复制品。相反，被复制的部分作为中心感知体出现时，会根据其在整体中的位置进行变化。本质上，

大海中的漩涡：中心感知体不是构成元素，中心感知体形成于整体性

这直接源自一个事实，即部分由整体诱发，由整体创造。整体不是由部分创造出来的，花朵也不是由花瓣创造出来的。花瓣是根据它们在花朵中所扮演的角色和所处的位置生长出来的。这与我们现在习以为常的观念完全不同。在新观念中，始终是作为结构的整体首先出现，其他一切均源于这个整体，源于其产生的中心感知体和次中心感知体。

7 / 中心感知体系统把控整体的另一个案例

我希望，整体（W）正如我描述的那样，真的开始显现我们直觉感知的"整体"特征。

观察这两张门洞的图 A 和图 B，表面看来没有差别，但却能带来完全不同的感受。如果仔细观察我们会发现，作为整体，两个门洞具有明显不同的完形。

图 A 是拱形，拱的中间有明显的中心感知体且具有整体连贯性，图 B 是图 A 的简单矩形版本，但两者的差别比以上描述所暗示的还要巨大。图 A 和图 B 有截然不同的特性（character）。

如果关注空间的整体，就能察觉二者之间存在巨大的差别。图 A 中的拱聚焦于顶点，是一个统一体；左右两侧有两个楔形空间，强调了尖拱顶点劈开顶部空间的趋势，也进一步强化了顶点。图 B 更呆板一些，人们主要看到一个静态的、位于门洞上方空白处的巨大长方形，门洞本身顶部的扁长形也是静

第 3 章 整体和中心感知体理论

图 A

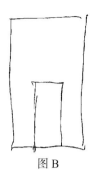

图 B

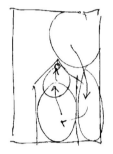

A 的结构：产生的主要中心感知体

B 的结构：产生的主要中心感知体

态的，两侧有一个附加的双腿状空间。以上即为我们看到的两幅插图的整体。

图 A：在"A"的结构图中，我标出了空间中形成整体（W）的一些最为重要的中心感知体。我们能够看到，这些中心感知体呈现出一种相互嵌套的序列。一个中心感知体位于顶点处，另一个三角形的中心感知体位于顶点下方并包含顶点，整个拱形也是一个中心感知体，拱顶的左右两侧还有两个倒梯形的楔形中心感知体；然后，拱的两个侧面还有矩形中心感知体。

这些可见的中心感知体共同作用，形成一种从图纸顶部向下方两侧滑动的俯冲趋势，然后再移动到中间，最终在拱顶达到高潮。它们形成的这种相互嵌套的结构强调了拱的顶点，并且支撑了实体（拱）。通过分析结构 W 准确地展现出我们所体验到的整体（整体的完形）。

图 B：在"B"的结构图中，我也标出了形成整体的最为重要的一些中心感知体。这个例子中，这些中心感知体形成的结构连贯度不如 A。其中，图纸顶部有一个长方形的中心感知体，下部每侧各有一个中心感知体，拱内还有一个中心感知体。这些中心感知体组合在一起形成了与 A 看似相同但又完全不同的中心感知体结构。例如，B 中顶部的长方形中心感知体与 A 的相比，显得更强大且更占据主导地位；B 中拱内部的中心感知体与 A 的相比，嵌套关系更弱且居于更次要地位。B 和 A 一样都有整体结构，但 B 的结构连贯性稍差，关联性较弱。

因此，在以上两幅插图中，中心感知体系统展现出我们通过直觉体验到的事物整体。我们猜测，整体（W）也能描述和解释两幅插图的生命差异。即便差别非常细微，但 A 确实比 B 拥有更强的生命力，这一事实也反映在整体更为连贯的结构之中。

8 / 构成世界的基本实体

现在，我们继续思考整体 W 在现实世界中的状态。

在前述例子中我们看到，每幅插图中主要的中心感知体的图案都可被视为这幅插图的整体（即事物的全部）。在拱形插图中，那些朴实、简单的条带状空间是中心感知体，那些突出的点也是中心感知体，如拱的顶点或拱与立柱的交点。当我们将这些中心感知体组织在一起，就能看到它们如何形成更大的中心感知体，例如拱顶、拱顶两侧的对称系统等。同时，我们也会看到正是这些中心感知体共同作用形成整体。

那么，整体（W）到底是什么？这才是问题的关键。我的答案是，整体不仅是聚焦事物完形的方式，更是一种真实存在的结构，它本身就是一种真实的"事物"。作为一种存在于世界中的结构，整体包括了我们直觉感知的事物的完形、全貌及普遍的特质。可以说，整体是世界万物连贯性的来源。

整体从它所产生的连贯空间中心感知体中汲取力量。如果小屋前门处遍植玫瑰，这些就是你会记得的事物；如果花园里有鸭子和池塘，印在你脑海中的就是鸭子和池塘；如果奥地利山间小屋里有舒适的床垫，大家都睡过，那么，这就是你记忆中的事物。玫瑰、鸭子、床垫，这些都是中心感知体，而且正是这些中心感知体或实体标识出事物本身的形象，才使这些事物令人难忘、意义非凡。

连贯的中心感知体定义了特征（character），形成了事物的组织方式。场所中主要的连贯中心感知体决定了该场所的形象，以及该场所的生命类型。中心感知体是人们注意到的最基本的事物，它对人们的影响最大。作为决定事物特征的实体，连贯的中心感知体的重要影响也体现在物质层面上。如果建筑的一个房间有巨大的镀金顶棚，顶棚就是人们会记得的事物；如果房间的窗户有几百个窗格，透过它们可以看到东方柔和的日光，那些窗户就是人们会记得的事物；维也纳的圣斯蒂芬大教堂（Stefansdom）顶部有一只巨鹰，屋顶和那只巨鹰就是人们会记得的事物；如果一个建筑的立柱是光秃秃的水泥柱，另一个建筑的立柱有造型精美且雕刻细致的柱头，那些柱头就是人们会记得的事物；如果一栋建筑前面有一个像纽约洛克菲勒广场一样的溜冰场，那片溜冰场和溜冰的人就是人们会记得的事物。

以上是明显的、明确的中心感知体，它们具有空间特性。虽然其中一些中心感知体在空间中难以被察觉，是潜在的，但仍会具有生物性或社会性，也会控制世界的运转。建筑、房间、街道、家具的组织方式、形态和模式也都来源于中心感知体。我们通常所谓的"组织方式"（如图 A、图 B 两个简单例子中的拱门）也由中心感知体产生，甚至形态也是由中心感知体及组成中心感知体的次中心感知体所控制。一个十字是由一个位于交叉中点的中心感知体，位于四个角点的中心感知体，以及它们相互交错重叠而形成的更大中心感知体组成。圆是由一系列相同

第3章　整体和中心感知体理论

玫瑰小屋：中心感知体赋予其特征，如玫瑰、拱形花架、木构架、灰泥方格墙

的中心感知体形成的短弧围合而成，这些相邻的中心感知体首尾相接，沿着圆的边缘形成连续的系统，与位于圆心更大的中心感知体一起形成圆最为核心的部分。

世界上任何部分的整体都是由大小不一的中心感知体通过连接和重叠构成的系统。一扇窗户的整体既包括连接窗户各部分的连贯空间，例如窗台、玻璃、窗棱的斜面、竖框、窗外的景观、射入的光线、窗边墙面上柔和的光线、朝向光线的椅子等；又包括使之合为一体的更大的中心感知体，例如窗边座椅连接窗棱、座椅、窗台、窗洞的空间，又如连接座椅、室外景观、玻璃的视线，还有撒向窗棱、倾泻到地面的光线。正如前文所述，整体是由主要中心感知体（实体）以及这些中心感知体构成更大中心感知体的方式来定义的。有的中心感知体非常明显，例如在圆点那个例子中，我们可以轻易看到一些中心感知体，然而，那些圆点四周的中心感知体，因其十分微妙而难以看清。本页照片中小屋的特征既取决于清晰明确的中心感知体，即玫瑰、爬满玫瑰的拱形花架、屋顶、形成屋面的单个瓦片；同时，其特征也取决于整体内形成和诱发的那些无法被立刻识别的中心感知体，例如花架下方拱门的"洞"、小屋外墙前部的空间以及连接拱门和外墙小窗的空间中隐性的连线。所有的中心感知体，无论显性或隐性，共同作用形成了小屋的整体，就像它们在世界任何地方、任何时刻形成整体的方式一样。

9 / 世间中心感知体的微妙

接下来举一些真实世界中微妙体现整体性的例子。在这张风景照片中，有一棵树木、一条马路以及一辆停在路边树下的自行车。如果以通常的方式看待这个场景，我们看到的是各种各样的"片段"，这里的树木、道路、自行车和人似乎都是隶属于整体的"局部"。

既想要不含糊其辞，又不被词汇或概念所影响，从这样的案例中看到整体的本来面貌是极端困难的，但是我们通过有意识的学习还是能够感知的（其困难在附录3中进行了详细陈述，那里还列举了一个例子，解释能够帮助人们看到整体的技巧）。[15]

当看到整体本来的面貌时，我们发觉这些看似局部的事物（道路、树木、自行车等这些特定的中心感知体）仅仅是吸引我们注意的任意片段，是因为人们针对这些片段恰巧有特定词汇进行描述。如果我们打开视野，不带认知偏见地去欣赏，就会发现不同的风景：一片比道路还要宽敞广阔的空间，它向远处延展，将道路两侧的平地囊括在内，这就是这个场景的主要中心感知体之一（图中1号中心感知体）。另一个明显的"场所"或中心感知体是树下的空间，它处于道路和树木之间。图中的人所倚靠的地方在树的右侧，是一个主要的聚焦点。如果仔细观察，我们会发现树下平坦的环形空间，就像一个扁平圆环状的甜甜圈一样。之所以呈现这个形态，是因为树叶修剪的与人齐高（图中2号中心感知体）。树的顶端郁郁葱葱，吸引我们注意力的不是作为实体的树，而是不带树干的树的上半部分和大量的树叶（图中3号中心感知体）。因此在寻找中心感知体时，我们看到的中心感知体不是用诸如"道路""自行车"和"树木"这些词语所描述的，而是另一套不同的中心感知体。这套中心感知体没有特定词语与之关联，风景的整体布局结构生成了这套不一样的中心感知体。

这个场景的整体由所有这些中心感知体共同构成，这些中心感知体真实存在于空间之中，既不是想象力的产物，也不是编纂的概念。当我们放空大脑，而非一下聚焦于纸上各个部分时，中心感知体的存在和力量就会越发明晰。在这种目光不聚焦的状态下，我们看到了覆盖草地和道路的一大片空间，看到了郁郁葱葱的树冠，看到了树干和环绕树干的空间，这些是画面中最醒目的部分。而那些有简单名称的事物——树木、自行车、道路——（尽管这些事物也有一定程度的整体性和中心性）在整体布局范围内的存在感要弱一些。它们也是中心感知体，但它们是布局中相对弱势一些的中心感知体，在整体结构中扮演次要角色。

例如，为什么把自行车停在树下？到底

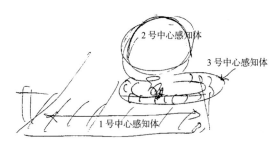

构成这个场景的三个真实的中心感知体

第 3 章　整体和中心感知体理论

一棵树、一条路、一辆自行车、一个骑车的人

是什么让他停下脚步,又是什么让自行车刚好放在了那里?答案皆在于树下那个甜甜圈状的空间,而非树本身。因此,整体和其中那些真正的中心感知体系统(无论可见与否)皆是会对世界产生影响的结构。我们只有意识到整体本身所具有的结构,才能理解世界的运转方式。

现在从更大的视角审视一个更加复杂的

案例，这就是位于英国西萨塞克斯郡的我的自家花园。这个花园最显著的特点就是它的生命模式。鸭子从水池中一只一只地上岸，来到门前；草地上长着一棵李子树；一排排结满果实的苹果树遮挡住位于花园一角的网球场；玫瑰开满主花坛；车道在荨麻和山楂树篱的掩映下通向小屋；猫叼着抓来的兔子，把剩下的内脏留在后院的露台上；冬天小溪边长满了草，到了第二年春天，草叶繁盛，鲜花点缀其间。

正是整体使这个结构鲜活起来。那么图中的整体到底指什么？是刷白的方正朴素的砖砌农宅，也是宽敞的厨房；是两边能看到花园的大卧室，也是上面烧着开水、温暖着厨房的炉子；是带八张编织椅的大长餐桌，也是整齐宽敞的门厅；还是你所走进的那个房间。正是中心感知体成就了这间农宅，它和农宅中产生的生命是不可分割的。正是中心感知体成就了它自身的行为、性质和实质。

尽管有人可能误以为这是设计的结果，但其实设计起的作用很小，带来的影响也是次要的。这些中心感知体（形成整体的连贯实体）积极向上、影响巨大、十分具体。设计上微小的改变动摇、扰乱不了它们，也改变不了它们。

例如，鸭子池塘一边环绕着草地，散养家禽；另一边则摆放着小座椅。到了晚上，鸭子们则到池塘的岛上躲避狐狸。这些有效的中心感知体成就了农场中鸭子的生命。

再例如厨房外面的石板露台向草坪延伸，上面还有一个给猫开设的门。我们会坐在这里，也会去更远处的花坛修剪玫瑰。形成这个中心感知体的石板在这栋房子的生命中扮演了非常重要的角色。

草原住宅的花园，英国西萨赛克斯郡

第 3 章　整体和中心感知体理论

在花园的整体中我们发现，其实是真正的中心感知体（它们本身就是最连贯的中心感知体，而不是那些恰巧有现成名称的东西）在主导场所的情感和行为。

我们设想一下建筑和乡间小路共同构成的整体。假设农宅前面有一个花园，可能还有门廊，大门前有石头平台，花园里有花，小路上有篱笆墙，花园后是农宅的墙，墙上开窗，屋顶勾勒出轮廓线。

从整体性的角度观察，这一切对我们而言意味着什么？我发觉花园里阳光照射到的部分形成了一个空间。厨房边玫瑰丛生的地方吸引了我的注意力。通往前门的小径、通往后面门廊的台阶与大门本身共同作用，形成一个 40 英尺长的、作为一个整体运转的连续的中心感知体。阳光和屋顶边缘，还有屋檐下重复的椽子，共同产生一种光影效果，吸引了我的目光，形成了房屋有别于天空的边界线。也许某个窗户出现了反射光。窗户和窗帘成为我在黑暗房间中向外眺望的取景框。

以上这一切是充满活力的和谐统一，而非住宅的"概念"图景或意念图景。在住宅概念化图景中，有被称为街道、花园、屋顶、前门等的物体，但当我把万物当作整体考察时，我所看到的中心感知体或实体却有所差别。我发现花园里阳光照射到的部分，也就是草地上有阳光的那部分是一个中心感知体，而不是整个"花园"；我发现连接前面台阶、前面小路以及前面小门廊的那片空间是一个中心感知体，而不是"前门"本身；我发现屋顶轮廓线和屋檐形成的光影是中心感知体，而不是"屋顶"本身。同样，我把花圃与道路之间的区域称为"花园+道路"的中心感知体。这与概念上和词语上的实体"街道"或"住宅"完全不同。这套中心感知体跨越了概念的边界。

它们的区别不仅是视觉感知的问题，而在于更深层次的功能性。以整体的方式观察事物所看到的中心感知体，是其真实行为的原因所在。譬如，花园里阳光照射到的部分对花园的实际运转更为重要，而不是抽象意义或概念意义上的花园实体（由住宅和栅栏限定、标记为"花园"的物体）。从院子前门开始，跨过砂砾，经过玫瑰花，直到住宅大门的这个空间，决定了我们靠近并进入房屋的感觉，而不是概念上的实体"前门"。花园的草地与栅栏相交之处有一区域，羊在柳树后的草地上吃草，我和家人常常坐在树荫下喝茶，看云卷云舒。这些都影响着住宅的生命和我们对它的感受，这些远比作为抽象实体的"花园"的任何特征所产生的影响都要大。

因此以整体观察到的场景中的中心感知体，不仅在视觉上占主导地位，而且控制了事物的真实行为，控制了其中生长的生命，也控制了场景中所发生的真实人类活动，以及人们生活在此处的感受。以整体性看待住宅-花园这一复合体，比任何关于花园或住宅本身的单独分析都更具有感知上的真实性和功能上的准确性。

显而易见，如果我们仔细思考，就会发现自己并不习惯于观察周围世界的这种结构。如果从这个角度思考花园和住宅，隐藏于其中的深层中心感知体会突然呈现在我们眼前，正如前面白纸上点的例子一样。对于一个不经意的观察者而言，它们（的存在）十分微妙，甚至都不可见。然而正是这些中心感知体和它们的结构，赋予了事物生命。

10 / 作为基础结构的整体性

本卷以物质现实的观点看待问题,(已被我定义的)整体性的存在主导了这一物质现实。

我提出了一种物质现实的观点,此观点被一种特定结构的存在,即整体性(W)所主导。在任意空间区域中,有的次级区域作为中心感知体整体强度较高,有的区域就弱一些,还有许多次级区域的强度非常弱,以至于很难觉察。相互嵌套的中心感知体的整体布局和它们的相对强度共同组成了某种结构。我把这种结构定义为该区域的"整体性"。[16]

世界上到处存在这种结构,它们存在于自然界、建筑、艺术作品中,无一例外。它们是空间的基本结构,不仅包含事物的整体或完形,还包括构成此事物明显的要素或组成部分。[17]

我十分坚定地相信,唯有在这种结构的背景下,人们才能理解自然界、建筑和艺术作品的本质和特性。我尤其认为,唯有在这种结构的语境中才能认识到有些建筑更具有生命,有些建筑客观上讲更加美丽,更让人满意。[18]

我也相信,普通生物学意义上的生命,其生命本身的生成也来源于这种整体性:用机械论解释生命起源的尝试还会一如既往地失败,正如近几十年发生的一样。整体的一个至关重要的特征在于它的中立:整体性只是一种存在。整体性的细节或许可以通过一些中立方法来决定,与此同时,某一建筑的相对和谐程度或生命力也可以直接由结构内部的紧密连接来解释(后文将会陈述)。因此我认为,世界任何地方的相对生命力,美好或优良的程度,都可以脱离观点、偏见和哲学,仅仅作为存在整体的结果为人们所理解和感知。

11 / 整体性的总体特征

我还没有强调整体性(W)的强大力量。这种结构以一种神秘的方式捕捉事物的整体特征,它能够通过难以解释的途径直抵事物本质。之所以如此,是因为它是一种整体的类场域(field-like)结构,能带来一种整体的、全面的影响和作用。它与整体中出现的"片段"或构成要素完全不同,在我们的体验中非同寻常,但它能捕捉到我们通常认为的对整体的艺术直觉。

在这里以马蒂斯写的一篇关于肖像画的著名文章为例再合适不过了[19],没有什么能比它更清楚地说明问题。马蒂斯认为人的面部特征是这个人深层次的特质,是面部深层次的特质,也许根本无法通过通常意义下对

第 3 章 整体和中心感知体理论

工作室里的马蒂斯

局部特征的描绘捕捉到。为了阐述观点,他画了如下四张面部自画像,这些画像引人注目。在通常意义下,每幅画所反映的特征各有不同,一张尖下巴,另一张圆下巴;一张有大鹰钩鼻,另一张是小塌鼻梁;一张两只眼睛离得远,另一张两只眼睛比较近。然而我们能准确无误地判断,这些都是马蒂斯的脸,这些脸都具有他的特征。正如马蒂斯所言,特征比容貌(feature)深刻:内在高于容貌,它甚至不依赖外在容貌而存在。

这到底是什么?马蒂斯看到了什么?为什么我们在每幅画里看到的都是马蒂斯的脸,可每幅画里的容貌都不相同?马蒂斯所看到的人脸上独有的"特征",而我们却看不清楚究竟是什么?

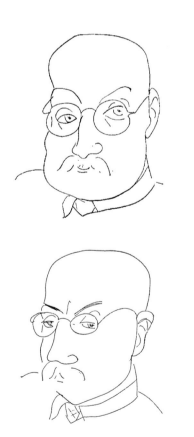

四幅不同的马蒂斯自画像:每幅画的特征都有所不同,每幅画的整体均保持一致

答案是,这种"特征"即为整体性。它是整体的载体、整体的特征结构、面部产生的整体场效应,是四幅画中相同的面部总体模式。我应该如何描述这种整体性?这种整体性是秃顶的脑袋和上面的眼睛,是注意力向下看的眼神,是嘴边的某个区域,同样也是脸的下部,是八字胡和下巴。我们没有简单的语言来描述这种结构,但是中心感知体的整体结构的确把控整体。就这点而言,四幅画的整体性是相同的,当然和马蒂斯照片的整体性也是一致的,因为照片就是他的面部。马蒂斯面部的整体性是四幅画相同的地方,不包括四幅画的不同之处。因此四幅画准确地反映了马蒂斯的面部,即便这种整体性是结合差异巨大的局部特征而生成的。

这一定义清楚地表明,整体性是一个总体概念,容易感知但很难定义。人们无法正确地画一幅人物肖像,除非你能够看到人物潜在的整体性(潜在的内在特征)。正确地刻画容貌特点并非能做到神似,多少艺术家在他们第一次画肖像画时沮丧地明白了这一点,人物写生必须抓住整体,除此之外别无他法。[20]

建筑中的道理和肖像画一样,整体性是隐藏在表面现象之下的真实,整体性决定了一切。

12 / 作为一种基本物理特点的整体性

整体性的重要作用在于作为统治世界行为的根本特质,其范围远超建筑和艺术的范畴。即便在现代物理学这个被认为是最具挑战性的科学里,20世纪那些革命性的实验也显示,大部分机械运动(譬如电子穿越双缝时所呈现的路径)也受控于场的整体性,而不只是遵守经典力学原理对电子的作用。

双缝实验是20世纪最难解的实验之一。在这个实验中,电子穿过双缝后投射在墙上;实验统计了投射在屏幕不同位置上的电子。最终发现,电子抵达墙面的路径无法通过经典力学模型来解释。

物理学得出这样的结论,某种程度上,实验布局的整体性引导着电子。[21] 其中的数学运算已经明晰。但是即便到了今天,人们还是无法理解其物理学意义。尽管人们还没有就整体性的分析和阐述方式达成共识,但我们有足够的理由认为,引发电子运动的整体性和前文定义的整体性是相同的:它就是由实验设定的空间布局创造的中心感知体系统。[22] 似乎可以这样理解,整体性以某种方式影响了电子运动路径,这种影响超越了电磁场和核作用力的机械作用。因此,整体性在管控事物行为方面发挥了重要作用。

这个实验的更多细节,以及整体性方面的解释详见附录5。但对读者而言,最重要的是应该明白,整体性(空间中的中心感知体模式)不仅是与建筑和艺术有关的潜在因果结构(causative structure),而且制约着亚原子粒子和电子的活动。整体性在各个层面

第 3 章 整体和中心感知体理论

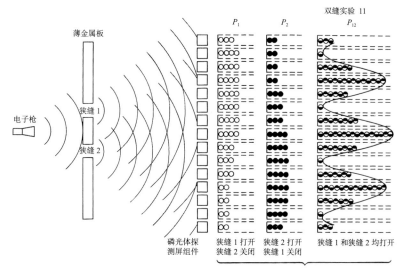

注：P_1、P_2 是狭缝 1、2 分别打开时电子投射在墙上的分布状况；P_{12} 是双缝均打开时电子投射在墙上的分布状况。

双缝实验图示

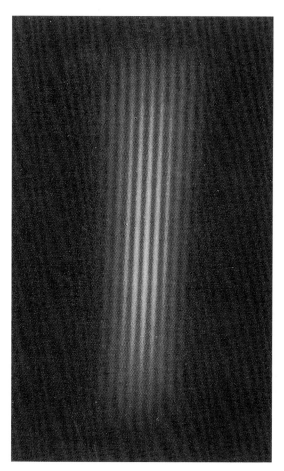

双缝实验电子投射到墙面上的干涉波纹

上发挥着作用，是一种普遍性结构。

附录 2、附录 3 和附录 6 列举了一些关于整体性 W 能量的案例，并通过整体性解释了一些迄今为止人们未能解释的现象，这些例子都强调并印证了整体性确实存在。

单缝实验的整体

双缝实验的整体

13 / 作为宇宙所有生命基础的整体性

心理学、艺术学、物理学领域中整体性的力量或许能提供一些暗示。整体性是理解宇宙万物运转的关键,当然也是理解建筑中事物的运行、建筑对人的影响以及建筑生命力的关键。世界的真实特征和机体都由具有几何性的中心感知体所主宰。

如下图所示的街景,此刻的生命力来源于哪里,它实质的基础是什么?它是人行道

炎炎夏日孩子们在街道上玩耍,消火栓及其呲出的水花、门廊、台阶、人行道、孩子们,这些中心感知体共同创造出这个场景

第 3 章　整体和中心感知体理论

中东充满神秘色彩的室内装饰、令人心动的女子、洒进房间的阳光、地板和墙壁的图案，
这些中心感知体创造出此种氛围

上的消防栓及其摆放方式所形成的中心感知体，是屋前台阶、窗户和街道共同形成的中心感知体。以上事物虽然没有具体名称，但它们是整体性的来源，生命也源于其中。这是这条街上独有的中心感知体系统，也是这个系统所产生的生命。

同样，中东房间里那种陌生气氛也让人魂牵梦绕，它可能是一个妓院，也可能是闺房，这一切完全取决于中心感知体。黑眼睛的少女、头纱、图案纷繁的壁纸、数个房间、通向里屋的路径，中心感知体塑造了这种氛围。

日本的小花园、桥、地上的榻榻米垫、可滑动的屏风、屏风上的纸，这些中心感知体是传统日本所独有的。印度人喜欢席地而坐，即便在公共火车站也是如此。因为印度人看待土地的方式与西方人不同。印度人认

印度场景，是由松散聚集的场地、具有空间感的大树、随风摆动的莎丽、被创造出来的空间等中心感知体构成的

为，作为土地的所有者，只要他们愿意，所有地面都可以为己所用。

作为自身文化的典型代表，这些中心感知体由文化承载，并定义了其在不同社会和已建成世界中的意义。因此，一部分印度文化存在于火车站人们席地而坐的中心感知体，还有一部分则把这样的感情带进了上图的森林场景。这是印度独有的。这两张印度场景由如下中心感知体构成：一张是人们在公共场所席地而坐讲故事的场景；另一张是在森林里，松散聚集的场地、具有空间感的大树、随风摆动的莎丽（印度妇女传统服饰）以及她们创造的空间。这是赋予印度独有本质和特征的众多事物之一。

第 3 章　整体和中心感知体理论

由中心感知体形成的印度场景

人类社会某个空间的整体性往往包括其文化背景。印度场景中的整体性包括了普遍存在的中心感知体，在这些中心感知体里人们席地而坐，或蹲或躺在地上。同样的情况放到美国就显得怪异，这样做的人可能会被逮捕。

万物都取决于整体性（W），以及整体性在世界不同地方所呈现出的不同状态。整体性（即特定的中心感知体系统）定义和主宰了我们所能体验到的文化差异。

看一看大型建筑的组织模式：路径、花园、入口、主要房间、主体结构、门、窗、顶棚、楼梯、空间之间的流动性、任何一个房间的空间特点，这些都由中心感知体所赋予。产生于其中的生命（社交生活、聚集、会议、私人谈话、个人事务、坐、用餐、欢

圣索菲亚大教堂，土耳其伊斯坦布尔：太阳光束是形成整体的必备中心感知体

一场私密讨论中形成的中心感知体

迎、告别）都体现在建筑的中心感知体中。

圣索菲亚大教堂的内部空间里，光线是人们所观察到的一个连续实体系统。这些中心感知体（光线）随着太阳的移动而变化。中心感知体的显现和消失是瞬间的、暂时的，是处于动态中的。进一步而言，形成中心感知体的同质性（homogeneity）是微妙的。这里的物质（空气）充斥着整个空间，某些飘浮在空气中的灰尘颗粒捕捉到阳光，正是这些被照亮的灰尘颗粒构成了射线和光线，光线穿越空气照亮了空间。这个例子拓展了人们的建筑观，因为它让人们了解到，那些转瞬即逝的中心感知体对建筑也有着至关重要的作用，它和立柱、地板等显而易见的要素一样，对建筑非常重要。

再举一例，小棚屋里两个男孩低声说着他们的秘密，在此场景中我们可以看到建筑

炙热的亲吻：刹那的存在

第 3 章 整体和中心感知体理论

逐渐发育的胚胎是女子腹部的中心感知体

的本质。只有这一时刻（在没有明确指出的情况下都是无意识的），多年来充满的魔力被常记于心；只有小棚屋能够引发私密的对话，这也是世界上包含生命力的部分。这个案例中的中心感知体是什么？它们比阳光更易消逝。此处的中心感知体是两个男孩在一起的人类生活场景，可能只有五分钟，之后就会消逝于无形。它是按下快门那一瞬间的人与人之间的关系，是鲜活的一瞬间，然后永远消逝。它可能又会以略微不同的形式不断地重现。但是，在两个男孩谈话时形成的中心感知体（男孩之间的联系），是正确理解建筑的必要条件。这是一个几乎只纯粹关乎于人的例子。

最后我们来看一些与建筑更不相关的例子：孕妇；亲吻牧师的手的年轻人；一些弦乐四重奏演奏者，坐在一起演出，翻看乐谱，小提琴声响起。隆起的肚子和其中的胎儿、炙热的吻、小提琴手的声音和动作，正是这些真实存在的中心感知体，构成了我们体验到的世界。一把插在玻璃罐中的鲜花，把它放在餐桌上，就形成了一个中心感知体，为午后时光赋予意义。

这些各不相同的中心感知体是否属于同一类型？有没有一种类型的整体性能有根有据、公平、准确地包含一切？原因已在第2章里进行了详细论述。我认为空间中所有的中心感知体（无论发生于生物、物理力学、纯粹的几何学领域还是仅关乎色彩）都具有类似的特质，即它们都能使空间生机勃勃。正是这种充满活力的空间对世界产生功能性的作用，决定了事物的运转方式，从而主宰了万物的和谐与生命。

但是以这种观点看待世界不是小事：统一的组织方式，它们在空间中锚定，使得这个空间本身鲜活起来。这虽是一个谜，但也构成了本书观点的理论基础，总的来说为我们带来了认知生命的可能性。

14 / 生命直接来自整体

如上文所述，整体性的实质是中性的，而且它明明白白就在那里。

世间各处（自然生态环境、生态、建筑、物质、行动和事件）每时每刻都具有特定的整体性。也就是说，一些明确的中心感知体系统造就了世界的组织方式。无论场所好坏，有无生机，整体性都以某种形式存在。

我们应该看到更深层，彼时彼处的生命的程度同样来自整体性，也只能来自整体性。而中性的整体性产生的事物特征远不是中性的，这些事物特征直抵真与伪的本源。我在下一章中写到，生命的发生尤其依赖于中心感知体系统，生命的强度因整体性而产生。无论是苹果园、餐厅、伊斯兰的闺房（harem）、花园里的粪堆、绘画作品、有窗的墙、陶锅的釉面或者男子炙热的吻，其中每一个的生命都由整体性产生。

因此，这种中性的整体性（潜藏在不同场所、时刻、建筑、草地、街道的表象之下）是生命的自然本源。生命正源于此，生命来源于整体中众多中心感知体凝聚成一个整体的方式中的特定细节，来源于中心感知体之间的相互作用、相互连接和相互影响的方式。厘清整体的本质将是一个学术难题，但作为回报，它将让我们进一步了解生命的本源。

第3章 整体和中心感知体理论

注 释

1. 许多学者都讨论过整体性或相对整体性作为万物根基的观点，例如：Jan Christian Smuts, HOLISMAND EVOLUTION（London: Macmillan, 1926）; Wolfgang Köhler, GESTALT PSYCHOLOGY（New York: Liveright, 1929）and THE PLACE OF VALUE IN A WORLD OF FACTS（New York: Liveright, 1938）; Kurt Koffka, PRINCIPLES OF GESTALT PSYCHOLOGY（London: Routledge & Kegan Paul, 1955）; Gregory Bateson, MIND AND NATURE: A NECESSARY UNITY（New York: Dutton, 1979）。其中最引人注目的讨论参见：Whitehead in PROCESS AND REALITY, AN ESSAY IN COSMOLOGY（Cambridge: The University Press, 1929）。

2. 例如：John Wheeler and Wojciech Zurek, QUANTUM THEORY AND MEASUREMENT（Princeton, N.J.: Princeton University Press, 1983）; or David Bohm, QUANTUM THEORY（New York: Prentice-Hall, 1951）。

3. 例如：Charles Misner, Kip Thorne, John Wheeler, GRAVITATION（San Francisco: Freeman, 1975）。

4. 从蝾螈眼睛切下一块组织，如果移植到尾巴上，就变成了尾巴。一条正在生长的尾巴移植到眼睛上，就成了一只眼睛。决定生长材料命运的是更大范围的结构，而非它的局部或内部结构。参见：H.Spemann, "Experimentelle Forschungen zum Determinations-und Individualitätsproblem," NATURWISSENSCHAFT 7（1919），详见 Ludwig von Bertalanffy, MODERN THEORIES OF DEVELOPMENT（New York: Harper & Brothers, 1962）, 121-122。

5. 大脑中没有一个点拥有特定的记忆。每一段记忆都遍布整个大脑，这显然是全局的，而不是局部的。Karl Lashley, "In Search of the En-gram," PROCEEDINGS OF THE SOCIETY FOR EXPERIMENTAL BIOLOGY 4（1950）: 454-482，再版于 F.A.Beach, D.O.Hebb and C.T.Morgan, THE NEUROPSYCHOLOGY OF LASHLEY（New York, 1960）。

6. J.S.Haldane, THE LUNG AND THE ATMOSPHERE AS A SINGLE SYSTEM IN ANIMAL BIOLOGY（Oxford, 1927）。

7. Ernst Mach, DIE MECHANIK IN IHRER ENTWICKLUNG HISTORISCH-KRITISCH DARGESTELLT（Leipzig: Brockhaus, 1912）。

8. James Lovelock, GAIA（Oxford: Oxford University Press, 1979）。

9. 整体性 W 的数学定义参见附录1。

10. 第5章详细研究了空间作为中心感知体运作的几何要素和结构要素。在文献中，通常认为这些使得中心感知体凸显出来的特征是心理层面上的，而对这些特征的研究是认知心理学的一个分支。不同中心感知体的整体水平客观存在，原则上是可以确定的，许多格式塔心理学家提出过类似观点，例如：Max Wertheimer, Wolfgang Köhler 和 Kurt Koffka，他们将"praegnanz"定律作为一个整体的决定特征，认为正是整体赋予了它力量。参见：Wolfgang Köhler, GESTALT PSYCHOLOGY（London: G.Bell and Sons, 1929）; Kurt Koffka, PRINCIPLES OF GESTALT PSYCHOLOGY（New York: Harcourt, Brace, 1935）。其中的详细论述参见：Marian Hubbell Mowatt, "Configurational Properties Considered Good by Naive Subjects," AMERICAN JOURNAL OF PSYCHOLOGY 53（1940）: 46-69，再版于 David Beardslee and Michael Wertheimer, READINGS IN PERCEPTION（New York: Van Nostrand, 1958）, 171-187。

11. 实体之所以出现，是因为空间的不同部分具有不同的连贯程度。在古代，第一个明确注意到它的作家之一是庄子，他观察到一块肉的某些部分比其他部分更紧密地组合在一起，从而发现要想"理解"世界上的任何东西，就要理解事物是由更小部分组成的，这些更小部分之间存在或多或少的联系。屠夫的刀很快就会变钝，但是，聪明的屠夫会把刀插进肉较为柔软的部位，或是肉之间的缝隙里，肉基本上就会按照自己的结构分解开来，这样屠夫的刀就能保持长久的锋利。这个看到世界本质的屠夫的比喻，是所有道教理论的基础。在现代，心理学家科勒（Köhler）和韦特·海默（Wertheimer）最早研究了连贯性的重要性以及不同实体的连贯性或整体性，他们描述了点集形成分组的方式，以及一些组比另一些组更具有连贯性的现象。他们将这一概念表述为"praegnanz"法则，即"连贯性法则"，这是他们第一次尝试陈述那些在空间的不同部分创造出相对较多或较少连贯性的法则。参见：Köhler, GESTALT PSYCHOLOGY。

12. 多年来，我一直在与"一切都由实体构成"的观点作斗争。首先，我在一本书中进行抗争，《形式的宇宙》（THE UNIVERSE OF FORMS）（写于1965—1967年，后被烧毁，没能保存下来），我提出了一个理论，认为可以通过事物是由空间中的连贯整体构建这一方式来理解所有的秩序和形式。几年后的1970—1975年间，我又回到了同样的想法，并写出《建筑的永恒之道》和《建筑模式语言》与之斗争。在这些书中，我展示了建筑中的重要关系都以整体模式出现，并再次说明，实体本身发挥着至关重要的作用。20世纪初阿尔弗雷德·诺斯·怀特黑德（Alfred North Whitehead）也提出了"有机体"（organisms，他对实体的称谓）这一类似的概念。然而，我将这些实体的稳固性视为秩序的基本要素的努力却从未真正实现；它从来就不是最基本的概念。我开始尝试在《建筑模式语言》的后续版本中搞清楚这一点，我注意到，甚至形成模式的实体实际上也是模式，所以模式并不是实体的模式，而是模式的模式。这使得实体的概念受到质疑，因为它强调了这样一个事实：那些看起来是实体的事物是不稳定的，不是固定的，没有边界，不是真正的"事物"。大约10年前，我终于搞清楚了这一切。我终于明白，所有这些易混淆的实体是自然界十分重要的组成部分，没有真实的边界，而是无界的中心感知体（中心感知体的影响作用，中心感知体的行动，其他中心感知体的中心感知体），就是这样的中心感知体，出现于充满生机的整体中。大约15年前，我终于意识到，这种看待事物的方式在逻辑上是一致的，解决了所有早期的"实体"问题，并为秩序理论的正确构建奠定了坚实的基础。

13. 有一本著作以某种方式讨论了中心感知体的概念，它与我在这里的讨论有些相似，参见：Rudolf Arnheim, THE POWER OF THE CENTER: A STUDY OF COMPOSITION IN THE VISUAL ARTS (Berkeley: University of California Press, 1982). 另一部更早的著作是18世纪的，它试图将中心点作为物理学包罗万象的基础，参见：Roger Joseph Boscovich, A THEORY OF NATURAL PHILOSOPHY (London, 1763; reprinted Cambridge, Mass.: MIT Press, 1966).

14. 模糊集理论在拓扑学中被提出试着解决这个困难，参见：Christopher Zeeman "Tolerance Spaces and the Brain," in C.H.Waddington, TOWARDS A THEORETICAL BIOLOGY (Chicago: Aldine, 1968), 140-151。然而在我看来，它并没有深入到问题的核心。

15. 在这里我再次提到庄子，即通过将实体看作以适当的显著秩序（而非扭曲的秩序）的存在，认知世界的本质，这是一项艰巨的任务。同样的观点也得到了有力的阐释，David Bohm, FRAGMENTATION AND WHOLENESS (Jerusalem: The Van Leer Jerusalem Foundation, 1976)。同样参见附录3。

16. 结构的数学定义见附录1。

17. 在拓扑学基础观念中也有以连贯表征任一模式的概念，拓扑被定义为相互嵌套的连贯集，但拓扑学的"连贯集"定义受限且无趣。本卷表达的基本思想则是，不同中心感知体的连贯程度可能是连续变化的，并由更微妙的标准来定义。参见附录1。

18. 目前我们的数学概念还不足以使我们充分掌握这种结构。因此，我在本卷中描述的许多技术、测试和方法都停留在认知层面，第9章描述的实证方法是我所能掌握的最好的结构方法。

19. 亨利·马蒂斯的《精确并非真理》，首次出版于：HENRI MATISSE: RETROSPECTIVE (Philadelphia: Philadelphia Museum of Art, 1948)，再版于Jack D.Flam, MATISSE ON ART (New York: Dutton, 1978), 117-119.

20. 通过与女儿莉莉的交谈，我对这一点的理解有了很大的提升。她给我解释自己如何画肖像画，如何抓住人物潜在的特点，这让我真正理解了马蒂斯的这篇短文，尽管我已经研究多年。

21. 量子力学之父尼尔斯·玻尔（Niels Bohr）给出了这个问题的一个关键公式，他说，我们只有理解了电子运动是整个实验装置的共同作用，才能理解电子在这个实验中的行动。Niels Bohr, "Discussion with Einstein on Epistemological Problems of Atomic Physics,"首次出版于1924年，再版于Wheeler and Zurek, eds., QUANTUM THEORY AND MEASUREMENT (Princeton, N.J.: Princeton University Press, 1983), 30.

22. 对这一现象的连贯的解释，一个与我所定义的整体结构非常接近的解释，参见：戴维·玻姆的 WHOLENESS AND THE IMPLICATE ORDER (London: Routledge & Kegan Paul, 1980)，他还描述了决定电子路径的空间基本结构。1988年，我们两个人在加利福尼亚州的奥哈伊进行了一系列会谈，玻姆告诉我，他认为自己所定义的隐含秩序和我所定义的整体在本质上是相同的。附录5对此进行了更为全面的讨论。

第 4 章
生命如何源于整体性

第一卷　生命的现象

1 / 几点重要说明

第 3 章阐述了整体性作为一种宇宙中的中性结构无处不在。任何尺度的整体性均由中心感知体构成,即空间中相互作用的实体及其交叠方式。为了形成整体,中心感知体按照其连接的紧密程度排序。大体上整体性由最重要的、最突出的中心感知体塑造。

整体程度(或"生命强度")的概念还不明晰:某一事物如何就比其他事物拥有更多的生命力。本书的主要观点是生命具有结构性。这是一种由整体中存在的可识别结构带来的特质,它还可以解释人们对建筑或手工艺品特质的感知。我在稍后的章节中把这种结构定义为"生命结构"。

本章详细论证生命如何因整体性而产生。这有点像变魔术,仿佛意识独立于物质和空间。[1] 但这不是魔术,我想论述的是如何呈现创造生命的方法。本章关于中心感知体结构的描述形成以下四条关键理念:

1. 中心感知体本身就具有生命。
2. 中心感知体之间互相帮助:一个中心感知体的存在及其生命可以加强另一个中心感知体的生命强度。
3. 中心感知体由众多中心感知体构成(这是描述中心感知体构成的唯一方式)。
4. 一个结构是否能获得生命取决于形成结构的中心感知体的密度和强度。

以上四条理念揭示了生命结构的奥义,也揭示了生命如何源于整体性。

2 / Palumbo 酒店

在讨论之前,我先来描述一个我非常喜欢的小场景。如照片所示,空间整体生命力的强度取决于中心感知体之间相互促进的程度。当中心感知体相互促进时,整体就有了更强的生命力;当中心感知体没有相互促进时,整体的生命力就显得微弱。

几年前的夏天,我和家人去那不勒斯南边几英里的拉维罗小镇,此处高于地中海平面,可以俯瞰萨勒诺海滩的全貌。我们住在一个名为帕伦博的小酒店里,这是一个始建于 11 世纪的皇宫。我最喜欢的是酒店的花园和能俯视海湾的露台。柔和的蓝色海湾烟

帕伦博酒店

第 4 章　生命如何源于整体性

帕伦博酒店的花园露台

波浩渺，海天一色，目力所及之处一片淡蓝。酒店花园不大，长满了花草，花园的露台紧靠在悬崖边。如果我们需要，就可以在花园享用早餐。每天清晨我们坐在花园里好几个小时，喝着咖啡，望着海湾，孩子们在花丛中打闹，抓蜥蜴玩。

形成露台整体性的中心感知体如下，首先列出的是几何形态的建筑中心感知体。

- 四个柱子形成的开间；
- 这些开间各自的独立空间；
- 大尺度的白色立柱；
- 开间的重复；
- 圆形树枝棚架；
- 9 个棚架构架；
- 柱头；
- 柱础；
- 柱棱倒角；
- 柱间的栏杆；
- 柱身的弧度；
- 栏杆的柱头；
- 柱子上的电灯。

这张照片中也有同样重要的非建筑的中心感知体：

- 独立的桌子和椅子；
- 柱间的草坪；
- 棚架上的葡萄；
- 葡萄藤蔓；
- 透过柱间看到的海湾；
- 服务生及其端来的咖啡；
- 桌子上的咖啡杯；
- 柱子上盘绕的葡萄藤；
- 峭壁外闪着蓝光的海面；
- 光影斑驳的草地。

此处描述的不过是数百个中心感知体里的一小部分而已，所有中心感知体共同构成了露台的整体性。

3 / 整体中的中心感知体如何形成生命结构

帕伦博酒店露台的生命是不可否认的，它是直接的、能够触摸的。但是这种美好的生命不仅源自场所中模糊的美。生命产生的固有方式，在于整体的中心感知体和中心感知体之间的关联。生命的产生尤其在于中心感知体之间加强的相互作用。

中心感知体之间的相互加强引发了生命，是整体性的关键所在。下面举例说明上一个帕伦博酒店的中心感知体之间是如何相互"帮助"的：酒店露台由13英尺×13英尺的方形排架开间构成（排架开间由四个柱子限定）。每个开间自身就是一个中心感知体。开间四角处有四根柱子。这些柱子也是中心感知体。每根柱子的四棱都有倒角，同样每个倒角也是独立的中心感知体。

每个四柱开间的生命力因四角柱子上的倒角而增强。由于倒角的缘故，每个开间内的中心感知体尤可称为中心感知体，它的生命力更强。假如露台上柱子截面是方形的，没有八边形的小倒角，那么每根柱子则会侵占开间的一点空间，进而破坏开间的整体性。从平面几何形态上讲，四个倒角增加了开间空间的统一性和整体性。2英寸或3英寸的柱子倒角加强了宽达13英尺的架间，柱子倒角同样也加强了柱子本身。因此可得出空间、柱子、倒角之间的增强关系如下：

4个倒角——柱子
4根柱子——开间的空间

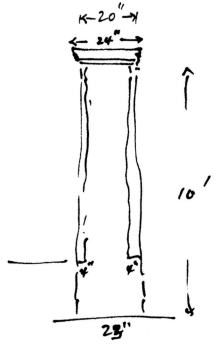

一根带有倒角的柱子

倒角协助柱子

第 4 章 生命如何源于整体性

协助：当开间中立有八角形倒角的柱子时，倒角形成了一个微妙的八角形开间，柱子协助开间变得更加连贯

没有协助：当柱子为方形时，柱子侵占的空间连贯性减弱

16 个倒角——开间的空间

每个开间都包含一套由 21 个中心感知体（16 个倒角，4 根柱子和 1 个开间空间）组成的系统，每个开间的生命都来源于这些中心感知体的存在和相互配合。

需要强调的是，中心感知体之间的互助关系并非自发的。其他样式简单的柱子不会给空间带来如此这般的积极影响。同样，如果柱子的棱角换一个样式，也不会加强柱子的生命力。如何创造出更有效地加强柱子和开间效果的小中心感知体（如柱子倒角）是很巧妙的。

下面再看一个例子，照片中的孩子们在露台尽头有围墙的花园里玩耍。有围墙的花园是露台空间的延续，花园围绕着露台，是露台的终点。这种闭合环绕的美感不是纯几何的。孩子们在露台上奔跑，跑到尽头转回来继续跑；老人们散步也会采用同样的路线，只是速度慢一些。花园形成了转折点，让露台成为一个整体、一个更有生机的中心感知

露台尽头有个花园，孩子们在花园里来回奔跑，给露台带来了生命力

当孩子和老人们在花园里来回散步、奔跑时，露台尽头的小花园形成中心感知体 A，对更大一些的中心感知体 B（露台本身）有所帮助，一个中心感知体的存在让另一个中心感知体有了生机

灯协助柱头

花盆协助矮墙，矮墙协助柱子与开间

柱上的电灯装置形成中心感知体（A），协助柱子本身形成中心感知体（B），并带来了活力

体。这一结果并不是自动生成的。改变花园的大小或围墙的样式，都不会产生这样的效果。

再举一例，柱子上安装了电灯，电灯朴素的样式和安装的位置促使其形成柱头，柱头感增强也是因为电灯恰到好处的位置。与前述例子一样，这些都不是自动生成的。如果位置低一些，或者安装了不对称、形状怪异的电灯，这种效果就不会出现。

在每个例子中，两个中心感知体 A、B 之间的互助关系可以看作一个中心感知体增强了另一个中心感知体的生命力（A 帮助 B 增强了生命力）。譬如人们观看矮墙上的花箱时，花箱的存在增强了矮墙的生命力，假设拿走花箱（用手遮住照片），则会发现矮墙的生命力下降甚至消失了。

尽管从某种意义上讲，中心感知体的互助关系是明显存在的，但如何能从操作层面上判断中心感知体之间是否相互惠泽依然不甚明晰。是否任意两个临近的中心感知体就一定存在互助关系？我们如何知晓中心感知体间的互助切实发生了？这些问题在实践中可以找到答案。假如有两个中心感知体 A 和

第 4 章　生命如何源于整体性

穿过柱子的视野使露台成为整体

B，确定 B 是否帮助了 A 的方法很简单。我们可以观察有 B 的 A 和没有 B 的 A，将两种场景反复对比察看，运用生命准则进行判断，最终确定哪一种更有生命力。如果有 B 的 A 更有生命力，则说明 B 帮助了 A。[2]

帕伦博酒店的露台场景中有数十处（甚至数以百计的）中心感知体互助关系，仅列举如下：

- 柱头的形制使柱子更有生机；
- 九组植物栅格网让开间更宁静祥和、富有生机；
- 开间的桌椅创造了藤架间的生命；
- 开间也加强了桌椅的生命力；
- 柱间矮墙加强了位于海水和花园之间的排架开间；
- 矮墙加强了视野；
- 海湾的视野和蓝天协助每个开间；
- 葡萄（藤）有助于视野；
- 葡萄（藤）协助桌椅；
- 圆桌协助开间；
- 椅子协助圆桌；
- 照在柱子上的光协助柱子和开间；
- 花园里的花协助开间；
- 矮墙协助花朵；
- 草地协助露台；
- 葡萄藤协助草地。

有些中心感知体的互助关系涉及更大规模。譬如透过柱间的视野是露台最重要的中

眺望萨勒诺海湾

大海的蓝色

心感知体之一。从露台延伸向远处朦胧蓝色海面这一实体，是帕伦博酒店最震撼的景致之一。我们可以想象，它就是一处云般的空间，从露台延伸到海面甚至更远。在该场所的个人体验中，毫无疑问这个中心感知体成为主要实体，这一大中心感知体的存在给更小的中心感知体（露台本身）带来生命。

是什么让我们如此明确地意识到蔚蓝交融的海天一色是该场所的中心感知体？我们被它吸引，凝望着它，并沉醉其中，于是在遥远的蓝色薄雾的陪衬下，长着葡萄藤的露台有了生命。作为独立中心感知体的海滩露台也从更大尺度的中心感知体中获得了更强的生命力，而这些中心感知体不仅是分布在附近海滩之间，更包含于萨勒诺海湾之外的世界。

中心感知体系统、中心感知体之间的互助方式以及中心感知体与整个宇宙的延续所共同形成的结构，构建出了事物的生命。³

4 / 中心感知体的递归定义

回想一下关于整体性这个谜题的关键问题：中心感知体到底是什么？这个问题是秩序和所有生命结构问题的答案所在。

关键在于：中心感知体是只能通过其他中心感知体定义的实体。中心感知体概念不能以其他任何简单实体定义，（要定义它）只能通过其他中心感知体。

人们习惯于这种解释的方式：即一种实体由另外一些不同的实体构成。譬如生物由细胞构成，原子由电子构成等。生物、细胞、原子、电子都是中心感知体。但如果要回答中心感知体由什么构成的时候，我们就会碰壁了。如此基础的问题却无法被我们理解和解释。最基本的理念在于，中心感知体只能由其他中心感知体构成。因此中心感知体的概念是自发的或递归的。这也解释了为什么整体性理论对固守机械论的人而言十分神秘。

下页图中有棵苹果树。我把苹果树当作

第4章 生命如何源于整体性

盛开的苹果花

中心感知体，把树枝当作中心感知体，把花朵当作中心感知体，把花瓣当作中心感知体。我能把树当作中心感知体，是因为我把树视为整体：树的整体由另外的中心感知体构成，比如树枝，我之所以能够甄别出树枝，是因为我视树枝为中心感知体。

树的整体性来源于我理解这些中心感知体的方式：我认为树是由树枝构成的，将树枝看作中心感知体的这种认知能力，是我能将树看作中心感知体这种认知能力的必要组成部分。我还没有发现能够不依赖于树枝的中心感知特性认知树的中心感知特性的任何其他方式。

这种认知的内在联系直抵所有我认知的根基。譬如下图中的苹果树树叶，我们自然明白它是中心感知体。现在如果我提出一个问题，树叶怎么就成了中心感知体？为了回答这个问题，我需要指出：形成树叶形状的尖端、均衡的双曲线、主叶脉、彼此相似的次叶脉、次叶脉之间平行四边形的叶肉、叶茎、叶片和叶茎的连接处、树叶边缘平滑的小锯齿，这些都是中心感知体。

这些中心感知体的组织（形式）使整个树叶成为中心感知体。这些中心感知体本身也是中心感知体。这也是为什么我们能注意到它们的原因。我们注意到的是它们的中心感知特性，正是这种特性让我们把它们作为构成要素挑选出来，用来解释树叶整体的中心感知特性。正是这种组织形式（即其他中

野生苹果树

树杈、树叶、苹果和树枝

放大展示单个树叶

构成苹果树叶中心感知体的一些树叶中的其他中心感知体

体构建的。[5]

这不是树叶独有的特征,而是宇宙中我们能接触到的所有事物的典型特征。准确地说是无法避免的特征。那么中心感知体是什么?中心感知体不是基本元素,它已经是复合体了。然而,中心感知体是我们能找到的最原始的构成要素。它们是整体的一部分,在整体中以结构的形式出现。但是中心感知体源自哪里?中心感知体由什么构成?这些问题的答案对下文来讲非常重要。

中心感知体一般由其他中心感知体构成。中心感知体不是一个点、不是一个可感知的重力中心点。可以说中心感知体是一种有组织的力形成的场域,它能使客观事物或其局部显现出向心性。这种类场域的向心性是整体性概念的基础。[6]

中心感知体的相对整体性或中心性只能通过构成这个中心感知体的其他中心感知体和其组织方式来认知。如果不借助其内部及周围每个构成部分的中心感知特性,则无法描述一片树叶,或者任何事物的中心感知特性。如果要解释为什么一件事物能够被认知为中心感知体(为什么中心感知体发生于树叶组织的特定位置),就不可避免地要谈及存在于其他层面的中心感知体。树叶的中心性和向心性来源于组织方式和中心感知体之间的相互影响。中心感知体之所以成为中心感知体,是因为其组织方式和相对更大(尺度)的中心性。

心感知体的"中心化的"组织形式),才使得树叶在人们的体验中成为中心感知体。一旦人们想准确描述为什么这个特定物体是中心感知体,就必须依赖其他中心感知体进行描述。

数学上将这种概念称为"递归"(recuresive)。[4]懂得了这个概念即迈出了积极的一步,而非有疑问的一步,这一步是理解整体性的关键。我认为这个明显的递归特性即为整体性问题的关键。深度整体性(或生命)之所以如此神秘,原因就在于中心感知体是由众多中心感知体构建的,而整体也是由单一整

所以我们无法逃避这个基本循环,这种循环不是错误的,逻辑上也没有问题。相反,这种循环是一种基本特征。当人们完全掌握这种循环,并理解其涵义时,人们对整体性和生命的认知也会变得清晰。

5 / 生命结构图解：每个中心感知体即为一个场域

为了深度理解中心感知体及其循环概念，我们需要学习如何把每个中心感知体看作一个场域。[7]中心感知体之所以能够"中心化"，正是因为它在某种程度上可以作为空间中有组织的力场发挥功用，它具有向心性结构，传达了向心性，并创造了向心性的空间感。

下面举一个装饰的例子说明向心性的起源。下图展示的是15世纪土耳其地毯的局部，地毯图案设计由中心感知体构成，此处中心感知体的例子或许比我举的其他例子更为明显。如下图所示，我只选出了一个中心感知体并进行去色处理（只剩黑白两色），在黑白图的一侧我画出了生成该中心感知体的类场域生命结构的示意图。这种类场域的结构经可视化后可形成矢量场（vector field，见注释7）。场域的每个部分沿某个方向指向其他中心感知体（右图）。这里的整体性不仅是中心感知体的嵌套系统（第3章），而且也是不同中心感知体和次中心感知体通过互助形成的场域产生的有序系统。手绘图中的箭头代表什么？箭头是中心感知体对其他中心感知体产生作用的方向。这些作用方向同样也是中心感知体。因此，不同强度的中心感知体和这些中心感知体之间的互助关系都是场域的构成元素。它们共同创造了一种与矢量场不同的多层有序结构。

这里展示的是生命结构中典型中心感知体的构图，说明了整个装饰作为场域如何创造出向心性的感觉。装饰中存在有组织的力

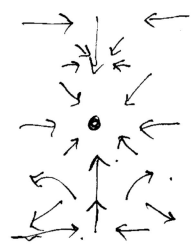

地毯花边上主要中心感知体的力场图示

安纳托利亚（Anatolian）地毯花边装饰的局部放大

15世纪安纳托利亚地毯有着复杂而美丽的花边：即所谓的基尔兰达约（Ghirlandaio）地毯

场，它对空间进行组织并让人们形成一种中心化的整体感受。结构越密集越复杂，该结构越趋近于生命结构。

让我们回到整体性的定义，想象一个充满中心感知体的空间。作为第3章整体性定义的一部分，我认为中心感知体来源于空间中的确定场景（通常为有边界的、连接的、凸面的、对称的、与邻近空间不同的），这些确定的场景向外辐射并通过中心化特征生成连贯性。但这仅是为了实用性而进行的简化。

实际上，我们需要想象该空间充满了这样的中心感知体：所有中心感知体相互帮助，所有中心感知体脱胎于其他中心感知体，所有中心感知体都是类场域的并辐射出中心性特征。应该如何想象这种结构？我们可以想象该空间整体场域里的每个点都有强度（即那个点在其场域中的生命），与整体场域的矢量一起，共同描述了中心感知体对其他中心感知体的影响。

我们如何描述这个结构？场域中我们观测的每个新结构作为一种新中心感知体都是被"引导"出来的。中心感知体之间的其他中

第 4 章　生命如何源于整体性

心感知体、沿着箭头方向的中心感知体、箭头本身等所有内容都是中心感知体。地毯的装饰生成了一种中心感知体连续分布的结构。

我们可以用明确递归的定义概括场域的作用：每个中心感知体都是其他中心感知体的场域。如此说来，其他每个中心感知体也必定是一个中心场域。因此，每一个中心感知体即为一个中心感知体场域，而位于该场域中的每个中心感知体也都是由其他中心感知体构成的场域。除了中心感知体之外，场域中没有终极构成元素。[8]

这就是我所谓的生命结构的基础。如果能对场域进行数学上的笼统描述就再好不过了。然而由于生命结构的等级化秩序和高度复杂性，它与当下物理学和数学中惯常使用的结构大为不同，人们难以把握生命结构的本质，更不用说把它正式定义为一种新型结构类型了。[9]

然而人们可能会发现，许多例子中的主要中心感知体都是对称的。大致来讲，场域中源自实体的中心感知体都呈凸状、有边界、大致对称，并异于周边环境。[10] 有一些中心感知体遵循这些规则，但这些规则并不准确。就地毯装饰上的中心感知体和次中心感知体而言，有的不是完全对称的，有的不是呈凸状的，有的中心感知体根本就不对称也没有边界，而是主要通过与环境的区别程度界定自身。按照这种粗略的经验准则，我们需要牢记中心感知体是指具有连贯性的实体，中心感知体往往通过场所对称性（local symmetry）、与周围环境的区别程度、有界性、凸状共同作用，引起场域效应（field effect）。[11]

场域（field）的数学定义还需要其他研究人员给出。但无论数学结论如何，我坚信我们无法用与中心感知体有本质差别的终极构成元素来定义场域。构成中心感知体的基本实体除了其他中心感知体之外别无他选。苹果树上的叶子以中心感知体的场域的形式出现。帕伦博酒店的露台以中心感知体场域的形式出现。它们都是由其他中心感知体引发的递归场域效应，这是我下文将要陈述的生命结构现象的基础。

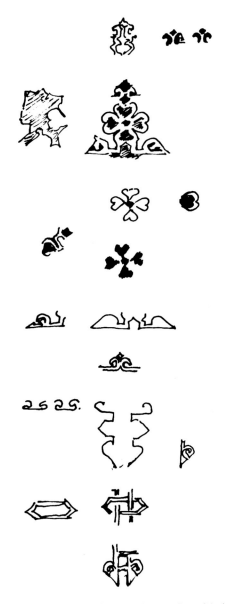

出现在第 116 页地毯花边上的一些中心感知体

6 / 每个中心感知体都有生命

当有了中心感知体（由其他中心感知体构成）是一种多层级类场域现象这一观念，我们就可以重新开始讨论中心感知体生命强度的问题了。[12]

一个单独中心感知体的生命概念，与我在前文所述的概念相类似，即世间任何一个特定空间都具有生命。但我现在想延伸这一概念，并将其单独应用于事物整体性中每个独特中心感知体上。

我主张（暂时无法论证）每个中心感知体都有可辨识的生命强度。如果接受这个观点，人们将会发现每个整体的中心感知体的生命强度取决于这个整体中所有其他中心感知体的生命强度。为此，我提出以下思维方式，虽然这种方式似乎和惯常思维方式有所不同。

我提出的五点主张如下：

1. 中心感知体于空间中产生。

2. 每个中心感知体从其他中心感知体的组织形态中生成。

3. 每个中心感知体都具有一定程度的生命力或强度。我们只是暂时不知道这种生命是什么，但我们能够看到所有中心感知体的生命都取决于其他中心感知体。这种生命或强度不是中心感知体本身内在固有的，而是中心感知体所处的整体组织形态中的一个功能。

4. 中心感知体生命力或强度的增减取决于其他邻近中心感知体的位置和强度。最重要的是，构成中心感知体的众多其他中心感知体之间的相互帮助，促使所构成的中心感知体强度增大。这里"帮助"的实际内涵，仍然需要定义。

5. 中心感知体是整体的基本构成元素，任何给定空间的生命强度完全取决于中心感知体的存在和结构。

从这五点主张我们可以得出：世界上任何一个给定部分的生命力都取决于其包含的中心感知体的结构，这些中心感知体由其他中心感知体构成，并通过这种方式赋予了生命。互助效应体现于，每个中心感知体都有能力加强其他中心感知体的生命，每个中心感知体的生命都来自邻近中心感知体的位置和生命强度[13]。

7 / 每个中心感知体都从其他中心感知体处获得生命

照片所示的是阿尔罕布拉宫（Alhambra）的美丽房间，从某种程度上来讲，墙面的生命决定了房间的美。下面我们研究一下镶嵌墙面的生命。后页上有一张照片是阿尔罕布拉宫某个房间瓷砖的残片，那里的整面墙都覆盖着这种图案。[14]

第 4 章　生命如何源于整体性

阿尔罕布拉宫局部的墙面瓷砖

仔细观察残片的花纹，我们会发现许多不同的中心感知体。黑色星形、黑色八角星形、绿色六角形、绿色六角形之间的白色空间、邻近的黑色手形之间的白色菱形，这些都是中心感知体，并且所有中心感知体都相互成就。

为了确切了解中心感知体之间是如何相互成就的，我们需要关注所有中心感知体各自独立的生命，然后关注它们共同作用的生命。为了判断每个案例的生命强度，在观察时我们需要准确把握内在感受，体会它是如何变化的。[15] 先从黑色八角星形谈起，第一

阿尔罕布拉宫瓷砖残片

步骤1：无色的星形

步骤2：黑色的星形

步骤3：在黑色星星顶点加入尖端

步骤4：星形顶点尖端间形成的白色五边形及黑色星形

步骤5：增加的黑色手状八角形进一步强化了图形

序列中有五个图解，每一个都是一个中心感知体，这些手绘中心感知体的生命强度从上到下按顺序逐渐递增。

第1步：无填充颜色的单个星形，它有确定的生命，但其生命强度有限。

第2步：涂成黑色的星形，其生命强度大于无色星形的强度，因为黑色星形和环境的区分度更大。

第3步：在黑色星形的顶点处加上尖端，这样会使星形更有生机，因为星形顶点处具有了来自其他中心感知体的额外支持。

第4步：黑色星形边线之间形成白色五边形，黑色星形和白色五边形构成的图形强度更高，因为星形每个角之间的空间也作为中心感知体参与进来，整个图形较之前更有生命了。

第5步：最终，星形变得更加强烈，因为加入了黑色的手形和手形之间的白色菱形，这套双复杂系统从星形的角向外延伸，图形的生命也进一步加强。

在这个发展过程中，星形逐渐获得了越来越多的生命，即使人们不明白为什么这五个星形图案的生命在递增，也会同意生命逐步递增的说法。

下面来看更复杂的由四个绿色六边形环绕黑色八角形所形成的十字。黑色星状八角形处于此图案的核心位置。它的生命首先通过黑色星状八角形自身展示出来。即使周围没有其他中心感知体，黑色星状八角形作为

第 4 章 生命如何源于整体性

步骤 1：黑色星状八角形本身

步骤 2：黑色星状八角形向外延伸出四个绿色六边形，它们构成十字，并反过来强化了黑色星状八角形

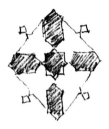

步骤 3：四个绿色六边形、四个白色衬衫形以及四个白色菱形小碎片环绕着星形

步骤 4：四个白色衬衫形和绿色六边形，以及更大的白色鱼尾形，进一步加强了黑色星状八角形的生命力

中心感知体也有一些生命。作为中心感知体的黑色星状八角形从周围其他中心感知体处得到了更多生命。譬如，如果用手遮住黑色星状八角形周围其他所有的图形，这个图案的生命就会大大减少，如果拿开手逐渐露出周围的图形，则会发现黑色星状八角形所形成的中心感知体重新获得了更多生命。

第 1 步：黑色星状八角形自身。

第 2 步：环绕周围的四个绿色六边形，但不包括六边形之间的白色区域。当四个绿色六边形补充黑色八角形时，它形成中心感知体，获得了生命。

第 3 步：四个绿色六边形之间加上四个白色"衬衫"形，还有四个从"衬衫"延伸出来的白色菱形小瓣，此时的中心感知体进一步增强，生命力再次增加。

第 4 步：大菱形之下包含有黑色星状八角形加上四个绿色六边形和四个白色"衬衫"形，伴随着四个白色鱼尾形和深色八角形轮廓，此中心感知体获得了更多的生命。

第 5 步：最终拿开手，呈现出黑色星状八角形为中心的结构全貌和更远处环绕黑色星状八角形的中心感知体结构，此时中心感知体再次获得了更多的生命。

由此可以看出，瓷砖残片上的中心感知

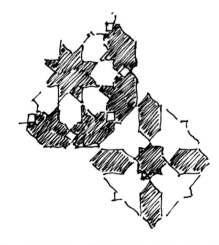

步骤 5：得到残片上的最终图案。我们看到，临近的八角星图案及其周围中心感知体施加的影响，进一步增加了星状八角形的生命力

体是怎么围绕黑色星状八角形,然后又向外延伸几英寸,以及如何掌控远处黑色星形的空间并与之互动的。当理解到这一步时,就会发现整件瓷砖残片更加意义非凡。我们对建造阿尔罕布拉宫的工匠的敬意油然而生,同时对星状八角形周围形成的中心感知体也有了更深的理解。

8 / 一栋房子如何获得生命

我们已知,任何组织结构中每个物体都可以成为具有某种特定强度的中心感知体。一个物体"成为中心感知体"的特征强度越高,它就越具有生命。然而这种强度不是局部现象(local phenomenon),它取决于系统中该中心感知体与其他中心感知体的相对位置,以及其他中心感知体的密度和生命强度。

由此我们得到一个复杂的互助关系。图案中的各个区域之所以成为中心感知体,取决于它们在图案中的位置和特征。而这些位置和特征反过来又取决于周围事物的相对位置及强度,取决于最初的中心感知体的生命力(因为它有助于确定支持它的其他中心感知体的生命力)。总之这里存在一种关联,没有一个中心感知体是结构获得生命的起源,其起源是各不相同的中心感知体的相互

汽车旅馆的胶合板门,几乎没有中心感知体

精巧的乔治王朝时期的门,中心感知体的密度更高

第4章　生命如何源于整体性

努比亚门，此处的中心体最为深刻

支持、相互作用。中心感知体相互支持、相互成就，生命就由此种方式产生。单个中心感知体不会先具有生命，每个中心感知体都支持其他中心感知体，从而大家一起获得生命。[16]

这个魔术类似于制造科学怪人。我们把无生命的事物放入空间，这个空间具备控制中心感知体互动的诸多规则，然后科学怪人就活过来了。[17]

把这种思维方式应用到建筑中，比较三张照片中的门。第一个是典型的汽车旅馆胶合板空心门。门本身即为主要中心感知体，几乎没有生命。唯一的一点生命来自门的长方形，这个长方形和其他长方形一样，它的生命来源于边缘和四角。门的边缘同样也是中心感知体（由沿着边缘的直线段形成），边缘的中心感知体被四角的中心感知体加强。薄薄的镶边无法带给门更多的生命力。这些镶边也是中心感知体，镶边的出现略微加强了主要中心感知体的生命力。门把手也起到同样的作用。但整体效果很弱。

第二个是位于伦敦的精心制作的乔治亚门（the Georgian door）。两侧宽大的面板作为中心感知体极大地加强了主要的中心感知体，门上的半圆形窗也具有同样的效果。半圆形窗上的射线加强了半圆形的中心感知体，细分射线带来了更多的生命，也将更多的生命传递给下方的门。面板加强了门这个中心感知体，这些面板成为次级中心感知体，放在那里就是为了达到这样的效果。门板自身的生命力因边缘处的镶边和造型而自我加强。更大一些的中心感知体（门前的平地）也充满生机。台阶中心感知体给门廊带来生命，门廊中心感知体给门带来生命，通往门廊的小路给门廊和其后的门带来生命。出入口上面的阳台为门塑造了更大体积的中心感知体，并进一步加强了门的生命。显然乔治亚门比汽车旅馆的门更有生命力，并且居住于其中的人也会体验到更有生机的环境。这是因为乔治亚门从其内部中心感知体处获得了更多的生命，部分原因在于构成生命体的数量更多，但更重要的则是组织方式更好。同时，这些单独的中心感知体本身也都具有更多的生命，其相对的位置关系增强了彼此的生命力。

必须强调的是，中心感知体生命的增长与其包含的次中心感知体的数量有关。但认为依靠数量取胜的这种观点，可能会陷入如巴洛克建筑式只堆叠细节的错误（巴洛克建筑从未具有很强烈的生命力）。第三个是简单的努比亚门（The Nubian door），它作为

中心感知体具有无穷的生命力。这种生命力并非来源于细节，而是来源于形式、空间、比例以及一点点细节的精心组合。努比亚门简洁而不精雕细琢，然而它作为中心感知体却比乔治亚门更有力。这是因为努比亚门对中心感知体的选择是基于它们的强度且更为仔细。几个更具强度的中心感知体（总数不过寥寥数个）被精心地组合起来，成为更大的中心感知体，从而赋予大中心感知体尽可能强烈的生命力。尽管这一切不那么繁杂，但却更加热烈。

因此我们看到的中心感知体的生命（即便是一个简单的门）取决于其构成中心感知体的组织形式和周围广泛的中心感知体系统。生命来源于整体性，来源于中心感知体系统。中心感知体所获得的生命强度来源于构成中心感知体的生命及其排列组合。

9 / 递归性逐步生成中心感知体的生命

我们可以通过下面5个步骤一步一步构建出中心感知体，并逐渐引入其他中心感知体以加强场效应并生成中心感知体的生命。

第1步：圆柱作为一个中心感知体。首先，我们有一个高8英尺、直径9英寸的圆柱，该圆柱支撑着门廊的顶部。为了简单起见，我们选取圆形柱子，没有装饰，没有柱头和柱础。柱子圆柱状的天然状态形成了一个中心感知体，这个中心感知体形式简洁、对称，但仅此而已，没有场效应。

第2步：邻近柱子的空间作为一个中心

感知体。如何通过调整中心感知体体系加强场效应？首先要在柱子旁边的空间生成中心感知体。如果柱子是圆形的，柱旁空间则没有形状，不能充当中心感知体。如果想要在柱旁空间生成中心感知体，就必须把柱子的形状塑造得更好。一种方法是让其更紧凑更有棱角，也就是将圆形柱换成方形柱。

第3步：柱顶和柱础的中心感知体。现在把柱础变成中心感知体，抬升地面形成基础，想象柱顶部和横梁交接处形成的中心感知体，或许是柱顶处的一个小平台。我们现

在已经引入了一些更小的中心感知体。

第4步：区别柱的顶部和底部。现在柱子已经失去了作为中心感知体所具有的整体性，因此我们需要调整、复原这种感觉。如果柱子的顶部和底部完全一样，中心性就消失了。如果让顶部比底部小一些（低一些），原本的那个柱子又重新具有了中心性。

第5步：柱子上添加装饰以增加生命。现在我们已经生成了一个大致符合递归概念范畴的完整中心感知体系统。

现在以柱子为例，我们尝试从场域内提取其中发生事情的本质。每个中心感知体皆因其他中心感知体的存在而生成和加强。因此为了修饰柱子，就要添加能增强柱子这种简单中心感知体的结构。我们通过增加更多的中心感知体达成这一目的。但是在加入其他中心感知体时我们需要十分谨慎，以确保它们能增强柱子的中心感知体。

一旦完成上述步骤，就会得到更多的中心感知体，并且中心感知体的场域也会显现出来。这个过程不是叠加性的，而是变革性的。每一步不是增加了某种事物，而是通过引入中心感知体引发了质变，加强了已存在的中心感知体，从而在整体上赋予它更多的中心性。

我们将这一思维方式递归地应用于场域中的每一个中心感知体。通过增加其他中心感知体，让每个中心感知体更明确、中心化，从而共同增强中心性。这是我们在没有中心感知体或整体性准确定义的状况下完成的。相应的，我们所添加的柱头、柱础、地板砖等也没有什么精妙之处。然而这里每种事物

步骤1：这根柱子是一个简单的圆柱体，是一些简陋的20世纪建筑的典型代表

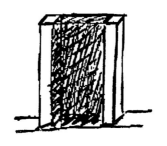

步骤2：将柱之间的空间变成中心感知体。在这个案例中要做到这一点，需将柱子变成方形。然后，这些中心感知体就会稍微加强

步骤3：柱子两端加入柱头和柱础两个中心感知体，作为中心感知体的柱子又得到了强化

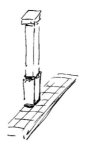

步骤4：把柱础变得比柱头略大一些，这种不对称性以及地砖铺设的韵律感进一步增加了柱子中心感知体的强度

递归在特定情形下的进一步发展。这是我在工地上的一根依照类似步骤生成的实验性柱子

教育的人不会明白，柱子的生命取决于柱间空间。柱子和柱间空间会被当作两个不同事物。能够理解柱间空间的形状不但对柱子有益，而且改变了柱子，每个柱子的整体性依赖于柱间空间的整体性，这是一个巨大的飞跃。柱间空间和柱子不仅位置上彼此临近，而且相互依存。我体会过类似的认知飞跃，上面有红点的一片绿色和没有红点的同一片绿色是完全不同的。首先，人们倾向于认为两种绿色是一样的，绿色上的红点和绿色呼应得很好，或者说红点是一个好的构成要素。但这种说法太浅显了。后来我渐渐成长为一名画家，明白了在我加入红点后的绿色本都加强了柱子已经存在的中心感知体，因而柱子本身也越来越好。

在递归过程中，不但柱子得以优化，我们对中心感知体的认知同样得以完善。当看到空间里已经建构出的中心感知体时，我们逐渐对构成中心感知体所具备的结构有了进一步理解。因此递归产生的效果不仅作用于柱子，也作用在我们的认识。

在某个特定阶段，我们意识到柱子本身的整体性和美受到柱间空间的整体性和美的深刻影响。柱间空间的形状和物质使柱间空间成为中心感知体，柱间空间中心感知体同时依赖于周围的诸多次中心感知体而存在。柱间空间变得更完整时，柱子的本质（整体性和中心性）会产生质的变化。

这是认知的巨大转变。一个未受过专业

放置于朱利安街旅馆柱廊中的实验性柱子，美国加利福尼亚州圣何塞

身（即绿色的实质）就发生了不可逆的变化。如果我们想得到这样的绿色，没有这个成为绿色一部分的红点是不行的。

这种改变同样发生在柱子上。当给柱子增加越来越多的其他中心感知体时，柱子中心感知体本身就得到加强和改变，而且随着其他中心感知体的进一步发展演变，柱子也相应得到进一步的加强和改变。柱子不是单纯地增加了附着的构件，作为一个中心感知体，它的结构完全不同了。

10 / 复杂案例中的深刻生命

一个成熟的艺术家会用比较有力而且更加巧妙的方式创造和强化建筑里的中心感知体。譬如照片中位于帕埃斯图姆的赫拉神庙的宏伟石柱。首先工匠们运用十分巧妙的方式，创造出强有力的柱间空间，使中心感知体（柱间空间）像实体一样拥有强有力的

赫拉神庙的柱子，意大利帕埃斯图姆

柱间空间

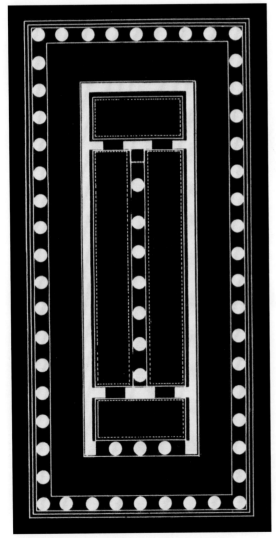

赫拉神庙的平面图，意大利帕埃斯图姆，
公元前 550 年

形态。

其次，柱子的微曲（柱身的收分处理）生成的形态加强了柱身这个中心感知体，同时，在柱子凸凹最明显的地方创造出第二个有力的中心感知体。柱身的细部——柱截面的凹槽，也生成了一圈环绕柱子的中心感知体，这让柱子变得更加有力。柱础的牢固感得益于层级化的中心感知体对柱子的加强。柱间横梁的陇间板具有形成中心感知体的力量，加强了横梁，同时也加强了柱子。

我们可以持续不断地列举下去。然而重点在于，一个成熟的艺术家可以有效地运用生命中心感知体的递归模式，使充满生机的中心感知体不断循环，从而创造出更有生机的生命。这些中心感知体可以从相互关联中凝练出更坚韧深刻的生命，创造出高强度的生命力。

中心感知体形成的场域不仅适宜探讨普通的结构，而且特殊结构在强烈的中心感知体场域中也因强烈的密度及其炫目的感觉而产生生命。空间中重叠覆盖的中心感知体越多，中心感知体之上的中心感知体就会越发不同，中心感知体之间互助并增强，整体就会获得越来越多的生命。

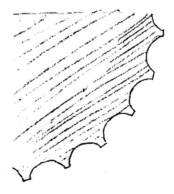

柱子截面上的凹槽

第4章　生命如何源于整体性

11 / 生命强度的客观比较

需要牢记的是，生命结构中的强中心感知体不仅是"宏伟的"（如帕埃斯图姆的赫拉神庙），也可以是脚踏实地、具有实践意义的，譬如下面照片中的两个房屋。第一个是英国诺森伯兰郡（Northumberland in England）的传统农宅。它是样式简洁、充满灵性、意义深远的中心感知体；第二个是纽约建筑师查尔斯·格瓦斯梅（Charles Gwathmey）设计的后现代住宅，其生命力弱了许多。

农宅是简陋的，十分朴素，可能建造时也未考虑内部的保暖。屋顶上还有瓦楞铁板。然而从普遍与务实的意义上来讲，每一部分都是深刻且富有生机的中心感知体。窗户、烟囱、石墙是中心感知体；门、屋顶、烟囱管帽是中心感知体；窗间墙由窗户构成框架，是更大的中心感知体。即使瓦楞铁顶上的雨水沟，窗框上的宽板也都起到中心感知体的作用。每个独立的构成元素，墙体上所有的独立部分都是强中心感知体，它们有各自的生命。在农宅中，我们感受到了爱意。

格瓦斯梅的后现代住宅设计于20世纪70年代，几乎没有可见的中心感知体，只有极少数能勉强称为中心感知体的东西，它们的生命非常弱。墙面无法形成中心感知体。随意的屋顶样式很难形成一个中心感知体。朝向我们的圆形体块尽管想表达中心感知体的意思，但苦于没有其他中心感知体的支撑，生命力也显得极弱。右侧的柱子不是中心感知体，门前的空间（草坪或车道）也不是中心感知体，仅仅是空着的空间。建筑呈现出一系列抽象形态，基本没有成熟的中心感知体，自然而然没有生命。

这与建筑风格无关（尽管初看起来似乎是风格的问题），这是本质问题。后现代住宅周围鲜有生命，因为周围的空间里没有什么中心感知体。中心感知体的缺失致使建筑外部空间死气沉沉。就图片所能看到的，中

诺森伯兰的传统农宅：每个中心感知体都有一定强度的生命，不同中心感知体的生命力相互促进

纽约的后现代住宅：中心感知体很弱或根本不存在，仅有的少数模糊的中心感知体无法相互协助，因此住宅无法形成整体的生命

心感知体的缺失应该会蔓延至建筑内部。怪异的屋顶和窗户表明其内部空间组织很可能也是毫无生机的。事实上,它的内外部都没什么中心感知体。该建筑没有普遍意义上的生命。

农宅并非是古色古香、具有浪漫情调的乡间古董,与后现代住宅相比,它显示的是一种更加强健的结构。农宅的建造具有稳固而深刻的生命结构。无论人们如何审视农宅,无论人们如何审视当代建筑师,农宅所具有的生命结构这一基本事实都应得到尊重。一些当代建筑师对农宅结构深层的嘲笑是一个巨大的错误。

12 / 生命结构概念的广度

生命结构概念的基本内涵十分广泛(第7章论述了建筑如何通过中心感知体处理并支持自身功能的问题,所以生命概念不仅具有几何性,更具有深刻的功能性)。从一开始就理解这一点是非常重要的,世界上所有系统获得生命的方式,都在于系统内中心感知体的合作和互动,这种中心感知体之间的合作和互动以自发配置的形式进行,中心感知体之间相互支持帮助,从而创造出完整的生命。

生态系统中有很多类似的例子,如图所示,一个由芦苇、浅滩、昆虫、湖畔构成的系统就是一例。另一个著名例子是农业领域

一系列大小不一、连续不断的中心感知体赋予湖畔芦苇强烈的生态意义上的生命:开阔水面、睡莲叶、芦苇、有着共同根系的芦苇、倒下的树枝

第 4 章　生命如何源于整体性

危地马拉的渔民和他们的网。他们的姿势、渔网本身、网子上的浮漂、人与人之间的空间、棕榈树、海上的涟漪——当我们仔细观察时，这些都是具有生命力的中心感知体

有名的果树导则[18]（fruit tree guild），不同品种的果树相互作用，金合欢树有利于苹果树，使苹果树生机勃勃，健康成长，桑树也有利于苹果树的生长。另一方面，核桃树对苹果树的健康和产果率都有负面影响。地面上的植物，包括紫草、三叶草、鸢尾和旱金莲，对苹果树都有积极的影响。因此，当金合欢树、桑树与苹果树一起种植时，这些中心感知体相互之间就会产生积极的影响。

生命或生命结构的概念是由生命中心感知体的强度引发的，这些中心感知体以整体性的方式存在。通过诸多不同的案例，这一概念对生命和功能进行解释，虽然从现有的其他分析方式来看，这些不同的案例之间并无关联。[19]

在接下来的各个章节里，我通过展示各

这种渔民修补渔网的情境包含了成千上万的中心感知体

种各样没有关联的案例来提醒读者,生命结构的概念具有极广的范畴,在各种不同的情况下,中心感知体通过递归的方式一次又一次地创造出统一的整体,这种生命结构是如此非同凡响。

我们可以看到,这些正在修补和清洗渔网的渔民组成了一个美丽生动的典型案例。当然,这群人的生活可以用很多方式来描述,比如用他们的想法和感受。想法和感受在照片中是看不出来的,然而共享的生命和体验却与他们所处系统的几何结构密切相关,与他们的身体、场景、海洋、渔网以及双手这些大大小小的中心感知体不可分割。整体中的每一个或小或大的组成部分,其本身也是整体,也是一个有助于强化其他中心感知体生命的中心感知体,同时它的生命也通过其他中心感知体得到加强。正是这些有生命的中心感知体之间的合作,使这群渔民成为一个统一的整体,并使他们的各部分(手、眼睛和手指)充满活力。

在一个系统中我们可以看到这些中心感知体之间的相互支持和帮助。如下图,我圈出了这样几个中心感知体:渔网上的浮漂、海面远处的棕榈树、两个相邻男人手臂间形成的空间。我们在照片上感受到了生命,这是渔民们在某一瞬间所触发的生命,从某种程度上讲,这种生命源自生命中心感知体的互动和相互支撑,此外,它还建立在系统由诸多中心感知体构成,这些中心感知体自身皆具生命这一事实之上。

13 / 令人兴奋的事物

我想用一张处于生命最旺盛状态的单人照来结束我对中心感知体如何在统一的整体中创造生命的论述:一个女孩抛球的场景展示出强烈的生命力。她容光焕发,十分鲜亮,那一刻,她充满了活力,充满了神奇的能量。我相信,在这个个性鲜明的案例中,生命的出现是因为中心感知体在被捕捉到的那一刻是生动的、强烈的。她的眼睛、手臂的位置、身体的扭转,尽管很难确切地表明这些怎样成为中心感知体;但开始习惯以观察中心感知体判断生命之后,我还是依赖于将单个中心感知体和统一整体相互关联的方法,使那个人在那个瞬间变得极其生动起来。

注意女孩投球时身体形成的具有生命力的中心感知体之美,手指弯曲所形成的中空空间,肩部下垂和衣服的翻领形成的中心感知体,左手、前臂以及后仰的头之间形成的中心感知体

第 4 章 生命如何源于整体性

在生机勃勃的生命中,正在投球的年轻女孩的眼中充满激情。如果仔细观察,会发现她的身体、姿态、手指、下巴,她身体结构的每一个中心感知体都充满生机,此时此刻这些生命中心感知体互相配合,让这个女子鲜活起来

在这一章里,我没有用足够详细的信息解释如何将扔球这样的人类活动视为许多生命中心感知体的共同合作。但是希望读者谅解,我确信这个例子和其他例子能够很好地说明具有强烈生命力的中心感知体之间相互合作,每个中心感知体都在增强系统中的其他中心感知体,维持、激活、强化系统中其他中心感知体的生命。女孩的手、眼睛、手臂、脚所形成的每一个中心感知体都具有强烈的生命,它们与统一整体合作,一起创造了此刻强烈的生命。

整体,也就是中心感知体依存的结构,是否具有生命,取决于中心感知体本身具有生命的程度,也取决于中心感知体的相互增强以及中心感知体的密度。我相信,这种生命结构的概念甚至可以扩展到人类个体的生命强度中,在某种程度上,它可以解释一个年轻女子扔球时眼中的激情。从女孩照片的分析图中可以看到大小不一的中心感知体。

在生命结构中,中心感知体生命力的构成与该结构是否具有连贯性和美感紧密关联。令人惊讶的是,这样一个相对简单的构成居然能产生生命。

本章附录
生命结构中精确的中心感知体概念的重要性

我想以一个脚注的形式结束讨论，但这是个极其重要的脚注。它具备了所需要的微妙性和准确性，能很好地阐释中心感知体怎样成功地相互影响。

在艺术家看来，一件作品的成败关键在于一些细小的差异——一点点颜色或一条曲线的形态。建筑也一样，一个空间成功与否取决于方寸之间的布置变化，比例中的分毫改变会带来深刻与平庸的差别。自然生命系统也是这样，化学浓度的一个小数点决定了生死。根据我的经验，这不是例外，而是规律。

生命结构极易受到微小变化的影响，细节的精确性是成功的必要条件。为了加强读者对这一点的理解，我想以我在前一章中使用的一个例子说明，这就是15世纪地毯边缘的装饰。[20]

1988年我和学生们一起工作时，机缘巧合下研究了地毯边缘的装饰。我要求学生尽可能准确地画出装饰部分，我想向他们说明，这个装饰的成功在很大程度上依赖于其中所有中心感知体的存在。这意味着，为了表现它所具有的深刻和谐感，成百个中心感知体和次中心感知体都必须在毫厘之间展现出自己良好的形状、生命和积极品质。很快学生们就发现这是难以实现的，甚至直接拿照片照着画也不行，往往无法再现所有的生命中心感知体；他们发现只要自己未能捕获中心感知体，所画出来的装饰就缺乏感觉、缺乏和谐。

正如那位织布工所绘制的，这些图案有一种美丽的、清晰的、几乎带有欺骗性的简洁。但如果开始绘制它，你可能会感到惊讶：它比看起来困难多了。原因在于，它的简洁之美——即生命之美——来自它所具有的一个高度微妙和复杂的中心感知体结构。当你试着画它的时候就会发现，构成这个装饰的中心感知体结构是如此微妙，如此复杂，极难绘制。

原设计中的中心感知体（见第117页的图示），其中有18张小图，每张图都展示了一个中心感知体和至少数百个次级中心感知体。有些中心感知体非常小，有些中心感知体和整个图案一样大。为使设计达到效果（达到原作的简洁优雅），所有中心感知体均需呈现于图中，并发挥自己作为中心感知体的作用。

当你尝试绘制它时，第一次的效果通常类似草图1。可以大致画出四叶草形状，除此之外没有多少其他的东西，所以无法激发感受。你马上就会发现，你的草图缺乏地毯装饰的深刻感受，但可能不会立刻清楚问题所在。

第二次尝试中，你更加努力地获得正确的细节，可能会得到类似草图2的结果。这张草图包含了更多之前遗漏的中心感知体，但也只画出了半数左右的中心感知体。如此一来，这张草图开始有了原地毯的细腻和生气，但还是缺少一些深刻的生命力。这是因

第 4 章 生命如何源于整体性

15世纪土耳其地毯的边缘：基尔兰达约地毯是地毯历史上最精妙的花边之一

学生 1 的草图：不好

学生 2 的草图：好一些，但仍不够好

草图 1 十分不精确，其中大部分中心感知体缺失或画错了，这就是草图 1 没有感受的原因；草图 2 准确一些，但是仍然不对。草图 2 大约呈现了 50% 的中心感知体，接近原貌，但没有体现出实际织物的清澈和简洁之美，因为仍然有一半的中心感知体缺失、扭曲或者弱化了

为草图仍然缺少本应包含的另一半中心感知体。例如，草图 2 的玫瑰花结中间不像真正的装饰那样，拥有一个漂亮的菱形中心感知体，玫瑰花结的白色与黑色部分也不像原装饰那样。花瓣之间的白色区域没有画出本该存在的中心感知体。顶部鸢尾花图案也画歪了，但这几乎看不出来。四片花瓣下面的裂口处没有按照它该有的样子与"茎"形成一个漂亮的中心感知体，等等。草图 2 是在学生意识到这些中心感知体之后绘制的，但他们仍然没有看到足够多的中心感知体，或者不知道如何正确地画出这些中心感知体。

这个实验表明，中心感知体对整体的生命而言至关重要。也许就是在第一次描摹、第一次失败时，我们开始理解并在实际经历中感受到，整体的生命怎样依附于具有强烈形态的中心感知体，我们开始看到中心感知体之间深度默契的相互支持。

这就意味着图中仅画出中心感知体是远远不够的。为了发挥作用，100 个中心感知体里的每一个中心感知体，都要能展示出它自己的美和力量。

即便你已经知道了这些中心感知体是什么，能画出这 100 个强有力的生命中心感知体也是有难度的。因为当你绘制中心感知体时，不一定能绘制出中心感知体的美感。即使在绘制后期，你可能仍然没有完全意识到，图案的生命、玫瑰花结的生命、鸢尾花的生命、都来自辅助它们的中心感知体。你会发现自己在努力描绘那些线条、曲线、形态，却没有充分关注中心感知体，因为你不理解图案的重要性和价值就存在于中心感知体的结构中。

从几何和物质形态的角度出发，绘制富有生命的中心感知体也很有难度。即便理解中心感知体的重要性，你也无法轻而易举地让所有中心感知体同时发挥作用。按下葫芦浮起瓢，顾了这头丢那头。绘制的过程需要大量的技巧和极强的专注力，才能让所有中心感知体同时发挥出它们的全部力量。完成这项工作需要一种认知模式（这与我们曾经的习惯有所不同），在这种模式中，每一笔都在创造中心感知体，而且每一笔创造不止一个中心感知体。例如，我开始画了一个点，当继续画的时候，必须注意到这个点分别属于六个中心感知体；我必须在画这个点的同时，把这六个中心感知体都构思好。然后，当再画另一个点的时候，可能要察看其他八个不同的中心感知体，它们与第二个点有关，必须由那个点生成。

在放置一个点的时候，要同时观察并注意到所有中心感知体，这需要多重平行的视线，还需要留白、灵敏的视觉以及一种放松与开放的心态。最重要的是，它需要打开眼界的感知模式，如附录3所述。如果看不到整体，就无法实现。

最后，我们必须意识到，只有当中心感知体具有一定密度时，生命结构才会拥有生命力，为此，每一个中心感知体在每一个尺度上（许多中心感知体会很大且相互重叠）都必须精心塑造。对于艺术家或建筑师来说，这种高度清晰且拥有意识的结构必然是艺术的巅峰。没有密集的生命中心感知体，就无法获得生命。

很多空间中的中心感知体需要保护，通常情况下，在并不惹人注目的空间中，这些具有积极性的中心感知体可以创造出生命结构的生命力。要做到这一点，学生必须全神贯注，这在当今的建筑院校里几乎从不训练。[21]

创造生命中心感知体的关键

读者可能想确切地知道，如何掌握创造生命中心感知体的方法。如果这个方法像上文表述的那样微妙，那么从实践角度出发，特别是在未知领域创造新事物的时候，人们该如何正确操作？中心感知体如何具有生命，如何从其他中心感知体的创造过程中获得自己的生命，这些都取决于一定数量的实践规则。下一章将要描述的这些规则，它们控制着生命中心感知体之间相互制造的方式。我能够确定的是这些规则只有15条。

第4章 生命如何源于整体性

注 释

1. 萧伯纳创作的《千岁人》《BACK TO METHUSELAH》(London: Oxford University Press, 1947), 诗意再现了我非常喜欢的理论。文中的莉莉丝(Lilith)说:"我是莉莉丝,我将生命带入力量的漩涡,让与我对立的物质服从有生命的灵魂。但在让物质的生命屈服的过程中,我成为生命的主人。这是一切奴役的终结。现在我将看到奴隶获得自由,敌人和解,漩涡充满生命,所有问题都得以解决。"

2. 如果有读者不明白如何进行这个测试,在第8章和第9章中给出了诸多判断中心感知体生命多寡的标准。实际上,这个测试并不难,到目前为止,作为一名建筑师,我一直在工作中实践。

3. 在艺术史的语境中,鲁道夫·阿恩海姆(Rudolf Arnheim)的《中心感知体的力量:视觉艺术中的构图研究》(THE POWER OF THE CENTER: A STUDY OF COMPOSITION IN THE VISUAL ARTS)一书阐释将中心感知体作为生命或整体的基本构件(Berkeley: University of California Press, 1982)。这也是200年前罗杰·约瑟夫·博斯科维克(Roger Joseph Boscovich)所提出的物质理论的基础。他认为抽象的点中心是基本实体。Roger Joseph Boscovich, A THEORY OF NATURAL PHILOSOPHY (London, 1763;重印于: Cambridge, Mass.: MIT Press, 1966)。

4. 在数学中,以递归定义的数学实体较为常见,这种递归定义应用良好且没有产生数理上的问题。其中最常见的情形是,一组函数$f(n)$无法用其他概念来定义,但的确在$f(n)$和不同的n之间存在着一定的关系。例如:R.L.Goodstein, RECURSIVE NUMBER THEORY: A DEVELOPMENT OF RECURSIVE ARITHMETIC IN A LOGIC-FREE EQUATION CALCULUS (Amsterdam: North-Holland Publishing Company, 1957)。

5. 在机械世界观中,机器由许多要素构成。先确定要素,然后组合要素形成更大的结构,要素之间的互动产生机器整体的运行。然而,整体并不是以这样一种简单方式产生的。我认为,整体应该是在这样的情况下产生的:中心感知体源自其他中心感知体。更为原始的要素是不存在的。

我们习惯于这种解释:一种实体是由其他多种不同的实体构成。如生物由细胞构成,原子由电子构成,诸如此类。我们将在此处看到,中心感知体已经非常基础,它们不能再被解释或理解为是由其他更为基础的实体组成。相反,中心感知体只能由其他中心感知体组成。这是最基本的概念。因此,这些中心感知体的本质只能通过反向或递归来理解。这就是为什么对那些被机械思维束缚的人来说,整体看起来如此神秘的原因。

6. 在一篇有趣的文章中,阿兰·瓦兹(Alan Watts)似乎预见到了"类场域中心感知体"(field-like)的概念:"许多科学家都知道,从理论上讲个体并不是一个被皮肤包裹的自我,而是一个生物环境场域。生物体本身就是场域的焦点,因此每个个体都是整个场域行为的独特产物,终极场域宇宙本身。但是,理论上讲,可以理解并不意味着能够感受。"引自: Alan Watts, "The Individual as Man World," 再版于: Paul Shepard and Daniel McKinley, THE SUBVERSIVE SCIENCE: ESSAYS TOWARDS AN ECOLOGY OF MAN (New York: Houghton Miffiin, 1969), 139-148。

7. 在物理学中,场是一个变量系统,其值在整个空间中以某种系统方式变化。最简单的场是标量场,在标量场中,空间中的每一点都有一个一维变量。某些激素(一种特殊的化学物质)在人体中的分布就是标量场。这种化学物质在体内的每个几何点上都有一个确定且各不相同的浓度。此种情形下,场作为浓度的整体模式,支配该化学物质在身体不同部位浓度的变化,从而控制美丽且复杂的结构的成长。矢量场更加复杂。一个经典的矢量场是一个空间系统,它不仅与量级相关,而且与空间中每个点的方向和量级都有关系。例如,水域的水流可以看作矢量场,水中的每一个点都以一个特定的速度向一个特定的方向流动,每个点的水流速度和水流方向各不相同,多种方向和多种速度的模式构成了矢量场。

高等物理学包含诸多更为复杂的场域。但遗憾的是,它们都不具有我在本节所描述的场的特征。

8. 这种情况有点像乔弗利·丘(Geoffrey Chew)曾经在物理学中提出的粒子靴带(bootstrap)理论。该理论同样认为没有终极实体,每个粒子都要用其他粒子来定义。Geoffrey Chew, LECTURES ON MODELLING THE BOOTSTRAP (Bombay: Tata Institute of Fundamental Research, 1970)。

9. 这个问题目前尚未解决,附录4对此进行了更全面的讨论。在附录4中,我阐释了定义此种场域的数学尝试步骤,这与数学中已被定义的场域均不相同。我唯一的感觉是,从原则上讲,可以定义一种能够体现这些特征的新场域,我把它称为场和场效应。在中心感知体场域中,整个空间中的变化是其他中心感知体共同作用产生的总方向。附录中阐释了如何精确定义场域概念的巨大困难。目前,我所知道的数学理论还不能提供必要的模型。中心感知体场域概念的精确化,中心感知体作为场域的观点,必须等待另一种新型数学结构的出现才能定义。

10. 关于局部对称性作为中心感知体特征的进一步讨论可以在第5章、附录2和附录6中找到。

11. 我为这种迂回的陈述深表歉意,在这里我指的是书中第5章的内容。但这似乎是提出论点的最佳方式,第

5 章对 15 种属性进行了充分的定义和讨论。

12. 每个中心感知体都有自己的生命,这使得中心感知体的"生命"成为这一理论的终极本原。这或许可以与罗伯特·皮尔西格(Robert Pirsig)的观点相媲美。罗伯特·皮尔西格认为,终极的原初是品质而非物质。正如他所说,"品质应该只是一个模糊的界定,它体现出我们对物质的看法……品质可以生成物体的想法似乎非常错误……但当你习惯之后,价值生成物体的想法也就不奇怪了"。参见:Robert M.Pirsig, LILA(New York: Morrow, 1991), 98, 97-106, 和 ZEN AND THE ART OF MOTORCYCLE MAINTENANCE: AN INQUIRY INTO VALUES(New York: William Morrow, 1974)。我说的是某些赋予中心感知体生命的事物。

13. 生命可能在未定义的实物之间以递归的方式出现,这一观点出自:Douglas Hofstadter, GOEDEL, ESCHER, BACH: AN ETERNAL GOLDEN BRAID(New York: Random House, 1979)。这也通过子整体(holon)的概念进行广泛讨论,参见:Arthur Koestler, in JANUS: A SUMMING UP(London: Hutchinson, 1978)。

14. 多年来,当我在书房里工作时,残片一直摆在我面前。我从芝加哥的一个艺术品经销商那里购得,他告诉我这是 100 年前从阿尔罕布拉宫盗出的,那时候人们还没有开始认真对待文物保护。

15. 如果你在这方面有困难,请阅读第 8 章和第 9 章,并使用那里描述的技巧。

16. 此处再次使用的"靴带"这个词源自俗语"自力更生",通常应用于粒子物理学理论,指的是没有基本粒子,每个粒子都是由所有其他粒子"组成"的。参见:Chew, LECTURES ON MODELLING THE BOOTSTRAP.

17. 然而,为了完成这一构想,我们确实需要一种空间概念。在这种空间中,这些事情可以发生。最终,我们只有通过修改我们的空间概念,使之成为一种明确地包含这一特征的空间形式,才能领悟这种明显的循环。详见附录 4 及第 11 章最后几页。我相信这种递归的、循环的关系就是生命现象的关键。

18. Bill Mollison, PERMACULTURE(Washington, D.C.: Island Press, 1990)。

19. 例如,请参阅第 10 章和第 11 章的讨论,我在那里详细讨论了功能和几何的统一性。

20. 这个美丽的图案是在 14 世纪末或 15 世纪初绘制的,现在只剩下两块地毯残片和一幅画作。深入的讨论参见:Christopher Alexander, A FORESHADOWING OF TWENTY-FIRST CENTURY ART(New York: Oxford University Press, 1993), 176-179.

21. 请记住我的观点,即所有生命(不仅仅是抽象的图案或艺术作品)都可以用这种方式来描述。这意味着,无论是在生物学中,还是在自然界和自然生态系统中,都能看到同样丰富的结构多样性、同样密集的连贯模式,以及我在此处讨论的中心感知体。

我记得几年前,当我看到人颈部的核磁共振成像(MRI)截面时,我非常惊讶。令我惊讶的是这些组织的紧密程度和它们的组合方式。我以前一直有一个天真、不确切的想法,认为人体就像一个袋子,松散地装着器官、组织、神经等,老派的插画家对人体的描绘往往强化了这一观点。但从人颈部的核磁共振成像可以清晰看到一个精心构建的、具有连贯形式的内在精妙结构。相互关联、相互重叠和充分交织形成几何结构如此复杂、美丽,以至于每一处空间、每一处缝隙、每一个角落都具有多种功能,并以多种形式参与到多重、连贯的几何结构之中。

就这个层面而言,人体与我所讨论的装饰具有同样的整体特征,任何一种生命结构都具有类似的整体特征。至少我认为如此。

第 5 章
15 种基本属性

1 / 绪论

正如前文引述的生命概念，任何空间系统中都会出现生命，事物的生命强度取决于构成事物的中心感知体的生命强度与密度。因此，从广义上可以得出一种理论方案，即某一事物、建筑、系统的生命强度，取决于这个事物的中心感知体的凝聚与相互协助程度。本章接下来研究上述情况发生的不同方式。

大约20年前，我开始注意到有生命的物体和建筑都具有某些可识别的结构属性。这些事物中不断重复出现这些相同的几何特征。最初，我不经意地记录下这些特征，并开始"持续关注"它们。

我做过的事情既以经验为依据，又简单直接。我做的只是观察成百上千的例子，并将具有较多生命的物体与具有较少生命的物体进行比较。当观察两个对象时，我会问自己哪一个在我心中能产生更宏大的整体性，然后据此判定谁更有"生命力"或具备更强的整体性。因此，我并没有将多元社会中有限的典型判断强加于自己。我不担心把"我的"价值观与其他人的价值观进行比较。我只是找出了具备更宏大整体性的案例，按照它们在我身上引发的整体程度进行判断，我对自己真实可靠的感受充满自信，我会将测试结果与他人共同分享。

我问自己：我们能不能找到一些结构，这些属性往往出现在生命力较强的案例中，而在生命力较弱的案例中又往往缺失？换句话说，我们能不能找到重复出现的几何结构属性，这些存在于事物中的属性与它们的生命强度相关？要找到这一点，就必须进行成千上万次的比较，不断地问自己是否可以识别出与事物的完整程度相关的任何属性。

为找出答案，需要做成百上千的比较研究，不断追问自己是否可以识别出与事物整体程度相关的属性，这就是我所做的事情。20年来，我每天要花2~3个小时进行观察——建筑、瓦作、石头、窗户、地毯、人像、雕花、小路、座椅、家具、街道、绘画、喷泉、门廊、拱券、饰带——我比较它们并追问自己：哪个更有生命？然后问自己：生命力最强案例的共同特征是什么？

我设法确定了15种结构属性，这些反复出现在确有生命力的事物之中。[1] 它们分别是：1. 规模等级；2. 强中心感知体；3. 边界；4. 交替重复；5. 积极空间；6. 优美形态；7. 局部对称；8. 深度连锁与模糊；9. 对比；10. 渐变；11. 粗糙；12. 呼应；13. 虚空；14. 简约和内在宁静；15. 不可分割。

起初我观察这些属性时还不明白它们到底是什么，只是单纯地记录，直到1985年我才真正理解这15种属性是什么。我将每一个属性单独理解为常见或极为常见于生命系统中的某种事物，每一个几乎都是判断事物是否具有生命力的预测器，然而在研究的前10年，我仍然不清楚15种属性为何具有这样的效果。我也不清楚中心感知体和整体性所发挥的重要作用。在1975—1985年尚未发表的手稿里，首次出现15种属性列表，中心感知体只是这个列表中的一种属性，而我当时还不清楚这个属性比其他属性具有逻辑上的优先性。我只知道强中心感知体的存在，它就像其他14种属性一样，让系统更易具有生命力。

在多年的观察中我不断问自己，15种属性意味着什么，它们是什么，它们有什么作用。最终我得到了答案，15种属性其实就是中心感知体彼此帮助获得生命的15种方式。我开始理解15种属性的作用，它们让事物具有生命力，因为它们是中心感知体在空间中相互帮助的方式。

身为作者，我现在有两个选择。其一，我可以按照15种属性在头脑里第一次出现的顺序进行论述，但这只是对帮助建筑和物体拥有自己生命力的事物所进行的一种原始观察，并不讨论这些事物对中心感知体的依赖性。在这样的解释中，我会按照第一次观察它们的方式进行描述，此时它们只是15种孤立、独立的属性，对它们的解释也没有什么特别的铺陈节奏或理由，它们只是观察的最终结果。最后，我会说明这15种属性如何让中心感知体互相帮助，从而解释它们的存在原因以及产生的强大影响，这种方式其实只能这样论述。

或者，我也可以采用另一种表达方式，从一开始就说明确实存在中心感知体互相帮助的15种方式，然后强调这15种方式与中心感知体的关系，并展示出它们如何让事物拥有生命力。但如果这样论述，读者就无法体会我观察时的原始直觉与经验的力量。我的论述可能有些过于精雕细琢，甚至矫揉造作的东西，这可能会让读者丧失在观察过程中的兴奋体验，或许通过你对世界的观察，没能亲自看到，作为生命特征，它们确实是真实的、必要的、经验性的。若果真如此，实为一大憾事。因此，我将尝试在这两种呈现方式之间进行选择。希望读者能感受到当我第一次注意到这15种属性并且试图精确定义它们时的那种原始的兴奋感。

但我也希望读者能够理解，这15种属性如何与我在第3章和第4章中介绍的理论相结合，实际上它们正是构建理论的基础，事实上，这是我最初并不理解的事情，在我观察的前10年里，我并没有意识到它们是如何结合的。而我要做的就是一项简单的科学任务：通过观察并不断提炼，总结与生命力相关的结构性特征。

2.1 / 尺度层级

我在研究有生命的物体时，注意到的第一件事情就是它们都包含不同的尺度。现在要说的是，在我的新语汇中，这些物体的中心感知体往往具有一个精美的系列尺寸，这些不同尺寸存在明显的尺寸层级，层级间存在明确的尺寸跨跃变化。简而言之，有大中心感知体、中中心感知体、小中心感知体以及非常小的中心感知体。用当时的语言，我只会简单地说，我注意到了各种各样的、形态优美的、大小各异的整体，人们看到那些具有伟大生命的事物时，往往最先关注到这一特征。

这种观察似乎是显而易见的，甚至近乎于赘述。但实际上这并非显而易见。正如我们见到的那样，我们这个时代制造的许多事物并不具备这一特征。第142页至第143页上有两个案例，一个是良好的尺度层级，另一个是较差的尺度层级。阿尔伯斯（Albers）画作的尺度层级很差。它的元素之间有细微的尺寸差异，但没有明显的层级之分。结果这幅画死气沉沉且缺乏深度。另一方面，马蒂斯的画作具有较好的尺度层级，年轻女人的身体是大中心感知体，背部大面积的留白形成大中心感知体；中等中心感知体比如头部、帽子、帽檐；小中心感知体，例如花朵；非常小的中心感知体，比如花瓣、蕾丝和钮扣的细节。尺度层级形成了连续统一体，连接起各个中心感知体，使它们完整统一，从而赋予绘画作品以生命力。

如果比较任何两种事物，一种具有较强的生命力，另一种具有较弱的生命力，那么生命力较强的事物很可能具有更好的尺度层级。这种差别比乍看起来微妙得多。要了解它的微妙之处，请以这组门为例进行思考。两扇门都有不同尺寸的部件：门板、门框、装饰条、把手等。但是与左侧的门相比，右侧的旧爱尔兰门具有多种尺寸，在尺度上具有更鲜明的差异性，更具"扩张感"。爱尔兰门具有三种尺寸的门板，从下到上逐渐变小，它的门框比门板小，门内框比门外框小。门把手上的门锁与指孔盘也都有自身的尺度层级。

现在让我们看看左边的门，左边的门有18个一模一样的镶板。为什么左边门的尺度层级特征不如右边的门？右边的门给人更深刻的体验，原因在于以下两点。首先，爱尔兰门拥有更多层级：门板有更为精细的区分，由顶部面板和中间面板共同构成的中间尺度所形成中心感知体，这种中心感知体是第一个门所不具备的。第一个门真正缺少的是中心感知体之间的相互促进。对于右边的门而言，这种中心感知体之间的互相促进是通过尺度层级实现的。每个中心感知体的生命既来自它旁边更大中心感知体的形态和位置，又来自它邻近更小中心感知体的形态和位置。

左边的门有细节，但这些细节没有在更大中心感知体中创造出生命力，因而这种细节毫无意义。表面上看，左边门的多个门板产生了多个层级。但这些门板只是形成了尺度层级的感觉而已，门板由自动化机器模具加工而成，尽力拼装为复古样式。由于门板里的中心感知体之间无法相互促进，所以这

马蒂斯的画作，具有美感的尺度层级

第 5 章 15 种基本属性

这扇门似乎有尺度层级，但其实并没有发挥作用

极好的尺度层级，具有美感，真正在发挥作用

个门没有生命力。我可以明确地说，门的制作者也没有力求达到这一效果。或许左边的门是工厂成批加工的，每扇单个的门都没有得到足够的关注。因此左边门的尺度层级感受是空洞的、浮于表面的。

因此，尺度层级特征不是不同尺寸的机械化组合。只有当每个中心感知体为下一个中心感知体赋予生命力时，它才会正确地出现。

同样重要的是，要让结构拥有尺度层级特征的话，不同尺度层级之间的跨越变化不能过大。譬如，下图中的混凝土墙，我们可以把墙本身看成一个中心感知体，还可以看到一些小的独立中心感知体（螺栓和螺栓孔洞）。因此，人们可能会天真地说："有螺栓印记的混凝土墙具有尺度层级。"然而根据我对这一特征的定义，它并不具备尺度层级特征。这两个中心感知体系统（整面墙和小螺栓）之间尺度差异过大，彼此之间无法形成连贯的关系。每块墙面是 36 英寸 × 72 英寸，而单个螺栓的长度可能只有 1 英寸。因此，整个墙面的面积约为 2000 平方英寸，

约瑟夫·阿尔伯斯的画作，基本没有尺度层级

清水混凝土墙面，从墙面到螺栓孔洞的 2000 到 1 的跨度过大，以至于根本无法创造出有效的尺度层级

第一卷　生命的现象

几乎均质的花瓶，瓶口和瓶身之间只有一次比例上的跳跃，约1∶20

陶马中最美丽的尺度层级

形态美好的花瓶具备极好的尺度层级：瓶身是瓶口的3倍，瓶口是装饰圈的3倍

而一个螺栓的面积小于1平方英寸。2000到1的尺度跨越太大，因此无法构成尺度层级特征，也无法形成良好的层级链条与层级梯度。

当把20∶1引入单一的层级变化时，我们就会得到左侧这个现代的、没有变化的花瓶。瓶颈和瓶身1∶20的层级跨越过大，不能给这个结构带来生命力。

下图的陶马具有优美的比例关系，具有更好的尺度层级。它样式简洁，尺度层级分明。马身是马头的两倍，马头是马腿的两倍，马腿是马蹄的两倍，这些细节虽不能反映真实的马，但经过夸张的加工与美学考量，每个层级都在协助它临近的层级，这让陶马最终拥有了生命力。

在下面的花瓶中，它依然拥有很美的尺度层级。花瓶的尺度层级被精细推敲。瓶身约为瓶颈的三倍；瓶颈分为两部分，一部分是另一部分的三倍，"花瓶颈圈"的上半部分大约是顶部瓶口装饰圈的三倍。出于某种原因，尤其在瓶身产生的冲击力方面，尺度层级对创造真实的生命力，产生了近乎立竿见影的效果。

如果层级间的跨越是强烈的、深思熟虑的，并且尺度层级的间隔是均匀的，那么这个事物通常会拥有强大的生命力。譬如，如果仔细研究这个优美花瓶的尺度跨越变化，大致是3∶1到3∶1到3∶1再到3∶1，以此类推逐层递减，在这种的情况下，物体所获得的生命力是十分强大的。类似的例子可以参阅麦什德（Meshed）清真寺的外部装饰。

通过以上案例可以看出，当一个中心感知体和周围其他中心感知体有明确的比例关系时，一半或两倍，不能特别大或者特别小，就会提升该中心感知体的生命强度。为了加强某一中心感知体，首先我们需要让其他中心感知体的尺寸变成该中心感知体的 1/2 或 1/4。如果较小的中心感知体与较大的中心感知体的比例小于 1∶10，则无法有效地加强生命强度。

下面让我们仔细剖析一下，尺度层级对物体到底做了什么。尺度层级提供了一种小中心感知体加强大中心感知体生命强度的方式。如果想把某扇窗户变成强中心感知体，那么我可以通过在窗台、窗侧壁或窗边的墙上引入次一层级的小中心感知体，用来强化窗户这个中心感知体。如果尺寸选择合适，两种中心感知体的尺寸差异不是过大，那么将最有助于强化第一层级的中心感知体（窗户自身）。例如窗户可以通过窗台，但不太可能通过钉子来加强。此外，大窗台比小窗台效果更好。因此，为了达到中心感知体相互帮助的实际效果，中心感知体需要一个非常有序的尺寸与尺度层级。

在麦什德清真寺的瓷砖中，我们可见这一原则通过许多中间层次，从巨大的塔状结构一直延伸至瓷砖自身。在每两个层次之间都存在着明确的整体或中心感知体。

同样的道理也体现在下一页伊斯法罕疏朗而宏伟的门廊之中，房间、构件与尺度支撑起真实、深刻的生命，与我们的感受产生共鸣。在勒·柯布西耶设计的马赛公寓令人不快的结构中（如右图所示），与其他设计一样，只能看到少量具有明确尺寸的东西，每个层级无法拥有自己的中心感知体，人们也无法清楚地感受到每个层级是如何扩大与激活大小不一的中心感知体的：这里不同尺寸的构件仅有大小上的差异。但在尺度层级

麦什德清真寺瓷砖尺度层级的深刻变化

勒·柯布西耶马赛公寓的尺度层级欠佳

优秀的案例中，就像下一页的门廊一样，尺度层级创造了一个场效应，场效应创造出中心感知体：不但小中心感知体强化了大中心感知体，而且大中心感知体也强化了小中心感知体。尺度层级通过帮助中心感知体彼此强化来创造生命。

伊斯法罕的门廊具有绝佳的尺度层级

功能备注

在本章中,《建筑模式语言》(纽约:哈佛大学出版社,1977年)将简称为APL,后面紧跟着模式的名称与页码。

建筑领域的许多案例都需要一定的尺度层级,《建筑模式语言》(APL)中有许多模式都涉及这个主题。建筑构件,特别是相互连接的构件都得益于此。最终建成品中符合尺度层级的压缝条盖住缝隙,使最终建成品更加实用(半英尺宽的压缝条,p.1112)。从感情上讲,一扇窗户被划分成数扇小窗户效果最好,窗格细分有助于窗户形成观景视野,装玻璃的框格也增加了窗户的强度,易于更换破损的玻璃以避免浪费(小窗格 p.1108)。

尺度层级对于较大的案例同样重要。请思考一下区域、社区和街坊邻里的结构。独立社区(p.10)、7000人的社区(p.70)、易识别的邻里(p.80)和外部空间的层次(p.557)都表明在城市的大型结构中,清晰明确的尺度层级将有助于维持人类社区。

或者思考一下建筑各种房间的尺寸,《建筑模式语言》中有诸多关于这个主题的模式。这些模式与建筑中的不同活动有关,也与由此产生的各种大小不同的房间有关。房间尺寸都一样的建筑往往非常破旧。但在拥有不同尺寸房间的建筑内,建筑所创造的社会氛围与生命力的可能性得到了强化。即使是拥有一个大房间、两个小房间、两个小壁龛的小建筑,也比一个有四个大小相同房间的建筑好得多(凹室 p.828)、(床龛 p.868)、(顶棚高度变化 p.876)。

在所有例子中,较小空间以某种方式支撑了较大空间的生命力;同时大空间也支撑了小空间的生命力。当房间的尺寸有极多变化时,相互协助的不同房间会比同质化的房间具有更强的生命力。因此在这些案例中,具有功能的中心感知体的尺度层级会影响建筑的实践活动,并使中心感知体更加具有支撑生命力的能力。

2.2 / 强中心感知体

第二个特征是具有生命力的结构中频繁出现的强中心感知体，1975 年我把它列入特征列表，此后很久才意识到，中心感知体作为整体的核心构成要素发挥了基本且普遍的作用。刚开始注意强中心感知体时，我仅把它看成所观察的生命结构中整体的一个特征。

当我明白中心感知体作为基本要素发挥着更加基础的作用时，仍将强中心感知体列为 15 种特征之一，这或许有些奇怪。尽管如此，我还是把它留在了列表中，因为强调中心感知体作为整体性的构成要素出现（第 3 章和第 4 章论述的内容）是一回事，而集中讨论生命系统里中心感知体具有的强度特征（本章内容）是另一回事。下面的论述非常重要，且与前面的章节不重复。

我注意到，除了尺度层级特征之外，具有生命力的物体最重要特征是：存在于各层级的各种整体不仅表现为中心感知体、"整体"或"团块"，实际上还表现为强中心感知体。相比之下，在戈夫住宅里几乎看不到任何强中心感知体。

让我们对比两座建筑：凯鲁万清真寺和布鲁斯·戈夫（Bruce Goff）住宅。凯鲁万

十分积极的中心感知体。凯鲁万城清真寺：每个局部和组成每个局部的片段都是强中心感知体，通过其他中心感知体场效应形成的整体也是一个强中心感知体

十分消极的中心感知体：布鲁斯·戈夫住宅缺乏强中心感知体

清真寺有许多互相加强的中心感知体，如宏伟的院落、大穹顶、小穹顶、单独的城垛、台阶、入口、单独的拱门，甚至是屋顶部分。相比之下，戈夫住宅的设计没有什么实质上的强中心感知体，有些人可能认为戈夫住宅是有机的，但它缺少我所谓的强中心感知体所积累的力量。无论这样构成的整体健康与否，都没能形成强中心感知体。无明确形制的构成元素无法成为强中心感知体。

某种程度上，两座建筑之间的差异是由对称性的差异造成的。在清真寺中，多个中心感知体都是局部对称的。在住宅里几乎没有局部对称的中心感知体。但建筑中有无强中心感知体不仅取决于对称性。清真寺中每个中心感知体的类场域效应超越了单个片段体的局部对称性。例如，凯鲁万穹顶的力量是由三个穹顶的递进次序造成的，每一个都比另一个高，主穹顶处达到强度峰值，以整体结构加强了穹顶。穹顶被认作中心感知体，原因不仅在于形状，穹顶在建筑整体中的位置和几何功能也发挥了作用。

相比而言，戈夫住宅则不具备这种递进增强的特征。戈夫住宅除了一两个中央塔尖上的叶状屋顶外，其他各部分并没有因为它们在整体中的位置而得到强化，这些构成要素都是孤立的，彼此之间无法产生任何中心性的感受。

为了更深刻地理解这种品质，让我们看看18世纪安纳托利亚地毯的实物。它具有显著非凡的中心性特征。几乎每张精良的地毯都有一个强中心感知体，它不一定是几何中心，而是一个注意力的专注点、一个聚焦的焦点。如果中心感知体只是处于中部，那么当你遮住它时，它就会消失，力量就会很弱。强中心感知体通常给人这样一种感觉，整个地毯通过分层组织支撑并环绕着这个中心，当人靠近中心时，目光会停留在中心上，然后目光转移又回来，这个过程不断重复。简而言之，整个设计构建了一个矢量场，让每个点都具有从这个中心感知点发出的特定方向：一个方向朝向中心感知体，另一个方向离开中心感知体。结果，整个视觉场都朝

第 5 章 15 种基本属性

原始的安纳托利亚地毯中心感知体的力量源于场效应，场效应从地毯的边缘处开始，向内发挥作用，辐射整个结构的中心

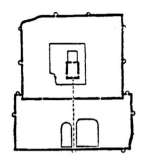

紫禁城，宏伟的中心性通过
中心感知体的嵌套形成

向中心感知体，视觉场就具备了中心感。即使将手放在中间，你也可以通过观察周围各层所构建的矢量场来感受中心感知体。在这张安纳托利亚地毯上，红色的图案逐渐将人的视线引向中心；一次又一次地不断重复这个过程，每个部分都将目光引向另一部分，而后者将目光引向地毯的中央。尽端的十字形图案似乎以一种奇妙的方式创造了指向中心的场效应。边缘的对角线似乎没有连在一起，但它仍有力地将视线再次投向对角线方向的路径上，最终把视觉引至中心。

在建筑中创造这种中心性可能更加微妙。紫禁城就有中心性（centred）的特征，这是一个多层级的嵌套系统，各层级依次嵌套，从内城通向内城里的宫殿。层级的分级结构创造了人们对中心感知体的深刻感受与强度：由不同层级嵌套产生的场效应导致深层的中心感知体出现在内城的中心。当进入建筑时，我们会穿过一系列强度递增的区域：强度递增的渐变生成了位于中心处的中心感知体。

布达拉宫庭院在三维空间中也有类似的结构。拱廊、柱子、柱头、细部，每一处都促进了整体的场效应，这使每个或大或小的中心感知体都充满力量。柱头创造的场效应强化了柱间空间，并使其成为中心感知体，然后又以同样的方式在摄影师所处的庭院中

西藏布达拉宫的局部，在那里形成了中心感知体的强大向心性，虽不正式，但在三维空间中非常强大

第 5 章　15 种基本属性

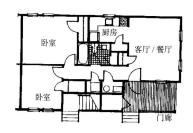

中心感知体贫乏的住宅平面：房间本身也是弱中心感知体

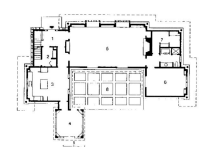

有丰富中心感知体的赖特住宅平面：房间的中心感知体强度高，住宅作为一个独立的中心感知体强度也高

创造场效应，让这个庭院成为一个更强的类似场域的中心感知体。

在当代建筑中，通常很难创建这种中心感知体的分级结构，重要的是我们不知道应该把什么作为中心感知体。典型的现代家庭住宅的中心感知体是什么？如图所示为一处典型住宅，其中包含若干关联并不明确的房间。它反映了人们进进出出、关系变化、不稳定的生活状态。平面本身缺乏中心感知体，在实际的组织结构上也存在这种缺失，这或许反映出现代家庭理念里中心感知体的缺失。如果想要改正问题，我们就要问自己："中心感知体应该是什么样的重要功能，才能让建筑产生一系列层级关系？是厨房？还是影片或 CD 放映室？还是起居室？"尽管这些功能都很重要，但它们在情感上过于中性，不足以承载强有力的几何中心感知体。曾经是强中心感知体的壁炉火焰、婚床、桌子已不再具有这种力量，因为不管是个人还是家庭，我们都不再以自己为本。当今家庭的情感混乱就体现在住宅中心感知体力量的缺乏之上。

当住宅有了更明确的中心感知体时（住宅平面的中心感知体作为能量聚集场聚焦住宅），住宅立即变得强而有力。但是，当用更清晰的中心感知体组织住宅时，当平面中的中心感知体作为能量的集中场域，将住宅集中在一个场所上时，它会立刻变得更加强大，在住宅里居住，即使人生活的中心性趋势处于未知状态，住宅对其也具有更强的掌控力。

为了阐明强中心感知体的概念，请看弗兰克·劳埃德·赖特的案例，通过这个案例可以研究创建中心感知体的场效应。场效应和"此中心感知体"的力量来源于临近中心感知体的排布序列。例如，一栋长长的宗教建筑，一系列的开间朝向一个尽端，开间序列变得越来越强烈并导向高潮，这比均等排列更有意义。一般而言，要有一个主要结构，以及附属于它的从属结构，还要有一个统领整体的最大结构。

有时，这种中心性可以通过明显的小细节来创造。例如，悬挂在礼拜拱门（mihrab①）内祷告毯前的明灯，它具有非常明确的功能：吸引目光，形成中心感知体。但只有灯这一个点是不够的，还需要一个能形成中心感知

---

① mihrab：指清真寺正殿纵深处墙正中间指示麦加方向的小拱门或小阁。——译者注

 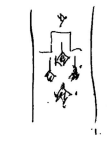

空泛且生命力虚弱的礼拜拱门：缺乏关键中心感知体的控制　　一个完整的礼拜拱门中心感知体是由更小层级的中心感知体系统构成

体的"结构"，至少是一个大点下面带有三个小点。它可以是任何设计，甚至一个倒置的水壶形状，只要其结构足以建立强场效应。

如图所示为15世纪的地毯，其上有5个壁龛图案，样式复杂精妙，明灯在帮助壁龛成为强中心感知体方面发挥了十分重要的作用。尽管明灯创造出壁龛中心感知体，但明灯本身并不是中心感知体。明灯仅用于确定空间方位，并在大空间中构建场效应。被创造出来的中心感知体是一个中心化的、有方向的区域，比单独的明灯要大5~10倍：正是这一点使地毯给人带来深刻的感受。

这盏灯只是众多结构中的一个，这些结构创造出朝向壁龛核心渐进的运动感。正是不同中心感知体共同作用的整体效果创造出强中心感知体。单个点的作用不如一个"明灯"，这是因为明灯本身是一系列渐进式的中心感知体，而不是一个单独的中心感知体，这种渐进式的中心感知体比单个的点更易于整合场域。

在这个案例中，每个强中心感知体都是由许多其他强中心感知体构成的多元中心感知体。就像尺度层级一样，强中心感知体的概念是递归的（recursive）。它并非指某一宏伟的中心感知体，而是我们能以不同层次感知到有生命事物里中心感知体的存在。吸引我们的是以不同层级展现出的多种不同中心感知体。

在许多案例中，仍然需要有一个主要的中心感知体、一个整体构图的中心感知体，它可能位于休息室中间或者最重要的位置。也有一些令人惊叹的案例，它没有一个整体中心感知体，而是有一系列波动的小中心感知体，如照片所示的圆盘上的鹿。在这个案例中，各处都能看到可识别的"中心感知体"的点，这些中心感知体不断构建其他中心感知体，并使其他中心感知体强大有力。

意大利小城阿尔贝罗贝洛圆顶石屋（trulli at Alberobello）的每个屋顶尖端都是一个强中心感知体，不仅通过小球体形成，还通过整个屋顶形状聚焦于顶部的方式形

15世纪土耳其地毯，上面有多重壁龛图案

成，顶部漆成白色，最终形成一个中心感知体的核心。锻铁门把手作为中心感知体，其力量来源于上下两个金属片，金属片被螺栓固定在门上。土耳其圆盘上的鹿之所以成为强中心感知体，是因为它从重复的圆形图案和盘子的镶边里脱颖而出，将所有的注意力集中在鹿身上。在圣马可广场前不规则形状的空间里，所有的注意力集中在钟楼所在的位置：只有通过精心营造才创造出这种场效应。

阿尔贝罗贝洛的特鲁利

铁门把手的中心感知体

鹿图案的圆盘，波斯

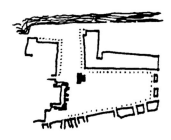

圣马可广场

功能备注

在《建筑模式语言》中讨论的许多案例表明，当某一空间成为强中心感知体时，它变得更有用或更有意义（主要建筑 p.485），例如，壁炉或者类似物体作为主客厅的核心是很有必要的（炉火 p.838）。房间的所有路径与房屋中心点相交是十分必要的（中心公用区 p.618）。阳光是住宅外部朝向南面的关键（朝向的户外空间和阳光充足的地方 p.513 和 p.757）。房间应不被活动干扰，它有自己的围护，保证不受流线的影响（墙角的房门 p.904）。

强中心感知体发挥了关键作用，在城市创造出必要的焦点（例如，城市的魅力 p.58；小广场 p.310；高地 p.315；大致在中间位置的东西 p.606；树荫空间 p.797）。

同样，强中心感知体还在构建分级序列方面发挥了重要作用，这保护了建筑中私密的和更深层次的感受。从公共的、容易到达的房间逐渐通向更远的房间，再通向更为偏僻的房间。作为整体的一部分，每个中心感知体的场域性呈现出渐变（私密性层次 P.610）。有时候，即使是最偏远的房间也不一定是私密的房间，而是公共的房间，但如果位于序列末端，它们的周围就会有一种静谧的环境。

最后一个案例来自施工实例：安装窗户时，首先将窗户确定为一个中心感知体（窗框），然后将做好的窗扇安装在窗框中。当我们这样做的时候，垂直面的微调、窗台、装饰以及我们设置的精致装饰，所有这些一起发挥作用，让窗户的边框成为中心感知体；这样一来，我们就把窗户当作一个整体、一个中心感知体。这个强中心感知体来自一个实际问题，把精确的方形窗扇安装到粗糙的窗框里，并让其尽可能整齐。

2.3 / 边界

在早期研究中，我注意到有生命的中心感知体往往因边界而形成或强化。你可以在传统建筑中观察到这种强化方式，而在许多现代建筑中却缺乏这种强化方式。比较下面的例子：挪威仓房在每个尺度层级上都有各种边界。而另一栋建于 1950 年左右的公寓，在任何尺度层级上都没有边界。

边界围绕中心感知体有两个目的：其一，边界将注意力聚集于中心感知体，这样更有利于中心感知体的生成。边界通过形成力场实现这个目的，力场创造并强化了有边界的中心感知体。其二，它把中心感知体与中心

传统挪威仓房：富有边界的建筑，建筑几乎由边界构成，仓房的生命和结构基于这些边界

第5章 15种基本属性

独立产权公寓，20世纪中期最糟糕的典型作品，这类建筑没有边界，所以该建筑无法与周围环境融合，无法与自身融合

感知体边界之外的世界联合在了一起。要做到这一点，边界与有边界的中心感知体之间必须区分开，保持这个中心感知体与外界不同，并将其与外界隔开，同时还必须有能力将这个中心感知体与界线以外的世界联合起来。只有这样，边界才能既联合又分隔。这两种方式都可以让有边界的中心感知体变得更强。

边界以各种几何化的方式完成环绕、围合、分离与连接的复杂工作，但为了让边界发挥作用，必须要有一个至关重要的特征：边界应与有边界的中心感知体的数量级保持一致。如果边界比被界定的事物小得多，就无法维持或形成中心感知体。2英寸的边界无法容纳3英尺的场域。一个房间里的地板与墙壁之间的边界需要超过6英寸的装饰线，而30英寸高的护墙板对于地板与墙壁而言，就显得尺度过大了。塞纳河的有效边界由道路、挡墙、步行路、码头、树木构成，整个边界几乎与河本身一样宽。总之，考虑大尺度的边界是十分必要的。

如果认真对待这条规则，则会对事物的组织方式产生非常大的影响。例如，嘴唇是嘴的边界，它与嘴的尺寸相近；拱廊是建筑的边界，它与建筑的尺寸序列相同；窗框是窗户的边界，带有深厚窗棂的宽窗框与窗户的尺寸相近；湿地是湖泊的边界；柱头与柱础是柱子的边界。在上述案例中，边界比它所包围的东西要大，往往还会大得惊人。

如157页图片所示，我采用一个单独的中心感知体（门）来展示边界的作用。门中心感知体（图A）被充满中心感知体的门框加强（图C）。边界上的小中心感知体和它们所围绕的大中心感知体相互加强。譬如，

第一卷　生命的现象

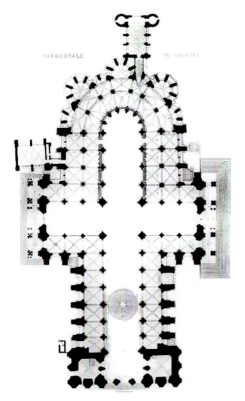

沙特尔教堂的平面：边界巨大，整个平面几乎都由边界构成

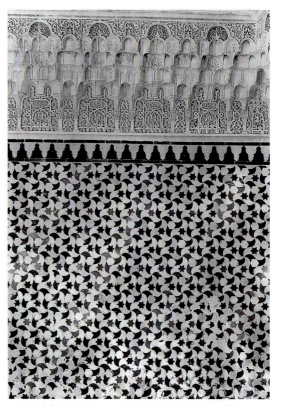

阿罕布拉宫的墙面：与被限定的中心感知体相比，边界非常大

一个著名的日本茶碗：边界和有界的部分一样大

只看门框（图 B）会发现上面的中心感知体很有美感、形制美好且生命强度高。加入门后（图 C），外框边界上的中心感知体强度进一步增强，而且门的强度也有所提升，产生了双重效果。由此可见，每个中心感知体生命产生的原因都在于，该中心感知体本身以及该中心感知体的次级中心感知体都有显著的边界。

在确定边界尺寸的重要性之后，接下来需要确定边界的连锁、连接以及分离，还要明确边界本身也是由中心感知体组成的。例如，在下一页的波斯绘本的花边中，边界是由大的中心感知体组成的，有的几乎和场域一样大，但它们就以这样的方式将被界定事物与其外面的世界联系起来。这种表现效果是通过具体几何样式实现的。本质上讲，边界形成的中心感知体，或边界交互而成的中心感知体系统有两个方向：朝内和朝外；通过建立跨越内外的新中心感知体联系界内与界外。有一些是由纯粹的连扣关系发挥作用（譬如反向箭头的花边）。边界有时是一个图案，如攀爬的藤蔓反复交替，先与一侧的图案产生联系，然后与另一侧的图案产生联系，最后形成相互交织的状态。有的花边仅由带花朵的简单大方块构成：这种图案不具备特别的连扣关系，但在形式与色彩方面会带来相似的感受。

边界规则不仅适用于二维的区域。即使是一维的事物，也可以在事物的端部形成一维区域来构成边界：例如，伊势神宫的木梁，是以木梁末端起保护作用的黄铜帽为界。房间内的二维表面可能将空间中其他二维区域作为边界，例如，房间的墙壁可以在顶部与底部划分，底部是护壁板或踢脚板，顶部是

图 A：周围没有门框的哥特式门

图 B：哥特式门框

图 C：哥特式门和门框

带有巨大边界的波斯绘本

厚灰泥层中的石头，作为边界的灰泥层几乎和石头一样大

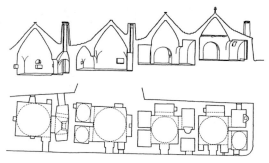

阿普利亚蜂巢式住宅：一个个凹室限定出房间，石拱顶的厚度限定了空间。房间的主要中心感知体由大空间和石头形成三维立体环绕，所有这些构成边界

梁或石膏板。

边界规则同样适用于体积。三维体量可以将围绕其边缘的较小三维体量作为边界。譬如，建筑或庭院可以将拱廊作为边界，房间可以将一系列深深的凹室作为边界，巴黎的塞纳河可以将沿河岸的码头与高大的树木作为边界。

还有一点，边界规则本身似乎很简单。但这个规则不仅指事物的外部边界。如果我们重复应用这个规则，就可以说，每个层级的每个片段都有各自的独立边界。这个规则也适用于边界，边界本身也有自己的边界。由此说来，边界法则似乎具有普遍而深刻的结构特征，可多次应用于事物的不同层级。

边界法则内涵丰富。但是按照边界法则，整体的外边界依然缺失。这是因为外边界（出现的或没出现的）只是整体不同层级多重边界中的一个。所以，边界法则绝不是说，但凡有生命的中心感知体（譬如一栋建筑或一个城镇）都必定有边界。

边界的有限概念本身完全无法传达出这样一种感受，即当事物的边界内还存在边界时所产生的不清晰的感受，边界中还有边界，边界是边界的边界，所有的边界都共同作用，渗透于结构之中。

第 5 章　15 种基本属性

瓜廖尔城堡：建筑立面由边界以及边界的边界构成

柱子和拱廊形成了建筑的边界。请注意柱头和柱础如何形成每个柱子的内部边界，柱头和柱础如何在细节上形成自己的边界

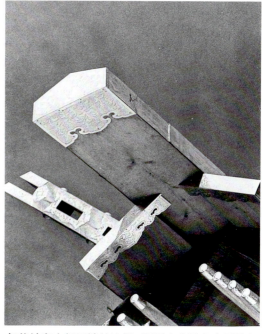

伊势神宫木板两端的边界：原则上木梁在水平轴向通过端头的黄铜帽限定，既有美观作用，又起到了保护端面的作用

塞纳河的边界：一种深层次的结构性边界。层叠的步行道、墙壁、石头、码头和树木，都在保护和包围着河道，发挥作用，成为巴黎更具活力的一部分

功能备注

这里的案例反映了《建筑模式语言》中描述的边界效应的功能性和实际性需求：社区需要牢固的边界（亚文化区界线，p.75；邻里界线，p.86）。我们需要加厚洞口周围的门窗，以加固墙的表面（门窗边缘加厚，p.1159）。从房间的尺度上看，当许多房间被靠窗的座位、壁龛或厚墙包围，里面还设有橱柜与壁橱时，它们就会变得非常好看，也非常实用（凹室，p.828；窗前空间，p.833；厚墙，p.908；居室间的壁橱 p.913）。如果建筑与室外之间有回廊、拱廊和露台，那么建筑本身与室外空间的关系通常是最舒适的（回廊，p.777；拱廊，p.580；有围合的户外小空间，p.764）。项链状的社区项目（p.242）认为在大型公共建筑周围提供小型公共服务，可以强化社区的核心。

所有这些模式都体现出边界特征：但是边界以不同的方式发挥作用。有些地方，比如壁龛，通过提供"更厚"的边界使小空间强化大空间。另一些地方隔离声音：壁橱形成房间之间的声学边界。有时，边界上的中心感知体将生命力汇集到有边界的更大的中心感知体；这种情况会发生在拱廊和回廊中，拱廊和回廊形成了内外之间的边界层，这种情况也会发生在房间周围的靠窗座椅与厚墙上。

所以，边界通过创建分离区和混合区帮助空间分隔与强化其他空间的功能。

关键是当正确选择形成边界的中心感知体的功能时，就会允许较小的中心感知体形成边界区域，强化被界定的主中心感知体的功能。

2.4 / 交替重复

中心感知体之间互助的最有效方式之一就是重复。中心感知体通过重复强化其他中心感知体。中心感知体缓慢重复的韵律,正如鼓点的节奏强化了场效应。但这种加强场效应的鼓点,不仅是单纯的重复。

世界上的万物都在重复。绝大多数的事物是由某种重复生成的:原子、水晶、分子、浪花、细胞、体积、屋顶、桁架、窗户、砖块、

"钦塔马尼"(chintamani),15世纪土耳其天鹅绒毯的图案:波动交替的色彩在空间中创造出充满激情的生命

柱子、瓦片、入口等。但有生命事物的重复是一种特殊的重复，是一种相互加强的中心感知体的重复律动，通过平行连扣的两个系统不断重复达成。第二个系统通过提供对应或相反的节奏加强第一个系统。

为了观察这个特征，让我们从一些体现重复的普通案例开始。请想想屋顶上瓷砖的美丽重复、海洋中的波浪、体内的细胞、鱼的鳞片、青草的叶片、墙上的砖块、头上的头发。

在所有这些案例中，生命本身似乎都来源于重复。我们经常在绘画中看到这种重复，在绘画中，我们通过铅笔笔触的简单重复赋予绘画生命。我们经常在建筑中看到这种重复，其中一些简单的、可识别的要素一遍又一遍地重复。重复本身就已经开始创造一种令人满意的和谐。不知为什么，事物中的秩序感来源于要素一遍又一遍的重复。往往最平静的生命来源于小要素的不断重复，譬如竹编提篮。

当然，在许多情况下，当结构从重复中获得强烈生命力时，重复往往是不精确的；

水湾与山脉：波峰波谷均交替出现

第 5 章　15 种基本属性

水罐上美丽的重复图案

莱昂纳多·达·芬奇的画作

屋顶的瓦片

篮子编织线条的交替重复

田野石墙上的石块

第一卷 生命的现象

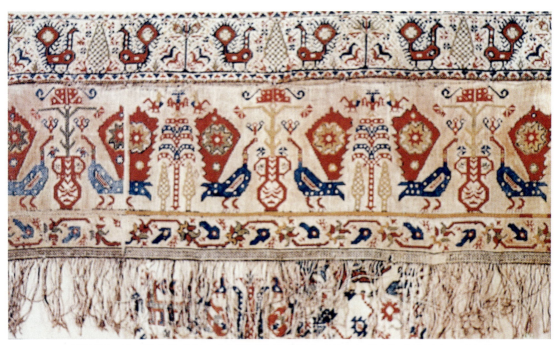

希腊刺绣上美丽的交替重复。在刺绣图案的重复和重复之间的空间充满了中心感知体

平庸的重复：缺少交替变化，在重复的空间和形式层面都缺乏有意义的中心感知体

正是这种重复产生的微妙变化才是令人满意的，才能赋予事物以生命力。这是因为要素并不是完全相同的，它们根据自身在整体里所处的位置进行改良修正，从而在重复中产生微妙的变化。

但是，重复特征还有更深的层面，这比它的变化更为重要，关系到重复的基本特征与要素的重复方式：有生命的中心感知体既可以深刻且令人满意地重复，又可以平庸且乏味地重复。

这里提供了一个重要的对比，应该可以清楚地说明这一点。一个案例是来自希腊岛屿的微妙、精致的刺绣。整个刺绣表面形成了整体，这是由于图形与空隙的闪动交替，一切都在重复，一切都在交替。重复中的主要与次要中心感知体都具有生命力，交替由此而生，持续吸引目光。前页的酒罐，罐上蚀刻着交错的人字形精美图案，具有相似的生命力；它如此生动，人们几乎可以从黑白照片中看到罐上原有的绿色。

另一个案例是一栋现代办公楼的立面。这里的交替重复粗野且平庸。这种令人疲倦且致命的重复，源于重复是一维的：没有交替可言，看不到重复的具有生命力的中心感知体。并且在重复的主中心感知体之间，没有重复的次要中心感知体。

饱含生命、支撑生命的重复，与那种平庸的重复之间的差别，就在于交替。

第 166 页上图是伯鲁乃列斯基设计的育婴院（Brunelleschi's Founding Hospital），圆

在林间空地上蕨类植物的交替重复：它们的叶子、叶子之间的空间，以及蕨类植物之间的空间都在交替重复

伯鲁乃列斯基的育婴院，佛罗伦萨：隔间、拱门、圆形、圆柱一起创造出深刻而平静的交替变化，赋予建筑生命

没有交替的重复，这种重复无法增强中心感知体的生命

形装饰［由德拉·罗比亚（Della Robbia）设计］与立柱和开间交替出现。我们看到柱子在重复；拱券在重复；开间空间在重复；相邻拱券间的三角形空间在重复；三角形中的陶制圆形饰物也在重复。每个重复的东西都是具有深刻生命力的中心感知体，整个建筑和谐美丽，充满生命力。

本页下图的建筑也是一个带有柱子与开间的柱廊，虽然其中有重复，但在重复中没有重要的有生命力的中心感知体。这里的重复没有交替，因为中心感知体没有生命力支撑交替行为。柱子和柱间空间虽然有重复，但由于柱子本身和柱间空间没有形成深刻的中心感知体，因而这种重复没有节奏，也没有真正的交替行为所带来的生命力。整个建筑是压抑的、死寂的。

为什么交替重复会比简单重复更令人满意，更深刻？答案仍然在于规则的递归模式。整体中重复的不仅是单元。对整体而言，单元之间的空间也是重复的。甚至往往重复本身也在重复。因此重复的规则适用于整体中的所有要素。当我们把交替重复应用于所有要素，应用于实体、实体之间的空间，甚至是重复实体本身的序列时，最后得到的结果就是整体性。

更准确地说，似乎真正发生的不是重复，

而是振动。事物像波浪一样一个接一个地重复，依此类推。如第 167 页图片中的奥斯曼天鹅绒毯，振动与交替重复达到了卓越而深刻的精妙。带有"嘴唇"的波的振动、三个圆形图案的振动、圆形和嘴唇形之间空间的重复与振动，它们共同形成了深刻的一致性。

这在一定程度上解释了日本枯山水花园所具有的深刻生命力。耙齿在沙子上划过，留下沙浪，沙脊和沙谷重复交替出现，整体设计充满交替性重复：拖动耙齿在沙子中留下了漩涡与波浪、形成了相互平行的耙痕以及更大的交替轨迹。

在第 168 页，马蒂斯从彩色纸上剪下简单的、波浪形、色彩鲜艳的形状，这些画家的个性特征在他的画作空间中形成相同的波浪与交替。

当中心感知体在结构中重复时，通常只要次级中心感知体系统插入其中，它们就会联合起来强化一个更大的中心感知体，形成第二个交替重复的系统，有时甚至会由前两个相互结合而引发出第三个中心感知体系统，这两个系统再进行波动、交替与振动。

只有精妙的交替重复才能发挥作用！在负面案例中，重复所形成的交替没有任何美感与优雅可言：它是机械化的。在正面案例中，我们观察到一种精妙的美感。只有当交替重复的整体具有优美且精妙的比例与差别时，生命才会出现。

枯山水花园的涟漪给这里带来了生机。正是沙子的波峰和波谷创造了生命，因为每一条沙波都成为具有生命的中心感知体

亨利·马蒂斯剪纸作品里的奇妙图案,采用了他标志性的交替波状形式,这种形式来自剪刀的内外剪切

功能备注

在《建筑模式语言》的案例中,交替重复作为生命来源的案例有:指状城乡交错(p.21),它倡导城乡交替分布;平行路(p.126),它倡导建筑与道路交替分布;小路和标志物(p.585),它倡导步行小路与停留场地有规律的交替分布;大储藏室(p.687),它倡导有人居住的房间与储藏室交替分布;梯形台地(p.790),它倡导墙体与露台交替分布;居室间的壁橱(p.913),它倡导房间与衣柜交替分布;小路网络和汽车(p.270),它倡导一种复杂的五向切分法的交替重复,包括了步行道路、步行道路间的空间、与步行道路垂直的车行道路、它们之间的空间以及两个网络相互交叉的节点系统。

2.5 / 积极空间

我所谓的积极空间发生于当空间中的每一部分都向外扩张，且自身坚固稳定，不再是相邻形状的剩余部分时。我们可以把它看作一个成熟中的玉米，每个玉米粒持续长大，直至碰到其他玉米粒。每个玉米粒都有自己积极的形状，这个形状来源于内部细胞的生长。

我的观察使我确信，几乎任何事物中，无论大小，每一部分的积极程度对其生命和整体性而言至关重要。一件艺术品的生命或多或少与每个组成部分及空间的整体性程度、形状优美程度和积极程度有关。在空间中创造生命的所有特性中，积极空间是最简

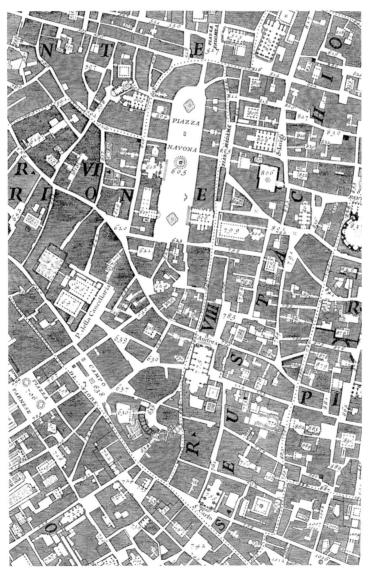

罗马城的诺利地图：数百个积极空间

单和本质的，因为它保证了空间中的每一部分都处于相对较强的中心状态。

这种几乎是空间积极连贯状态的原型实例可以在 17 世纪的罗马城的诺利地图中看到。规划图中每条街道的任何一点都是积极的，建筑体量和公共空间的内部也是积极的，整张图上没有哪部分是不明确、不积极的形状。这是一张布满了明确实体的图纸，且自身的每一部分都是明确而坚固的。我认为，因为这些地方的每一处——无论是街道、广场、或建筑体块——都已经被喜欢它的人们一代又一代地塑造，因此形成了一种明确而又饱含目的意义，且被精心维护的形式。通过缓慢而有意识地加强中心，这些实体中的每一个都被成功塑造。

当代西方的空间观点中，我们已经忘记在诺利地图中看到的空间的巨大力量，即使在几乎每一种古代文化里，它都是公共场所。我们倾向于认为建筑漂浮于真空之中，建筑之间的空间犹如空旷的海洋。这就意味着，最常见的情况是，建筑物布置好，并拥有自己明确的物理形状——然而它们飘浮于其中的空间是无形的，这使得处于孤立状态的建筑几乎毫无意义。由此造成的后果是毁灭性的：它使我们的社交空间本身——胶粘剂和我们公众场合的游乐场——变得不连贯，甚至几乎不存在了。积极空间的特点——也就是说"成形"——在私人花园里，在房间里，在有物品、绘画和织物的地方，甚至在我们写下的字里行间——已经被遗忘。

著名的大井户（Kizaemon）茶碗（现保存于日本），我们在非常微妙的情况下看到了这种现象。仔细观察这只碗，我意识到它的美丽产生于这样的事实——不仅碗自身，

大井户茶碗：碗的内外都是积极空间

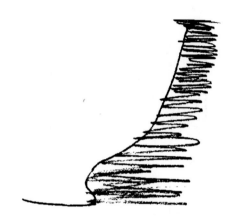

在茶碗旁边形成的积极空间的形态

石块周边及石块之间的非积极空间

第 5 章　15 种基本属性

地毯图案充满积极空间

而且与碗相邻的空间都有着美丽的形状。有人甚至可能会说，碗的美丽得益于与它相邻的空间是美丽的。这是一个积极空间起作用的非常好的例子。一件天然的艺术品被小心翼翼地塑造成形，但是毗邻它的空间却没有。对页上这件 20 世纪 60 年代的雕塑，在它的底部随意摆放着三个立方体，即是这类作品的典型实例。

下面再举两个安纳托利亚地毯设计中积极空间的例子。塞尔柱（Seljuk）地毯的花边非常好看，这是因为正反两面的形状都极其——相当原始。在安纳托利亚多壁龛祈祷地毯的区域内，每一个完整体的形式基本上由相邻部分的完整体所塑造，这使得空间中的每个部分都是积极的，包含着多个生命中心。地毯象征着神灵，因此完美统一，积极

16 世纪土耳其多壁龛图案的祈祷毯

马蒂斯：裸体女子剪纸像，剪纸的构图帮助艺术家将积极空间与消极空间很好地交织在一起，女子身体间的积极空间几乎活了起来，使女子的身体栩栩如生

的特征、空间每个粒子的中心，都是地毯生命的实践性和精神性的重要体现。

在糟糕的设计里，为了赋予一个实体好的形状，它所在的背景空间有时就成了剩余的形状，或根本没有形状。在有生命的设计案例中不会存在任何剩余的空间。空间中每一个不同的片段都属于一个整体。马蒂斯的蓝色裸体剪纸作品中，空间中的每个部分都是积极的——因而它有了生命。下图所示为古代莫卧儿的带状装饰，花朵和叶子之间的每一处空间，甚至叶脉和叶子之间的空间都有自己的生命。

在建筑室内的三维空间中发现积极空间尤为困难。在一座功能良好的建筑里，各个不同部分总是拥有空间上的积极性。这意味着甚至连壁橱、剩余的小房间、走廊、房间之间的空间都具有积极、实用和形状优美的特征。当然，同样的情况在户外也是一样的，因此，围绕建筑的各种户外空间都有一种积极的特点，它们中的每一个都是如此。这里没有一个空间是"剩余的"。在左图所示的意大利拱廊和第173页图所示的日本城堡大房间里，我们看到了积极的例子。但是，其他"现代主义"空间的例子都失败了。路易斯·康设计的房间，想让空间充满趣味并探

三维积极空间

莫卧儿带状装饰：叶中与叶间布满了美丽的积极空间

第5章 15种基本属性

路易斯·康:没有积极空间的失败之作

路易斯·康:没有积极空间的三维空间

室内三维积极空间:日本城堡内的一个大房间

索"新"的表达方式,以创造现代主义效果,但却使得空间分裂,因为这里完全没有积极空间;因而也没有生命。

积极空间的定义是直截了当的:空间中的每一部分作为中心都具有积极的形状。没有既不规则又毫无意义的剩余空间。每种形状都是强而有力的中心,每个空间都由这样的方式组成,在它们的空间里只有强而有力的中心,除此之外别无他物。

功能备注

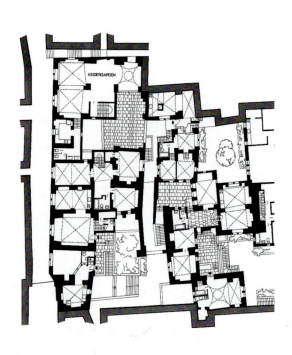

这两张插图均属于功能备注。建筑平面里美丽的积极空间。聚居区的各个房间就像玉米棒上的玉米粒,仿佛它们随着生长交织在一起

即使在绘画中,效果也真实存在。这幅展示土耳其缩影的画作空间是积极的,整幅图看似很甜美,人们一开始可能都没有意识到画家精心设计的、具有韧性的空间组织

户外积极空间(p.517)中,讨论了积极空间的功能效应,其他例子还有:室内空间形状(p.883)、住宅与其他建筑间杂(p.256)、有屏蔽的停车场(p.477)、基地修整(p.508)、6英尺深的阳台(p.781)、窗前空间(p.833)、顶棚高度变化(p.876)。

建筑的实际问题很简单,具有"中性"特征的房间和通道会减弱建筑物的生命。如果每个空间内都有积极空间,就意味着我们发明了一种布置空间的方法,使所有房间都结合在一起,但又具有各自所需的大小、形状、形式和特征;每一种都有力地、戏剧性地、恰到好处地增强到它最"完美"的品质;它们不像"传统"平面那样只是并排放置。

一般而言,不同形式的积极空间会产生两种实际效果:(a)空间中的每一处都是极其有用的;(b)没有无用的剩余废弃空间。两者的结合创造了被充分利用的、有效的空间,因此在整个空间都具有恒定的生命特征。

在建筑的世界里,无论大小,物体的每一个部分——实体或虚空——的积极程度都是使它拥有实际生命的关键。铺置瓷砖时,我们想让瓷砖之间的砂浆厚到拥有自己的"重量",因此在瓷砖之间的灰缝中形成了积极空间。制作椅子时,我们使用构件在构件之间的空气中形成积极与几何状的简洁形式,因为这些形状在椅子的框架结构中是最有力和最有效的。

2.6 / 优美的形状

在开始寻找生命结构的过程中，有好几次我都惊讶地发现，一个混合于其他特性之中的要素似乎无需分析：即作品中所包含的元素应具备最华丽、最优美、最有感染力的形状。有时候这种形状的美好似乎既微妙又复杂，并且难以分析。我意识到有这样一种特性，于是开始思考可以将什么视为优美的形状，然而解释或定义它却并不容易。

下图所示的是花丝绒扇形花饰。罗马尼亚的巨大木柱雕刻，拥有力与美结合的形状。日本寺庙拥有令人瞩目的形状，还有阿巴斯（Abbasid）浮雕石刻（第176页），虽然它的雕饰纹样只是简单的重复，却也强而有力。很长一段时间以来，我只是收集案例，并记录它们拥有的优美形状。但这意味着什么？

什么是优美的形状？

我花了很长时间才搞清楚优美的形状本身与中心相关；实际上，一种我们认为是优美的形状，其本身作为一种形状，是由多个连贯的中心构成的。譬如，土耳其丝绒毯的扇形叶片，其形态之美就来自这种特殊的方式，即每一个体的形状由多个中心组合而成。

为了清楚地说明问题，我们选出两个物体，一个本身就有优美的形状，另一个则严重缺乏。在第177页，之前研究过的日本茶壶座本身就有动人的"优美形状"。在其形状的每一个部分都拥有中心，这就是它具有优美形状的原因。相较而言，未来派座椅有着非常糟糕的形状：其组成部分根本没有中心，这就是它具有糟糕形状的原因。

提花天鹅绒的优美形状，16世纪的土耳其

原始雕刻柱的优美形状，罗马尼亚

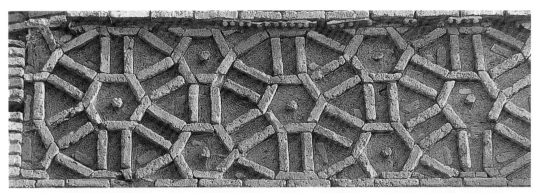

阿巴斯的石头浮雕看似一个相当复杂的"花格",实际上非常稳固,因为圆环和内部的形状都由这样简单而坚固的碎片构成。每个单独的部分都有积极明确的形状,从而有助于整体组织的构建,并使大"圆环"在其最终形状中显得愈发优美

日本寺庙:形状如此美妙,无须多言

茶壶座的优美形状

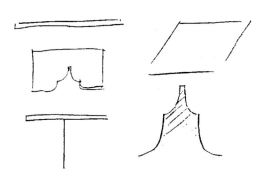

茶壶座组成优美形状的中心感知体

什么是"优美形状"？它由什么构成？最简便的理解方法就是递归法则。也就是说，任何优美形状的构成要素，其本身总是优美的形状。我们也可以再次用中心的术语描述它，一个优美的形状是一个由多个强而有力的中心共同构成的中心，这些中心本身就具有优美的形状。

此外，我们注意到最简单和最初级的优美形状是由基本图形构成的。因此首先要明白，在大多数情况下，优美的形状无论有多复杂，都是由最简单的基本图形构成的。如图，茶壶座可以视为由一些简单的图形构成，每一个都有优美的形状。我甚至将茶壶座边缘下面的积极空间也作为构成它的众多中心元素之一。

另外，根本不能将不规则形体的未来派座椅理解为由简单的基本图形组成。如果有人想把它拆开加以鉴别，则会再次发现其构成要素的糟糕形状。实际上，它根本不是由多个中心组成的。当空间真正完整时，构成要素在某种意义上往往由一些更规则的形状构成。

下面通过波斯地毯进一步说明。它表面上看起来是"花朵"形，但仔细观察会发现，它由简单的图形构成，包括三角形、菱形、

未来派椅子的糟糕形状

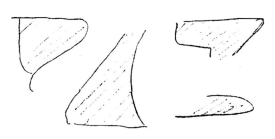

未来派椅子的不规则的几何形状

早期的波斯地毯：即便单个花朵也由优美的形状组成

六边形、箭头形、圆形等较为规则的图形——正是这种规则性允许构图形式上出现如此众多的不明确的内在联系。花朵、叶片、花蕾、花簇、花茎的形状都由简单几何图形构成，彰显出强有力的局部几何关系。甚至这里的花瓣都是由直线、方形、三角形、含有彩色碎片的三角形、六边形等构成，以复杂方式组合在一起形成有机形状的幻像。为什么这一点如此重要？我认为简单图形的规律性为复杂系统在空间上的内在联系创造了一种可能性，而这是松散的有机形状永远无法达到的效果。那些看起来复杂的中心都由一些简单且富有生机的中心构成——也正是这些中心将它们的生命赋予了复杂中心。

为了清楚起见，下面再举一个极简的例子来说明。如下图是另一块地毯的花边装饰，它看起来同样很像花朵，然而仔细观察却会发现它全部由菱形、方形、三角形构成，色块和色块之间的空间都是如此。以此形成的装饰作为整体，具有优美的形状。优美的形状是整体布局的一种属性，而不是局部的，但当构成整体的局部本身也在整体上具有相

菱形和三角形是组成花卉地毯的主要元素

第5章 15种基本属性

哥本哈根警察总部：形式欠佳，极具讽刺。高度简化的形状都不优美，以至于中心感知体无法发挥互助作用

当简单的几何意义时，优美的形状就会出现。

在某种意义上，所有这些都显而易见。我们将要应用的法则是，在设计的每个可见部分、每个层级都应该拥有优美的形状或一个加强的"实体"。它显然排除了无序的成分、模糊的形状，并且明显囊括了方形、八边形、八瓣形、45°三角形……但是，当我们试图深入研究这个问题，得出清晰的法则，用以区分哪些事物拥有优美的形状时，又会发现难以精确定义这个概念。下面是构成优美的形状所需的部分属性列表，有了这些构成元素，就会形成优美的形状：

1. 高度内部对称性；
2. 两边对称（通常情况）；
3. 一个明确的中心（不一定处于几何中心）；
4. 它与它相邻部分营造的空间总是积极的（积极空间）；
5. 明显区别于周围；
6. 相对紧凑（譬如，1∶1和1∶2之间总体上没有太大区别，有时候可能到1∶4，但是不能再大了）；
7. 有围合，有闭合和完成之感。

总之，在我的经验中，以下要素在构建优美的形状时最为常见：方形、线段、箭头、钩状、三角形、连续的点、圆形、玫瑰花形、菱形、S形、半圆、星形、阶梯形、十字形、波浪、螺旋形、树形、八边形。我们定义为"优美的"形状的事物，是由那些有明确中心的复杂形状组成的。

应用这些规律是很微妙的。例如，图中对称紧凑的圆形似乎就是"优美的形状"，或者人们会这样假设。但圆形存在很大的问题。圆形周围难以形成积极空间，也难以形成中心。当设计采用圆形时，几乎很难出现优美的形状。我们在哥本哈根警察总部大厦的庭院中看到这样的实例：一个荒谬、琐碎

土耳其丝绒毯：圆圈的效果极佳，它的形状创造出强有力的中心感知体。从艺术层面讲，这与哥本哈根警察总部细碎的形态截然相反。而此处的圆圈、大圆中上部的小圆以及圆圈之间的空间都经过仔细推敲，形成美好而强大的基本形状

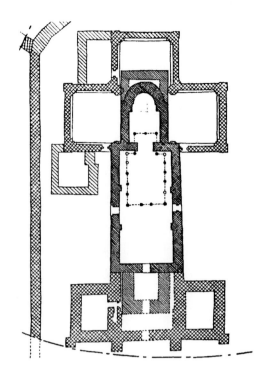

基督教早期教堂：即使看平面，房间、空间、墙壁和开洞都具有优美的形状，即使在平面图中也是如此。整体构图亦是如此

极端，简洁而安详，但它却采用了相似的构造方式，使简单的构成要素生成难忘的形态。半圆壁龛和许多方形共同作用，形成空间的局部对称性，创造出某种简朴而实用的东西——让人有些难以忘怀，好似古老的旋律萦绕在心头。

或许最美的就是这个埃及小船的船帆了，它所具有的优美形状非同凡响。我们一看到它，就能立即感受到它的强烈和可爱。但从分析的角度，我们同样也能观察到它的复杂形状由折叠的帆构成，每一个适中且微曲的一叠本身就是中心。通过优美的形状，几十个中心的生命被创造出来。船帆有生命的原因在于它的形状，这个形状是由几十个优美的中心共同构成的。

虽然结论或许会令那些接受机械 - 功能主义传统教育的人感到惊讶，但是在建筑的平面布局，因为圆形周边的空间没有形状，因此也就没有意义。第179页中美丽的土耳其丝绒毯，其圆形图案十分复杂且具有优美的形状，圆形的两个系统变形少许，使弯月形、圆形之间的空间、小圆和大圆共同发挥中心的作用，这种模式强而有力，令人惊叹。

综上，我们必须记住，只有当形状本身作为一个整体变得非凡、强大，并且符合前文列出的原则时，优美才会发生。古代经典的希腊马头雕刻、早期基督教教堂的平面、罗马尼亚木头房子的雕凿——在这个宏大而美妙的意义上，它们都显示出极度优美的形状。

尤其是石刻马，圆球形的眼睛营造出一种令人难忘的形状，雕凿得仿佛来自三维的生命中心。早期基督教教堂几乎处于另一个

希腊的马：马的眼睛、头，每一部分都具有优美形状

第 5 章　15 种基本属性

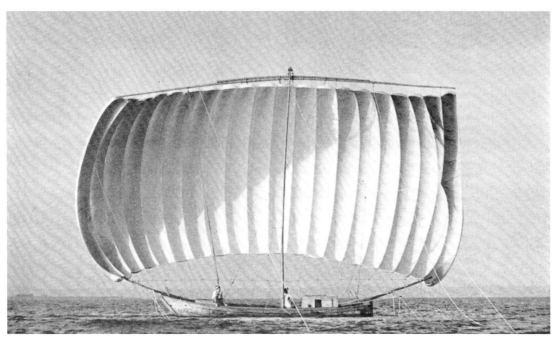

由帆的中心感知体所构成的非常奇特的优美形状

外观、室内、花园和街道中，优美的形状扮演了至关重要的角色。就本质而言，那些发挥有效作用的事物具有（一定具有）更多的中心，正因为拥有更多的中心，才拥有更好的形状。因此优美的形状不仅让事物看起来更美丽，而且还使事物发挥出更深刻、更有效的作用。

功能备注

一些实际论证表明了为什么优美的形状能更好地展现事物。我们在上一节已经看到，有生命的事物都有良好的积极空间。因此，一个运转良好的事物，所有部分之间的空间必须具有优美的形状。

这个特殊规则实际上只是更普遍规则的一部分，即在一个有生命的物体中，几乎每个可见部分在每一层级都有优美形状，因此它能成为有生命的中心感知体。在叶子中，形状本身是由中心感知体组成的。在形状优美的桥梁中，构件起着有效的结构性作用。在形状优美的窗户中，拱、顶、窗、柱都能有效地发挥作用。

另外，在无定形的水滴状结构中，我们实际上看不到任何中心感知体。其形态并不是由中心感知体以任何明显方式构成的，也没有以任何明确的方式产生中心场，功能之美和运转方式的清晰和微妙被减弱了。

因此，"优美形状"的本质是空间的每一部分都是积极而确定的。综上，我们会在一个好的形状中看到简单的好图形，而好的形状往往由简单的图形构成，这是基本规则。

制作鸠尾榫时，我们选择其形状的方式在于，确保两边的木片都是强烈的中心感知体，以保持构件的结构整体性。优美形状往往与具有一定结构强度的恰当形态相对应。在有开口的墙壁上，我们为开口选择最佳形状，这样开口本身与其间的面板都具有简单的结构整体性。在《建筑模式语言》中的例子有，小路的形状（p.589）、建筑物正面（p.593）、柱旁空间（p.1064）和屋顶顶尖（p.1084）。至于房间内的实际空间，《建筑模式语言》给出了几个论证，说明房间、空间和街道的形状，无论在平面还是剖面上，都会对它们的运转方式起到至关重要的作用，例如室内空间形状（p.883）。

2.7 / 多点出现的局部对称

我们已经明白,空间中广泛分布的整体性,具体而细微地体现在每一个强中心感知体之上。而区域中是否会出现强中心感知体,很大程度上依赖于其中是否存在多处相互连接并彼此重叠的局部对称(local symmetries),这一点在很多案例中都表现得非常明显。是否存在中心感知体与是否存在局部对称,这两者之间的关系极为密切:任何地方只要存在局部对称,就可能会存在中心感知体;而要形成有生命的中心感知体,该处则必须出现局部对称。

然而,生命力和对称性之间的确切关联依旧不够清晰。尽管有生命的事物常表现出对称性,但往往不是最精准的对称。实际上,精准的对称通常标志的是死亡,而非生命。在我看来,生命力和对称性之间的确切关联之所以无法理顺,是因为没有将整体对

罗夏的墨迹测试:除了完美的两边对称,再无其他。一个相当弱的中心感知体

称(overall symmetry)和局部对称这两者区分开来。

不妨观察一个本身生命力及整体性都不强的系统会具备多少整体对称性。以罗夏的墨迹测试(Rorschach ink-blot)中的这个斑点为例:作为一个结构体,它呈现出的整体性比较差,几乎没有什么生命力,其中心感知体没有得到很好的发展。人们在这幅墨迹图中也感受不到多少整体对称性。

阿尔伯特·斯皮尔设计的齐柏林会场:非常简单的样式,粗野的整体对称,但几乎没有局部对称

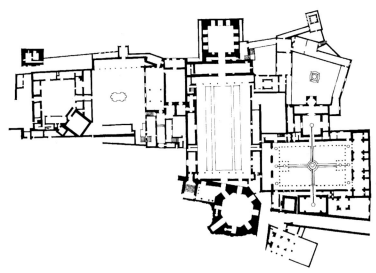

阿尔罕布拉宫平面：千百个中心感知体组成的奇迹，空间中的每个点都有美好的局部对称

继续观察会发现，建筑中如果存在过分简化的整体对称，通常会给人幼稚，甚至粗野的印象。在墨索里尼统治下的法西斯时代，新古典建筑往往是精准对称的，但人们在其中感受不到什么生命，这一点与上文的墨迹图给人的感受是相似的。阿尔伯特·斯皮尔（Albert Speer）为纽伦堡所作的齐柏林会场（Zeppelinfield）设计图中的整体对称过分简单粗暴，如第182页图片所示。还有底特律市的文艺复兴中心（Renaissance Center）设计图，虽然出自真正的建筑师之手，但其对称性表现得僵化死板、矫揉造作，与以上两例如出一辙。如果按照图纸施工，其成品显然也不会有多少生命力：该设计中的整体结构与局部结构都具有强烈的整体对称性，但人们在其中非但感受不到任何巧妙、柔和的整体性，反而感受到愚蠢又疯狂的僵化——这恰恰与生命力背道而驰。

总之，新古典主义风格中普遍存在的过度简化的对称性，对于提升生命力毫无用处，因为世界上任何复杂的整体，都是多方力量（如位置、前后关联、功能等）综合作用的产物，这些力量相当复杂，而且并不对称，因此对称性是设计者应该突破或打破的东西。

如本页上图及下页所示，位于格林纳达的阿尔罕布拉宫就是一个明证，你可以感受到有生命的整体性能够创造怎样的奇迹。这里完全不具备整体对称性，但其中小型的对称数量之大让人惊叹，这些小型的对称使整体呈现出一种有机、灵动的状态，与场地本身又非常契合。

阿尔罕布拉宫平面布局图中的设计美轮

城市规划中僵化且夸张的整体对称：底特律文艺复兴中心。这里的对称是粗鲁且极权的，它们源于概念上强加的秩序，并非整体的自然适应

格林纳达：阿尔罕布拉宫与杰纳里夫花园，整体的秩序完全不对称，但具有多维度的局部对称

美奂，图中的局部对称互相交织，关系松散却又微妙，要想进一步理解设计之美与局部对称性之间有多少关联，我们可以将其与前文提到的底特律文艺复兴中心加以比较。在阿尔罕布拉宫，我们能感知到每个房间、每座庭院、每个花园、每个门厅都是各自独立运转的，这是因为局部对称的存在，每一个局部空间都更加合理。反观文艺复兴中心的平面图，感受却完全不同：图中各个层面的对称性并非服务于各个局部空间的需求，目之所及的对称性只是某种庞大体制的延伸，而这个体制与任何一间房子、一座庭院或者一处花园的特点毫无关联，所反映的只是更大范围内的一种无意识状态和集权主义思想，而这些与局部可展现出的生命力没有任何联系。因此在形成生命力方面，对称性的作用并不是体现在整体对称上，而是体现在将整体中的小型中心感知体结合起来，体现在局部对称之上。

连贯性可以产生于多点出现的局部对称，但却很少见于整体对称之中。虽然说来极富戏剧性，但我多年前在哈佛认知研究中心做的一个实验，也可以说明这一点。该实验中，我将若干黑白两色的纸带进行比较，测量不同实验对象对其连贯性的感受、体验、认知或记忆。本页左图中所示就是这些黑白两色的纸带，按照（该实验所测得的）连贯性由高到低依次排列。

我发现，纸带连贯性的高低取决于其图案中局部对称的数目（此处将局部对称定义

前文展示过的阿尔罕布拉宫瓷砖残片：其局部对称性十分明显

为：纸带上的一个具有整体性，且具有局部对称性的较短的黑白方格片段）。实验中，不同图案中人们感知到的连贯度的高低完全取决于其中包含了多少个对称片段。由于每个片段只要具备对称性，就是一个局部对称，所以总结实验结果可得，最具有连贯性的图案就是那些包含局部对称数目最多的图案。

在另一组实验中，我和同事们明确地奠定了局部对称的核心地位（事实上，实验中的探索更为深入，且再次证明，多个中心感知体之间如果相互重叠，其结构会具备整体性，正如第 3 章所述。但这些实验首先让我们关注到，局部对称在创造整体性的过程中可以起到极其关键的作用）。[2]

实验用到的黑白纸带共 35 条，其背景为中性的灰色，如图所示。每条纸带包含 7 个方格，其中有 3 个黑色、4 个白色，形成了图中 35 种排列组合。

实验明确的第一点是，不同图案的连贯性（从操作上讲就是指感知的容易程度）是一个客观特性，人与人之间对其认识的差别微乎其微。也就是说，连贯性不具有个体特殊性（idiosyncratic subjective feature），相关的感受不会因人而异。连贯性是一个衡量认知过程的客观尺度，因而人与人之间的差别可以忽略不计。

得以确定的第二点是，各图案中能够使得人们感知到连贯感的结构特征都有哪些。我们证明的结论是，人们感知到的连贯性之高低单纯取决于图案中所含局部对称的多少。然而，由于大多数对称处于隐藏状态，这一特征是图案中深埋的结构，很不明显。

实验过程：为了找出哪种图案会给人们带来最大的秩序感、连贯感、简洁感，或者

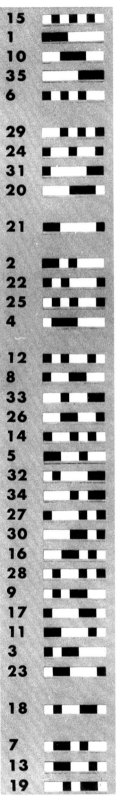

编号	图案	局部对称数
15		9 个局部对称
1		9 个局部对称
10		7 个局部对称
35		9 个局部对称
6		7 个局部对称
29		7 个局部对称
24		7 个局部对称
31		8 个局部对称
20		7 个局部对称
21		8 个局部对称
2		6 个局部对称
22		6 个局部对称
25		6 个局部对称
4		7 个局部对称
12		6 个局部对称
8		6 个局部对称
33		6 个局部对称
26		6 个局部对称
14		6 个局部对称
5		6 个局部对称
32		6 个局部对称
34		6 个局部对称
27		6 个局部对称
30		6 个局部对称
16		5 个局部对称
28		6 个局部对称
9		5 个局部对称
17		6 个局部对称
11		6 个局部对称
3		6 个局部对称
23		6 个局部对称
18		5 个局部对称
7		5 个局部对称
13		5 个局部对称
19		5 个局部对称

35 条纸带，依照实验检测结果，按连贯性递减的顺序排列　　每条纸带上局部对称的数量

"最具备结构感"，我们首先设计了各种不同的实验任务。这些实验任务范围很广，包括单纯询问受试者哪种图案最有秩序感，也包括最易看到并快速辨识哪些图案；包括如何检测最易用语言描述哪种图案，也包括如何检测在记忆困难的情况下客观上最易记住哪种图案，等等，不一而足。

利用视速仪（tachistoscope）进行的实验采用了多个衡量尺度，但无论采用的是描述的容易程度、记忆的容易程度、主观判定的"简单程度"，还是识别的容易程度，这些不同实验测得的相对连贯性却呈现出极强的关联性。正因为这样，我们才有可能综合不同实验中的等级排序，将所有 35 条纸带按照人们所感知的认知连贯性进行整体排序。

从第一组实验可以得出两个重要结论：第一，任何一个实验中，不同的人在这些图案中看到的相对连贯程度是基本恒定的。这就意味着连贯性不是具有个体差异的主观事物，人们对此是有共识的。第二，即便这些实验各个不同（即便这些实验是从完全不同种类的认知过程出发的），但涉及各个图案相对的连贯程度，不同实验测得的结果却基本保持一致。

综上，这两个实验结论表明，图案的相对连贯性是认知过程的客观产物，不因评价的人不同而有所差异，也不因实验测量方法的不同而有所差异。因此，我们才有可能按照连贯性的高低将这 35 个图案整体进行统一排序。第 185 页的图片是将纸带按照人们感知到的连贯性排序的，从上到下，连贯性依次降低。

该实验完成后的 3~4 年间，我几乎都在不间断地研究这 35 条黑白方格纸带，想找出一些结构特征解释连贯性为何以这种顺序排列。连贯性最高的这些图案有什么共性？连贯度性低的图案又有什么共性？为了解决这个问题，我试着从图案的条理性尺度着手（try some measure of orderliness），计算出 35 条纸带的条理性之后，再来看按照条理性排序的结果与早期实验所得的结论是否一致。

这个过程非常艰难。最难之处在于，35 条纸带中的"优秀"图案所属的类型差异十分显著。譬如，其中之一是完全对称的、黑白方块交替出现的图案；可是另一个则是完全不对称的，所有的黑方块聚于一处，所有的白方块也聚于一处；另有些图案，既表现出聚集成块的特点（lumpiness，以下称为聚块程度），也表现出整体对称的特点；还有的图案以上两者皆无。

由于聚块程度和对称程度是 1960 年前后用于解释认知简单性（cognitive simplicity）的通用方式，所以我当时的思路自然也局限于这两个特征。我尝试将两者以多种方式进行组合，但注意力主要集中在聚块程度和整体对称上。

我用了 3~4 年时间才摸索到真正的答案。原因在于当时没有任何文献提到局部对称（整体对称的对立面）。而且，在这些图案中也几乎看不到局部对称，它不会跳出来映入你的眼帘，而是深藏不露，就像孩子们玩的"找找乐"游戏中那些森林老虎图一般，眼睛看花了，也找不到老虎在何方。

再者，当时也不清楚如何将这些色块与"对称"这一概念结合在一起。后来我终于想明白，整体对称和色块之中都包含了局部对称,此时才找到了问题的答案。譬如一个包含四个连续白色方块的色块,该色块首先在整体上具有对称性,但同时还包含了三个长度为 2 个单位(即方块)的对称色块,两个长度为 3 个单位的对称色块,加上这个长度为 4 个单位的色块本身,此处共计六个局部对称。这六组中,有五组是隐而不显的。尽管这些局部对称隐含不显,但却是能计数和测量的,从中可以看出它体现出多少整体对称性,也可以看出大的色块是如何构成的。下页所示为另外两例。

经过四年的研究和数百次的尝试,我发现了一种简单的测量尺度,它与不同图案的连贯度排序呈现出高度的正相关,二者甚至可谓完美契合。

这种计算方式就是测算图案中包含着多少局部对称。为了便于计算纸带上局部对称的数目,我设想每条纸带中包含 7 个相邻的方格单位。这样一来,纸带上就包含着 21 个连续片段,分别由 2、3、4、5、6、7 个连续单位构成(长度为 7 个单位的片段有 1 个,6 个单位的片段有 2 个,5 个单位的片段有 3 个,4 个单位的片段有 4 个,3 个单位的片段有 5 个,2 个单位的片段有 6 个,合计 21 个)。在任何由三个黑色方格和四个白色方格构成的纸带中,我们可以通过依次检视 21 个连续片段的方法判断其内部是否存在对称。我把每个对称片段称作图案中的次对称(sub-symmetry)。在三黑四白组成的 35 条纸带中,(每个包含的连续片段总数为 21,)拥有最多内部对称的纸带包含 9 个次对称,最少的包含 5 个次对称。

如第 185 页所示,左侧为纸带图片,右侧标注着其所含的次对称数量。35 条纸带

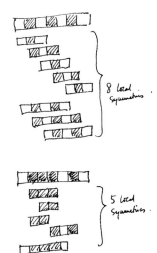

两种模式,分别展示其局部对称的情况。上面一个有 9 个局部对称,在连贯性排序中位置靠前;下面的模式有 6 个局部对称,排序靠后

按照人们感知到的连贯度的高低依次排列,右边标注的是每条纸带所包含的次对称数目。

正如我们观察到的,实验结果中那些连贯性最高的纸带,包含的次对称数目最多,显示出两者高度相关。实验结果中连贯性最低的那些纸带,所包含的次对称数目最少。因此图案中局部对称的数目可以从本质上预示该图案"优秀"的程度。

局部对称这个测量尺度非常微妙,而且高度精炼。即便在最连贯的图案中,21 个片段中也只有 9 个是对称的;而连贯性最弱的图案中,21 个片段中也有 5 个是对称的;因而不同图案之间次对称数目之差非常微小。但是,不同图案之间的差异几乎完美地反映出实验所得的感知到的连贯性之差异。

在此我认为有必要再次强调,这一研究成果与图案设计的整体对称性几乎或完全没有相关性。当时,我分析了原始实验数据,首次发现局部对称和感知到的连贯性之间的关系,之后在测试中用到了另一个判断标准,即将对称片段的长度作为衡量标准。在这个

标准下，对称片段越长，所赋予的分值就越高，因此，纸带如果包含大型且完整的对称，就会被赋予额外的分值。我发现这个判断标准和实验得出的连贯性之间关联较小。显然对某一图案而言，大规格的对称几乎不会影响到图案的连贯性：影响力较为明显的因素是其中包含多少小规格的对称，即局部对称的数量。

为什么设计中包含很多局部对称，图案就会更加连贯且便于记忆呢？原因在于，对称片段就像胶水一样将空间粘合在一起。胶水越多，空间就越有整体性，越坚实统一、也就越连贯。有这样一个细节：为了让胶水的黏性更高，多个对称片段之间似乎还必须有重叠关系。这些对称片段绝不能是离散或断续的，对称片段之间应该部分重叠。不只对称片段的数目这一个因素，各个片段之间的连续重叠同样发挥着胶水一般的作用，让整个设计有"完整感"。

这些实验在我探索整体性理论的过程中起到了重要的作用，因为它们让我更加确信自己的这个想法是对的：世上存在的整体性（wholeness）从某个角度而言，是由多个整体（wholes）重叠形成的结构。必须注意到，次对称并不是显而易见的，而是在图案之中以相互重叠的方式存在。整体性之所以能够形成，占据显著地位，并被认知和感觉，正是因为这些实体（在这种情况下，局部对称使得所感知到的实体如此明晰可辨）之中存在着重叠结构。后来这些实体（本实验中仅

阿姆斯特丹运河旁的住宅

第 5 章　15 种基本属性

《凯尔经》内页的细节。尽管这些旋涡和怪异的形状都是曲线，但当我们仔细观察它们时，就会发现它们充满了重叠的局部对称，而且这在很大程度上是它们美丽的根源

被看作局部对称的）继续生发，形成整体，继而发展成为中心感知体，构成整个理论体系的坚实基础。这些图案中的局部对称发挥了决定性的作用，其价值之高，连我们自己也没有预料到。尽管局部对称并不起眼，但却决定了人们如何看待这些图案，决定了图案本身如何发挥作用。

再来观察阿尔罕布拉宫的平面图，该图可以非常清晰地说明以上观点。整体上，阿尔罕布拉宫的平面图完全不具备对称性，这一点与新古典主义的过度对称完全相反——阿尔罕布拉宫自由奔放，像鸟儿一样。然而在细节上，该平面图的各个层级简直充满了对称。庭院内部有对称关系，多个房间有对称关系，墙体、窗户、柱子等都有对称关系。这个平面图中充满了纷繁复杂的细节，目之所及尽是较小规格的对称（即片段的对称，即次对称体）。这些对称精妙不已、趣味横生。这一切完全不同于新古典主义中那种了无生趣、让人望而生畏的整体对称性。

如果将规模缩小的话，我们可以观察一下阿姆斯特丹运河旁的这排建筑，它们给人带来的感受是一样的。这排房屋作为整体而言并不对称。任何一栋房子本身不具备完美的对称性，房子的平面、前立面都不对称。但是平面也罢，立面也罢，单单一栋房子也罢，整个一排房屋也罢，都聚集着为数众多的对称元素：对称感扑面而来，强大而有力，整个结构因此充满对称感和秩序感。这种充满美感的秩序，正是得益于局部对称。

对称的存在与中心感知体之间的关系如何？对称如何为各中心感知体的互相强化创

第一卷 生命的现象

加祖尔加（Gazur-Gah）的清真寺的瓷砖

造条件？诸多案例中，人们采用对称构建出基本中心感知体（elementary center），绝大多数中心感知体也确实具有局部对称性。通过在两个较小的中心感知体间建立起对称关系，这些局部对称创造出较大的中心感知体。

有人可能会说，"如果没有把握，那就做成对称的吧。"绝大多数中心感知体具备对称性之后，其中心感知体的强度会增加。但是如果外部条件本身是不对称的，那么对称则无法用来弥合或调解这种不对称，同时对称必须与局部条件相符合。[3]

但是，如果局部环境背景保持其不规则状态不变，局部对称可以将中心感知体的多个区域粘合起来，加强中心感知体的连贯性。9世纪苏格兰的《凯尔经》中充满原始美感的插图可以很好地说明这一点。图片中的不规则区域显而易见，但是因为受到诸多对称和对称结构的有效规约，整幅图呈现出强烈的不对称性，但从中能看到在其成型过程中，工匠根据具体情况做的很多变通处理。

如果我们想要创造或加强一个中心感知体，最简单的办法就是在该中心感知体与其他中心感知体之间加入局部对称。在实践中，生成复杂事物最简单的办法就是用形状规则的各部分构成整体，然后辅以不规则的小块，如左图所示。[4] 极具美感的波斯人瓦作，可以说明这一组合方法多么有效：这里有很多个简单明了的对称，其连接组合既自然奔放，又极具冲击力，其中充满了因对称而形成的新中心感知体。

功能备注

功能示例中，台地表面凹凸不平，其上的栏杆由方形和竖直的木块简单制作而成，然后按照地形高低在栏杆之间增补了一些连接部位。嵌入式家具也是如此：橱柜通常会建成规则的对称形状，但因为房间里安装橱柜之处通常不是正规的方形，因而会用配件遮挡不规则的部位。

如果涉及的范围更大，道理也是一样的；环境问题的范围就远大于前文话题。《建筑模式语言》里有很多例子。为了让结构更具规则性，乡村沿街建筑（p.29）很注重道路的对称性，以及多条道路之间的乡村广场；内部交通领域（p.480）采用对称的中心感知体作为流通领域里最关键的中心感知体，让人们在复杂的城市空间活动时能更加清晰准确；在散步场所（p.168）和联排式住宅（p.204）中，街道设计为对称性的，但交叉点、建造物、花园或地形则需要别致的设计，因而并不对称；虽然室内空间形状（p.883）中也有一些不规则的小块区域，但房间应该以对称结构为主。

2.8 / 深度连锁与模糊

大量案例表明,具有生命的结构中包含着某种形式的连锁,即中心感知体被周围环境连锁。这使得中心感知体很难从其周围环境中脱离出来。因此,中心感知体与世界以及周围的其他中心感知体以更深入的方式相互统一,密不可分。

有时,连锁效果通过非常直观的方式就可实现,如大不里士清真寺(the Tabriz Mosque)的星形瓦片装饰(见第194页图)。有时,通过模糊空间也能达到类似的统一效果,即创造出既归属于中心感知体,又归属于其周围环境的模糊空间,很难分清彼此。此处有个常见的案例,就是带有走廊或拱廊的建筑(如第192页下图所示)。以上两种情况都体现出中心感知体与周围环境的融合,因为这种融合,二者也获得了更多的生

连锁是小木屋实际内聚力的根源

木质柱头雕刻中的连锁

印加石刻中极其深刻的连锁

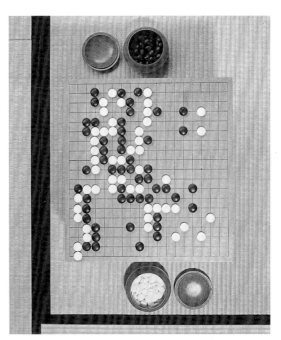
通过黑白棋子连锁进行博弈的围棋

通过拱廊和外廊实现体量的连锁

商代青铜器以表面连锁的图案设计而著称

鸠尾榫作为深度连锁的案例

命。我认为这两种情况中的中心感知体和周围环境是深层连锁和模糊的关系。中心感知体通过"中央中心感知体"和周围环境相互渗透。"中央中心感知体"存在于两个相邻的大中心感知体之间，为它们共同所有。

一件物品中不同的要素似乎都会向外延伸，同其他要素连接。在建筑中，建筑物外部的空间借助建筑物周围的走廊或拱廊进入建筑物内部，并与其产生关联。走廊空间不仅属于外部世界，而且也属于该建筑。这

16世纪大不里士清真寺的瓷片和砖块

样,通过走廊达到外部世界和该建筑的融合,两个中心感知体(建筑物和拱廊)相互连锁。因此,拱廊空间与它的中心感知体一起构成一座桥梁,将两侧的中心感知体牢固地连结在一起。通过连锁或者模糊,两侧的中心感知体从中央的中心感知体获取力量,变得更加强大。

16世纪大不里士清真寺建筑上那些由瓦片连锁所构成的装饰、法国画家波纳尔的著名油画《金合欢的工作室》(创作于1939—1946年)中黄色笔触所形成的连锁,以及中国商代青铜器(公元前2500年)表面雕刻的那些神奇的连锁,每一个都让人着迷。连锁的应用永无止境,不受时空限制。

皮埃尔·博纳尔的作品细部,《黄色含羞草工作室》,成串黄色笔触之间的连锁创造了光亮

功能备注

《建筑模式语言》中列举了大量不同层面的深层连锁与模糊性的案例。该原则在物质世界中创造了多个层面(从最大的地域到最小的物理细节)的融合与连接。

在指状城乡交错(p.21)关于城市和乡村的讨论中,或是在工业带(p.227)关于城市和工业的讨论中,都有宏观层面(地域层面)深层连锁的案例。建筑层面也有一个类似的现象,为了使建筑的所有房间都拥有适宜的光线,室内和室外的空间必须深度连锁。拥有两侧或三侧采光的房间最具有生命力(有双侧采光的翼楼 p.524 和 p.746)。

这就需要内部中心感知体(空间本身)、墙体中心感知体(窗户)和外部中心感知体(外部空间的中心感知体)连接起来,建立结构上的联系。

基于社交因素,建筑中室内和室外之间的模糊性也至关重要,因此产生了另一种典型的室内外连锁,我们称之为拱廊和露台。这一点将在拱廊和露台部分进行详细描述(拱廊 p.580;住宅沿街露台 p.664)。还有些其他案例,例如窗户和外部的空气形成的连锁(大敞口窗口 p.1100),棚的格状结构与其周围空间的连锁(棚下小径 p.809)。

2.9 / 对比

我在具有生命的艺术作品里不断发现的另一个特征是强烈对比,这种对比超乎想象。下面的例子展示了这种强烈对比。

没有差异,就不会产生生命。统一源自特殊。这就意味着,每个中心感知体都基于明显的对比物。当中心感知体的对比物(非中心感知体)明确时,非中心感知体得以强化,甚至变为中心感知体。这种"对比物"有多种形式。但在所有的形式中,有些形式的对比清晰可见。为了形成真正的整体,这些对比必须十分显著。其中,黑白对比和明暗对比最为常见,还包括空—满、实—虚、忙—寂、红—绿、蓝—黄等其他对比形式。显著的对比不仅能展示形式的多样性(高—低、软—硬、糙—润等),还形成了真正的对立面,当对立面重叠时,就消减了彼此。在某种意义上,正是对比发挥了作用(没有击掌的声响何以突显静寂)。对立事物之间的差异产生出一些事物,即是阴—阳、主动—被动、光明—黑暗的根源。

这里有三个例子证明对比创造出美,如大门的轮廓、阿拉伯书写中的空格,以及通过旁边黑白对比而呈现的色彩饱和度(尤其是蓝色)。

黑白相间的波斯碗

第 5 章 15 种基本属性

对比之美

美源于极度的反差

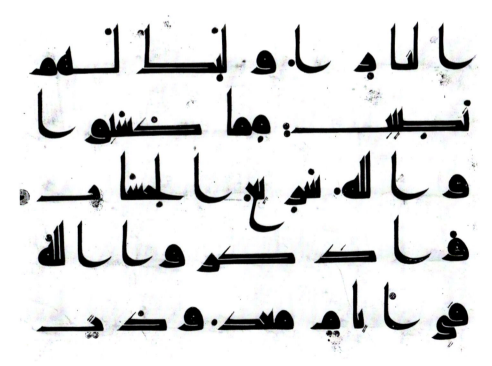

书写之美依赖于空间的对比

如图所示，沙克尔风格（Shaker）的教室展示出如何通过对比创造生命。教室里深色木头与浅色灰泥间的对比带来平静和统一的感受。另一个例子则相反，新建大厅里采用的对比非但没有产生生命，反而摧毁了生命。大厅的例子表明，窗前明亮的光线和深色楼梯带来的强烈对比根本不能创造生命，而是适得其反。

沙克尔风格的教室中，对比的重复使用统一了不同的中心感知体。例如，与肩平齐的两条环形木带，在对比的作用下形成确定的中心感知体。如果木头颜色灰暗，或是漆了其他颜色，这种对比就不会如此强烈。而现在所形成的中心感知体使房间变得统一，成为一个整体。你会发现，如果用手遮挡此处，该中心感知体就不存在了，房间的整体性也会变弱。此时对比起到了连接作用，而不是分离作用。同样，墙上的灰泥与深色木质平台、护墙板的对比创造出中心感知体。中心感知体的对比物（仅指那些明显的对比物）连接起各种要素，统一了墙面和地板，也统一了座椅和其他房内空间。在这个例子中，对比一次又一次地促成了中心感知体之间的统一。

沙克尔风格的教室中的对比

第5章 15种基本属性

楼梯与耀眼的天空：这是炫目，而非对比

而门厅台阶部分的情况却完全不同。深色楼梯和明亮窗户之间的对比非但不统一，反而很分离。因为这种对比很突兀，甚至很拙劣。这样的对比无法让中心感知体获得生命。这种对比要么是个错误，要么就是为了吸引眼球。因此对创造生命而言，这种对比是失败的。

以下方法可以帮助我们理解15种属性。"绘图和实验可以创造或勾画出一些包含某种特征的事物。仅仅了解这些所谓的属性还不够，必须创造出具备这些属性的事物，并通过这些属性的呈现让事物获得深层感受。只有掌握了这些，你才能明确属性的意义。"比如在楼梯的例子中，你认为明亮的光线和深色的楼梯形成对比，但当发现这一属性不能为建造带来深层感受时，你就应该意识到错误，从而进行反思。只有把属性的概念用在如沙克尔教室或后面提到的托斯卡纳教堂时，你才能创造出有深层感受的事物，才能确定自己已经了解这些属性。

许多其他方式的对比也会产生影响。从功能角度而言，当两种事物完全不同时，它们才能更好地配合，才能发挥出各自的功能。例如皮制表面和涂了漆的桌面：木料的漆面干净、美观；皮革则柔软、华丽。每一种都充分发挥了自身的功能。在兰斯教堂（Rheims Cathedral）的设计中，大尺度的外墙和小尺度的内墙形成对比，教堂作为整体显现出整体性和生命力，这其中对比发挥了重要作用。

为了能在功能和概念上明确界定，对比在现实中也非常必要。例如，居民区里商铺和住宅的对比、前门和后门的对比、屋顶和墙面的对比、厨房和客厅的对比、卧室灯和走廊灯的对比。这些案例表明，不同事物之间的显著对比会让每个中心感知体呈现出它的恰当属性。对比让我们更关注个体的功能，轻松感受到差异，这是因为对比能够使我们获得不同维度的体验。

对比能够区分，并且体现出差异。空间的差异赋予了事物生命。同时在空间中，对比也会产生差异，从而赋予事物生命。

托斯卡纳教堂的正立面：粗糙与平滑、昏暗与明亮、实体与虚空的对比

功能备注

《建筑模式语言》中，亚文化区的镶嵌（p.42）强调了不同人群之间对比的重要性；分散的工作点（p.51）讨论了工作和住房之间的对比，且两者相辅相成；结构服从社会空间的需求（p.940）描述了空间和结构之间的互补对比，以及彼此定义的方式。更多详细的对比，例如明暗对比，参见明暗交织（p.644）以及投光区域（p.1160）。更多微妙的对比和效果，参见眺望生活的窗口（p.889）和火光（p.838）。

兰斯大教堂平面中形成的体量对比

2.10 / 渐变

相信你已经注意到了几乎任何具有生命的事物都是柔和的。每个事物的特征都在缓慢地、微妙地、逐渐地发生变化。渐变是客观存在的。一种特征会在空间中发生缓慢的变化，演变成另一种特征。

环境千变万化，所以当世界要与自身和谐一致时，渐变就一定会出现。特征发生变化，与特征相适应的中心感知体也会通过改变大小、间距、强度和特点而作出相应的改变。城市里一栋建筑物的光照情况自下而上

檐口形态中渐变的美

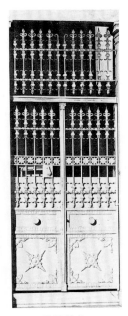
希腊铁艺

德国半木结构住宅

每层均不相同：或许需要通过改变层高和窗户大小使它们的高度与环境契合，或许需要改变窗户的特点。

当中心感知体准确适应空间发生的变化时，作为对空间变化的环境的自然反应，渐变就产生了。在此过程中，中心感知体会发生系统性的变化，从而形成渐变。渐变同样

也会形成中心感知体，因为形成一个强中心感知体所需要的类场域特点恰好就是这种具有方向性，并发生着变化的状况，这种不断变化的状况"指向"中心感知体的中心，形成中心感知体，建立中心感知体，并使中心感知体成为一个真实的场域。所以，在渐变适应变化环境的过程中，会形成一系列不同

波斯玻璃瓶

莱昂纳多的手部素描

挪威木教堂的屋顶

上的必然联系。通常情况下，中心感知体的类场域特征增强，或许是因为多个小中心感知体的结构会产生渐变，这些渐变"指向"新的、大的、实质上的中心感知体。有时，场域中设定的方向性和渐变会赋予中心感知体最主要的影响力。

例如，在第201页插图中精细绘制的檐口上，生成檐口的条饰由数条不同宽度的线条构成，这些线条在建筑物上生成了渐变。这种渐变，或者说是逐渐的演变，将人的注意力引向顶部。因此我们会慢慢看到并感受到顶部。生成的渐变既标识出分界线的起点，又充当了分界线的起点。通过渐变的形成，建筑本身（檐口下的建筑体）更像一个中心感知体，一个更强大的中心感知体。在这个层级的中心感知体，并生成更多、更大的中心感知体。

仔细观察这些插图。一栋建筑物窗户的尺寸自上而下存在渐变，手指的长短存在渐变。大门上铁艺的间距和图案自上而下存在渐变。古波斯玻璃瓶上纹理的宽度从瓶颈到瓶底也存在渐变，瓶颈处的纹理与瓶子的尺寸成比例缩小，瓶底处直径增大，所以纹理也变大。事物的形状、线条、尺寸、间距都是逐渐变化的，而非突然产生变化。所有这些都蕴含着生命。

没有渐变的建筑物和工艺品显得非常机械。它们缺乏生命，因为它们不具有渐变，就无法揭示内在的整体。

具有生命的事物存在贯穿整体的、不同层级的场域变化，这种变化通常从中心向边缘蔓延，也可以从边缘向中心蔓延。当然，渐变与具有生命的中心感知体之间存在本质

教堂内部

案例中,正是渐变赋予了中心感知体生命。在挪威木板教堂屋顶和德国半木结构住宅上部窗户的渐变中,在希腊铁艺大门的栏杆中,在莱昂纳多·达·芬奇手部素描的手指变化中,我们都可以发现类似的现象。

值得一提的是,渐变尽管在自然界(见第 6 章)和许多传统民间艺术中司空见惯,但在现代环境中却难以发现。我想这是由于规范的形式简单,批量生产(房间的高度由 8 英尺的胶合板决定)及尺寸规定(分区、银行规定等),这些因素都与渐变相悖,几乎制约了建筑或街区中渐变的存在。这就导致一种最强有力、最必要的生命形式从环境中被移除了。

金门大桥塔吊:柱间、钢构件、角撑的渐变

第 5 章　15 种基本属性

威尼斯总督府的复杂渐变

因为金门大桥造价高昂，且结构效能的重要性要求必须使用专业的钢结构，所以桥塔上的孔会出现很漂亮的渐变。但是这种美的案例在我们的时代比较罕见。

当人们在一种环境中移动，或者穿过一座建筑时，墙体、柱子、屋顶、窗户、屋檐、开口、门、楼梯等要素的形态能够展现出持续且逐渐的尺寸和特征变化，这才是真正的渐变。真正的渐变需要全新的制作、生产及制造形式，而这一切现在只处于初期阶段。

功能备注

当任何具有重要功能的变量存在于一个真正的"场域"时，环境中必定会出现几何渐变。正因如此，渐变是任何具有生命的建筑综合体或建筑物最显著的特征之一，所以我们能在其中发现它。例如，建筑窗户自下而上大小的变化；随着屋顶位置的变化，瓦片的大小或类型、屋顶的高度或坡度产生的变化（跌落式屋顶，p.565）；随着跨度的变化，柱和梁的尺寸产生的变化（柱的最终分布，p.995）；甚至随着重要性的变化，门把手大小产生的变化；或者随着高度的变化，门、柜子与架子的大小产生的变化；随着重要性和与中心感知体距离的变化，门的大小产生的变化；随着在建筑中位置的变化，木板大小产生的变化；随着在室外区域使用强度的变化，地砖大小产生的变化。在每个案例中，小中心感知体的渐变指向大中心感知体，小中心感知体的渐变有助于增强大中心感知体的生命。

在大型工程中，为了以最经济的方式使用钢材，我们在框架中使用不同尺寸的构件。为了节约金门大桥桥塔上的钢材，并将大部分材料放置于应力最大的部位，从塔顶到塔底，孔径大小、构件尺寸和钢板厚度都存在精细的分级。《建筑模式语言》中柱的最终分布（p.995）描述了类似的案例。

在城市规模上也会出现渐变，例如，密度从城市中心开始，会系统性地下降（密度圈，p.156），就下水道入口处的铁格子及朝向区域中心的管道而言，区域中心的相对位置也会出现渐变（偏心核 p.150）。

同样，当一系列物体在大小或空间上发生变化时，渐变一定会发生。这就如同在一系列房间中，从一个小房间到一个大房间，从一个更开放的房间到一个更私密的房间存在渐变一样（私密性渐变 p.610；入口的过渡空间 p.548；开放程度 p.192）。造型过程中，一系列大小不同的构件彼此相连，形成更合适的边线，渐变就会发生。渐变是通过设置一个指向中部的变化率完成的。

2.11 / 粗糙

真正具有生命的事物往往都有某种放松与自然的状态,呈现出一种形态上的粗糙。这绝不是一个偶然特征。它既不是技术水平较低的文化造成的,也不是因为手工制作或是不够精确。粗糙是事物非常基本的结构特征,没有粗糙的事物是不完整的。[5]

下图的波斯碗就是一个很好的例子。碗内部的图案设计(sinekli)是两个小圆和两条短线,笔触简短有力。当我们看到这只碗时,会被其漂亮的、笔触不尽相同的图案所打动。从某种意义上说,它们并不精美,整个图案设计中画出的图案占据的空间位置、呈现出来的形态和长度都有差别,每一个和另一个都不尽相同。

很显然这种微妙的变化和差异正是这只碗的和谐魅力所在——但我们可能会误将这

展示粗糙之美的波斯碗装饰:这些装饰里每一个要素的尺寸、位置和朝向皆不相同,根据相邻装饰物限定的空间而变化,使得空间完美而和谐

种魅力归因于其手工制作的缘故。我们能从这个碗的粗糙中看出手工痕迹，由此认为这个碗是个人化的，充满手工的误差。

这种理解是荒谬的，关注的重点完全错误。正是图案的粗糙度才让这只碗如此完整统一，原因即在于它使用了漂亮的三角形网格设计，这种设计无法完全贴合球形表面。如果图案由完全相同的元素构成，采用完全相同的排列方式，该图案就会遭到破坏，因为网格化的图案越往中心就越绷紧，从而带来严重的问题。比如说，在碗底图案就会挤在一起。因此在笔触挤压聚集的地方，每画的一笔都应该相对小一点，这样才不会挤作一团。如果该图案要保持完美的"规律性"，就不会达到这么美的效果。

整个设计中，笔触及其位置的微小变化恰到好处，每个笔触都处于合适的位置，大小相宜，匠人只需目测，就画在了刚好适宜的位置上，这样一来就创造出笔触之间最美丽、最积极的留白空间。匠人绘制时或许并非刻意，因为他的手眼能够默契配合（脑力劳动的强度不大），但正是这一点才创造出完美的碗。一旦笔触大小相同，间距相同，就不会有同样的效果了。

继续同样的观点，下一页我们将凯鲁万城清真寺上美丽的手绘瓷片和后现代砖墙中传统常用的重复手法进行比较，可以发现瓷片的重复是可爱的、精妙的、温暖的、愉悦的，而砖墙的重复非但不悦目，还有些吓人。首先，瓷片是浑然一体的，具有深刻内涵的统一感；而砖墙让人觉得没有整体性，是死寂的，统一感不强。两者给我们的观感完全不同，其原因就在于一个的粗糙度和另一个的贫乏感。但是这种粗糙不只是瓷片或其他有生命事物的偶然特征，更是生命结构的必要特征，有深层次的结构起因。

让我们看看第 209 页的例子：波纹状地毯的边沿及其四角图案的处理。一般而言，古代地毯的边沿和四角是"不规则的"，图案往往不连贯，四角也似乎是"拼接起来的"。之所以这样，不是因为织工疏忽或者精确度欠佳。正好相反，织工非常注意纹路间哪里多一点哪里少一点，留意地毯边沿的交替重复和波纹图案的间隔，并且关注每一块空间。织工处理地毯边沿时全力以赴，只为确保一切"恰到好处"，为了在地毯边沿处达到这一效果，一些松散的，临时构成的图案必不可少。

如果织工想要计算或构建出所谓的"完美"方法来处理地毯边角的问题，她就不必那样在意适宜的尺寸、合适的形态、边角处的正负差异，因为这些都受外界因素制约，比如地毯边沿的纹路。如此一来，地毯边角的处理在整体设计中就会喧宾夺主，反而让织工们无法把各步骤细节处理得恰到好处，地毯整体设计的生命力也会遭到破坏。

在以上几例中，这种处理方法看似粗糙，不够精确。其实不然，这正是舍末逐本的结果。完工之后的地毯清楚地表明，与边沿处和谐平衡的图案相比，完美无瑕的毯子四角似乎并不那么重要。看似粗糙的设计其实更精确，因为它在小心翼翼地捍卫着设计里关键的中心感知体。

在手工制品中，粗糙特征的另一个必要方面是放任无束。粗糙的形成绝不是有意识的，或是故意使然的。否则作品就会显得不自然、做作。为了具有生命力，事物的粗糙度必须是无我（egolessness）的产物、无意

没有粗糙：砖的后现代绘画

识的产物。凯鲁万城清真寺的绿色瓷片就具有这种特征。有人会觉得不同的瓷片是从一堆有些许差别的瓷片中挑出来的，或者说人们特意做了这些瓷片，它们所体现出的是孩童般的无拘无束，而非谨小慎微、矫揉造作地制造出的"有趣"。从这点看来，粗糙往往是放任无拘束的产物，当一个人获得了真正的自由，并且只关注关键点时，才会形成粗糙度。反之，作品中出现了诸如人造的、过分正式的、谨慎的、掐尺寸等特征，往往是因为创作作品的人仍然受到束缚。

粗糙度里所谓的无拘无束的状态，在柳宗悦讲述年轻时拜访韩国老一辈木碗匠人的故事里得到了完美体现。[6] 老人是一位大师，柳宗悦描述了自己在得知可以见到大师时的敬畏之情。真正面见大师时，他诚惶诚恐地发现备受尊崇的大师正在用青色未干的木头制碗。起初他不敢吭声，因为提出任何问题都好像是在批评大师。但最终柳宗悦还是鼓起勇气问道："您用的是青色未干的木头，碗造好之后，水分就会流失，难道这不会引起木头产生裂纹，甚至开裂吗？"大师面不改色，只是说："有时会。"年轻的柳宗悦还是不敢进一步提出自己的疑问，但最终又鼓足了勇气，结结巴巴地问道："那，那然后怎么办，如果碗开裂了怎么办？"

粗糙之美：凯鲁万城清真寺手绘的瓷片

第 5 章　15 种基本属性

边缘"不规则"的安纳托利亚地毯：地毯上充满了生命，因为织工倾注了大量心血创造了花边上众多的中心感知体，并加以选择，这样所有的中心感知体都恰到好处

"补一补就行了啊"，老人平静地说道，然后继续手上的工作。

就是这样。这并不意味着大师不在乎自己做出来的碗，而是他对做碗这件事已经完全顺其自然了，毫不慌张。在这种状态下，没有什么特别重要，也没有什么让人提心吊胆，他知道自己可以让碗的美自然而然地展现出来，也只有在这种思想状态下，粗糙才能具有生命。

回到"粗糙"特征的基本意义。人需要根据整体的要求，允许规则或场景秩序自然放松，只有当人处于这种十分特殊的心理状态（无我）下，才能让每一部分呈现出其该呈现的样子。粗糙不是把任意秩序叠加于设计之上，而是让宏观秩序顺其自然，依照恰巧发生于每个局部的需求和限制进行修正。

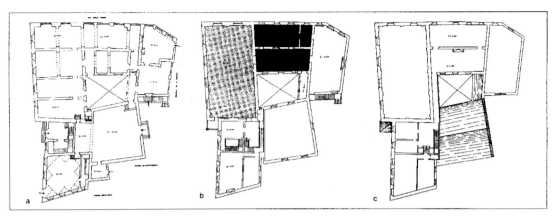

平面中需要粗糙，这样各项功能才能完美实现

值得注意的是，尽管所有伟大的建筑都遵循整体对称的布局原则，但在微小的不规则处还是具有差异性的。通过对比可知，那些完美对称的建筑往往没有生机。这是因为真实的事物不得不完全适应外界环境的不规则性，其自身局部也相应变得不规则，并以此作为对外界的回应。如果用蘸满颜料的笔画出一条由点连成的线，我会以随意挥洒的方式形成一条有节奏的线。当然，形成的空间不够完美，线也不是笔直的。但我不需要这些，只关注基于需求的整体结构，便可得到一条清爽且重要的线。

柱子完美地与空间融为一体

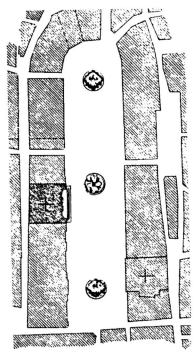

城镇平面中的粗糙

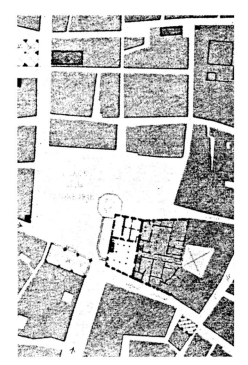

城镇平面中的粗糙

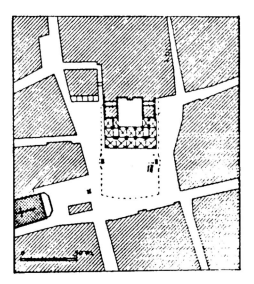

一个公共广场中和谐的粗糙：每个建筑的
边界恰到好处。结果呈现虽然粗糙，
但在现实中却是完美契合的

这里展示了传统建筑和城镇的平面图，粗糙作为一种完美的形式，在其中清晰可见。

第210页的房屋建筑总结了这一切。为了合理地建造这栋房子，自然需要体现出明显的粗糙。我们现在认为这种建筑是老旧建筑，它之所以粗糙，原因即在于无法精确的建造技术。未来有一种观点可能会改变直觉，认识到更现代的房屋将再次具有这种外观，因为房屋结构中可见的尺寸、空间、朝向，甚至直角的修正，都呈现出精确的调整。未来的现代建造技术就像自然一样，更能营造有机结构。到那时，我们将不再为这种不精确的状态感到羞愧。

功能备注

需要粗糙的实例比比皆是，如果在建筑的外墙上开窗，考虑到不同房间的光线、视野、采光和隐私，就不能只有一排简单重复的窗户，必须作出调整，使用满足实际需要、能借景的门窗。

第一卷 生命的现象

立柱间距、立柱造型的粗糙都是由施工过程和已经发生的细节调整造成的

其美妙之处在于：这种关注所产生的粗糙是美丽的、不自觉的。它几近完美——但也不尽然——反而显得很和谐。当房子按照 2:4 的比例设计时，最简单的方法是将它们以相同的间距设置，并将最后一个设计成不同的尺寸。但如果你想以 14¾ 英寸的间距平均设置的话，这个想法可行不通。

著名的卡米罗·西特（Camillo Sitte）城市空间实证研究在另一个尺度上清楚地表明了公共广场的几何形状如何影响其生命力。他发现"公共空间往往是不规则的。不规则的特性有助于创造出一种非正式的氛围，将广场与城镇和建筑联系起来"。即使出现不规则现象，也需要沿着轴线的对称强调和支撑中心感，在中心广场周围布置功能性建筑，用强对称的建筑标记出重要的位置和方向。

许多迹象表明，过于谨慎呆板的平面设计、过于严格的秩序，每个事物都处于其恰当的位置，实际上是不利于功能性和适应性的。例如，在一个建筑中，如果每个房间必须大小相同，必须朝向一个特定的主走廊，那么它可能受到挤压，无法获得最佳的日照和采光。如果能够随意延展，达到一种更自由的状态，那么每一处空间都可以精确地处在阳光最好的地方。这种对实用细节戏剧性的关注，形成了这样的结果，即：平面保留了一定的粗糙度或自由度，不能忍受计划中正式概念的额外束缚。这个例子很好地说明了粗糙度能够让一个中心感知体强化另一个中心感知体。粗糙的维度允许建筑之间的空间支撑那些由太阳和光形成的中心感知体。

《建筑模式语言》中有许多模式决定了必要的功能关系，它们起源于粗糙概念。例如，中心粗糙物（p.606）要求在广场中央有一个焦点，但只能是一个近似的中间点，因为这个位置需要满足其他重要标准，诸如通向广场的不同街道上都能看到这个中心点。花园野趣（p.801）允许粗糙度加强花园中的有机和谐。软质面砖和墙砖（p.1141）、禅宗景观（p.641）、半隐蔽花园（p.545）、叠合外墙（p.1093）在材质、视图、位置和表面都引入了微妙的粗糙度，以获得最佳的功能效果。楼面顶棚拱结构（p.1027）展示了如何为一个房间建造最完美的拱顶，尽管这个拱顶不是严格完美的几何形状，但却来源于房间结构和拱形结构之间的适应性。

第 5 章 15 种基本属性

这是一个奥地利农舍,美丽一步一步地通过粗糙带来深层次的完善功能

精心砌筑的石墙

2.12 / 呼应

在仔细探究拥有玄奥生命事物的过程中，我发现几乎总有一个必不可少的特征，它至关重要，但却难以准确地描述。总的来说，在这些元素之间有一种深层的潜在相似性，这种家族相似性如此之深刻，以至于每件事物之间似乎都是相关的，然而人们却不知道为什么，也不知道是什么原因造成了这种相似性。这就是我所说的"呼应"（Echoes）。它取决于角度和角度的结合，这在设计中很普遍。

当呼应存在时，构成较大中心感知体的各种较小元素和较小中心感知体都来自于同一家族，它们彼此之间相互呼应，靠内部相

土耳其祷告毯：所有构成元素都是基于星状八角形的直角和45°角

米开朗琪罗设计的折中主义建筑：没有呼应的特征，过多的形态造成了混乱

第5章 15种基本属性

绒布寺，珠穆朗玛峰

似性努力地维系着，形成一个独立统一体。

这种家族相似性最容易通过一个反例进行图示说明：第214页图为米开朗琪罗设计的建筑，在我看来，这是糟糕透顶的胡乱堆砌。它是基本图形和构成要素的大杂烩。方形、圆形、不连贯的圆、三角形堆在一起，混乱且不和谐。角度都不一样，角度所形成的形状也各不相同。

将米开朗琪罗的建筑和土耳其的祷告毯相比较，就会发现祷告毯上的装饰图案不论差异有多大，都有一种简明的引导感。它们似乎都是从同一片布料上裁剪而得，或者源自同样的模子。祷告毯的形式以基本的涡卷图案为主，其元素来源于花架和场地形状中直角和45°角的交替组合所形成的八角星线条。这种角度的组合带来的类似感受，同样存在于主要的花带鸢尾花形中，虽然表面上看起来形状迥异，但同样是由直角和45°角的相同组合构成，就像在涡卷图案中出现的那样。

祷告毯和米开朗琪罗的建筑都出现于大约公元1500年，一个是没有生命、几近死寂的混沌，另一个是和谐与生机。

在关于呼应的其他简单案例中，我们发现了不同部分之间的家族相似性，因为它们体现为形状相似，而这同样也是由角度得出

意大利南部的阿尔贝罗贝洛的民居，以圆锥形为主，屋面的大坡度与圆形相契合

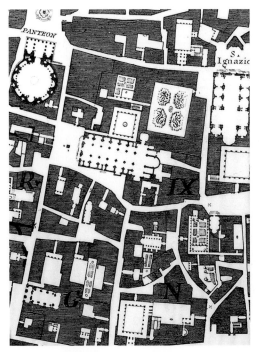

诺利的罗马城地图，整体以矩形为主，其中夹杂少量的圆和半圆

的。譬如，在喜马拉雅山下的寺院里，所有的部件——石头、顶盖、门和台阶都是带有一条线和一个小角度的厚重的方形。在阿尔贝罗贝洛的民居里，所有图案都是锥形的。在诺利罗马城平面中，所有的形状都是矩形或类矩形。以上仅为简单的案例。

更有趣的情况是，我们能感觉或意识到一组图案之间有一种普遍的家族相似性，只有角度引起的家族相似性才是更深层次的，我们真的很难确切地说出为什么感觉很相似。在位于珠穆朗玛峰脚下的汤坡崎修道院，我们以一种深刻而微妙的方式感受到修道院作为山的一部分而存在：它是喜马拉雅山的一部分。屋顶的角度、小屋顶坐落于大屋顶上的方式、最大屋顶上的"峰"、屋顶边缘下的条饰，所有这些彼此映照或呼应，并映现出山脉自身的结构感。

即使在这种复杂的情况下，我们所感受到的大部分呼应还是来自于角度。但这正是建筑生成的过程，因为石头的使用方式，或者因为石头是从同一座山里切割出来的而表现相同，或者因为建造者与山之间存在着深层次的直觉联系，才使得建造者造出了与山一样的同源之物。

呼应的本质特征根植于结构的最深层。譬如，在这个挪威谷仓门里，我们可以感受到所有不同矩形之间的共鸣。门、门上的窗、窗格、窗下嵌板，都有相同的形态感，是矩形和菱形的组合，这些不同元素之间产生的和谐是非常重要的。首先，我们可以试着找出一些特定形状的矩形作为呼应的原型，它们都具有相似的比例，又细又长。当然，这其中是有一定道理的。但是，还有另一种更深层次的结构事实：矩形都是成双、并排的。形成门的两个嵌板、两扇门、两个窗、每个窗口内的双窗格，所有这些都有两个矩形，如同一本书打开后的两个页面，这种矩形组

谷仓门细节，展现了圆形和菱形，以及这种组合的细节层次：其中也保持着相似的呼应、相同的角度和比例平衡

第5章 15种基本属性

挪威谷仓大门

合的二重性带来了秩序感。而正是这个结构主题才引起了共鸣。

挪威的谷仓门设计由菱形、圆形和托架构成，呼应感非常强烈，我们可能首先会想到菱形和圆形之间有什么共同之处。但重要的是，这个圆形是以菱形的方式排布的，而且每个圆形都位于四个菱形之间所形成的菱形空间的中心处，托架体现了圆形的形状，并在空间的末端显示了菱形的迹象，四个托架再次排列成一个菱形，这就是处于呼应状态，也是最深层结构关系存在的地方。它们不只存在于形态之间的表面相似性。通常，相似的几何结构源于创建其过程的深层相似性，这在功能性或实际案例中最为明显。[7]

功能备注

一个实用的例子：在一个工艺精良的旧谷仓里，所有不同的部分都以相同的方式建造，用木钉和榫眼固定梁和柱，这样它们就来自同一个系列，这源于对实际功能的考虑。通常，当所有不同的细节都是同一系列时，建造此建筑的任务就会变得更简单，建造的节奏也会变得更快、更经济，可以毫不费力地生产所需的品种。另外，如果细节是完全不同的，那么从精神上讲，建造这座建筑就需要付出巨大的努力，以至于没有多少变化和创新的空间。其结果是：在一个没有呼应的建筑中，建筑最终适应其需求的能力往往较弱。

当我们认真考虑功能时，通常会遵循各种各样的几何规则作为功能条件的结果。不断应用这些规则会创造出一种熟悉的角度、线条、形状的感觉，这不是出于正式的原因，而只是由于严格遵守功能需求的结果。例如，小山上的建筑物往往与坡度有类似的关系，还有太阳高度角、屋面的排水以及积雪的预防。因此，山坡上所有的建筑都遵守这些规则，往往会在它们的物理形态中产生"呼应"。

如果某个事物没有这种"呼应"，那么很可能忽略了某些深层需求，而各种各样的"非呼应"形式将会导致各种功能故障。

《建筑模式语言》中，入口（各种入口，p.499）、柱和梁（逐步加固，p.962）、窗户和光线（两面采光，p.746）、所拥有的家具（来自你生活的物品，p.1164）也谈到了类似的情况。

2.13 / 虚空

在那些具有完美整体性的深邃的中心感知体里,有一个像水一样的虚空,深不可测,被周围杂乱的物质和其他织物所包围,形成鲜明的对比。

在下图展示的吉奥德斯祷告毯中,中央是深蓝色的空白。它连接着无限的虚空,也连接着自我的中心。

我们在某些宗教建筑中同样能看到,人们最终会抵达这个中心,来到中心处的虚空。教堂的圣坛,即教堂或清真寺平面十字交叉处的巨大空地,是心灵深处的寂静。

为了更清楚地理解虚空的特性,这里将两个反差较大的例子进行对比:开罗拜巴尔斯清真寺平面和20世纪70年代典型的美国办公楼平面是不同的。在清真寺的中心处,我们感受到了虚空。而在办公大楼里,只有

吉奥德斯祷告毯

第5章　15种基本属性

典型的办公楼

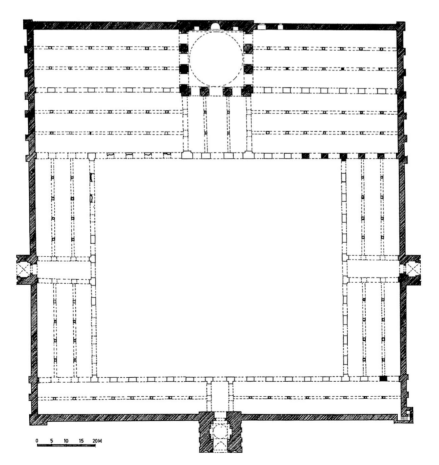

开罗拜巴尔斯清真寺

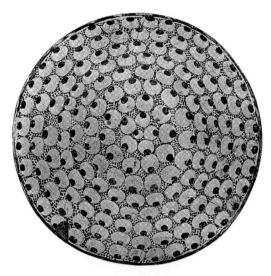

即使在一个看似充满细节的物体中也能发现虚空，大量带有黑点的圆圈本身尽管展现出多样性，但也创造了虚空

无尽的杂乱和喧闹。一切都在动，没有什么是静止的。

不能敷衍地把两者之间的区别归为宗教建筑和办公建筑的差异。当整体性延展时，同样会在工作场所中清晰地发现虚空。譬如一片玉米地、一个谷仓、农场的鸭塘，这些都是农场社会的工作场所，每一处都有虚空。玉米地是寂静的，全神贯注于玉米地自身的质朴，它并不凌乱，因为发生在玉米地里的一切都是清晰明了的。鸭塘更小，边缘长满了杂草，中心是平静的水面。即便是最实用的谷仓，其体验和使用中也有很大的虚空，谷仓被结构、建筑支架、杂乱储存的干草、堆放在过道里的农用工具、边缘的支柱和沟槽所包围。

西藏布达拉宫门前的空地

无论大小，每个中心感知体都以某种形式需要这种虚空。正是安静吸引了中心感知体的能量，从而构建了力量的基础。事实上，在我们周围的建筑或物体中，虚空并不经常存在，它是我们创造整体性的能力受到了普遍干扰的结果，而整体性能力并非办公楼的必要功能属性。今天的大多数建筑中都有若干小空间混杂在一起的现象，这往往是时尚使然，时尚要求出现小的"人性"空间，由此一来就非常缺乏简单、安静、空旷、宽敞、宁静的空间。

所有中心感知体都有虚空的需求。一个杯子或一只碗，作为有生命的中心感知体，依赖其自身的安静空间，它本身就是静止的。一幅色彩丰富的绘画依赖于某种静谧而不间断的色域，差别不大，将静谧集中于自身。在建筑中，一个不拥挤的宽敞客厅和一个不拥挤的宽敞大厅，装饰是相同的。对这一切不能大惊小怪，在错乱的细节中必须有平静和虚空作为平衡。这是一个大而空的中心感知体带给诸多小中心感知体生命的方式。

这一点能否用对称和异化的原理来表

维米尔，读信的蓝衣女子。这幅绘画的力量来自美丽的留白空间，即在女子身后和椅子上方可见的白色墙面。这种留白给女子带来了平静的力量，尽管存在对抗这种虚空与宁静的运动

述？作为稳定的统一结构的一部分，虚空的出现有没有数学的计算方式？或者说它仅仅是一种心理需求？答案是后者，生命结构不可能全部是细节。混乱四处蔓延，最终会破坏自身结构。此时需要用宁静来缓解混乱。

功能备注

功能示例。大面积使用一种材料，周围被另一种材料少量环绕是即经济又高效的。但要发现两种材料等量都能起作用则要难得多。

同样的规则也适用于建筑平面图。在纷繁嘈杂的小功能空间中，营造更大的空间，并在那里营造出更开阔、更平缓、更安静的氛围，这是至关重要的。未能做到这一点，是现代住宅和建筑规划的主要错误之一。关于房子，不管有多小，我学到的最重要的一件事就是小空间必须与至少一个更大的空间形成对比，在那里可以发生完全不同的社交和情感活动。

《建筑模式语言》中，我们发现往往在山或湖处的神圣之所（p.131），都显示了一个巨大的虚空，以此作为圣地的本质；通向水域（p.135）展示了巨大的水体，人类住区的重要性和这些水体的边缘有关，就像处于中心位置的虚空总是被一些水的纹理环绕；静止的池塘（p.358）要求水本身是静止的，作为一处虚空处理。在一个亲密的人体尺度的例子中，我们发现座圈（p.857）、圆圈本身，以及圆圈中心的空白空间，都是虚空小尺度表现。在类似的小尺度下，我们有一个宁静的浴室（p.681），这是一个家庭空间和喧闹中必要的空间的例子；甚至还有密室（p.930），这是一个很小的地方，隐藏在房子的某个角落，然而却在我们的心中留下一块虚空，一个完美的、隐藏着的寂静的小区域。

2.14 / 简约和内在宁静

完整生命的存在方式往往是简约的。在大多数情况下,这种简约表现为几何形态的简单和纯粹,它具备一个切实的几何形式。

这种特性在地毯中较为少见,但在其他伟大的艺术作品中却很常见,对于实现整体性至关重要,与缓慢、威严、安静都有关系;我认为它是内在的宁静。如下图所示,它出现在沙克尔橱柜中,但几乎没有出现在20世纪20年代独特风格的意大利坐椅上。

移除所有不必要的东西,这种特征才会显露出来。那些没有主动支撑其他中心感知体的中心感知体将被剔除、切断或剥离出来。升华后剩下的是处于内在宁静状态的结构。极为重要的是,极具美感且精细复杂的装饰要恰到好处,才能正好达到这种宁静,多一点就会适得其反。

沙克尔橱柜:最美的内在宁静

意大利椅:粗俗,完全缺乏内在的宁静

作为诠释内在宁静的完美案例，我将会选择沙克尔风格的家具。一件沙克尔风格家具中有什么？第一眼看去，它与早期的美式家具没有什么区别。但如果把它和其他早期美式家具对比，就会发现一些明显且关键的差别。

- 它采用十分简单的形状（实际的木材有简单的形态，通常接近于它们最初被磨成的形状）。
- 装饰非常稀少，但偶尔也会有一些偏离古典线条的地方，曲线零星分布，数量与其他美式家具相比较少。
- 比例不同寻常，家具呈现出不同寻常的长、高、宽等，比例使家具与众不同，甚至令人震惊，这样做的背后往往有实用原因（比如，为了使用所有可使用的空间）。
- 很多家具在某些特定方面较为奇特，这标志着它们确实非同寻常。比如木箱的抽屉从不同的方向打开；两张床滑动到一张大床下面；底座的两侧分别有抽屉，还有钉板。这些"奇特"的构造总是有很好的缘由，例如对功能毫不妥协的坚定，遵循事物的逻辑推导，拒绝向惯例妥协，这是一种极致的自由。
- 每块木板都拥有美丽的色彩，通常都是木本色（不刷油漆），每种类型的家具都根据功能使用不同的颜色标记。但这种标记往往是苛刻的，其苛刻性正是内在的平静本质，尽管难以明确阐述。
- 最终，万物安详、寂静无声。

简约和内在宁静不仅仅是简单的产物。意大利椅复杂的方式是错误的，因此它们缺乏内在的宁静，该切断的东西并没有被切断。但是，例如粗犷的挪威雕刻龙头，即便复杂，也有内在宁静。所有重要的东西都被保留下

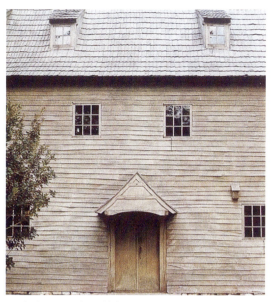

宾夕法尼亚州一栋住宅中的旧木板展现出的内在宁静。该住宅有一种直接可见的神韵，似乎直勾勾地盯着你，这大概就是内在的宁静。此处很容易看出文中提及的疏离感，同时还有强大的宁静以及美妙的简约

最壮观的简约和内在平静，寺庙的柱子

挪威的雕刻龙头，十分复杂，但依然具有内在宁静

来，没有多余的东西，结果是简单中透着深刻，而无需浮于表面的几何感。所以说不是外在简约创造了内在宁静；只有内在的简约，忠实于心灵的简约，才能创造内在宁静。

在一个正确构成且有生命的整体中，存在一种特别的简约。譬如，厚矮墙上加一个宽顶，这种做法最坚固、最容易建造且最持久。当建筑的主要线条被简单地绘制出来时，它们往往会有一些更大的重要参照物：太阳、风景、斜坡。这种简约的回应允许人和环境之间形成更深层次的关系，从而提供滋养的条件。

功能备注

《建筑模式语言》中有许多模式是处理关于终极的内在简约性的。它们在风暴中心形成了风眼，创造了生命的简单核心。案例参见绿色街道（p.266）、池塘和溪流（p.322）、低矮的窗台（p.1050）、有柔和感的内墙表面（p.1096）和帆布顶棚（p.1128）。

第5章 15种基本属性

绝佳的内在宁静：克什米尔船屋的外廊

2.15 / 不可分割

最后一个属性,也许是最重要的特征,即为不可分割,也就是具有连通性。那么,什么是非分离性?简单地说,就是我们体验一个生命整体性的存在,它是与世界保持一致的,而不是根据完整程度与之分离。

我能指出的最美丽的具有不可分割特征的案例是建于7世纪的大雁塔(彩图见第7页)。它是如此简洁、如此和谐,它谦逊地

不可分割:大雁塔

第 5 章　15 种基本属性

X 住宅，纽约。完全没有不可分割：割裂的，自负的

融入周围环境，与周围环境相连，与周围环境毫无区别。但与此同时，它也没有失去自身的特点和个性。

另一个极端就是当一件事物缺乏生命，不完整时，我们会觉得它与世界、与自身是分离的。照片中的住宅太醒目了，展示了一种极端分离，是这个特征最灾难性的失败案例。该住宅的确与众不同，但完全与世隔绝。这确实是一种尴尬的、以自我为中心的胜利。这个住宅是彻底失败的，它完全无法与环境融为一体。

下面我将从结构角度总结一下不可分割属性。它是指那些具有深层生命的中心感知体在感觉上与周围环境相互联系，而不是切割、孤立或分离的。在一个高度连贯的中心感知体中，该中心感知体和围绕它的其他中心感知体之间没有分离，而是有一种深刻的联系，所以不同的中心感知体才会相互融合，

彼此不可分离。不可分割的属性来源于每个中心感知体的高品质，以及在某种程度上与整个世界相联系。

最后，也许是最重要的属性。在对形状和建筑的实验中，我发现了其他十四种赋予中心感知体生命特征的方式，使得中心感知体紧凑、美丽、确定且微妙，但如果没有这第 15 种属性，中心感知体在某种程度上依然呈现出奇怪的分离感，被从所处的环境中切割。孤独、尴尬的孤独，过于脆弱，过于锋利（这里或许描绘得过多了），总之，中心感知体会过于以自我为中心，因为它大喊着："快看我，快看我，看看我有多美"。

那些不寻常的东西有治愈的力量，真正整体性的深度和内在惯性从来都不会是这样的。它们往往彼此连接，从不分离。对于它们，通常你无法真正分辨出一个事物从哪里结束，下一个事物从哪里开始，因为事物像

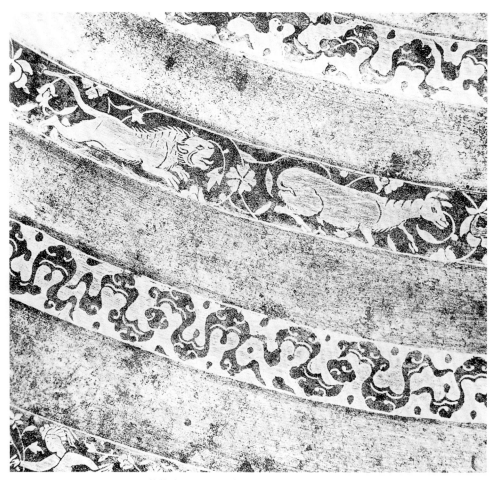

装饰表面的不可分割，16世纪波斯头盔

古老的英国麦仓的不可分割

烟雾弥漫般融入周围的环境,并且温柔地将这个世界融入该事物本身。事物相互连接,维护了空间的连续性和我们人类的连续性,梦中的一缕晨雾萦绕于花田间,就像泰晤士河谷中烟雾萦绕的牛津城露出的梦幻尖顶。

最重要的是,不可分割的特征首先来源于一种态度。如果你过于相信自己的创造,如果试图展示自己有多聪明,彰显自身美感,你就会陷入迷茫、失败、分离的错误之中。只有当你自觉自愿地希望自己的创作之物与环境不可分割时,才能确立起与世界的正确联系。这样一来,你就无法区分这一个在哪里结束,下一个从哪里开始,甚至你自己根本做不到。

不可分割准则可以进行复杂的应用,即把该准则反复应用于事物自身,这样一来将会得到如晚间轻柔烟雾笼罩般的效果。也就是将整体与内部紧密结合在一起,任何一部分都不允许过于自负,不过于锋芒毕露,确保每一部分都融入其周围环境,整体本身亦

与地面相连的路径

是如此。这就是傍晚夕阳的金色光带发挥的作用，还有村庄的线条和山谷的回声，它们共同维系着事物的整体性，避免事物在内在张力的作用下破碎瓦解。

不突兀和不尖锐是最容易治愈不分离这种感觉的结构属性。拥有这种品质的事物会让人感到完全处于平静的状态中，因为它与周围的世界紧密相连。从几何上讲，不可分割取决于边界的状态。具有不可分割特征的事物往往有一个碎片化的、未完成的边界，以此打破僵硬的界线。大多数最美丽的古老地毯通常带有无穷的花样，花样被随机打断，恰如窗户打破了设计自成一体的感觉。在边界处通常有一个梯度，在渐变的作用下形成平缓的边缘，当规模减小时，边缘处似乎与下面的事物不知不觉地融合，这似乎解释了为什么事物在边缘处会变小，既而打破了坚硬的边界。最后，真实边界有时会显得随意，这是故意而为之的，目的在于避免出现外部环境中的尖锐割离，真实边界的随机性使得事物和世界连接在一起。

高更的那幅湖边的画作、日本庭院里的铺路石，都是不可分割属性的极好案例。

暮色下村庄的不可分割

高更画作《在海边》中的"不可分割"

功能备注

出于各种功能上的原因，当系统内部与系统外部或外部的其他系统之间存在普遍连接时，环境系统就会更加完整，更有生命力，使世界成为一个统一的结构，《建筑模式语言》中有关于这个主题的研究和不同尺度的诸多案例。

在区域、城市和社会尺度上，这种连通性被视为一个重要的社会问题，例如，分散的工作点（p.51）、老人天地（p.215），以及自治工作间和办公室（p.398）。

在建造过程中，连通性被作为一个物理主题处理，彼此相邻、彼此接触（鳞次栉比的建筑，p.531），室内外空间紧密相连（有顶街道，p.492；户外亭榭，p.163），以及与汽车有关（与车位的联系，p.553）。

同样涉及建筑和邻里的小尺度，此时它被视为一种社会主题，例如，相互沟通的游戏场所（p.341）和在公共场所打盹（p.457）。

不可分割性似乎是一种微妙的心理问题，体现在过滤光线（p.1105）和大敞口的窗户（p.1100），此处指出了内外部之间的微妙联系。

在实用和生态方面也表明，我们必须尝试在建筑边缘进行材料的过渡，这样每一种材料都能与它旁边的材料共存：例如，木材与混凝土；混凝土与土。这一系列的过渡避免了任何不会随着时间的推移而出现的突兀的并置。另一个例子是梯田、小路与土地的连接方式。当石块、铺路石和松软的泥土之间的联系是如此平缓、如此明确，以至于你几乎感觉不到的时候，此时的效果最好，最有益健康。相比之下，一个建在支柱上的露天平台虽然能让你接触到阳光和空气，但却与大地失去了联系。相关讨论详见与大地紧密相连（p.785）、高花台（p.1132）和留缝的石铺地（p.1138）。建筑的不可分割性允许花园、道路、建筑边缘和建筑墙壁在功能上相互支持，允许适当的相互渗透，鼓励必要的实际互动。

3 / 15 种属性的本质和意义

这 15 种属性共同确定了生命系统的特征。具有这种生命特征的空间区域差别可能会很大。如果我们有一个碗、一幅画、一栋房屋、一片森林、寺院中的一条小径、伦敦住宅的一个飘窗，我们都能从中看到 15 种属性一遍又一遍地不断重复，此类事物或地方很有可能具有深刻的生命意义。空间中具备了这 15 种属性的系统将是有生命的，具有这样的属性越多，包含它们的系统就会越有生命。

这包括了自然界中绝大多数生命系统的例子：沼泽中的一丛草。15 种属性可能包含在中世纪手抄本里，在土耳其伊斯坦布尔托普卡帕宫房间的一个窗户里。在较低层级中也包括 15 种属性，可能包含在那些具有普通生命的地方和事物里。也许是加油站外你最喜欢的长廊、奥地利奥茨谷车站旁的露天啤酒店，或者是浪潮中的海草，甚至浪里面夹杂着的瓶瓶罐罐。

如果我们观察的事物仅具备 15 种属性中的某些特征，并不是所有的，且这些特征排布得不么紧密，此时我们也有可能发现一些生命特征，譬如，瑞格利球场、一双溜冰鞋、一个牙刷。

世界上越显得死气沉沉的事物和系统，拥有这些属性的程度就越低。譬如，最充满图像感的建筑和人工制品、最贫瘠的住宅项目、遭受严重破坏的生态系统及受污染的河流。

因此，尽管这些属性定义了大量可能的场所、对象和系统，这个家族中的所有成员在某种程度上都具有生命。这些属性综合起来，大致定义出一个可理解的生命系统家族。缺乏这些属性的系统或事物往往是生活中非常琐碎的事物。因此，粗略地说，15 种属性的关系界定了这个庞大的系统家族。但我必须强调，这只适用于重要的、类似的事物。

令人惊讶的是，这个家族有可能都具有这样的特征，如此定义的家族从形态上讲是十分复杂的。表面上看，本章中的例子各不相同，每一个都有各自所隶属的年代和地域，因文化、气候和技术的差异而不同。但从更深层次的意义上说，这些不同的案例看起来都是一样的，它们都具备同样深刻的品质，我们会在每个案例中一次又一次地看到相同的结构。

因此，也许是首次，我们对生命系统所具有的实际物理与几何特征有了认识。可以毫不夸张地说，任何有生命的建筑都必须是这个家族的可辨识成员，这一点也不为过。任何有生命的门把手、窗户、花园和花园小径，一定是这个家族的一个可辨识的成员。

值得注意的是，这个事实在建筑理论中并不是保持中立的，最近几十年（1940—1990 年）的建筑并不具有这些特征。我相信这是有意为之，20 世纪各种不同寻常的建筑理论促使建筑师和设计师有意识地远离这些属性，努力传播某些特定的风格或意图。对于那些近年来被设计理论洗脑的人而言，15 种属性的事实本质也许令他们感到不适，这是不可避免的。

我认为，举例说明这些文物的制造年代非常有用。读者和学生们会发现，古代艺术品拥有其中的许多属性。于是他们问我，为什么你不给出一些最近的建造案例来说明这些属性呢？令人难过的事实是，近50年的作品已经有意识地抛弃了对15种属性的认知和使用。这样的作品当然不能当作示范案例，只能用在反例中。但这并不意味着15种属性与古老事物有关，与现代事物对立。也有许多正面的和负面的案例是在20世纪产生的。总之，从公元前1500年到公元1997年，时间跨度约为3500年。在很长的一段时间内，这些案例几乎均匀分布。事实上，在过去的70年里，可以展示的案例相对较少，这一点无可争议，根据比例事实确实如此。

4 / 属性之间的相互作用

我首次确认这15种属性是在1966—1973年期间，到1976年这些属性就有了完善的定义。我很清楚在有生命的作品中，这些属性会不断重复出现。随着时间的推移，我发现这些属性在几乎整个自然界都会反复出现（见第6章）。

然而，在1976年，我还不清楚如何解释这些属性。当时它们还只是初级的观察结果。我虽然认识到这些属性在伟大的建筑、艺术作品和自然界中反复出现，但不清楚它们意味着什么，也不知道它们从何而来。

此外，还有一个由属性之间的关系引起的困惑。这15种属性不是独立的，而是相互重叠的。在许多案例中，我们需要用其中一个来理解另一个的定义。譬如，如果我们试图准确地定义交替重复，则需要搞清楚在某些事物或强中心感知体之间存在着交替重复。这些"事物"之所以能够成为可辨识的整体，是因为它们有一个确定的形状。因此，交替重复的定义在很大程度上依赖于重复事物的优美形态，以及重复事物之间存在的优美形态的再重复。同样的，该定义也取决于所重复事物之间的积极空间和所重复的两套系统的对比。

同样的事情也发生在我们定义尺度层级时。在我们把不同层次的东西作为一个整体识别之前，这些不同的尺度层级根本无法识别：也就是说，除非我们假定知道它的含义，否则每个层次的中心感知体都作为强中心感知体，并具有优美的形状。除非一些构成元素按照空虚感的要求，呈现为大且开放的状态，否则尺度层级的特性就无法发挥作用。等级的层次结构在很大程度上取决于一个事实，即处于较低层级的事物在重复的过程中有时是交替的。

优美形状是指在一个形状的边界内包含强大的中心感知体。当交替实体之间的空间是正空间时，交替重复才算成功。当中心感知体被强中心感知体构成的边界所包围时，它们往往会变得更加强大。

这 15 种属性中的每一种都会发生同样的事情。我们越仔细地思考每一种属性，并试图准确地定义它，我们就越会发现每一种属性的部分定义是由其他 15 种属性定义的。虽然 15 种属性最初看起来似乎截然不同，但实际上它们是交织在一起的。

下图矩阵粗略地描绘了属性之间相互依赖的方式。当我首次辨别出这 15 种属性时，这种属性之间相互依赖的模式似乎非常令人困惑和厌烦。它意味着这些属性不是"原子的"或完全独立于系统的特征。然而，我很快开始相信这是有意义的、重要的，而非繁琐的。这些属性之间的相互依赖似乎包含着某种暗示，这种暗示比属性本身更丰富、更复杂，也更统一，在某种程度上隐藏于属性之后。我开始意识到，这 15 种属性不过是标志，它们大致描绘出一些更深层次结构的粗略近似，这种结构在视觉和感觉上像是"所有这些都在一起"。

这种"更深层次"的结构必须在空间中延展，必须是一种跨越空间而存在的"事物"，它能让 15 种属性从其中显露出来。在 20 世纪 70 年代后期，我开始思考这种"事物"一定是某种场域，在这个场域里，中心感知体创造出整体性，且整体性加强中心感知体。

我终于认识到，中心感知体场域才是最主要的，而不是 15 种属性。这些属性只是场域的一些方面，帮助我们具体地理解场域是如何工作的。

在那个阶段，我开始构建一个基于整体性的全新的空间观，从整体性来看，这 15 种属性是自然的和不可避免的，空间为什么产生生命以及怎样产生生命，这些问题变得清晰明了，生命不再是生物的属性，而是空间本身的一种属性。

15 种属性之间的交互作用
如果属性 A 依赖于属性 B，或我们需要属性 B 完全理解属性 A，那么单元格 AB 中会出现一个星号

		特征 B													
		尺度层级	强中心感知体	边界	交替重复	积极空间	优美的形状	局部对称	深度连锁与模糊	对比	渐变	粗糙	呼应	虚空	简约和内在宁静	不可分割
属性 A	尺度层级		*	*		*				*						
	强中心感知体				*		*		*	*				*		*
	边界		*		*				*	*	*					
	交替重复		*			*	*									*
	积极空间	*	*	*			*					*		*		
	优美的形状	*	*			*			*			*	*	*		
	局部对称	*				*										
	深度连锁与模糊				*	*					*	*				*
	对比			*	*	*			*		*	*				
	渐变	*	*			*			*			*		*		
	粗糙		*			*					*				*	
	呼应	*				*			*		*				*	
	虚空	*		*		*							*		*	
	简约和内在宁静								*				*	*		*
	不可分割			*	*	*				*		*	*	*		

5 / 15 种属性如何赋予中心感知体生命

现在让我再次回顾一下这15种属性的具体作用。通过观察和研究，重要的是要清楚15种属性到底是什么，深入理解它们与整体结构和中心感知体结构之间的深层次关系。简而言之，我相信这些属性是因为一个中心感知体能够被其他中心感知体加强而产生的。[8] 如果你喜欢的话，也可以把它们理解为讨论中心感知体的15种方式、中心感知体生命的存在及掌控宇宙间生命的方式。

1. 尺度层级：强中心感知体增加强度的方式，部分源于其中较小的强中心感知体，部分源于包含它的较大的强中心感知体。

1. 尺度层级

2. 强中心感知体：一个强大的中心感知体需要一个特殊的类场域效应，该类场域效应由其他中心感知体创造，是支持该强中心感知体力量的主要来源。

2. 强中心感知体

3. 边界：一个中心感知体的类场效应通过环状中心的创建得到加强的方式，环状中心由较小中心感知体组成，环绕并加强原先的中心感知体。边界也将中心感知体及其之外的中心感知体联系在一起，从而进一步加强中心感知体。

3. 边界

4. 交替重复：当中心感知体重复时，通过插入其他中心感知体加强该中心感知体。

4. 交替重复

5. 积极空间：一个特定的中心感知体必须从空间紧邻它的其他中心感知体中汲取力量。

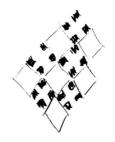

5. 积极空间

6. 优美的形状：一个给定中心感知体的强度取决于它的实际形状，而这种效果要求中心感知体的形状、边界及其周围的空间均由强中心感知体构成。

6. 优美的形状

7. 局部对称：是一个给定中心感知体强度增加的方式，通过该中心感知体所包含的较小中心感知体，按照局部对称的组织方式排列。

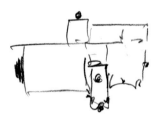

7. 局部对称

8. 深度连锁与模糊：是一种方式，当一个给定的中心感知体连接到附近的强中心感知体时，它的强度增加，在第三组强中心感知体的作用下，两侧中心感知体的边界变得模糊。

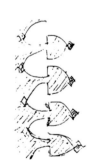

8. 深度连锁与模糊

9. 对比：通过中心感知体与周围中心感知体之间鲜明的区分得到加强中心感知体的方式。

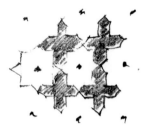

9. 对比

10. 渐变：一个中心感知体通过一系列不同大小的渐变中心感知体来增强中心感知体，然后"指向"新中心感知体并加强其场效应的方式。

10. 渐变

11. 粗糙：给定的中心感知体的场效应需要从其大小、形状和附近其他中心感知体排列的不规则形中获得强度的一种方式。

11. 粗糙

12. 呼应：给定中心感知体的强度取决于其角度和方向的相似性，取决于形成特征角的中心感知体系统，并在所包含的中心感知体之间形成更大的中心感知体。

12. 呼应

13. 虚空：每个中心感知体的强度取决于其场中某处是否存在一个静态的场所，即场域中空的中心。

13. 虚空

14. 简约和内在宁静：一个中心感知体的力量取决于该中心感知体简约性的方式，依赖于减少其中不同中心感知体的数量，同时增加这些中心感知体的力量，使之变得更为重要。

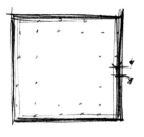

14. 简约和内在宁静

15. 不可分割：一个中心感知体的生命和力量取决于该中心感知体与构成周围环境的其他中心感知体融合的流畅程度，有时甚至难以区分中心感知体与它的周围环境。

15. 不可分割

15 种属性不是独立的，而是互相重叠。在许多情况下，我们需要借助其中一个属性理解另一个属性的定义。这是因为中心感知体本身的场域就很重要，而非 15 种属性。这些属性只是场域的一些方面，它们帮助我们正确理解场域是如何发挥作用的。

然而，即使最重要的不是这些属性，而是中心感知体的场域或整体性本身，这 15 种详尽描述中心感知体场域如何发挥作用的方式也具有十分重要的意义。每个属性都描述了中心感知体相互强化的一种可能方式。每个属性都定义了两个或两个以上中心感知体之间的一种空间关系，然后显示了在这种关系的框架下中心感知体的相互强化是如何起作用的。

实际上，15 种属性发挥了胶粘剂的作用，达到了空间统一的效果。这 15 种属性提供了中心感知体相互加强的方式。空间通过中心感知体的强度变得连贯，从而有了生机。15 种属性是空间获得生命的"路径"。[9]

还有其他的路径吗？作为中心感知体生成场域的可能路径，15 种属性仅仅是一个随机样本分布吗？或是一份详尽且完整的列表？

15也许只是一个概数。我在推演这个理论发展的不同阶段,也有过12、14、13、15、16个的分类。15这个确切的数字并不重要,但我相信这个数字表示的数量级是很重要的。在我努力定义这些属性的过程中,很明显,这些属性不是5种,也不是100种,而是大约15种,也不可能列出无限多的属性。无法确定这个列表是否详尽无遗。另外,如果想要找出组合不同的其他影响,你会发现这不是一件很容易的事情。当我们关注中心感知体构建于其他中心感知体之上的数学方式,或一个中心感知体帮助其他中心感知体增加强度的方式时,能够达到这种方法的数量是有限的。

注释

1. 这些属性可以被认为是对观测结果的详细阐述,这些观察结果的非正式记录参见:THE TIMELESS WAY OF BUILDING, New York: Oxford University Press, 1979 的第23章。这一章写于1975年,正是这一章的内容使我产生了把观察记录下来的想法。

2. 克里斯托弗·亚历山大和苏珊·凯莉(Susan Carey)的"亚对称性",PERCEPTION AND PSYCHOPHYSICS 4(1968): 2, 73-77;克里斯托弗·亚历山大和比尔·哈金斯(Bill Huggins)的"关于改变人们看待事物的方式"PERCEPTUAL AND MOTOR SKILLS 19(1964): 235-253。附录2展开讨论了该实验。

3. 我们会看到,在第二卷的结尾(第14章),几乎所有关于生命的建筑最后都可通过对称以理解。事实上,的确有一种方法,可以从动态的角度理解整体性和中心感知体场域的概念,通过对称的展开顺序得以完全理解。

4. 显然,场域中局部对称性的和中心感知体的产生有着深刻的联系。在整体性的实证研究中,对称一直扮演着重要角色。对称是使空间成为整体的有力方式之一,当空间的一部分是对称的,它的内部即是连贯的。

5. 以晶体为例,汉弗莱斯(Humphris)认为晶格中有更多的结构,其中存在微弱的不规则性。因为它虽然具有晶格结构,但也有一些分化的其他结构。Humphries in ASPECTS OF FORM, ed.L.L.Whyte 1951(Bloomington, Indiana University Press, 1961)。

6. Soetsu Yanagi, THE UNKNOWN CRAFTSMAN(Tokyo: Kodansha International Ltd, 1972)。

7. 在物理学和生物学中,称之为"同源性"(homology)。

8. 参见第4章。

9. 重要的是要让读者明白,尽管这15种属性非常重要,但它们本身并非必不可少。最终重要的是中心感知体的生命。这些属性之所以重要,是因为它们能帮助你理解中心感知体的形成方式。我经常让学生们画一些小图,让他们逐一描绘这15种属性。当学生这样做时,会发生两种情形。A情形,属性存在于图中,所以,形式意义上我们可以说画中存在这种属性。但在案例A中,什么都没有发生。生命并没有进入图画,因为学生还没有真正理解该属性的意义。生命与感知都没有增加:所以属性本质上的内在意义还没有被理解。

另一种情形B,学生以这样一种方式利用属性,画作因此获得了更多的生命。也就是说,该属性是有用的、积极的、强大的,有助于把生命和感受带入画中。在这种情形中,我认为B的学生理解了这个属性。

A和B这两种情形的真正区别是什么?它取决于这样一个事实:当一幅画的中心感知体获得生命时,当有许多具有生命的中心感知体(而非只有少数几个)时;当这些中心感知体具有强烈的生命时,这幅画才具有生命。所以,一幅具有生命和感受的绘画之所以具有生命,是因为画中的中心感知体是具有生命的。这一切都意味着这些属性并不重要,重要的是创造出密集的中心感知体,并且必须赋予它们生命。

这就是我所说的,实际上属性并不重要,可以被"舍弃"。真正重要的是一个人看到中心感知体的能力,创造越来越多的中心感知体的能力,以及使它们获得生命的能力。但我并不想低估这些属性。我花费多年时间,可能是3年、5年、10年的时间,学习创造中心感知体的过程,并学会理解中心感知体获得生命的意义。与此同时,这些属性是非常重要的工具,它们是将我们的注意力聚焦于中心感知体的一种方式。通过学习这些属性,即便是盲目地、机械地学习,我们也会越来越多地了解中心感知体的生命,我们懂得欣赏中心感知体之间的交互方式,我们学会通过增加其他中心感知体,使中心感知体的生命更强烈。可以说,这些属性教会我们赋予中心感知体生命的方式。这就是最终的结果。

第 6 章
自然界的 15 种属性

1 / 绪论

依据第3章和第4章提出的理论,这15种属性是普遍存在的,它们被视为世界整体存在的基础。因此,15种属性不仅仅是艺术作品中出现的视觉特征,更是所有产生或创造于任何系统的所有中心感知体的生命根基。

如果这一理论正确,那么这15种属性将作为所有物质结构的基础,不仅出现在成功的艺术作品中,同样也存在于大自然之中。

本章将展示大自然中不同规模的15种属性,让读者理解这是一个重要的且相当令人惊讶的成果,并非随意观察所得。尽管在很多自然系统中容易看到这15种属性,但目前没有任何一个理论能够解释这类现象为何如此广泛。解释这些特征出现在自然界的原因则需要新的、强有力的动态分析方法,而这将在第二卷中阐明。

2 / 超越认知

如果把中心感知体理论和生命概念作为所有建筑的基础,我们确信整体性连同给予中心感知体生命的属性不仅是在感知艺术作品时产生的心理感受,也是物质现实的必要特征。

在前几章中我们已经看到如何通过整体性和中心感知体场域阐明对于建筑、绘画、碟盆、圆柱、座椅和雕刻的认知。大量的实物证据表明这种整体性存在于建筑和艺术世界中,并且建筑和艺术品的质量取决于中心感知体系统,尤其取决于每个独立的中心感知体之间相互赋予的生命强度。中心感知体的场域越明显,中心感知体的强度越高、连接越多、密度越大,这个事物就越有生命力。

然而,一个持怀疑态度的读者可能会对此说法不以为然。根据"认知"的解释,中心感知体作为认知的结果只存在于脑海中,并且促使中心感知体发挥作用的15种特征可能只是作为认知的产物而存在。根据这种解释,当建筑和艺术品由我所描述的中心感知体构成时,它们就是美观的,仅仅是因为它们在某种程度上符合深层认知结构,也就是说,符合人类感知和认知工作的方式。如此说来,这些解释是人们理解建筑和艺术作品思想的一种强有力的方式,将告诉我们一些世界上重要的和意味深长的视觉现象。但它们不会产生超出心理层面的影响,当然不会对物质世界的实际运作方式产生影响。就其自身而言,这15种属性并不会支持我的论点:即这一建筑学的新观点必然与空间和物质的新观点相关,并与构成世界方式的基本原理有联系。

现在，为了提出统一体，我将从整体性的角度论证自然，其中原子、河流、建筑物、雕塑、树木、绘画、山脉、窗户、湖泊都是一个完整系统中的一部分，这是合乎情理的，并且必须按照这种方式来理解。我将试图证明，被我称为整体性的中心感知体结构远比单纯的认知层面更为深入，它与自然世界的功能行为和实践行为联系在一起，不仅是物理学和生物学的基础，也是建筑学的基础。这将会给自然特性带来新的思考，自然界整体性的演变如何造就了自然结构的特性，整体性的演变终将成为强调自然万物整体性的唯一法则。

3 / 自然界中 15 种属性的表现

中心感知体、整体性和边界在自然界中重复出现。譬如，河流中的水绝不是完全同质的，河水在温度、深度、速度、化学离子聚合等方面存在多种差异。如果没有这些差别，我们就无法区分河流中的不同区域。但实际上河流有许多区域：急流水流、缓流边缘、高温上层、相对低温的深层、阳光照射区、泥泞阴影区，等等。我们能够识别出不同区域，不仅是因为它们相对更为同质化，而且因为水的形态的异化和同质具备结构和生态上的因果关系。中部急流区中的鱼、动物、船只移动更快；而缓流边缘区为动植物的生长提供栖息地和营养；底部冷水区更适合大量鱼类繁衍；河底的淤泥沉积了鱼的残骸[1]，易于蠕虫和幼虫的生长。这些区域中的每一处都吸引了不同的二级和三级条件，并最终形成一个"系统"。因此，分化的、非同质的区域逐渐发展起来，并具有自身特有的行为、活动、有机体系和表现方式。

这是非常典型的。类似的分化也出现在太阳、火焰、沙漠、化学"汤"中，出现在生长的晶体、发育的胚胎、星际空间中。空间的非均质性逐步产生分化，使得各种系统和边界得以发展，这只是世界构成方式的一部分。条件相对恒定的地带往往被确定为单一"类型"地带。相比之下，这些地带中间的过度区域往往成为边界地带。

这种类型的分化贯穿于整个物质世界，并非我们的感觉问题。它真实地显现于世界的物理组织，并在系统的行为中产生功能性后果。例如，观察一片叶子，我可以看到叶片上较硬的叶脉以及叶脉之间较软的叶肉。这不仅是一种感知上的差别，更是叶子性质和表现方式之间的真正区别。硬的叶脉部分决定结构力，而更软的叶肉部分支持光合作用的发生。如果我们以折断整片叶子的方式维护其整体性，那么这片叶子要比从叶片的内部损坏它更有可能存活下来，因为这种方式没有破坏叶片系统整体的整体性。

此外，整体性或每个子系统的完整性都创造了一个中心感知体。当具有细胞核和外边界带的细胞充当生物体内的中心时，它自身会变得比边界区或细胞核更强。细胞在更大的系统中发挥作用时，会变得更加有凝聚力。在这里，我们看到一个曾在第5章见过的"物理的"中心感知体强度的对应物。

一般来说，任何中心感知体的"强度"或者说生命强度都是衡量生命组织的一种尺度。人们可以测度它作为结构的生命长度，或者测度它抵抗破坏的能力和对周围的影响。一个中心感知体越强，对附近其他中心感知体的影响就越大，那些受其影响的中心感知体的行为、运动、凝聚力、组织和重组的影响也就越大。因此，世界上强大的中心感知体系统对附近其他中心感知体的行为有实际的、直接的物理影响。

不同邻近中心之间的关系遵循着我们已经看到的相同模式。15种属性以几何特征的形式不断出现在自然界空间的组织方式，以及中心感知体的分布方式中。

4.1 / 尺度层级

为什么第243页照片中的电火花有尺度层级？大量聚积的电荷瞬间释放，留下一个带剩余电荷的区域，根据定义，这些剩余电荷要比原始电荷少很多。在接下来扫荡式的放电之后，这些小区域的电火花再次释放形成更小的区域。尺度层级自然遵循该系统自身有序的方式。[2]

与此相关的是，尺度层级在自然系统中广泛存在。譬如，树木：树干、树枝、分枝、末枝；细胞：细胞壁、细胞器、细胞核、染色体；河流：河湾、支流、漩涡、河流边缘；山脉：最高的山、单独的山峰、周围的山麓、更小的山；石灰岩：大颗粒、小颗粒、大颗粒缝隙中的每个最小颗粒；太阳和太阳系：行星和它们的运行轨道、卫星和它们的轨道；分子：构成复合物、单个原子和离子、中子、质子、电子；花朵：单头花、花蕊和花瓣、萼片、雄蕊、雌蕊。

总体而言，不难发现，在任何具备良好功能秩序的系统中，必定有不同层级的功能一致性，因此在这些功能系统的组织中必然有可识别的等级。在有机和无机自然界中，不同尺度连续结构的存在都是常见的，其中一个层级与或高或低的邻近层级绝对不会相差太远。譬如，树木由树干、树枝、分枝、末枝承载树叶和分配树液，之所以有等级结构，是因为某一尺寸的树枝只能服务于相匹配的体积，除非分解成更小的构成元素，否则无法抵达对应体积的各个部分，从而这些更小的元素可以更便捷地到达树木上体积更小的部分。再例如，银河系中的恒星、太阳系、行星、卫星，在整个引力凝聚过程中总会有剩余，这是一个无法用某一等级的力来解释的结构等级，它们往往在略有差异的力的作用下聚集，从而生成层级结构中的另一个层级。同样，一个分子由包含单个原子和离子的复合物构成，下一层级又包含质子、中子和电子。某种程度上，这些基本粒子本

第 6 章 自然界的 15 种属性

电场的放电现象

身由下一层级的夸克组合或再组合构成。既然如此，亦可以用另一种方式理解：每一个小元素，无论多大，都足够复杂，所以当出现两个或三个，或十个元素时，组合的几何形复杂到足以产生全新的力，因此表现出全新的行为，并在更高的层次上，获得连贯的半稳定的实体。作为信息加工和记忆的一个特征，自然界中的层级现象十分普遍，甚至出现在人类认知系统本身的物理学中。[3]

只有极少数的自然系统缺乏结构等级，这是因为自然界中，规模起到了十分重要的作用。当某一特定事物扩大两倍或三倍时，就产生了不同的力发挥作用，各种现象相互影响，因此，一种全新的整体诞生了，纯粹是出于物理的原因。因此，一株植物中，在比细胞更大的规模等级下，有许多细胞聚集在一起，它们遵守不同法则，开始形成新的整体，聚合体自身形成更大的聚合体，并再次遵循新的法则，一旦这种现象的数量级发生改变时，每一个新的层级就会出现。

然而，要形成一种解释普遍现象和在几乎所有自然固化系统中普遍存在的规模等级的理论，是极其困难的。有人做了尝试，例如，L. L. 怀特（L. L. Whyte）、阿尔伯特·威尔逊（Albert Wilson）、唐纳·威尔逊（Donna Wilson）、西瑞尔·史密斯（Cyril Smith）和米歇尔·伍登伯格（Michael Woldenberg）。[4] 但据我所知，到目前为止还没有给出一般的数学解释来预测这些等级的形成或等级之间规模的激增。特定的理论只能解决特定案例的等级建构，不能处理普遍的等级形成。事实上，没有一种简单定义的数学形式能预测这一现象的出现。分岔理论（Bifurcation theory）或许能够通过识别系统发展过程中的自然断点提供可能的线索。但据我所知，目前还没有人尝试过。[5] 无论解释与否，这种属性本身在自然界中普遍存在。

犰狳鳞片形成的两个层级。这种结构形成的原因仍然建立在推测之上

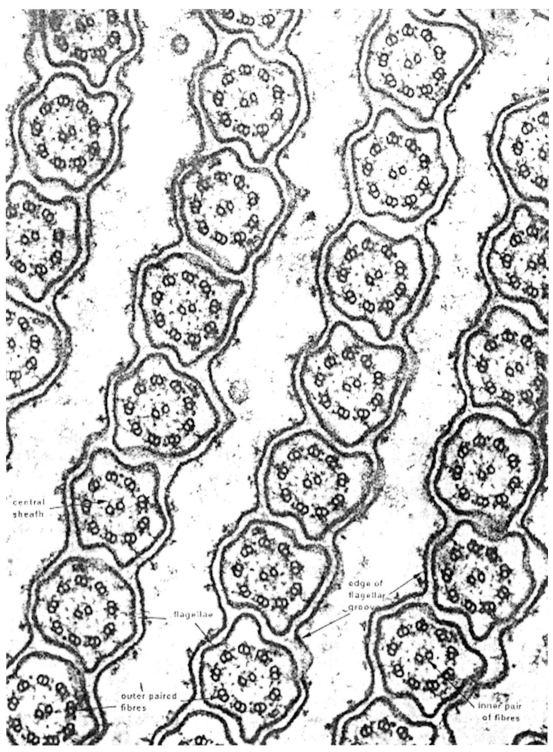

细胞鞭毛的结构形成了细胞核中非同寻常的尺度层级,并且在鞭毛槽、中央鞘、外部纤维中构成了更小的尺度层级

仙人掌的枝有两个层级,通过每个枝上的沟槽进一步分化,沟槽又进一步被上面的刺分化

波罗沙漠表面的泥土裂缝显示了大片连贯的土块内部有很多清晰的小土块,而这些小土块旁边的裂缝又形成下一层级更小的土块

4.2 / 强中心感知体

为什么溅起的牛奶会形成一个如此完美的中心感知体？好像一个中世纪皇冠。我要到第二卷才能给出这一问题的完整答案。[6] 但我们能够观察局部发生了什么。首先，下落的水滴呈对称的放射状，当牛奶触及水面时，向各个方向溅出的牛奶几乎是一样多的。但是为什么在每条射线的末端都形成一个水滴状？就像是皇冠的结构，这些小水滴用来加强已经形成的主圆环的中心。

我们当然可以看到整个物质世界的强中心感知体。许多自然过程都有中心活动。活动、进化或力场从某些中心系统向外辐射。这些在物理界和生物界大多是隐性的。在物理界，由空间对称性场域携带电力、磁力、

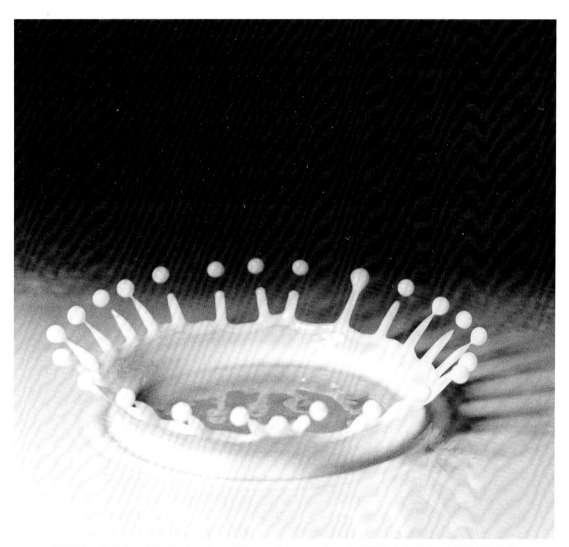

哈罗德·埃哲顿的奶滴飞溅照片，展示了一个美丽的中心感知体是由许多中心感知体组成的

第一卷 生命的现象

普通的兰花：每个花朵虽然都不是对称的结构，但依然形成了一个连贯的整体，开花时形成了类似中心感知体的结构

一块珊瑚：中心感知体十分明显

引力和核力，因而多数时候创造出中心对称及双边对称结构。在生物学上，最常见的由中心驱动秩序的例子是胚胎的发育，在胚胎中被称为"形成体"的节点起到了化学场源头的作用，化学场是由控制生长的不同内分泌物质的浓度形成的。[7]这些由节点形成的中心感知体在胚胎生长的组织中发挥了重要作用。在成年的有机体中，我们可以在实际的中心感知体的分层结构中找到它们生长的残余物。[8]中心感知体的类场域系统同样出现在流体运动实验、流体动力学、压力系统、电磁静电学中，粒子动力学也提出了类似概念。其中最著名的、最大规模的例子是等离子体与磁场交互作用出现的线程式中心，它们创造了星系、恒星和行星。[9]其他非有机系统中也会有类似的过程，但没有这么复杂，当然，在由原子核和电子轨迹构成的分子的中心感知体系统中也存在这一过程。[10]

然而，就像在尺度层级的情况下，很难对普遍存在的中心感知体和中心感知体现象作出一个普遍性的解释。我们能在广泛的现象中观察到它们的存在，但却无法用一个普遍性的数学理论来解释它。

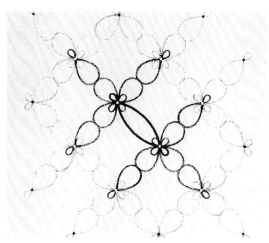

复杂分子中电子运动轨迹形成的中心感知体

第6章 自然界的15种属性

绶草的螺旋茎形成的中心感知体

4.3 / 边界

在自然界中，我们意识到许多系统都有强而厚的边界。厚边界的演变是由于需要功能分离和不同系统之间的过渡。它们之所以会发生，本质上是因为两种截然不同的现象在相互发生作用时会产生一个"交互区域"，它本身就是一个物体，与它所分离的物体一样重要。

仔细思考太阳表面：那里有一个几千英里深的区域，太阳的内焰在那里射向宇宙空间。这是接近真空的宇宙空间与太阳内部的

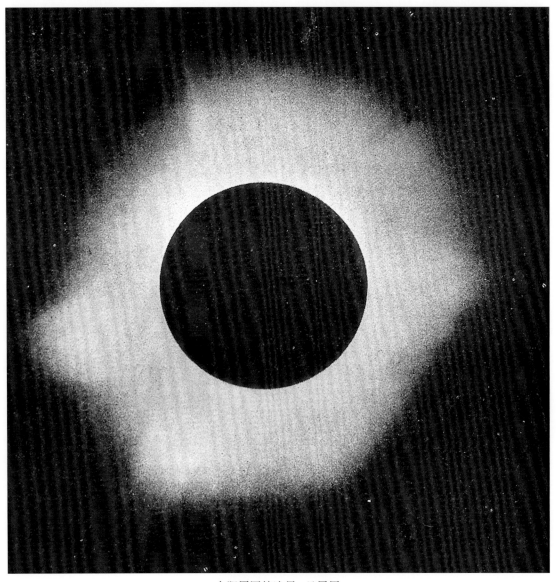

太阳周围的边界：日冕层

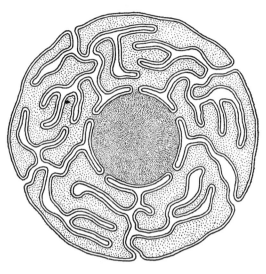

展示与细胞核具有相关性边界的细胞图

核反应相互作用的地方,这种相互作用是非常奇特的,其本身就占据了巨大的空间体积。

或者在完全不同的尺度层级中仔细观察一个有机细胞的细胞壁,这是一个非常强大而混浊的结构,细胞所有的进出都在这里受到限制。细胞壁几乎和细胞内部一样厚。[11] 或者细想一下河流的两岸:水流活跃区和它周围的乡村或田野之间的区域,同样这里有着一个庞大的边界。一片浅滩的区域、一片泥泞的边缘,还有其特定的动植物和生态系统,这些边界的再次形成是因为这个区域有自己的规律以及必要的结构。密西西比河的

内格罗河进入亚马逊处形成的河岸系统和巨大的边界

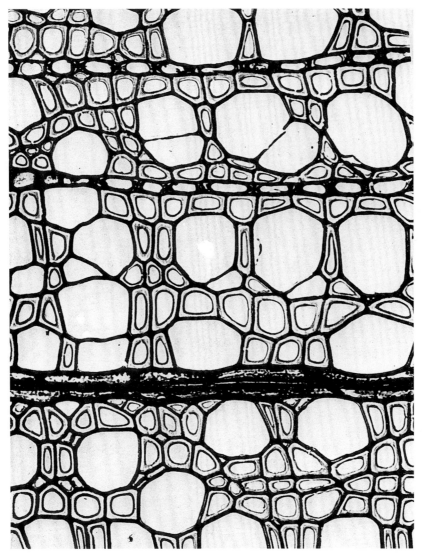

木头组织中边界的层级

高速水流夹杂着泥沙流入墨西哥湾，沉淀了"河岸"边界的物质，并一直深入海湾，航拍可见河流的边界，冲入海洋近百英里。这张照片显示了一个类似的现象：那就是内格罗河冲入亚马逊河。

正如这些案例，在许多其他的自然系统中，两个现象之间的边界不仅是一个无量纲的界面，而且本身是一个具有自己独特的关联特性和形状的固体区域。例如，由于需要大量的化学结构来控制细胞内外的交换，所以细胞壁的厚度与整个内部的直径一样。肺壁有覆瓦状的边界结构，在这里肺努力的进行"工作"，氧气被血红蛋白吸收并进入血液，然后碳氧血红蛋白被分解，从而释放出二氧化碳。原子的外层，其电子层比原子核大很多，当原子结合在一起形成分子时，这是在其外层发生连接和相互作用。

尽管每一种情况都可以从其自身的角度来理解，但要对边界的出现作出一个普遍性的解释还是相当困难的。

第 6 章 自然界的 15 种属性

4.4 / 交替重复

回顾一下在第 5 章讨论的简单重复和交替重复之间的区别。在自然界中，大多数重复都是交替的，而不是简单的。当然重复本身的出现只是因为可用的原型形式的数量是有限的，而且每当相同的条件发生时，相同的形式就会一遍又一遍地重复。原子在晶体晶格中重复；海浪在水面上重复；云的形成在卷云中重复出现；山中有山；森林里的树木、树上的叶子、晶体里的原子、一块干涸泥土的裂缝、一朵花上的花瓣、灌木上的花朵都是如此。

在自然重复的大多数情况下，重复的单元会与第二个结构交替出现，第二个结构也会重复。当原子重复时，包含电子轨迹的空间也在重复；当波浪重复时，波浪之间的波谷也在重复；当山峰重复时，山谷也在重复；

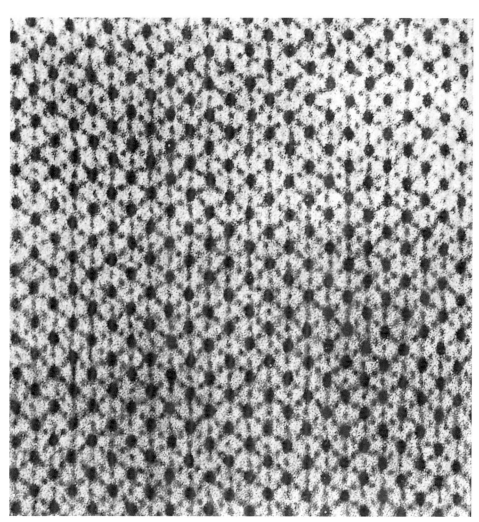

肌肉纤维的电子显微照片

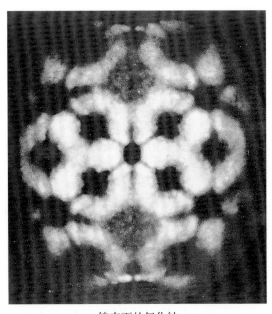

钨表面的氧化铀

当森林中的树木重复生长时，阳光照射较多的开阔灌木丛也在重复；当树叶重复生长时，阳光能照射到树叶的空间也在重复；当裂缝在泥土中重复出现时，在它们之间未裂缝泥土的紧密而坚硬的单元也会重复出现；当一朵花的花瓣重复时，位于花瓣后面并与花瓣重叠的萼片也在重复；当灌木中的花朵重复时，花朵之间的间距也在重复；当老虎的条纹重复时，浅色条纹的部分也在重复。

其中一些情况（比如浪花和波谷）是如此明显，以至于它们几乎看起来是同根同源的，好像第二个重复结构无法避免地出现在那里，不是出于物理原因，而是出于逻辑原

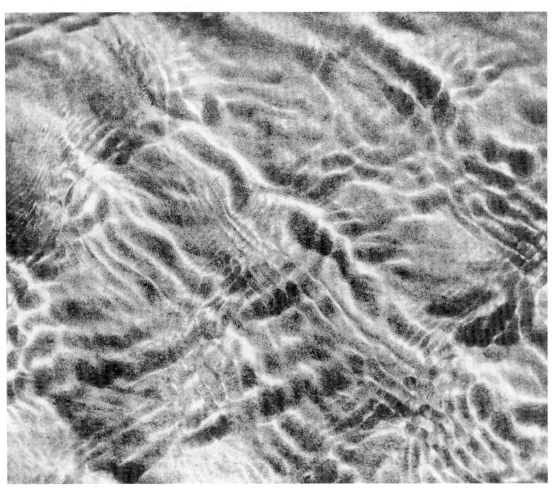

水波纹

第 6 章 自然界的 15 种属性

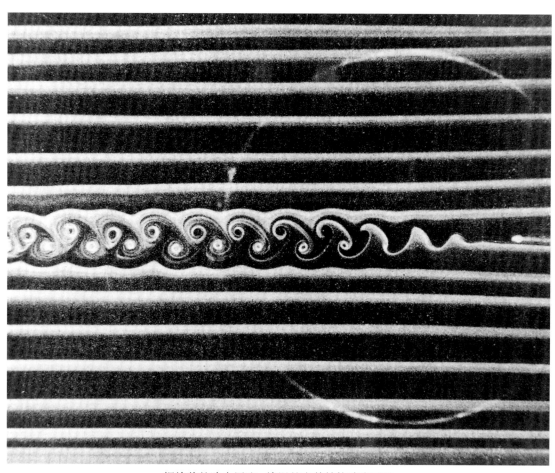

螺旋桨的跨中尾迹：旋涡的交替结构清晰可见

蕨类植物叶片的交替结构

另一株蕨类植物

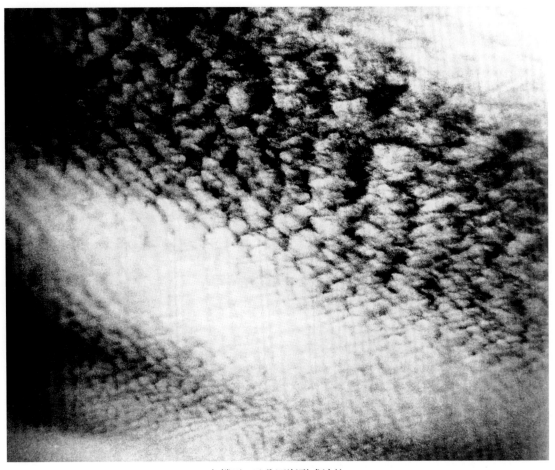

鱼鳞天：云朵逐渐形成波纹

因。但事实并非如此。在所有这些情况下，重要的问题是次级中心感知体的连贯性。交替重复的决定性特征在于次要中心感知体本身是连贯的，不会被单独剩下。这发生在大多数的自然系统中，因为次级中心感知体本身作为一个连贯的系统，有着自己的规律、自己的定义过程和稳定性。

同样重要的是，次级交替单元的物理尺寸常常与初级重复单元的大小相同。在上面图中看到的鱼鳞天的形成过程中，为什么白色部分之间的空间大小与白色部分本身的大小差不多呢？是水蒸气形成的驱动力产生了一定大小的云团，该团块中水蒸气的成核过程完全拂去了另一团水蒸气。在空间失去水蒸气的同时，密度较大的液滴在临近区域形成。当云形成时，充满水蒸气的空间和没有水蒸气的空间交替，形成了我们在天空中看到的条纹图案。

正如这些例子所表明的那样，我们可以在整个自然界中看到这种现象的各种形式。在特定情况下，它的出现当然不是一个谜。然而，据我所知，还没有一个简单的理论可以解释或预测它的普遍性。

4.5 / 积极空间

在种类繁杂的自然系统中,我们发现了一些非常类似于我在第5章中描述的积极空间的事物。在大多数自然形成的整体中,整体和整体之间的空间形成了一个不间断的连续体。这是因为整体根据其特定的功能组织"从内部"形成,从而使每个整体在自身条件下都是积极的。空间的正性质对于维护系统的完整性是必要的。

例如,一串肥皂泡中的每个泡泡都向外挤压,由于这种平衡,气泡壁停止增长,气泡内部的空间变为正的。在下一页的第二个例子中,墨水在明胶中流动,墨水流动有着自身的规律和作用力,明胶亦是如此。同样的情况也发生在晶体中,当它们在生长过程中相互碰撞时,就会呈现出连续的多面体形状。与单晶不同的是(单晶可能会在旁边形成非积极的空间),晶体的每一点空间都被一个向外推的晶体所占据,使得所有空间都是积极的。

在陶瓷的裂纹中(下图),我们看到了

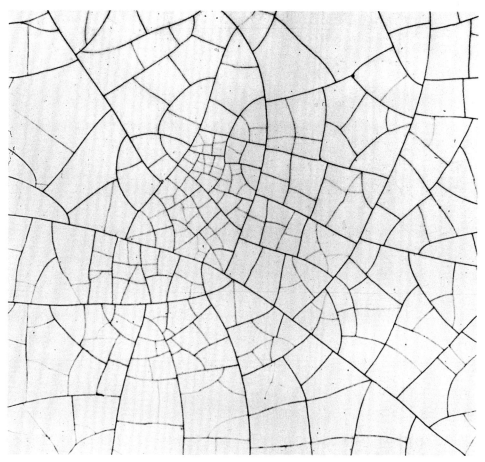

陶瓷釉面的裂纹:其发挥作用的方式和裂纹围合的区域都是积极的

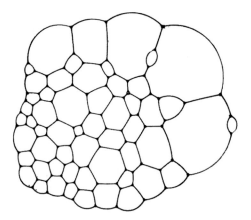

肥皂泡及其形成空间的积极特征

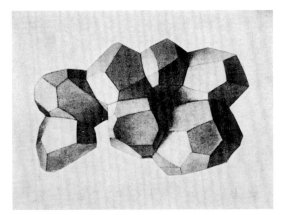

成簇的水晶多面体，每一个都是积极的

墨水和明胶都形成了积极空间

相似的效果。当表面冷却时，釉面收缩，形成裂纹。被裂纹包围的区域在形状上是一致的，因为裂纹沿着最大的应力线，以消除最大应力的方式形成。结果，裂纹所包围的区域形状都很美观，或多或少地紧凑，而且尺寸大致相同，细裂纹处的能量均衡，并确保它们都是积极的。

在所有这些情况下，空间的积极性，也可以称其为凸出性，以及中心的致密性，是物理系统内部一致性的外在表现。因此，我们对它为什么持续发生有了直观的理解。然而，用一般规则来表述是十分困难的，因为，没有生命中心感知体的语言无法准确表达积极空间的概念。

第6章 自然界的15种属性

具有美感的树叶和树叶间的积极空间

4.6 / 优美的形状

许多自然系统都倾向于形成封闭的、美丽的形状：树叶、浪花的卷边、宝螺壳或鹦鹉螺、风信子、骨头或头盖骨、漩涡、火山、瀑布形成的拱门、马蹄、蛾子或者蝴蝶的轮廓、沾有沙子的琴板随着小提琴琴弓震动形成的克拉尼图形（Chladni figures），这些都是自然的、美丽的形状。

为了理解这些自然界中普遍存在的美，我们必须记住，一个好的形状往往是呈弯曲状的几何图形，有一些主要中心感知体，它们被各种小中心感知体强化。如果仔细观察克拉尼图形，我们注意到它的曲线有一个明确和显著的特质，这是因为每条曲线都围绕着一个中心，然后围绕另一个相反的中心，再绕回来。这条曲线的特殊性质来自双中心系统，它存在于由振动的静止节点所形成的曲线内部。在每一种情况下，一个强大的主中心感知体被各种强烈的小中心感知体所包围，这一事实与系统的物理行为直接相关。梧桐树叶片之所以有全曲线和尖端反向曲线的特殊形状，是因为树叶边缘不同部分的相对生长率有差别。同样，良好的形状之所以出现，

郁金香的叶子：华丽的形状

第 6 章 自然界的 15 种属性

是因为每个部分，即整个曲线的内部，以及尖端的顶部，都以一个中心的形式存在，而这个中心在生长进程中得到了充分的发展。[12] 出于类似的原因，我们在分子内部的电子轨迹中看到了类似的曲线，它们有自己的三维形状，这是由空间中曲线的相互作用造成的。

许多作家不经意地指出自然界中美丽的形状，尤其是达西·温特沃思·汤普森（D'Arcy Wentworth Thompson）。[13] 然而我认为，对于自然界中广泛存在的外形美观的现象依然没有概括性的解释，这主要是因为没有准确的语言表述这种美丽形状的概念。同样，如果没有生命中心感知体的概念，很难领会到精确表述的方式。

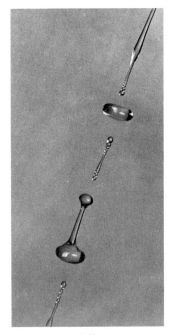

水滴

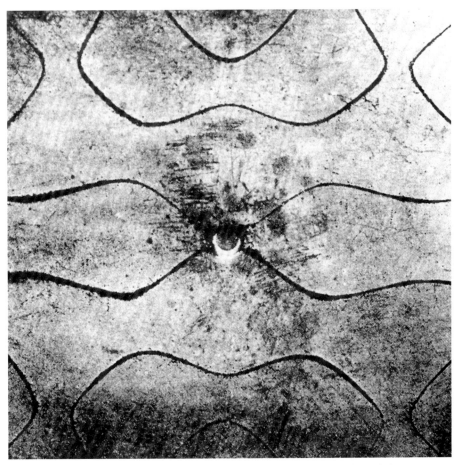

克拉尼图形，小提琴琴弓在沾有沙子的钢板边缘拉动形成的图形

4.7 / 局部对称

自然界的局部对称十分普遍。太阳（大致上）是对称的，火山围绕中心对称，树木围绕树干对称，晶体是对称的，人体的两侧基本对称，很多部位（指头、眼睛、指甲、乳房、膝盖）也是两侧对称的。[14] 河流沿着水流流线呈大致对称，蜘蛛网、树叶，甚至树叶表面的叶茎或多或少是对称的。植物的整体和细部上也大致对称。当然，局部对称同样出现在一些更为简单的现象中。例如，恒星形成时创造出的旋转球面呈绕轴对称状，水滴沿垂直轴大致对称，漂浮的泡泡呈对称状。光的射线围绕其自身轴线呈对称状，

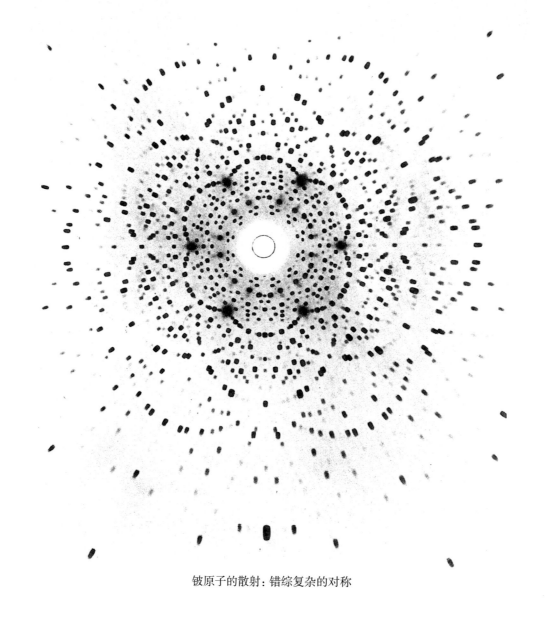

铍原子的散射：错综复杂的对称

第 6 章 自然界的 15 种属性

晶体生长

分子往往呈多个轴线对称。[15]

总体说来，在自然界中产生这些对称，是因为没有产生不对称的理由，不对称只有在故意为之的情况下才会形成。所以，当一滴水在空气中滴落时，则沿长度方向不对称，这是因为气流场域在下落方向上发生了变化，但是水滴围绕垂直的轴线呈对称状，这是因为不同的水平面之间没有差别。简言之，除非有外力干预，否则事物趋向于"等同"。

此外，自然界中的局部对称与最小能耗

铝的表面结构：这里有许多局部对称，这些局部对称不仅出现于已经完全形成的晶体上，也出现于正在生长的、部分成形的晶体上。每个生长区域都建构了自身的局部对称

第 6 章 自然界的 15 种属性

草茱萸（矮山茱萸或御膳橘）：局部对称

和最少行动原则是一致的。肥皂泡是对称的，因为对称球面的形状提供了维持表面张力的最少能耗。晶体是对称的，因为相等粒子的连续聚集通常产生阵列，而阵列由于几何原因，具有全局对称性。[16]

在大多数情况下，小规模的亚对称层叠也很重要。罗氏墨渍测验在整体上对称，但在更小规模上不对称。这种小规模随机、大规模对称的形式在自然界中较为少见，与在不同规模上均有对称的雪花晶体形成对比。雪花晶体整体呈对称状，小对称套嵌在整体中，使对称有了结构。每条枝杈在六边形的棱上重复六次，每条棱在长度方向上双边对称。主棱上分叉 60°形成小芽，再次形成自身对称。这种多层次、多种类的对称，让我们确信雪花晶体中存在"结构"。

自然界中的对称可能是 15 种属性中最常见的，有许多作家描述过。阿兰·图灵（Alan Turing）在一篇关于形态发生的文章中详细讨论过局部对称。[17] 后来关于对称破缺的研究开始普遍地解释局部对称性是如何在各种一般性物理系统术语中形成和传播的。[18] 所以在局部对称的例子中，我们开创了能够在自然系统中预测局部对称结构和嵌套对称发生的整体理论。

4.8 / 深度连锁和模糊性

深度连锁发生于许多自然系统中,这是因为表面积与体积相比较大时,相邻的系统很容易与延伸或扩大的表面积相互作用。

以众所周知的小脑表面为例,为了增加表面积,使之与周围组织有着最大数量的连接,小脑有着深深的褶皱。黑水晶中有类似的磁畴结构:两个磁畴深层渗透,使得两种材质在恒定的体积下获得最大的接触面积。

当次级系统同时属于两个不同且重叠的大系统时,会发生类似的模糊现象。分子是重要的典型例子之一。简而言之,原子通过外电子层的重叠获得了分子结构,关键在于分子的稳定性(或关联的结合能量)由重叠或相互渗透的电子层的深度决定。伯纳德·普尔曼(Bernard Pullman)的列表表明,相互渗透或重叠越深,分子越稳定。[19]

解释深层连锁和模糊的普遍性的理论可以通过表面积、反应的影响和系统间的相互作用形成。虽然很难用完全通用的数学术语来推导,但可以做定性的研究。

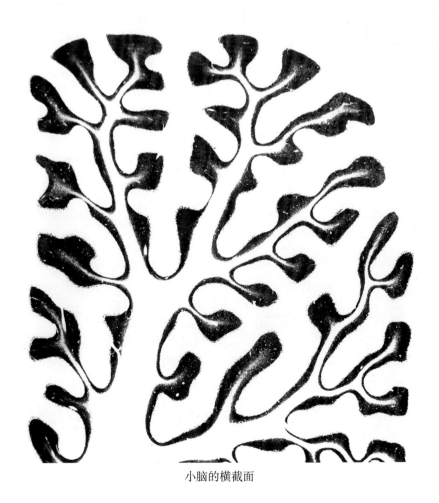

小脑的横截面

第 6 章 自然界的 15 种属性

黑磁金属晶体的磁畴模式

长颈鹿鹿皮上的连锁模式

4.9 / 对比

许多自然系统（或许全部自然系统）的自身组织和能量都来源于反方向的相互作用。下图中的基本粒子反映了一种初级状态，包含粒子和反粒子、正负电荷、粲夸克与反粲夸克、上夸克与下夸克、反上夸克与反下夸克。

在生物层面，每种有机体都有雌雄对比，旋转的地球在太阳光的照射下形成了白昼和黑夜的循环，固体阶段和液体阶段的对比提供了化学反应中的活动和催化，简而言之，蝴蝶正是用翅膀上的明暗对比吸引着同伴。

正如其他特征，用一种统一的法则解释或预测对比所发挥的显著作用是非常困难的。人们想知道作为任何一种自然发生的系

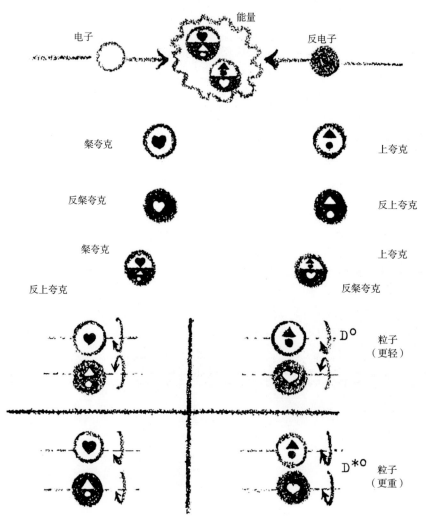

基本粒子之间的关系图

第 6 章 自然界的 15 种属性

铍铁合金的强度来源于两种截然不同材质之间的相互作用

紫色帝王蝶

统的特征，为什么对比必须发生，同时人们也想知道这个问题是否不只是认知问题，运用基本原理解释这些都是非常困难的。我们解读对比，我们的认知取决于对比，因此我们认为这很重要。黑白、正负的基本对比不是我们认知的产物。

据我了解，最近，斯宾塞·布朗（Spencer Brown）给出了关于宇宙的统一解释。他的解释很有数学美感，来源于那些想要在基础层面展示所有结构和形式的事物和什么都不展示的事物之间的对比（差异）。[20] 但是，为什么有生命结构的系统中的对比似乎比其他的强一些，这依旧是未知的。

4.10 / 渐变

自然界中,渐变发挥了巨大的作用。任何时候当一个量在空间产生系统性的变化时,就形成了渐变。譬如,当我们爬山时,爬得越高,气温就越来越低,空气也越来越稀薄。随着这些条件的逐渐变化,树木越来越稀疏,逐步被草地乃至岩石所取代,最后只剩下冰。

在电场中,电场强度随着与电荷的距离发生变化,形成强度渐变。在生长的植物和胚胎中,不同生长激素的浓度引发了化学渐变,控制着新细胞的分裂和细胞类型,从而形成有机体在成长中的形态渐变。

在河流中,河岸附近的湍流和水流速度发生渐变;当我们绕着破碎波的漩涡旋转时,水滴的大小发生渐变;任何现象的边缘都可以看到尺寸渐变。生物体的生长是因为化学激素场的浓度从某个中心点向外发散。树枝从树木中心向外延伸,其粗细呈渐变状变化;

西米棕榈的叶子

喜马拉雅山脚的渐变

由生长带来的要素尺寸的渐变

蜘蛛网的渐变

在温度变化的区域里，冰晶呈现出渐变。[21]

规则梯度式变化的概念是整个积分和微分学的基础，而数学物理学之所以取得成功，其根本原因正是这些数学工具紧密地反映在许多自然现象中。电磁场的渐变、水动力场的渐变、重力场的渐变，首先通过张量演算获得，它为大量的物理现象提供了有力的分析。

即便如此，复杂的系统理论仍然无法解释为什么那些在岩石、植物和动物中稳定的生物结构会产生如此普遍并突出的分级变化。

4.11 / 粗糙

粗糙，或不规则性，普遍存在于自然系统中，当清楚界定的秩序和三维空间的约束相互作用时，便产生了粗糙度。

例如，玉米棒上的谷粒都是珠状的，但受到挤压时，每一颗谷粒都发生了轻微的变形，以适应玉米棒的复杂构造；海浪都很相似，但由于风级、水速和周围海浪系统的变化，每朵浪花都各不相同；豆荚中的豌豆大致是球形的，但由于船形豆荚尺寸差异，豌豆也会大小不一；嫩芽的线条大致呈直线，但如果旁边长出更小的豆荚，那么它的末端便会扭曲多节；山脉的斜坡往往大体一致，

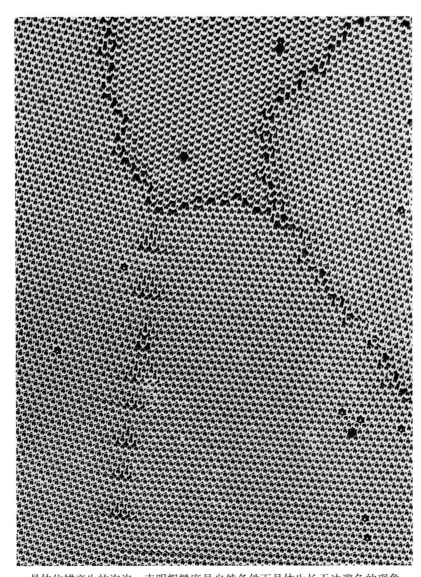

晶体位错产生的泡泡，表明粗糙度是自然条件下晶体生长无法避免的现象

第6章 自然界的15种属性

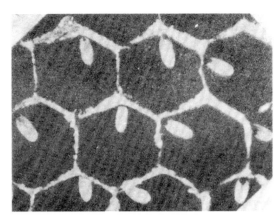

蜂巢中的轻微变异

但这个斜度也会变化,有时候因出现巨石而变得陡峭,有时候因出现水域而变得平坦。

即使像晶体这样结构非常有规律的事物,也会被称为断层的无规律性所打破,一点点小偏差的累计使得准确的周期和网格结构无法永远延续。晶体断层如今被认为是普通晶体生长的必要特征。[22] 无规律的世界向有规律的世界延伸,往往要取得一定水平的规律性。而这种规律性会被异常的结构打破,当产生规律性的力量与空间固有的三维限制框架对抗时,这种异常结构就会产生。

一个能够很好展示大自然中粗糙的例子,就是赫尔曼·维尔(Hermann Weyl)阐述的放射虫。放射虫的外壳为球形,由一个一个的六边形细胞构成。但是,著名的莱昂哈德·欧拉(Leonhard Euler)定理证明,球形不能被六边形网格完全覆盖,因为边数和顶点数不能正好对上。[23] 所以为了适应外壳本身的构造,放射虫的一些细胞必须少于六个边,事实也的确如此,我们发现百分之五的细胞是五边形。这生动地说明了粗糙度的特性,完全不是因为不准确或者"马虎粗心"造成的,而是清楚界定的秩序与空间或构型之间不匹配。这就出现了明显的无规律

鹦鹉螺中变化的凹槽

斑马条纹上的粗糙度和明显的不规则性

性,本身并非为了无规律,而是为了创造更大的规律性。

我们在动物皮毛和斑纹上也看到了同样的现象,但没有那么明显。斑马条纹的出现纯粹来源于有规律的生成过程和复杂表面的结合:动物的皮肤。假如我们尝试给马画上规律的条纹,会很不合适,我们应该画一些不像斑马条纹那样有规律、有秩序感的纹路。再次说明,当系统尽可能地变得有秩序时,明显的无规律性就会出现。[24]

令人着迷的是,甚至一直以来都被视为完美重复的原子也会由于微小的电子轨迹和边界状况相互影响而各有差异。在最近首次展出的照片中,晶体中每个原子的个体形态清晰可见。规律排列的每个原子根据自身位置都有轻微差别。[25] 据我所知,在有细微调节适应的形态系统中,粗糙度作为一个必要特征仍然没有一个整体的论述。

硅原子的影像表明每个原子都有轻微的差别,虽然都是原子,但电子运动轨道在相互作用的影响下创造出了尺度和位置的变化

4.12 / 呼应

所有自然系统中，静态结构能最终得以呈现为几何形态，都是拜深层次的基础进程所赐。这些基础进程不断重现某些典型的角度和比例，正是因为这些角度和比例的统计学特性，整个系统及其各个部分（即使那些表面看来各不相同的部分）才会呈现出特定的形态特征。

譬如，老人面部那种凹凸不平的质感可以体现在他的鼻子上、眉毛上、脸颊上、下巴上，甚至胡茬上。皮肤经历过紧致、松弛

饱经风霜的脸上一次次出现同样的线条

百合花的 X 射线展示了一种形式系列的呼应

与日晒雨淋的不断磨砺，不同角度的相似组合不断重复——正是由于相似性与重复性，老人面部的不同部位才呈现出一致和美感。

这是一朵 X 光下的百合花，弯曲的线条极具特色，比例精美、细节丰富。其成因就是花朵的各个部分虽然不同，但具有相似的生长进程。从花茎到花瓣边缘再到花蕊，都呈现出相同的比例关系、相同的角度组合方式。这样的系统会让我们感受到呼应性。这种特征上的相似性，即呼应性，其成因在于生长规则中的主要参数。皮特·史蒂文斯（Peter Stevens）曾深入研究树液的流动情况，他在发表的相关成果中说明，特定树种的树枝分叉角度系统之所以非常类似，原因是树液的黏稠度会决定其所需的最小能耗。[26]

如果笼统地讲，自然界中之所以存在呼应，是因为统一的生长进程可以在任何单一系统中的不同区域形成异质同晶（homomorphism）和类质同晶（isomorphism）。但是，以上理论太过宽泛，还不能够精准地解释自然系统中为何会出现呼应，因而有待于进一步的探索。

第6章 自然界的15种属性

喜马拉雅山北麓具有特点的岩石特征：相同的角度、重复模式的呼应一次次地出现

4.13 / 虚空

"虚空"这个概念对应这样一个事实：较小的系统如何区分，往往是相对于一些更大、更稳定系统的"安静"属性而言的。

较小的结构往往会沿着较大结构的边缘出现，这些较大结构具有更加明显的均质属性（more homogeneous）。譬如，在等离子物理（plasma physics）领域，较小结构以星系系统的形式出现，这些系统中心是强均质区域，而边界的区域则较为错综复杂，这些区域中的结构更加强烈，其分布也更加密集。[27]

可能会有这么一天，人们会普遍认可这样的理论：复杂系统中出现虚空可以让物体更具有整体性。在最常见的分形几何模型中，这一点也有所体现。[28] 这个理论是我们所能找到的最佳解释了。

风暴眼

第 6 章 自然界的 15 种属性

河谷的虚空

简约和内在宁静的案例：撒哈拉沙漠的一棵独树，对抗无尽沙漠的一小块绿洲，表明虚空作为生命结构的一种特征不是能够轻易解释的。一个详细的、复杂的结构与大量重复的简约产生对比。这种特征为什么会不断出现？

4.14 / 简约与内在宁静

一片银杏叶的宁静

简约与内在宁静是任何自然系统的奥卡姆剃刀（Occam'razor）：自然界中的任何构成都是它与环境相契合的最简单形式。

例如，米歇尔定理表明了一片叶子的典型三维形态，其平面和横截面，从叶茎到叶尖的不同变化方式，是支撑平均分布荷载悬臂的最轻结构。因此，叶子的自然形状最接近这种"理想的"、最轻、最简单的形态。[29] 沸腾液体的表面呈现的形态每单位能量最小。许多自然产生的形态都符合这一最小能量原则。

令人惊讶的是，自然界遵循最小能量原则的原因还未知。但是，最少行为原则将在第二卷第1章进行详细的讨论，它对简约和效能提出的概念，最接近普遍情况。[30]

托斯卡纳景观的简约

4.15 / 不可分割

不可分割意味着，任何系统内都不是完全隔离的，一个系统的每个部分往往是世间更大系统的其中一部分，每个部分和其他系统在行为上也深深关联着。

20世纪末已经开始公开讨论科学以及量子物理学范畴中事物间显著的相互关联性，但却没有直接相关的科学研究。比如那些只是触及这类问题的理论，必须很深入地研究才能稍稍得以延展，才能拓展到那些完全没有出现过的领域。

马赫原理给出一个类似普遍直觉的早期构想，它指出所有物质颗粒都以某种方式紧密联系，因此重力本身和重力常数G，都依赖于世界上物质的总量，从而以某种方式直接与其他物质颗粒相联系。[31]

就目前的理论而言，这种直觉可以理解为与贝尔定理有关。贝尔定理表明物质结构和空间结构具有深层联系，因此即使没有机械性的改变或随机因果关系的改变，世界的各个部分似乎都联系在一起。[32]

这种属性和之前两种属性（虚空和简约、内在宁静）都很复杂，以至于依据我们目前所掌握的数学知识，无法用准确的语言来表述，或者给出一个理论解释这一现象，而不是只有想象。

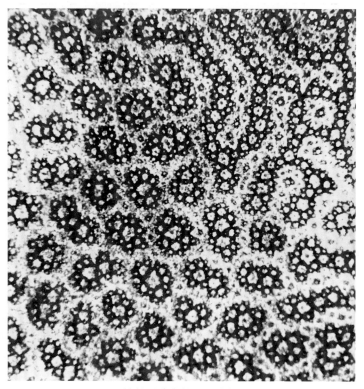

钴的磁畴中的不可分割

第 6 章 自然界的 15 种属性

湖泊边缘的不可分割

5 / 为什么自然界会存在这15种属性？

从本章的例子中我们可以看出这15种属性反复出现在自然界中。在亚原子粒子、原子、晶体、有机体、岩石、山脉、森林、全球性现象以及大面积水域和天气系统等每个尺度出现，而且反复出现。它们会出现在植物、溪流、云朵、动物、花朵、山谷及河流中。实际上，显然是系统的正常进化导致它们在整个自然界中出现。

事实上，在特定情况下，可以认为中心感知体的具体结构是传统意义上的机械力和机械加工的结果。例如，一座山的山坡延绵起伏，是因为物质会从任何一个更陡峭的角度掉下去，从而山坡、岩石和山丘的形状有相似之处。一滴水的形状平滑优美，近似球形，因为水滴的表面张力将其体积收拢到一个最小的面积内，风的摩擦力、重力和弹力还会略微改变这个球体。

但是，从力学角度并不能解释这些特征本身为什么反复出现。这些特征会出现在很宽泛的尺度范围内，会出现在"日常生活"中（即在我们自身的人体尺度上），同样还出现在微观和亚原子尺度，以及天文和宇宙尺度上。简言之，这些几何特征在整个自然界的各种尺度上都普遍存在。但正如我所说，即使如此，为什么作为自然界中反复出现的特征，一个特定的属性会普遍存在，我们通常无法用一个通用的说法，或者说是通用理论来解释。

下面我用插图详细论证这个观点。思考一下边界的案例。为什么"大的"或"宽的"边界会重复出现在不同的系统中？人的血细胞边界厚实，因为血细胞"需要"一个处理区，输入细胞的物质在抵达细胞核之前需要在这个区域过滤并分配。另一方面，塔巴索斯河（Rio Tapajos）进入亚马逊河水域的边界非常广阔，因为河水带来的淤泥沉积被冲入更大河流的水域，在溪流两侧生成一连串的岛屿，长达近百英里。而太阳有厚厚的日冕边界的原因又不同了。从太阳内部的高温区到外层空间的低温区温度发生渐变。这两个区域之间相对较冷的过渡区占据了巨大的空间体量，深度达数十万英里，从而产生了等离子体、火焰和辐射等完全不同于太阳内部的物理现象。所以这三种情况的确都出现了大边界，但是每个宽边界存在的原因却完全不同。

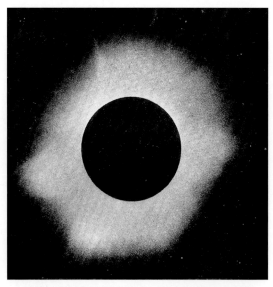

日冕：太阳和星际空间之间数十万英里的边界

第 6 章 自然界的 15 种属性

这是巧合吗？有些难以相信。似乎不可能把厚边界的出现视为毫无意义或巧合而不予考虑。人们猜测边界特征的重复形成一定有某种更深层次的原因。更笼统地说，人们猜测这 15 种属性在自然界的重复出现一定有某种更深层次的原因。

原因到底是什么？我们在第 5 章中已经了解到，15 种属性就是 15 种不同的方式，中心感知体用这 15 种方式相互强化，并形成更大的中心感知体。

人们想知道能否用一种更通用的语言讨论功能，而不是用我们习惯的语言，这种语言只讨论系统之间最基本的连接和关系，而且是以中心为基础的。在这种语言中，我们可以合理地认为这 15 种属性是形成稳定或半稳定系统的结构补充。正如我在第 5 章中提到的，这 15 种属性是中心感知体维持彼此一致性的方式，所以这种语言可能同样适用于自然界中的功能整体，功能整体会出现在任何稳定或半稳定系统中。那么，这 15 种属性也是系统内各子整体之间相互"支持"的 15 种主要方式。

再从这个角度思考一下太阳的边界特征。日冕区域深达数十万英里，位于太阳发生热核聚变的高温内部和太阳之外寒冷的外层太空之间的中间区域。在这个中间边界区域会发生某些特定的反应，这些反应形成太阳等离子体的磁性容器，是维持整个系统平衡所必需的。在这个例子中我们看到，边界层整体的完整性在帮助维持太阳内部的完整性方面起着至关重要的作用。

细胞核的边界也以不同的方式在维持活细胞的完整性和稳定性方面起着至关重要的作用。塔巴索斯河水流的边界和亚马逊河的淤泥沉积都是河水流动方式的自然结果。边界也将塔巴索斯河的水流从与其在动态及生态上不同的亚马逊河的水流中分开。

当然，这些论据都不能解释为什么自然进程往往会在世界上创造稳定的系统（这个问题将在第二卷[33]中有论述）。但是目前我

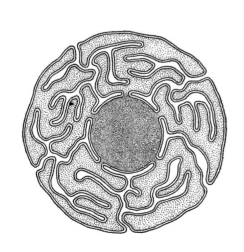

细胞周围的边界

里奥塔帕霍斯河水流进入亚马逊水域的地方，淤泥沉积形成的沼泽边界

确实注意到，无论出于什么原因，边界都有助于自然系统的稳定性和一致性。所以我的论点是，因为相似的系统原因，其他 14 种属性也往往出现在几乎所有功能稳定或半稳定的自然系统中，以某种方式促进自然系统的一致性和稳定性。这 15 种属性中的每一种都有自己独特的性质，维持着自然系统的整体性和活力。这些特征的出现与世界的稳定性和稳健性相关。

这是因为这些特征等同于塑造空间的基本途径，使空间形成特点，给空间创建形式，让空间生成独特的结构，这种结构有特性，有性能，还能与其他结构产生有趣或有用的互动。

可以说正是这 15 种属性造就了大自然稳健与实用的特点，造就了世界运转、事件发生、材料具有性能的事实。风暴骤起、奶牛产奶、溪流于山、岩石形成、树木倾倒、被火焚烧、大地春回、地震来袭、建筑摇晃、继而抵挡、鸟栖于木、蛇行草丛、人类群居，我把所有这些都称为地球的稳定性，地球的稳定性直接来源于这 15 种属性。地球的稳定性产生的原因是，作为生命结构的自然材料有它的特点，生命结构天生具有中心感知体，中心感知体相互支撑，使彼此更具活力。所有这些我们认为是自然正常稳定的特点都来源于自然的稳定性，来源于一种不断进化的有效形态。

6 / 生命结构的概念

如果前面的论述都正确，那么自然系统中 15 种属性的重复出现就是具有深刻意义的结果，而非当下对世界进行机械解释的副产物。[34] 它提供了一种把自然万物看作生命结构的新视野。它意味着我在第 1~5 章中所定义的事物结构（如事物生命强度的区别，以及 15 种属性在创造空间生命里所起的作用）不仅适用于艺术品，也适用于所有自然生成之物。19 世纪和 20 世纪的物理学家认为自然具有机械性，在这种新定义的事物结构中，我们认为自然与机械性截然不同。

让我们回到之前定义的"生命"概念。在第 1~5 章中，我引入了这一观点：我试图描述的结构是具有生命的结构。自然界里，这些结构出现在各种各样的系统和现象中，事实上它们几乎无处不在，不仅限于有机自然（那里有真正的生物生命），而且存在于所有自然结构中。在某种意义上，相同的形态特征存在于山脉、河流、海浪、流沙、星系、风暴、闪电，等等之中。无生命的自然里或多或少也有生命。

所有这一切、这些被我们传统上松散地称为"自然"的东西，其特征就在于具有实际生命，这种生命可以从优秀的人类艺术作品中识别出来。在我的定义中，自然作为一个整体，全部由生命结构组成。自然界一切有机和无机之物，如森林、瀑布、撒哈拉沙漠和沙丘、溪流中的漩涡、冰晶、冰山、海洋等，都包含着数千种生命结构。按照我的定义，无论有机还是无机，自然中大多数事物都是活的。这些结构的生命特征与其他可能存在的结构的特征有所不同，我们把这些结构的生命特征称为自然生命特征。

当我们仔细思考，就会发现这个结论有些反常，使人迷惑。自然界里，15 种属性似乎普遍出现于万物中。但在人类艺术作品里，15 种属性只存在于优秀作品中。这些相同的特征为何既能标定人类优秀艺术作品，又能存在于整个自然中呢？为什么自然具有"优秀"的结构？

据我所知，问题的本质在于我们还未关注到自然界里的这一事实：一切已经存在的结构仅是所有可能发生的结构的一个相对小的子集。我相信，正是这一点使我们能将某种特定结构定义为生命结构。

为了更清楚地阐述问题，请思考两个关于可能存在的结构的数学集合。首先是 C 域，它包含所有可能存在的三维结构，C 域几乎超乎想象得大，但（原则上）它是一个关于可能存在的结构的有限集合。第二个是 L 域，它包含我所定义的一切具有生命的结构。L 域也很大，但比 C 域小，其大小程度取决于生命结构的边界。

C 和 L 这两个集合中的结构都是人工的。虽然我对它们的这种定义还不够精准，称不上完美。但是，给它们进行命名还是很有用的，因为这样我能表述出一些重要的信息，这是其他方式无法实现的。我的观点本质很简单：所有自然发生的结构都位于 L 域，但是所有人工创造的结构并不完全都位于 L 域，这是极有可能的。

为了证明这是正确的，我们只需说明，

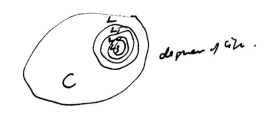

C 域包含的是所有可能存在的结构，L_i 域包含所有具有生命的结构。如图所示，L_1、L_2、L_3…L_n 域依次缩小，域越小表明域包含的结构数量越少，生命强度越强

基于某种缘由，自然界依靠自身的手段会生成位于 L 域的结构，而人类基于某种缘由能够跳出 L 域，进入更大范畴的 C 域。也就是说，人类——尤其是作为设计者，能够实现非自然。

C 域是所有能发生的结构的总集合，由所有可能（想象的和真实的）出现在世界上的结构组成，这些可能的结构中有些是大自然所创作不出来的。事实上，由于自然界中发生的进程类别有限，所谓的大自然只能创作出极其有限的结构（L 集合）。本质上，自然界总是遵循这样的规则：每一个形成的整体都保持了之前整体的结构，因此，自然界的结构是由一个平稳的、保持结构的展开进程所创造的 [35]。

这就是为什么我们会看到这 15 种属性几乎出现在所有的自然界以及自然界的所有范围之内。[36] 即便自然界中的生命结构是自然规则的产物，但是这些对结构保持进程限制的规则未必适用于人类想象力所创造的建筑和艺术作品。同样的，人类设计师有可能——极有可能——设计出一种（原则上）自然界不会出现的非自然的结构。自然界中，整体展开的原则（将在第二卷中讲述）几乎无时无刻不在创造生命结构。人类设计师不受展开原则的限制，能任意破坏整体性，根据自我意愿创造出非生命结构。

重要的是，我们要认识到自然界——自然万物——都是生命结构。这一认识经过反思，必定会给我们目前关于大自然的定义及其运行方式的思考带来启示和修正。

7 / 关于自然的新观点

不同的中心感知体具有不同程度的生命，它决定了"整体性"这一结构概念的存在；因此，整个空间存在这些不同程度的生命，是世界的事实，也是"整体性"概念存在的前提。如果说自然界的每个部分都有其整体性，那么就意味着如果我们看不到生命强度的差别，就不能正确地看待自然，也不能正确地看待自然本身的价值。

以自然的一个部分为例。比如，观察木星和土星之间的星际空间，我们不禁感叹这个空间相对平淡无奇。即便这个空间发生了重要的微小变化，但把它与岩石、桦树、或草地的结构做对比时，它也是相对缺乏特色的，星际空间中心感知体场域缺乏足够的清晰度和复杂性。

按照传统的科学观点，比较复杂的空间与不太复杂的空间相比有着明显的差别，尽管如此，作为科学家，我们仍然应该坚持一种观点：所有结构，无论是留白空间、岩石，或是植物，它们在价值上都是"平等的"。

相信整体性存在的世界观是非常不同的。如果中心感知体场域是治理结构，是所有物理现实的基础，那么一个至关重要的客观意义就是，留白空间价值低一些，岩石的价值高一些，桦树的价值也高一些。

从这个客观意义上讲，事物所具有的相应价值程度或生命强度一定体现了现实的基本客观特征。并非自然界中所有的事物都具有一样的美感，并非所有事物都具有同样深刻的整体性，有的部分会比其他部分"更好"。

上述观点如果成立，就会引发对深层次问题的思考。我们必须承认世界上有些地方遭到了严重的破坏，连贯性较低，结构不清晰。人类一旦介入自然，我们会经常看到一些地方的简约且深刻美好的结构消失了，取而代之的是粗糙刻板的东西。例如，20世纪60年代十分著名的纽约拉芙运河（Love Canel）化学品摧毁了河水中的生命，上百种物种和许多生态区位消失。化学物质摧毁了这种复杂结构，留下了有毒的液体，物种所剩无几。水生栖息地的复杂结构被摧毁或遭到了严重的破坏。

整体性以及承认生命结构存在的观点认为，当代科学最基础的信条之一无法成立。这个信条主张，价值不属于科学的范畴，从科学的角度看，所有物质都是同样没有价值的。如果不同的中心感知体有着或多或少、强度或高或低的生命，那么具有较多生命的中心感知体，或是中心感知体出现更密集之处，其物质结构本身就更有价值。

第 6 章 自然界的 15 种属性

这表明了一种观点的转变。根据新的观点，自然界的和谐不是机械的东西，而是令人感到惊奇的事物——是那些被人珍藏、被人认可、由人播种、由人收获，通过积极寻求而来的事物。我们了解了一种新的自然观，它与近几个世纪盛行的科学机械观不同。价值，作为一种更深层次的生命，出现在整个世界中，最终成为自然的基础。即使在冰晶、森林里的大树、行星系统、山脉、社会、人类中，都发生着价值程度上的变化。尽管大部分自然是相对中性的，但是价值差异性的发端蕴藏于自然之中。

自从人类出现在地球上，世界从此大有不同。大多数人类行为受到概念和愿景的控制，这些概念和愿景或许与现存的整体性一致，或许不一致。受概念的影响，我们越来越难以与现存的整体性保持和谐。我们的行为，有意或无意间，总是与我们自身的整体性背道而驰，与世界的整体性格格不入。这就严重威胁到逐渐形成的价值观。而建造世界的活动——我们称之为建筑学——在这个进程中起到了巨大的作用。世界上那些天然形成的地方——例如山谷、田野和溪流，以及那些显然是人为创造的事物——例如城镇、建筑物、街道、花园和艺术品，要么变得更有价值、更完整，要么变得更丑、更混乱。

在我们这个时代，局势变得严峻。我们认识到，宇宙作为一个系统，出现深层整体性是一个客观事实，但深层整体性并非必然要出现。建造活动——我们称之为建筑学，也包括规划、生态学、农学、林学、公路建设、土木工程等学科——通过增加整体性提升价值，也有可能通过破坏整体性破坏价值。这不是一种风格化的观察或文化引导的观念，而是取决于视角的不同。如果我的论述正确，这表明世界具有整体性。生命得到延长或是缩短，取决于人类和人类进程对支撑或毁坏世界整体性的程度。

在这种情况下，无论建筑学是否促成世界整体生命结构的出现，其任务已成为一个关系到整个自然界的重大问题。

注释

1. Rachel Carson, THE SEA (London: Hart-Davis, MacGibbon, 1964); Paul Colinvaux, "Lakes and Their Development as Ecosystems, " INTRODUCTION TO ECOLOGY (New York: John Wiley & Sons, 1973); and J.David Allen, STREAM ECOLOGY: STRUCTURE AND FUNCTION OF RUNNING WATERS (New York: Chapman & Hall, 1995).

2. Michael J. Woldenberg, "A Structural Taxonomy of Spatial Hierarchies, " COLSTON PAPERS, 22 (London: Butterworths Scientific Publishers, 1970); and Peter Stevens, PATTERNS IN NATURE (Boston: Little, Brown & Co., 1975), 108-114.

3. George A. Miller, "The Magical Number Seven, Plus or Minus Two: Some Limits on Our Capacity for Processing Information, " PSYCHOLOGICAL REVIEW 63 (1956): 81-97.

4. 一个专门针对该话题的讨论参见: L. L. Whyte, Albert G. Wilson, and Donna Wilson, eds., 295 HIERARCHICAL STRUCTURES (New York: American Elsevier Publishing Company, Inc., 1969)。关于等级出现的必要性，参见: Cyril Stanley Smith, A SEARCH FOR STRUCTURE: SELECTED ESSAYS OF SCIENCE, ART, AND HISTORY (Cambridge, Mass.: MIT Press, 1981). Michael]。Woldenberg, A STRUCTURAL TAXONOMY OF SPATIAL HIERARCHIES (Cambridge, Mass.: Laboratory for computer graphics and spatial analysis, Graduate School of Design, Harvard University, 1970).

5. 分岔理论的解释参见: Rene Thom, STRUCTURAL STABILITY AND MORPHOGENESIS: AN OUTLINE OF A GENERAL THEORY OF MODELS trans. from French by

第一卷　生命的现象

D. H. Fowler（Reading, Mass.：The Benjamin/Cummings Publishing Company, 1975）.

6. 进一步论述参见第二卷第 1 章和第 2 章。

7. 斯皮尔曼的组织理论参见：H. Spemann, "Experimentelle Forschungen zum Determinationsund Individualitatsproblem," NATURWISSENSCHAFT 7（1919）.

8. 可以想像，能够给出一个普遍的基础，得以使用旋量或扭转量以中心感知体来描述粒子，Roger Penrose and Wolfgang Rindler, SPINORS AND SPACE-TIME（New York：Cambridge University Press, 1986）.

9. Hannes Alfven, WORLDS-ANTIWORLDS：ANTIMATTER IN COSMOLOGY（San Francisco：W. H. Freeman & Co., 1966）.

10. Bernard Pullman, THE MODERN THEORY OF MOLECULAR STRUCTURE, 翻译：David Antin（New York：Dover, 1962）.

11. Stephen W. Hurry, THE MICROSTRUCTURE OF CELLS（London：John Murray and Ltd., 1965）; and THE LIVING CELL（San Francisco：W. H. Freeman and Company, 1965）.

12. 曲线最重要的属性是由尖点和凹凸性点定义的，准确地说，就是由曲线中形成的中心感知体定义的，这个观点的充分论述参见：Louis Locher Ernst, EINFUEHRUNG IN DIE FREIE GEOMETRIE EBENER KURVEN（Basel：Birkhauser Verlag, 1952）.

13. D'Arcy Wentworth Thompson, ON GROWTH AND FORM（Cambridge：Cambridge University Press, 1917）.

14. 关于自然界中对称性的全面讨论参见：Hermann Weyl, SYMMETRY（Princeton：Princeton University Press, 1952）. 和 A. V. Shubnikov, N. V. Belov, and others, COLORED SYMMETRY William T. Holser, ed.（Oxford：Pergamon Press, 1964）.

15. H. Jaffe and Milton Orchin, SYMMETRIE IN DER CHEMIE（Heidelberg：Dr. Alfred Huthig Verlag, 1973）.

16. 参见：Brian P. Pamplin, ed., CRYSTAL GROWTH（New York：Pergamon, 1980）.

17. L. Fejes Toth, REGULAR FIGURES（New York：MacMillan, 1964）; Andreas Speiser, THEORIE DER GRUPPEN VOM ENDLICHER ORDNUNG（Berlin 1958）; 和 H. S. M. Coxeter, INTRODUCTION TO GEOMETRY（London 1961）. 图灵早期的形态建成理论认为必须形成局部对称，这将对形态建成产生重要的作用。A. M. Turing, "The Chemical Basis of Morphogenesis," in PHILOSOPHICAL TRANSACTIONS OF THE ROYAL SOCIETY, B（London：1952）, 237 ff.

18. 参见：Ian Stewart and Martin Golubitsky, FEARFUL SYMMETRY：IS GOD A GEOMETER?（Oxford：Blackwell Pubishers, 1992）全文，尤其是第 166~168 页。

19. Pullman, THE MODERN THEORY OF MOLECULAR STRUCTURE.

20. Spencer Brown, LAWS OF FORM（London：Allen & Unwin, 1969）, r ff.

21. Stevens, PATTERNS IN NATURE.

22. Simon Toh, "Crystal dislocations," in INTRODUCTION TO MATERIALS SCIENCE（University of Qyeensland：Department of Mining, Minerals, and Materials, 2000）.

23. Weyl, SYMMETRY, 89-90.

24. 通过扩散反应模型，对斑马条纹的形成进行了详细的解释，参见：James D. Murray, "How the Leopard Gets Its Spots," SCIENTIFIC AMERICAN 258, no. 3（March 1988）：80-87. 在这个模型中，由于扩散反应系统的规则和动物的表面几何形状之间的相互作用而产生的粗糙度被清楚地认为十分必要.

25. Hans van Baeyer, TAMING THE ATOM（London：Viking, 1992）. 原子的首张照片。

26. Stevens, PATTERNS IN NATURE, 94-96.

27. 参见：Hannes Alfven, "Galactic Model of Element Formation," IEEE TRANSACTIONS IN PLASMA SCIENCE, 17（April 1989）：259-263.

28. Benoit B. Mandelbrot, THE FRACTAL GEOMETRY OF NATURE（New York：W. H. Freeman & Co., 1983）.

29. H. L. Cox, THE DESIGN OF STRUCTURES OF LEAST WEIGHT（Oxford：Pergamon Press, 1965）, 第 105-113 页，尤其是图 44。

30. 对于多个变量的讨论参见：Stefan Hildebrandt and Anthony Tromba, MATHEMATICS AND OPTIMAL FORM（New York 1984）; L.A. Lyusternik, SHORTEST PATHS：VARIATIONAL PROBLEMS, translated and adapted from Russian by P. Collins and Robert Brown（New York：Macmillan, 1964）.

31. 参见：Charles Misner, Kip Thorne, and John Wheeler, GRAVITATION（San Francisco：W.H. Freeman, 1980）; and Hermann Weyl, PHILOSOPHY OF MATHEMATICS AND NATURAL SCIENCE（London 1950）.

32. 对于贝尔定理的非数学解释，参见：David Peat8, E1NSTEIN's MOON：BELL'S THEOREM AND THE CURIOUS QUEST FOR QUANTUM REALITY（Chicago：Contemporary Books, 1990）.

33. 参见第 1 章和第 2 章。

34. 我非常感谢与尼科斯·萨林加罗斯教授的讨论帮助我搞清楚了这一点。

35. 这个主题在第二卷中进行了广泛的讨论。在该卷中，大自然的行为和人类设计师的行为之间区别的原因得到了明确的说明。这也解释了为什么这 15 种属性在自然界中如此频繁地出现，然而在人工制品（建筑、艺术品和我们的环境）中，它们很少出现。只有当人类的行为方式像大自然一样时，它们才会出现在建筑物中。参见第二卷第 1~4 章。

36. 在第二卷第 2 章中，我将说明当整体得以自然展开时，为什么通过结构保持转换而展开的整体必然会产生这 15 种属性。

第二部分

在第 1~6 章中，我已经为秩序的理解奠定了基础，秩序作为某种生命结构的程度，发生在建筑和空间的每个部分。

在本卷的第二部分，我提出了探讨同一问题的第二视角。接下来的 5 章我想证明，如果我们仅把秩序（和生命结构）看作笛卡儿机械空间中的某种事物，一种与我们不相关的机械论，那么它们就无法被充分理解。相反，结果证明生命结构既是结构性的，同时具有也是个性的。它与空间的几何特性和事物运转方式相关。它与人相关，深深地依附于我们自己的某些内在，甚至可能是从我们自身释放出来的。无论如何，它都与我们是何种人、我们是谁、我们作为个体以及人的感受有着千丝万缕的联系，这些生命最终都是基于感受的。

我希望当你看到我的论述，会同意它们是具有联系的，这意味着秩序的本质正如我所定义的，最终基本能够消除与阿尔弗雷德·怀特黑德（Alfred North Whitehead）提出的"自然分隔"的差异。这些联系统一了主观和客观，揭示了秩序作为一切事物的基础（且绝非偶然，它们同样也作为所有建筑的基础），其实根植于物质和感受，秩序在科学意义上是客观的，在诗意上是根本的，同时在造就人类的感受、神秘脆弱的思想、现今形态之上的意义也是根本的。

从科学和艺术层面而言，这是一个令人惊讶但充满希望的解决方式。它意味着 400 年来创造出的主客观的分离以及人类艺术和科学技术的分离，总有一天终将消亡。只要我们学习以一种新的方式看待世界，这种方式就会让我们在适当的时候既理性又温暖，又或在适当的时候既严厉又温柔。它能够通往精神世界，在那里，艺术、形式、规则、生命统一了人的感受和客观现实，打开了通往生命形式之门，在那里，我们可以成为真正的人。

最重要的是，这是一种新的、具有客观性的起点。

第 7 章
个性的秩序本质

1 / 绪论：事物的个性指的是什么？

当前的世界观常用"个性"指代"特性"，若某种事物反映某一个体的特性，那么这种事物是具有个性的：例如，你喜欢摩托车，我喜欢绿色，等等。

我认为这是一种对于"个性"非常肤浅的解释，真正具有个性的事物能够触动我们的人性。例如，这幅犹太教会堂的微型草图是具有个性的，因为它引人共情，直触人性本质；使我们感到脆弱、双膝无力；唤醒内心的童真，触动了内心最柔弱的地方。

这与创作者的个性无关，与受众的个性无关。这是我们内心都有的童真。

我们来看看第297页文森特·梵高所画的这艘渔船。同样，我们会觉得这幅画具有"个性"。即使大家都这样认为，我们也应该探究一下"个性"的明确含义。"个性"在此处也许隐喻了这幅画唯有出自梵高之手。该画所表现出的梵高浓烈的个人色彩，源于梵高本人强烈的个性，这些也许与他非同寻常的生活方式有关，例如，他疯了之后割下耳朵，等等。但"个性"真正的含义、这艘看似简单的小船给我们带来的感受，就是它触动了我们内心的个性。不知何故，个性加深了我们对世界的理解，源于并渗透进我们对世界最个性的认知。在这种认知里，我们更专注、更幸福、更无忧，也更脆弱，就像爱人与孩子那样。

"个性"一词常被时下的大众文化所轻视，湮没于机械宇宙观之中。但以本书的世界观来看，"个性"是与生俱来的客观特质，它并不具有特性，而是普遍的存在，它是事物本身真正且基本的东西。

在这种意义上，我相信所有具有生命力和整体性的作品都是具有"个性"的，并可以此作为判断事物是否具有生命力的必要条件。当我们讨论中心感知体场域时，其实讨论的是个人感受，这里的感受是一种事实——就像太阳辐射或钟摆运动。

当中心感知体场域是真实的，那么它就具有个性。若一个结构缺乏个性，那么它就是空洞的，只是伪装成具有生命力而已。每一个这样的例子最终都会证明我们对它的结构作出了错误的判断。事物或系统中的个性并非只在某些特定情形下才会展现出来，而是像我们熟知的物理定律那样，是一种客观特质，是任何给定情境的基础。

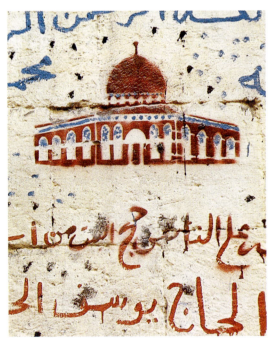

岩石穹顶清真寺的草绘，出自古代的手稿

海边的渔船，梵高

2 / 我们的日常个人感受和中心感知体场域

若能明确中心感知体场域和深刻的个人感受之间的联系，则有益于我们思考日常案例。

例如，每个人都喜欢花朵。早春开满野花的草地是世上最令人感动的景象：毛茛、雏菊、兰花、勿忘我、野玫瑰、风铃草、报春花、风信子，还有山谷中白色的百合、黄色的狗舌草、天蓝色的风铃草、深红色的海绿等几十种普通到几乎难以叫出名字的小花。世间万物中，为什么我们会觉得花朵如此可爱、如此美丽？我不知道是否有人也有这样的疑问，但是整体性的观点对此作出了很好的诠释。一朵花是自然界中最完美的中心感知体场域之一。而成簇成团的花朵、灌木丛中的花朵、洒满草地的花朵共同创造出高度复杂且具有生命的中心感知体场域，也许是最美丽的中心感知体场域。如果这种场域和我们有着深层的联系，能够激发我们的感受和热情，那么长满鲜花的草地，作为最精致和最朴素的中心感知体场域之一，将会具备那些触动人心的品质：深刻、柔软、充满希望。

相同的现象、相同的情感力量也存在于其他普通的事物之中。例如，孩子的生日派对上，把点燃的蜡烛插在蛋糕上，然后把蛋糕端进来放在桌子中间的那一刻，是最激动人心的瞬间。桌子本身是局部对称的，具有边界和强中心感知体。为了强调边界，我们把同样是中心感知体的餐具沿着桌边放置。为了强调主中心感知体，我们摆放一大瓶鲜花，或者端上蛋糕，形成了朝向中心的渐变。为了形成更加稳固的中心感知体，并且在边界的小中心感知体中创造出细节，我们在每套餐具下面铺上小餐垫，在餐垫边上对称摆放刀叉。为了让场景更美，我们还可以铺上蕾丝桌布。桌布本身也具有主中心感知体。同时，桌布的蕾丝鳞状边缘再次形成环绕主中心感知体的小中心感知体。

也许还可以在桌子中央花瓶的两侧各放一根蜡烛，用来衬托花瓶，并形成边界。作为小中心感知体的蛋糕本身，通过交替重复的蜡烛装饰，标记边界，形成了一连串中心感知体，在蛋糕中间留出了空白，用来写名字或者做装饰。

就连每根蜡烛本身也有着同样的结构：作为被边界标记出的顶部主体的火焰，其本身即为强中心感知体，中间深色的部分为烛心，边缘围绕的亮色为燃烧的火焰。对比存在于内焰和外焰的色差中，在燃烧的外焰中可以看到美观的外形。

大树和风信子

第 7 章　个性的秩序本质

生日蛋糕

我们可能认为这种结构的出现恰巧和生日有关，打动我们、触动我们的是该场合的重要性。因为这是朋友们欢聚一堂、赠送生日礼物、激动人心的时刻。但关键在于，正是这种结构，准确地说是中心感知体场域简约纯粹的形式，恰好在这一刻被我们用来装点派对，庆祝生日。正是这种结构具备了这样的力量，赋予这一场合以意义，并在我们

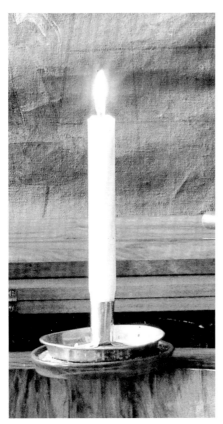

一根蜡烛的多重中心感知体

婚戒

身着传统服饰的非洲妇女

心中留下如此动人的情感与深刻的记忆,因而增强了我们的感受力。

日常生活中能够引发深层感受的其他结构也是如此。例如女士的婚戒,一颗宝石四周镶嵌着更小的宝石,使戒指本身成为一个中心感知体。传统服饰更为明显,例如,图中非洲妇女的装扮包含多个极强的中心感知体场域,或许有人会说这是巧合,但是普通场合中人们的其他穿着和装扮却明显缺少类似的结构,这难道也是巧合吗?

例如,这瓶中普通的花朵具有极其强大的中心感知体结构,虽然普通、毫不张扬,但却蕴含力量。如果你对此质疑,那就问问自己,为什么所有的相关事物中,只要缺乏类似的结构,就没那么打动人心,没那么深刻。例如,花瓶和花瓶中那些精心挑选的花枝可能令人愉悦,这是一种对自然的赞颂,它甚至极具美感,但是只有当我们选择早春的新芽,即当它同样具备更多基本结构时,才可能触动我们的内心。又例如,洒满繁花的浅盘很美,但是如果缺乏类似的结构,也很难打动我们。可是如果是一朵盛开的花朵漂浮在深盘之中,就像我们在大溪地或日本可能见到的景象,就会触动我们。

即使像握手这样简单的动作,作为一种结构也具有这些特性。两个手臂、关节之间存在局部对称,当两手紧握住时产生了深度连锁,同时产生了边界和中心感知体,实际的握手动作,即手的晃动本身形成了交替重复,握手人之间形成了不可分割。在握手这种司空见惯的行为中强调这些细节似乎很荒谬,然而我们都能感到这个动作的力量。这种结构存在于几乎所有具有意义的事物中,只有理解了这一点,我们塑造物质世界的努力才能取得进展。

印度合十礼也是如此,人们问候彼此时,就像西方人祷告的动作一样双手合十。此时双手形成了局部对称,手、身体、面部以及另一个人的身体形成强中心感知体,指尖向上延伸渐变,加强了中心感知体场域,在指尖上方形成了虚空。

放在玻璃罐中的一把花

产生中心感知体并对它作出回应,这是所有人类活动进程最基础的一个部分,自然而然,再普通不过。雏菊花环、生日蛋糕、婚戒、花束、桌面的布置,这些日常生活中广泛而普遍的事物都是中心感知体场域的例子,每一个都与人类丰富的情感世界息息相关。

一种文化中,大部分情感集中在这些载体或其他类似的物体中,正是中心感知体场域加强了我们在这些事物中的感受,正是中心感知体场域为最普通的事件赋予了意义。

3 / 整体性和感受

本质上,生命结构具有个性,富含感受。事物的中心感知体场域存在于那种具有个人感受的事物上。为了表明这确实是程度上的问题,是能够被观察到的,我从一个简单的对比开始。并排放两张白纸,两张白纸之间稍稍间隔,左边的什么也没画,右边的纸中间画了一个菱形的小点。

绝大多数人会认为右边的纸给人带来更多、更具个性的感受,其呈现出的中心感知体场域也比第一张纸上的强烈。

你可能会问"为什么你选择在纸中间画一个菱形?"如果我在纸上其他地方画一条短小而不规则的曲线,还会产生同样的效果吗?在纸上画的任何图案带给人的感受都会比一张白纸多吗?毕竟,一张白纸没有个性,这样的对比也证明不了什么。

接下来,我们再拿出第三张纸,在上面画一条不规则的曲线,如第二排图所示(见第302页),放在那张白纸的左边,这时,与画有菱形的纸相比,左边画有曲线的纸带给人的感受更少,具有的个性也更少,比那张空白纸带给人的感受还要少。

接下来,我想用中心感知体场域进行解释。请观察三张纸中最右边的那张,它以菱形图案为中心,空间被紧紧地收拢在一起。我发觉,当在事物的结构中有一个焦点或者一个中心点时,这种简单的中心感知体场域是浑然一体的。而在中间的纸上,我没有这

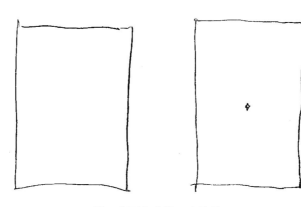

哪一个更有个性?右边的

当我加入一张随意地"涂鸦",右边的依然是三者之中最有个性的

种强烈的感受。但是,其页面依然还算平静地与周遭融为一体:它依然有一个浑然一体的中心感知体场域,继而存在着连贯性,尽管没有右边那张上的多。然而左边的纸呈现出一种混乱感:那条曲线和纸张相互作用,使得纸张无法与周围的世界很好地相融。这里的中心感知体场域不再浑然一体,整体的连贯性受到了破坏。

依据以上描述可知,中间画有菱形图案的纸营造的整体性最多,而画有曲线的那张纸最少。此外,画有菱形的纸最具有个性感受,而画有曲线的那张纸所含最少。

为什么说画有菱形图案的那张纸最有个性感受呢?我可以通过下面的实验来解释:如第9章所述,在这三张中你会选择哪一张作为自我的写照?我想你会先选右边的,其次是中间的,最后才是左边的。你也许赞同这个选择顺序,但依旧会思考:为什么我会认为画有菱形图案的那张纸很有个性?而一般意义上它可能并非如此。

为了让你相信它确实比其他的纸张更有个性,我再做一个想象实验。如果你和一位你深爱的人在一起,想象一下,与这个人在一起时,你感到舒服、开心、爱意四射、童心未泯——你也有脆弱的时候,但并不害怕脆弱。就信任程度和脆弱程度而言,你甚至会像一个五岁的孩童。同时,我们也假设刚才看到的三张纸是你画的。

此时,想象一下,你要从这三张纸中挑选一个,把它作为一个既有趣又特别的礼物送给那个人,以表达你的感受。假如这份小礼物会在五分钟之后随风飘走,但你仍然想把它赠予这个人,以此来分享你内心的秘密。那么三张中的哪一张你会赠予?你最有可能挑选右边的那张,因为画有菱形图案的那张纸会让人感觉很珍贵,值得赠予他人,也是三张当中给人感觉最亲密的一张。

上述观点并不一定都对,但我想请大家注意一点,即人们可以直接而清晰地感受到那个具有个性的事物,它也恰巧与那里出现的中心感知体场域相一致。这或许是对的。

下面我们分析一个更为复杂的案例。这里有三幅描绘女人的画作,它们分别是20世纪著名艺术家:巴勃罗·毕加索(Pablo Picasso),亨利·摩尔(Henry Moore),亨利·马蒂斯(Henri Matisse)的作品。之前三张小纸片中所展现的"个性"程度的差别同样出现在这些更为复杂的画作中。经过仔细观察并将其与15种属性比对之后,我相信我们将得出这样的结论:马蒂斯的画作具有最强的中心感知体场域,它拥有的中心感知体最多、最强大,中心感知体之间的支撑

第 7 章　个性的秩序本质

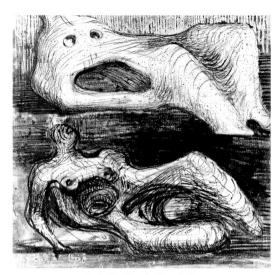

女人体形，亨利·摩尔

女人，巴勃罗·毕加索

露露，背部，亨利·马蒂斯

关系也最牢固。这幅画作最符合第 4 章所描述的结构。

另外,马蒂斯的画作给人的感受最为精妙,最具个性。无论大家如何评价这三位艺术家,我都坚信刚才的观点是正确的。大家可能会想,这取决于我们所谈论的是哪种感受,是带给人大胆的感受(如毕加索的画作),或是带给人怪异的感受(如摩尔的画作),还是带给人柔和的感受(如马蒂斯的画作)?

然而,我并不想把事情说得这么复杂,只是想让你们告诉我,这三种感受中哪一种和你那最易受到伤害、最具个性的感受最接近。这样的话,我相信你们都会选择马蒂斯的画作。再次表明,具有最强中心感知体场域和带给人最深刻个性感受的画作是同一幅。

4 / 简单的幸福

或许我们开始发现,生命——因为它的结构、中心感知体场域——与人类感受密不可分。回顾我展示的那些有生命的建筑、场所、景观、绘画和物体,发现它们同样与我们有着千丝万缕的联系,并在我们心中产生了深刻的个人情感。它们确实是具有情感的,而且唤醒了我们的内在感受,让我们感受到自己的存在。正是这种强大的自我生命感受,让我们了解它们的重要性。正因它们具有情感,又能触发我们共情,所以无法割裂我们或我们的意识与它们之间的关联。

这种深层感受是一种标志,它说明事物具有生命。从人的视角来看,它是建筑中最重要的方面,因为它将生命与我们自己的存在,与生命的本质最直接、最奇妙地联系起来。它让我们明白,建筑中的生命使建筑自身具有活力,这种生命与我们同样息息相关,同样是有个性的。

尽管按照当代科学的标准,一种客观真理其本质同时具有个性化,这是我们无法想象的。但在我称为完整性的新结构中,两者的结合却是最卓越、最重要的一个方面。随着中心感知体加深,对结构的个性感受也会增加。如果个性感受没有增加,那么结构也就没有真正得到加深。准确地说,这种感知构成就是其卓越之处。

此外,从实质上而言,深层整体性出现时我们会感到幸福。当置身于一个富有生机的建筑物之中,我的内心是愉悦的,感到一种舒适而深刻的整体性。它们不像科学研究的结构,遥远且只有机械的现实。它们的中心感知体场域是我们的一部分,是与人类的本质联系在一起的。

作为建筑的建造者,我的任务就是建造出能够给所有人带来这种幸福感的事物。整体性在让我感到愉悦的同时,也能让任何与之接触的人同样感到快乐,这就是整体性的本质。

我们首先要正确理解,事物中的客观生命与自我深层次的幸福之间是有联系的,关乎秩序本身最本质的那部分。一旦理解了这种联系，我们与17世纪以来就有的宇宙观之间的间隙就可以得到弥合。在这种新的理解方式中，即使我们仍然认为整体性作为结构存在于"彼处"，但知道它也是一个存在于"此处"的真实的统一体，存在于每个人的内心。

这样，我们便能跨越笛卡儿式的事物观创造出的几乎无法跨越的鸿沟，将我们的理解延伸至新的后笛卡儿观点。在笛卡儿的观点中，世界的客观结构是一回事，我们的幸福则完全是另一回事。在后笛卡儿观点中，宇宙的整体性和我们的幸福感受是构成一个统一体的两个互补要素。

5 / 作为生命内在层面的感受

从第一卷到第四卷，我逐步迈向主题：人性是固有的，存在于秩序的本质和宇宙之中；它并非如科学家想的那样，产生于物质之后，而是在时间一开始就作为构成物质的重要基础而存在。

这一主题未经证明，也让一些人感到不可思议。在这四卷书中，我只是朝着证明这一主题的可能性迈出了微小的几步。或许有一天大家会认可这一主题，并更进一步地意识到：建筑作为我们的艺术之本，必然受到某种方向的指引，使我们在自身体验中认知到这一主题。因此我只能逐步迈向这个目标，同时希望让读者看到远处的目标，并意识到正在朝着目标迈进。我将用几近诗意的话语结束本章，这些话语也许能更好地引导我们，让我们能够在第8章再次进行清醒理智的讨论。

我相信，本章涉及的个人感受与秩序、生命有直接的联系。在它的作用下，我那脆弱的内在自我与世界发生了联系。它增加了我对联系的感知能力，以及我对一切的参与

程度。它是感受，不是情感，它并非与快乐、悲伤或愤怒直接相关联。

准确地说，它是一种感受，是成为海洋的一部分的感受，是成为天空的一部分的感受，是成为马路上柏油的一部分的感受。

因此，秩序的人性本质出现在自然界中，也出现在建筑和手工艺品中。下页照片中的海浪不仅具有美感，而且它所蕴含的愤怒和美在同样意义上也是人性的，并具有感受力。即便发生在自然界中，它也具有人性。因为在某种意义上，它唤醒了"人性"。我们甚至感到它就是由人性所构成，并通过它与我们"自身的人性"产生了联系。为了理解秩序，我们必须明白秩序就是如此深刻的特质。生命是人性。对事物中生命的认同就等同于"宇宙是由人性构成的。过去我总认为宇宙由机械物质构成，但现在我不再这么认为了"。

海洋和巨浪也是如此。它们是宇宙中的"含有人性之物"，并在我们身上反映出自我。本章最后一张照片中的雁群从根本上讲也具有人性，因此我们会觉得它如此可爱。在建

海岸的巨浪

造一栋建筑时，我们应该尝试复活它的"人性"，唤醒物质中的"人性"。

一旦我们认识到感受和生命在某种程度上是相同的，认识到我们称之为整体的结构与"物质具有人性"这一根据相关联，那么我们将意识到这种由整体所引起的思想革命的深度。我们称之为整体或生命的外在现象、个体感受的内在体验以及我们自身的整体性，这三者是相互联系的，它们在某种程度上是相同的。

从第3~6章中我讨论了一个观点，即在具有生命的空间里，中心感知体作为空间的核心区域而存在。我努力论证这一观点，至少就针对笛卡儿的机械论而言。现在，我

第 7 章 个性的秩序本质

迁徙的大雁从阳光下飞过

们开始思考中心感知体的概念，中心感知体将客观生命（客观生命作为存在于空间的一种特征）和我们的个人感受统一在一起。在下一章你将看到，当中心感知体形成并强化时，空间便开始具有与人类相似的个性特征。对于一个有生命的结构而言，随着它越趋于完整，就越会具备更多的人性，这是因为它越来越充满自我和对自我的感受。所以十分奇怪的事情发生了。随着空间变得越来越具有人性，空间本身也变得更功能化，更有秩序。这不是心理学观点，也不是艺术的心理特征。我认为它是自然的本质，这一事实真实地存在于自然界中，也存在于建筑中。

某种事物能否在自然界或建筑中发挥作用，最终取决于它与健康人类自我的相似程度。这个特殊的结论清晰简明地向我们描述了笛卡儿机械论和本书所阐述的宇宙观之间的巨大差别，指出了建造一栋建筑所能达到的深度，同时向我们表明艺术并不是无关紧要的趣味实践，而是关乎人类存在的终极基础，实际上直抵事物的本质。

只要生命存在，我就相信本质上它是人性的。海浪、飞雁、草坪上的花朵都具有深刻的整体性，并因此是鲜活的。它们极具活力，因而极具人性。那些我们渴望建造的建筑，那些伟大的作品，都是最深刻的整体，充满最多的生命。正如生命呈现于草坪里的花朵上一样，这种生命也呈现在建筑中，那一刻，建筑是最具人性的。

秩序和感受之间存在根本联系。深刻的秩序通过某种方式让我们感受到自己的存在：当我们接触它时，就会引发自己的深层感受。深刻秩序本身就具备深层感受。即便整体性是一种外在现象，它也无法与我们的内在现实分离。我们对建筑的理解方式，以及我们基于此建造建筑的方式，能够缩小客观和主观之间的巨大差异，也能够让我们在这样一个世界中生活和工作，在这个世界里，外界事物与我们的内心联系起来。

整体性和感受是一个现实的两面。在现代，我们已经习惯于将感觉当作人的主观体验。然而，生命如果存在的话，则客观存在于机械世界。在这种思维框架中，感受和整体性作为一个事物两面的观点就很难被理解。

但是当研究整体现象时，我们要改变理解，重新组织自己对世界的看法。在这个世界中，有生命的结构等同于深层个体感受。这种对等不仅有意义，也是我们存在的最基本真相。

当我们体验到某些具有深层整体性的事物时，就会增加我们自己的整体性。我们遇到的整体性或生命越深刻，就越会深刻地影响我们自己的个体感受。具有生命的中心感知体丰富了我们的生命，原因在于我们自身也是中心感知体。我们与健康的事物共处，自己也会感到更健康，因为我们像其他中心感知体一样被强化了。

第 8 章
自我镜像

1 / 绪论

整体作为一种客观、中性的结构，它的存在为我们提供了一幅统一的现实图景。正因为整体的存在，才能将建筑中的生命视为可能，而这种生命是从作为生命结构的整体自然而然产生出来的。生命结构的概念为我们清晰连贯地理解建筑带来了希望。它提供给我们一种探讨建筑功能、生态和艺术品之美的单一方式，向我们揭示了这个世界上所有相关事物的深刻意义和重要性。最重要的是，提供给我们一种合乎道理的观点，即世界任何部分的生命（真正的善）都是一种源于这种结构的客观物质。

在后面的章节中，我将阐释这个观点具有一种到目前为止尚未重点论述的特征，那就是：它和人类自身有着必然且深刻的联系。

300年来，机械的世界观将我们与自我分离。我们有一幅强有力的宇宙图景，它貌似准确，但却并不清楚我们自身如何才能走入其中。这正是怀特黑德所探讨的自然两分（Bifurcation of nature）。我们对现实的认知是割裂的，这种认知似乎是安全、稳固、客观的，但却将"本我"排除在外。我的自我体验、自己真实的个体以及我们每天体验到的自我存在都不属于"客观"世界图景的一部分。因此，在我与世界的日常接触中，不得不应对这个将"本我"与世界割裂的图景。我在其中四处乱撞，不断挣扎。

在接下来的章节中，我们将会看到这里所描述的世界图景中，情况发生了变化。在这个基于整体性和中心感知体结构的新世界图景中，外界客观世界与我们的自我体验的联系深刻且直接，是有意义的、普遍的。

为了探讨自我与世界图景之间的新联系，让我们再次回到如何判断生命强度强弱这一问题之上。我在第1~7章表明，生命作为一种现象，完全取决于世界上中心感知体的存在。整体由中心感知体构成，中心感知体显现于空间之中。当整体变得深刻，我们便体验到了建筑、其他人工制品、大自然乃至某些行动中的生命力。生命强度之所以有强弱，是因为中心感知体本身具有不同的生命强度，同时，任何中心感知体的生命都依赖于其他中心感知体的生命。因此建筑生命的产生源自一种中心感知体相互支撑、彼此加强的递归现象，它与建筑的功能性生命（建筑的运转）和几何性生命（建筑的美）均有所关联，它们其实是一回事。

但归根结底，仍然有一个令人费解的问题，即中心感知体本身的生命问题。任何中心感知体拥有的实际生命本身及其生命强度，依然是一个不完全清晰的概念。我们无法回避这样一个观点，即空间本身就具有赋予生命的力量，也就是说，一个中心感知体就是空间这个物质实体的生命产生点。这让人感到困扰，至少令人惊讶，因为这与最新的物理学解释并不一致。但人们即便愿意接受这样的观点，依旧不明白它的含义。它到底是什么？当空间变得具有生命时，会发生什么？一个中心感知体的生命是什么？它是如何繁衍生息形成建筑、装饰等的生命，乃至生物的生命？

我探讨的所有内容取决于这一概念是否能够有效操作。正是这种空间中生命的概念构成了整体性的客观基础，也是建筑本身能够以客观方式被理解的理念基础。所有这些都取决于我们对事物中生命的认同、理解和确定程度。

我们需要知道如何度量生命，如何估算一个特定中心感知体固有的生命强度，最为重要的是要搞清楚生命强度是什么。如果整体性如它看上去那么重要，那么我们当然有必要或必须以客观的方式理解它，必须学会认识到它是客观存在于我们所关注的世界任何部分的事物。虽然我提出的论点取决于存在的客观性，但还没有给出确定其客观性的经验方法。通过这些方法，我们能够在有争议的情况下达成一致。

结果表明，外在整体（客观性）和内在自我（主观性）的关系，与确定不同场所生命强度的经验方法有着深刻的联系。事实证明，它们是同一观点的两个方面。它取决于这一问题：当我们看到一个事物比另一个具有更高的生命强度时，我们会作出何种判断？

2 / 发自内心的喜欢

首先我们看一下"喜欢"这个概念。作为艺术家，我们在建筑领域所做的一切，实际上均取决于我们喜欢什么。社会的建设也取决于人们喜欢什么。但当代关于什么是讨人喜欢的却极为混乱。当前的观点是，你可以喜欢你想喜欢的事物，它是民主自由赋予你的权力，即你有权喜欢任何你想喜欢的事物。这一切发生在这样一个时代，此时大众媒体以人类历史上无法预知的程度决定了我们喜欢什么。因此，如果一个人是悲观的，那么他可能认为在我们这个时代没有真正喜欢的事物。我们往往不能相信人们的喜好，因为这种喜欢并非源自内心。

另一方面，真正的喜欢源自内心，与事物中存在生命这一观念有着深刻的联系。发自内心的喜欢意味着它让我们的自我更完整，在我们身上产生了一种治愈效果，丰富了我们的人性，增强了我们的内在生命。此外，我相信这种发自内心的喜欢与对世界上真实结构的感知相关，它触及到事物存在的根本，也是我们能够看到结构真实存在的唯一方式。

当我们开始发自内心地欣赏这种喜欢时，将发现它的一些重要方面。[1]

1. 当我们靠近自己（发自内心）喜欢的事物时，会感到身心健康。

2. 当我们生成这些事物时，也会感到身心健康。在过程中和完成后我们都会感到自己的完整，感到被治愈，感到与世界的和谐。

3. 我们对发自内心喜欢的事物把握得越准确，我们就会发现自己与他人对这些事物的看法越是一致。

4. 我们发自内心的喜欢与事物整体或生命的客观结构相吻合,当我们了解发自内心喜欢的"它"时,就会发现这是最深刻的事物。这适用于所有的判断,不仅关于建筑物和艺术品,也体现在对行为、人和一切事物的判断上。

5. 有一种经验方法可以帮助我们依循内心找到自己真正喜欢的事物。然而,要找到我们真正喜欢的并不容易,无法自动获得。这需要努力、艰苦的工作和个人的开悟,需要人们从观点、观念和自我中解放出来,才能体验到深层次的喜欢。

6. 这种深爱存在的原因到目前为止还是一个尚未可知的谜。为了探索这一问题,我们应该十分仔细地审视事物的本质,甚至物质的本质。但是,众多原因都是以经验为依据的,我们以经验来判定事物具有多少唤醒这种内在喜欢的能力,这并非个体问题。[2]

7. 不知为何,真实喜欢的体验与自我相关。当我们找到哪些事物能够唤醒内在真实的喜欢时,会发现自己比以前更接近自己的内心。

8. 当我们找到真正喜欢的事物时,我们与那些事物也产生了更多的联系。

重要的是,当我们真的喜欢某种事物时,我们通常都会认同它。这与现代观念有着天壤之别,需要非常严谨的探讨。当我们能够将日常(我们显然不认可)的喜好与更深层(我试图展示我们确实认同)的喜好区分开来时,理解的主要突破就会出现。最终,我们一致认为,正是这种深层的喜欢构成了建筑领域判断优劣的基础标准。我的论点关键是要表明这种深层的喜欢不仅存在,而且与生命结构的存在切实相关,也与客观的、结构性的生命息息相关。

3 / 比较不同中心感知体生命强度的实证测验

为了客观判断中心感知体生命的强弱,我们需要使用一种让人们脱离主观偏好干扰的度量方法,将注意力放在人们感受到的真实的喜好上。

如何做到这一点?是否有一种方式可以使观察者能够清楚地看到建筑的生命或整体,将其视为事物的一种品质,并摆脱后天形成的偏好、经验的缺乏、观点和偏见的共同影响?

我坚信是有的。我提出的方法基于这样一个事实,即作为观察者,我们每个人会直接适应整体现象,能够看到整体及其在任何场景中的整体程度。该方法要求人们直接通过自己的感受做出判断,以实现人们对整体性的认识。我的意思不是问人们"你觉得哪个最好?"我的意思是,我们尤其要问,对观察者而言哪一个最有治愈的感觉。

在我提出的观察方法中,观察者会问,我们尝试判断的两件事物在多大程度上是自我的画像,此处的自我指的是你我完整的自

第 8 章 自我镜像

我,甚至是永恒的自我。

假设你和我在一个咖啡厅里讨论这些事情,我环视桌面寻找可用于实验的物品。桌上有一瓶番茄酱和老式的盐瓶,如照片所示。我提出一个问题:"哪一个更像你内在的自我?"当然这个问题有些荒谬,你可能会给出一个合乎逻辑的回答,"无法给你合理的答案。"但是假如我坚持这样问,你会为了迁就我从而幽默地选出一个:哪一个看上去更能代表你,代表你整体的自己。

在你这样做之前,我会做一些补充说明。我要明确地解释我的问题,这两张图片中的哪一张更像全部的你、完整的你:哪一张能够展示你的真实面貌,体现了你所有的希望、恐惧、脆弱、荣耀和荒诞,并尽可能地包括你希望成为的一切。换句话说,哪一幅最接近所有你的弱点和人性,你心中的爱和恨,你的青春和年龄,你的善与恶,你的过去、现在和未来,你梦想成为的样子以及你究竟是什么样子?

现在我请你们再看一下这两样东西:盐瓶和番茄酱瓶,然后决定这两样中哪一种更能反映这一切。在我做过的实验中,超过80%的人选择了盐瓶。根据我的实验可以证明,结果与文化或个性无关。无论男女老幼,无论欧洲人、非洲人或美国人,他们都会作出相同的选择。

但是结果的价值和实验的成功均取决于人们正在回答的问题,也取决于他们是否真的回答了那个问题。往往会有人选择番茄酱瓶,这样的选择也有一个较好的解释,即番茄酱更配汉堡包。这其实是有理可循的。番茄酱汉堡包几乎成了现代生活的标记;我们之所以与其关系紧密,是因为它平凡、舒心、与日常生活息息相关,并且具有高度的识别性,是相当不错的。相较而言,盐瓶是过时的,虽然现在很多人还在使用这种盐瓶,但它给人的感觉仿佛已经从我们的生活中消失,被

普通的盐瓶

普通的番茄酱瓶

纽约会场的蓝色长椅

其他的撒盐方式替代。以上论述均为事实，这也解释了为什么20%的人会选择番茄酱瓶。但是这些与我想问的问题无关，我想问的是，在这两者中，哪种与你永恒的自我有更深刻的联系？哪种感觉更像是你永恒的自我、你的渴望、你内在的核心？

这个问题似乎涉及人的深层整体性和这两个对象的深层整体性。它与观察者的性格或特征无关，有助于人们摆脱其（固有的）偏好和观点。一旦解释清楚，人们也同意回答这个问题，这个问题似乎很有可能成为一个可靠地判断生命力多寡的基础实验。

根据我的发现，我们可以把这个问题应用于任意两个事物整体程度的比较上。每当比较两个物体时，我们总是会问："这两个物体中哪一个更能体现自我？"我们可以用这个方法比较成对的建筑、绘画、邻里空间、门把手、勺子、道路、衣服、桌子、椅子、屋顶、墙壁、门、窗、塔楼、建筑群、公园以及花园，也可以比较行动、乐章、单个和弦、伦理本性的选择以及复杂的决定，甚至比较地球上的一块石头。

这里还有另外一个例子。1985年，我在纽约一个大约百人的会场上和大家探讨这个问题。为了说明自我镜像，我引入了两个物体，都是刚好在会场中的物体，一个是灰色的钢制圆凳，另一个是蓝漆的木质长椅。

我把这两个物体放在讨论圈中，问大家哪一个更像大家的自我，并像先前一样解释了这个问题。沉默了几分钟后，我要求大家举手表决，几乎所有人都选蓝漆木质长椅，只有一个人说，对他而言灰色的金属更像他自己。

选择灰色圆凳的人对自己的孤立处境感

到不安，并且变得非常好辩，他想要坚持他是对的，是合乎道理的。他尤其想争辩的是，不会有这样的真理。他说，这个问题的答案显然是基于个人的，每个人都会依据自己的个性选择不同的答案。我指出，如果他的假说是成立的，则无法解释99%的人都选择了蓝色长椅。然后他变得更加不安和好辩。我让他将想说的都说出来，希望他能变得更自在些。最后，他依然坚称自己是对的。

两周后，当回到位于加利福尼亚州的家中时，我收到了这位男士的来信："我希望您记得我，我是在纽约欧米茄（Omega）研讨会中选择了灰色钢制圆凳而非长椅的那个人。直到周三，我已完全放下了这个问题。两者的材质分散了我太多的注意力，是不值得的，所以我放弃了对灰色凳子的执念。因此到了周五，我对长椅和凳子的看法不同了，并且意识到正是长椅的品质使其成为一个更完整的实体，或者说更有能力表达最完整的内在自我。一开始我对哪一个物体更富含情感（nourishment）这一问题持完全不同的观点，认为长椅更富含情感。目睹自己的认知经历了这样一种根本的改变非常震撼。总之，这是我从这个研讨会中学到的，在看待事物的方式上发生了深远且根本的变化。同时，伴随着这种变化而来的情感力量也让我感到惊讶。每当回想起这次研讨会，我都十分感动，似乎内心深处正在认识一个长久埋没的基本真理。"

我的实验表明，人们在很大程度上会对哪个客观事物更像他们最好的、更好的或最完整的自我得到一致的结论。令人惊讶的是，这种判断与个体之间的差异无关，也与文化习俗无关。而且更重要的是，这种问题创造

纽约会场上的灰色钢制圆凳

了人们成长的机会。即使观察者一开始对这个问题有所困惑（或许还有一个问题，"两者中哪个更有生机？"），这个问题也使得观察者可以自我学习并逐渐具有判断问题的能力。

正如我们看到的，这个问题推动了观察者内在的发展和成长，使观察者逐渐直面整体性的本质，并且能够慢慢放弃自己关于什么是美的特殊想法，取而代之的是持久准确的评判。

为了理解由自我镜像测试决定的生命或整体的客观性，必须确保问题本身的提出与理解是准确的。所以，该问题既不是在问"请从自我描述的层面回答我，哪一个更像你？"也不是在问"这两个事物中哪一个更能让我想起我的特质？"

这两个问题都不能准确地包含这样的观点，即事物作为一面镜子，呈现出你本身或你所希望的样子。我们每个人都能意识到潜

在的美，这对该问题至关重要。如果我们寻找一种既能反映这种潜质，又能反映已经取得的成就的事物，则它与选择一种只反映我们对于自己当前片面的认知缺陷的事物完全不同。

同样，这两个问题都不能准确地包含这样一个观点，即事物必须真实地反映我们的本来面目，反映我们的爱与恨、胜利与悲叹、欢笑与对深渊的恐惧。我们选择"这个看起来像我"或"这个看起来像我感受到的样子"的事物往往是片面的，具有我们自身的个性。它在任何意义上都不是普遍的，这是因为在我们不成熟的时候，我们试图忘记那些关于自我坏的方面，忘记我们的无能为力，忘记我们的弱点。但是，当我们寻找一个能反映一切的事物时，无论是我们的弱点或是快乐，我们的脆弱或是力量都应涵盖，由此我们就进入了完全不同的领域。这个问题就具有了不同的意义，我们发现不同的人通常会作出相同的判断。

我们也可以用更为原始的方式表述这一问题，或许可以这样问：死后我更愿意成为哪一个？如此便能清楚地去除个人特质和自我描述。我的一个学生采用了另一种实用的方式，他这样阐述这个问题："假设你相信轮回，你将会重生为以下两种事物中的一个，那么你下辈子会选择成为哪一个？"

本页照片中展示的是实验中的对比样本，每组对比照片中上方或左边的物品为我们自己更好的写照。你可能也会问，哪一个更有生命？这几乎是相同的问题。

第317页图中有两个杯子，一个小的摩卡咖啡杯和一个大的马克咖啡杯，哪一个更能反映自我？85%的人选择的是小的摩卡咖啡杯。请注意，正如番茄酱瓶的情况一样，大的马克杯更方便。如果我们喝咖啡，那么我们中的许多人可能会更喜欢马克杯，甚至要求早晨喝咖啡时使用它。不过这不是我们所问的问题。我们的问题其实很微妙：哪一个更能反映自己真实的自我？这个深奥的问题会得到另一个答案。大多数人都会选择造型优美还有精致花朵的小咖啡杯。

再来看看两个工具的例子：斧头和十字螺丝刀，哪一个更富有生命？85%的人会说斧头更具有生命。

还有第317页照片中的两枚硬币：五分硬币和一角硬币。大多数人会说一角硬币比五分硬币更有生命。为了防止大家认为人们的选择与货币价值有关，要知道65%的人认为一角硬币（10美分）比25美分硬币更有生命：结果证明这与小硬币上集中的小亮点有关。

下一组照片中的办公用品：一罐橡胶胶水和一把剪刀，哪一个更具有生命？90%的人会说剪刀更具有生命。

两个勺子

第 8 章 自我镜像

下面例子中,左边的物体更能反映自我

两个杯子

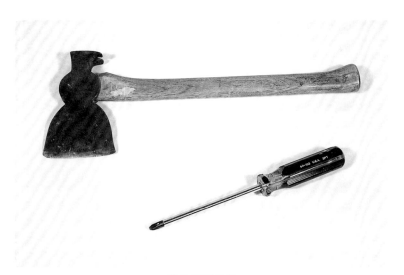

斧头和螺丝刀

一角硬币和五分硬币

一把剪刀和一罐橡胶胶水

下面例子中,上方的物体更能反映自我

有一排行道树的街道与老式汽车

伦敦中心区的现代街道

第 8 章 自我镜像

下面例子中,左边的物体更能反映自我

动物纹饰的土耳其花瓶,16 世纪

四面有花茎图案的柿右卫门瓷罐,日本,18 世纪

日本陶罐非常美丽,我没有把它放在左边,暗示它存在问题。相较而言,土耳其花瓶更具有自我品质

更重要的是,如同前面判断生命和深层喜好一样,对"哪个更能反映内在的自我?"的判断与个人喜好无关。当我说某个勺子比另一个更能反映自我时,我并非在说读者们的确喜欢或应该喜欢它。我仅仅陈述了事实,它能更好地反映自我,这一事实对大多数认真仔细审视它的人而言是显而易见的。

几年前在伦敦,我对我的朋友比尔·哈金斯(Bill Huggins)讲述了这些事情。他被深深地吸引,并让我给他展示一些例子。我刚好带了出售地毯的拍卖目录,照片所示为两张地毯的彩图。

我让比尔比较两张地毯,请他告诉我哪一张让他感觉到能更好地反映他完整的自我、他的全部,包括好的、坏的、过去、现在以及将来他会成为的样子。简单地说,即是前面我提过的那个相同的问题。

他坐下来凝视照片许久,最后他说:"这太难了,第一张毯子很美,我很喜欢,它颜色鲜亮,图案精妙,设计精良,充满生机……第二张显得柔和宁静,我不太喜欢。但奇怪的是,当你问我这个问题时,似乎是第二张更能反映我的真实自我,而不是第一张。"

我说,"好吧,那么请忘记你的喜欢和

埃尔萨里地毯。比尔不太喜欢,但说这个更像他的自我　　达吉斯坦地毯。比尔更喜欢,但说这个不太像他的自我

不喜欢,我不关心你喜欢哪一张,也不关心你认为哪个设计更为精良,更为漂亮。我只想让你通过不断地观察,直到明确哪个更接近你的真实自我和你想成为的样子。"

"那样的话,"他说,"别无选择,我得选我不喜欢的。"他指向了第二张。

比尔虽然不喜欢,但却发现能更好地反映其真实自我的地毯是一张罕见的埃萨里(Ersari)祈祷地毯,而他更喜欢却没有选择的另一张地毯是达吉斯坦(Daghestan)地毯,颜色鲜亮,美丽,但却不那么重要。地毯领域的入门者往往都会选达吉斯坦地毯,因为会被其绚丽多彩的美丽所吸引。地毯专家则认为埃萨里地毯更为庄重,因为它"更好",事实上埃萨里地毯也更贵。

通过应用自我镜像准则,在几分钟内,比尔的鉴赏水平从新手变成了初级专家。

第 8 章 自我镜像

4 / 自我镜像

现在我们观察一些能很好地反映自我的建筑和艺术作品。我们从前言的大雁塔（第7页彩图）开始。第1章展现的一些建筑、物体和场景（第27～53页）也非常好。在接下来的几页照片中，从下面的谷仓开始，还将展示很多好的事物。

如果我询问你的看法，你大概会同意这些事物都充满了生命。你可以看到大雁塔创造的中心感知体场域：上部形成的小中心感知体的渐变序列、恰当的洞口位置，以及洞口在墙体内的完美形状。但是我也可以问你一个不同的问题：这个大雁塔或下方的谷仓是否让你想起了内在的自我。这座谷仓或大雁塔的非凡之处在于，对你我而言，从很大程度来讲它们是我们内在的自我写照。我相信你也会同意，它们也是你的自我写照。可以说，它是我们每个人自我或灵魂的写照。观察到这一点不难，但是理解它却很难。这座塔大约建于1400年前的公元600年，建造者的习惯和思维与我们完全不同。从文化层面来讲，它的建造时代是今天的我们非常陌生的，类似的状况同样发生在本页的谷仓以及后面四页照片展现的案例中。然而，这些建筑构成的某种图景展现了今天我们的内在。不知为何，"某种"图景的存在深度足以超越时间和文化。它以惊人的程度反应了每个人的内在自我，无论历史、文化和个人特质。我坚持认为，每个案例中呈现自我写照的建筑同样具有这样深刻的生命结构，因此存在中心感知体场域。

雪中的宾夕法尼亚谷仓

森穆尔格萨珊真丝斜纹，7 世纪

第 4 章我定义了生命结构，并且展示了生命结构如何让我们判别建筑生命的强弱。我们观察到这些建筑包含的中心感知体，以及这些中心感知体形成场域的方式；在那些具有更多生命的建筑中，中心感知体场域也最为强烈。即使当我们观察表面相似的一对案例时，我们也会发现在每一对中总有一个具有更强的生命结构，具有更强的中心感知体、更强的场域，往往也被认为具有更强的生命力。

第 8 章 自我镜像

紫禁城正殿，中国北京

希腊面具，公元前 5 世纪

布达拉宫，中国拉萨

第 8 章 自我镜像

我们也许会发现，应用于多个类似的建筑比对的自我镜像准则给出了相似的判断。譬如比较照片中的这组高层建筑，一个是希腊半岛阿索斯山上的修道院，另一个是位于底特律由密斯·凡·德·罗设计的密歇根公寓。显然，修道院具有更强的中心感知体场域和生命力结构，每个中心感知体都很强大，它们更为巧妙地加以统一。这意味着如果我们按照第 2 章的方式评价生命强度，修道院比底特律公寓具有更强的生命力。如果我们使用自我镜像的测试，会得到相同的结果。阿索斯山修道院与底特律公寓相比，能更好地反映大家永恒的自我。

以下几页，我展示了其他几组案例。在每一组中，我们都会看到哪一个更能反映自我，哪一个更具生命力。同样，最终证明更能反映自我的案例更具生命力，同时也具有更强的中心感知体场域。

希腊修道院，阿索斯山

底特律公寓，密斯·凡·德·罗

第一卷　生命的现象

下面例子中，左边的物体更能反映自我

勒·柯布西耶作品

密斯·凡·德·罗作品

密斯·凡·德·罗作品

勒·柯布西耶作品

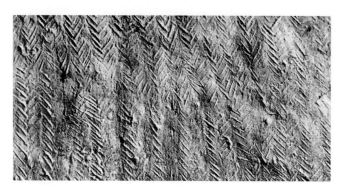

墙壁肌理

墙壁肌理

第 8 章 自我镜像

下面例子中,左边的物体更能反映自我

转角大厦,旧金山,熨斗区

转角大楼,巴塞罗那的学校

后现代住宅

后现代住宅

勒·柯布西耶设计的房间

勒·柯布西耶设计的房间

下面例子中,左边的物体更能反映自我

弗兰克·劳埃德·赖特设计的建筑

弗兰克·劳埃德·赖特设计的建筑

餐厅

餐厅

第8章 自我镜像

下面例子中,左边的物体更能反映自我

罗马式拱门,较为深刻

罗马式拱门,稍微突显,深刻性稍弱

百货公司,英国伦敦

国会大厦,巴西利卡

描绘自我的铺砌

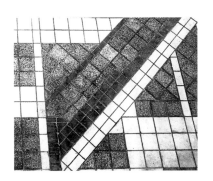

没有意义的铺砌

自我镜像的测试和生命结构强度都让我们得以了解生命的定义。当空间中出现生命结构时，它就产生出我们能够识别的反映内在自我的形态。场域和中心感知体越强，我们就越能感受到它是我们自己的写照。

拥有能够良好反映自我镜像的品质（就像"生命"的判断准则一样）一直以来都是一个程度的问题，了解这一点十分重要。在我所给出的案例中反映自我的程度存在极大差异。做这样的对比是为了使它更清晰易懂。但这可能会给人一种错误印象，即有的事物具有自我写照，而有的却没有。这样理解就错了。一切事物都具有或多或少的生命强度。

当通过自我镜像实验衡量生命强度时，我们会得到与计算相关事物生命结构密度相同的结果，与15种属性在事物中的呈现程度一致。在诸多案例中，后两者都没有自我镜像的程度强大。但在每一种情况下，你都可以看到一个的生命比另一个更强。正如你所看到的，几乎所有成对的事物（假设讨论范围大致相似），我们都可以判断生命强度哪一个高、哪一个低。譬如在街角建筑的案例中，第一个体现了更多的自我，这或许是因为它没有传递出一种人工图景。我要强调一下，我不是偏爱左边的建筑，也不觉得它更出色。实际上我并不这样认为。我只是说，如果你来做这个实验，你会发现相较而言，左边的建筑更能反映自我，而不是右边的。

其他几组都十分微妙，譬如罗马门那组，两个都呈拱形，都具有美感。但如果你坚持观察，先看一个再去看另一个，每次都追问自己同样的问题，哪一个更像你的真实自我，那么答案逐渐变得清晰，你会发现一个的确比另一个能更好地反映自我。

在任何层面，对于任何两个事物、两种设计、两种可能，我们都可以决策出哪一个具有更强的自我镜像品质。有了这种工具，当我们在创造事物时，就能准确地度量出哪个具有更多的生命，是具有更多生命力的结构。

一些我给出的例子是显而易见的。有人或许疑惑，仅仅为了构建我们已有的认知而花费如此多的精力是否值得？但是，令人惊讶却又十分重要的是，自我镜像测试与通常意义上我们喜欢的事物并不一致。当通过测试事物中含有多少自我而真正专注于事物的生命时，我们会发现这个测试有时让我们更加确认自己的喜欢或偏好。但在其他时候，它给我们带来了截然不同的结果，这些结果不是对好设计的刻板印象，而是让我们震惊，使我们从自满中惊醒，并认识到我们面对的是一些自然而然的现象，这将对我们有很大的启示。

5 / 令人惊讶的自我品质

哪一个最有生命和哪一个人们"喜欢"，这是两个不同的问题，认知到这一点十分重要。譬如，在20世纪80年代的建筑系学生中，当时后现代主义十分流行，许多学生喜欢

第8章 自我镜像

第338页那组照片（马里奥·博塔的圆柱形建筑和传统瑞典小木屋）中下方的建筑，因为它的确具有时髦、疯狂的形象，符合老师传递的观念，是一个优秀的后现代主义建筑该有的样子。70%的学生（1988年）说他们更喜欢博塔的建筑。但当我问同样的学生哪一个具有更多的生命时，65%的人选择了上方的建筑。

请注意这里的比例没有其他大多数实验高，这是因为该问题带来了不适。对于20世纪的建筑学学生而言，这个问题探究了他们的核心预设，并且询问了他们对博塔建筑的喜好。有些学生执着于博塔的建筑，不愿被这个问题搞得心烦意乱，因此比例虽超过半数，但却不高。

尽管这一问题会引人不适，但它却有自己的真相。即使这一问题挑战了学生们的价值观而让他们局促不安，但他们仍无法逃离这个真相。事物中的生命和自我令人惊叹，为了清楚地将它与人们刻板的喜好和偏爱区分开来，我们需要付出大量精力才能保持清醒。

同样，具有更多的生命并非"传统建筑"的优良品质。第333页的照片展示了相反的例子：一个凌乱的汽车修理铺和一个矫饰的"漂亮"餐厅。这对案例中，那个更具有生命的未必是甜美、愉悦的。在这组案例中，汽车修理铺虽然是工业化的、机械的、肮脏的，但却具有更多的生命。美丽甜美的餐厅生命力反而较低。

有人可能会说，这是因为修车铺更复杂。是这样吗？不，并非如此。有生命的事物并非总看起来很复杂。在第335页的这组例子中，丹麦小木屋就很简单且随意。荣军院（Les Invalides）的巴洛克穹顶极为复杂，装饰考究且十分正式，但是荣军院具有较少的生命、较少的自我。

那么，这是否是正式与非正式的问题？也不是。第334页的案例中，正式的反倒具有更多的生命，而非正式的具有较少的生命。建于1600年的英格兰哈德威克大厅（Hardwicke Hall）极为正式，而那座1960年建于加利福尼亚州具有嬉皮士风格的木质乡下小屋就很不正式，但它具有的生命和自我远比哈德威克大厅少。

所以，这是关于有无装饰，装饰多少的问题吗？在第336页中，我展示了建于1960年的埃姆斯住宅（Eames house）。它是机械建造且处于闲置状态的，但它比加利福尼亚州奥克兰的霍珀（Hooper）夫人巧克力店（一个装饰繁杂的仿古建筑）具有更多生命。

然而减少装饰并不能确保自我的存在。第337页最后一个例子中，由大量黑色、深蓝色瓷片装饰的塞尔柱墓（Seljuk tomb）拥有宏大的自我，而下面那个光秃秃的、没有装饰的墓碑却缺乏生命。

这里要作出明确的判断可能很难。如果你追问自己哪个更适合做墓碑，很可能你会发现光秃秃的那个更适合，它更体现"死亡"，当然也更符合习俗。对一些人而言，如将塞尔柱墓作为墓碑，其复杂的装饰和丰富的色彩显得有些太过夸张。但是我并没有在问哪一个是更好的墓碑，我只是在问：哪一个能更好地反映你完整的自我？我想无论情愿与否，对于这个问题人们一定会情不自禁地选择"塞尔柱墓"。

什么样的事物具有自我，什么没有，其实无法用简单的公式获得。尽管我相信中心感知体场域和中心感知程度可以准确地体现这一点，但经验表明这很难判断。自我镜像的概念是一个必须注意但却未经定义的原始概念。这是一切的根本。

第一组案例:柔和的传统建筑比坚硬的机械建筑拥有更多的自我

部分解释:为什么这里不太正式的建筑有更多的自我,而第334页的例子中,正式的建筑拥有更多的自我?就其本身而言,更正式的、更对称的或预先设计的布局并非自我的坚实基础。涉及自我的是那些产生自我的力量,以及最终置于世界中的位置。博塔建筑的对称与正式是通过脑力建构的,与个人感受和任何真实的功能需求无关。反而这里的农宅更为深刻,是真实生命和真实需求的结果。但在第三组案例中,正式、对称的结构更为深刻,比杂乱无章的平凡结构更像自我的写照。

瑞典传统住宅的草皮屋顶

马里奥·博塔设计的圆柱形住宅

第8章 自我镜像

> **第二组案例**：柔和且传统是"自我"的线索吗？不是。在这组案例中，机械的、冷酷的修车铺比"精美"的餐厅更像自我

部分解释：我们从直觉上偏向于修车铺，是因为修车铺"凌乱"的秩序是由在这里工作的人们的日常需求创造的。每个工具都各在其位，这种秩序来源于功能需求：工作场所保持整齐，工具可以轻易取出，汽车有足够空间进入以便维修。我们同样也能在餐厅中找到秩序，但是这种秩序不真诚、不真实。这种秩序是安排好的，是一种吸引人们进入而后增加销售额的人工秩序。

修车铺：十分简单、普通、贴近心灵，尽管它粗糙、肮脏

伯克利的一家餐厅：精美、干净，可能人们也会喜欢，但它远离内心

> **第三组案例：正式的、看上去没有人情味的伊丽莎白乡村小屋，比不正式的嬉皮士风格木屋拥有更多的自我**

部分解释：英式乡村住宅的正式和对称产生于一系列的真实需求，即审美和功能，这是那一时期的主要生活方式。所以诸如大窗户、不同形状的房间、装饰等所有这些打破对称、允许不同的事物都可以轻松地找到自己的位置。事实上，这并不会打破建筑的整体几何结构。另一方面，在嬉皮士风格的木屋中，我们看到尺寸和形状各异的窗户、不同体量和形状的屋顶，它们形成的随意无法统一，无法构成整体。正如通过脑力建构的博塔建筑与自我无关，嬉皮士木屋是一座由表达"自由"的时代准则控制的时尚建筑，是对既定秩序作出的反应。因此，作为一座只表达反应的建筑，无法与深层感受发生连接。

哈德威克庄园：越正式的结构具有越多的自我

不太正式的嬉皮士风格建筑具有较少的自我

第8章 自我镜像

> **第四组案例：巴黎荣军院浮夸的、正式的穹顶，比简单的、不正式的、祥和的丹麦农宅拥有更少的自我**

部分解释：丹麦农宅的寂静祥和、木框架稳定的韵律、白色的石灰，所有这些都传递着渗透于我们内在生命的平静氛围。荣军院的巨大穹顶镶满装饰，有着巴洛克式严格的、精心计算的对称，它只遵从审美准则，但几乎与我们真实的内在感受毫无联系。

丹麦农宅的非正式结构具有较多自我

高度正式的荣军院具有较少自我

> **第五组案例**：朴素的、装饰较少的埃姆斯之家拥有更多的自我，仿古建筑虽有很多装饰，很甜美，却拥有较少的自我与生命

部分解释：为了展现建筑的美感和结构的意义，装饰应该找到真正属于自己的位置，这就是珠宝佩戴正确时的效果。在右下图的奥克兰店铺中，装饰的形状和位置是随意的、缺乏思考的、分散于各处的，与建筑自身没有任何关系。装饰的目的只是打破屋顶和建筑的大体量，营造出"甜蜜"氛围，向大众兜售巧克力。但是，埃姆斯住宅是真实的，玻璃与金属构成了有尺度等级的清晰结构，除了周围环绕的树木，其他都不需要为了存在而增加。有人可能会认为，埃姆斯住宅和博塔建筑一样都是脑力建构的产物，但我们很容易地认识到创造埃姆斯住宅的脑力过程允许一系列其他因素同样发挥重要作用，这些因素包括对环境的感知、对玻璃和钢铁的游戏态度等。

埃姆斯住宅：此情形下装饰少的有更多自我

巧克力商店：装饰多但有更少的自我、更少的生命

第 8 章 自我镜像

> **第六组案例**：这组案例展示的是装饰多的事物比朴素的事物拥有更多的自我，装饰华丽的塞尔柱墓拥有更多的自我，相反，冰冷的、更传统的墓碑拥有较少的自我

部分解释：梅夫拉那陵墓（Mevlana tomb）装饰精美，甚至比仿古的奥克兰店铺还要多。梅夫拉纳覆满装饰，但是这里的装饰"跳脱"了物质，与棺椁的形状结合，这些装饰强调了棺椁的长度和圆度，无疑也展现了生命的存在。装饰的尺度、重复、强烈对比的黑蓝色彩，在我们内心复杂的自我中找到了深层的回应，远胜于单纯、枯燥、灰暗、简单的墓碑。

梅夫拉那陵墓：高度装饰的塞尔柱棺椁有着深刻的自我

相对而言，平实的墓碑自我较少

6 / 整体性与真正的喜欢

让我们回到"真正喜欢"这个问题上来。正如本章最开始的论述,我们生活的时代,人们的喜欢与不喜欢正在被靠不住的认知潮流所控制,而这往往依靠媒体的支持。在人类历史长河中,人们的喜好总是被所谓的更好的观念所控制,而现在只是一种更极端的形式。只有足够的成熟,我们才能听从我们的内心,认识到真正的喜欢。

我坚信,人们真正深层的喜欢正是这些有着高度自我镜像特性的事物。这进一步表明,当我们逐渐成熟,当我们褪去个性和年轻的恐惧时,我们的喜好会逐渐趋同。我们发现,真正喜欢的事物是与他人一致的深层事物。

下面我用朋友比尔比较两块地毯的经验加以说明。根据他的判断,他喜欢地毯 B 多于地毯 A。尽管如此,他发现地毯 A 更接近他的内在自我。我现在可以断言,最终比尔会发现他对 A 的喜爱更为持久,即使他自己在实验中没有意识到这一点。他对自己究竟喜欢什么的猜测在经验上是错误的。

这蕴含了简单的经验意义。每个事物无论我们是否喜欢,都可以测试其恒久的程度。如果首次观察两幅画,我可能会喜欢 A 比 B 多一些。但如果把它们挂在床头观察,每小时、每一天、每个月都生活在一起,逐渐地我会发现究竟是哪个能带给我更永恒、更持久的满足感。

另一件有着很强自我的物品,中国青铜器,商代,公元前 1500 年

15种属性对区分A和B起着重要的作用。如果我判定A有更多此类属性，那么随着时间的流逝，我会逐渐注意到A有更强的持久力。当我逐渐意识到这样的结构可以预测时，我的自信增强，判断力提升，精准感知的能力也增加了。

这是意义非凡的。当这样使用生命结构的知识时，人们精准感知的能力变得更纯粹。作为生命的基本准则它并不能增强我的感受，但它能帮助我克服由于思想观念和意识形态导致的感受缺失。这样我就可以加强对事物生命的认知，让我更加精确敏锐地区分事物。

有种情况会经常发生，一开始我喜欢B多一些，最终通过实验却证明B比A的生命更为短暂。相反，虽然我在刚开始并没有意识到A的价值，但它却具有更持久的品质，能够让我一次次地将其回味。

这就是我所说的真正的喜欢不同于表面的喜欢，这关乎判断和认知，与观点无关。要提前预知哪一个能通过持久力的考验，需要许多经验。就本质而言，正是自我镜像的测试使之可行。它能够确定两个事物中哪一个将会被更持久地喜欢，哪一个与我们的内心有更持久的联系。

如此就提出了关于整体性的一个重要观点。事物中的生命或整体性不仅是抽象的、功能性的或整体的生命。那些有生命力的事物才是我们真正喜欢的。我们表面上对于时尚、后现代形象和现代主义形态与幻象的喜欢是反常的，顶多是一种怪诞的、暂时的喜欢，没有稳定持久的价值。从长远来看，我们真正喜欢的是结构中的整体性，它在我们心中构建了深层的宁静和永恒的关联。

但奇怪的是，发现我们真正喜欢什么并不容易。能够对生命结构足够敏感是一种技术，也是一门艺术，以此我们能准确发现并充分感知，从而使得我们表层体验到的喜欢与我们内在稳定的喜欢相一致。这就是为什么我们需要自我镜像测验，它不仅帮助我们发现生命结构，准确地洞悉生命结构，而且更能帮助我们发现真正喜欢的事物。

7 / 学会识别真正喜欢的事物

自我镜像实验或许给人留下这样的印象，它是既能得到正确答案又能达成共识的机械测试。真实的情况并非那么简单，要学会正确地进行这个测试需要年复一年的学习。并且在学习过程中，对自我的了解也越来越深。因此，即便是一个人对自我的理解也会随着学习这个测试而改变。由于应用该测试的过程取决于观察者自身的发展变化，所以它并不是机械化的，也不总是准确的。

为了理清这一点，下面我将描述实验过程中发生的更多的实际问题。首先假设我们在观察各种各样的事物并判断哪一个更像自我。在有些例子中，譬如盐瓶和番茄酱瓶的实验，这十分容易，实验也能得到清晰的答案。但还有些例子则很难区别。你观察两个物体，试图选出一个作为自我的写照，这并非易事。你不断地观察，最终选出一个，但是当你与其他人交换意见时，发现与别人选的并不相同。

实验似乎失败了。但是，在聆听了其他人的表述、想法以及评论后，你再回头观察两个物体，多思考、多观察，你原先的看法就会逐渐改变。你会发现之前的选择是因为一些看起来无关紧要的原因：它看上去似乎更流畅，它的柔软让你想起了家里的老房子，它让你想起来X、Y或Z。但经过不断地观察，结果开始变得明晰：你选择的是两者中较为不重要的那个，它其实不能很好地诠释你的"自我写照"，反而你没选的那一个才更具持久力。所以从长远看来，另一个才是那个更好反映自我的事物。

当读到这里，一个坚定的经验主义者可能会说，"好吧，这没什么，这根本不算是一个实验，只是讲述了一些听起来像实验的话语罢了。"但这正是问题所在。整体性是真实存在的，当你判断一个具体事物是否为一个整体时，或是判断它与另一个事物的整体程度时，你会逐渐聚焦，但很难发现。这就是实验和经验的事实。有时，可能需要5~10年的时间才能发现哪一个才是真正更好的自我写照。

在古老的土耳其地毯上，我自己也有多次这样戏剧化的经历。我曾经花费数年时间收集这些地毯，试图找出那些具有最深刻品质的地毯。我发现，有时我自己不得不花费数小时、数星期，乃至数年观察一块地毯，才能知道它到底有多好。但是自始至终，我发现的都是真实的。这并不是我们的主观喜好发生转变的过程（尽管主观喜好也会转变），它是一个逐渐发现哪一组事物更具活力的过程。自我镜像实验有助于加速这一过程，因为它让你清除脑海中不相关的准则，更清晰地专注于这个问题。

因此，这个实验是真实合理的，但进行的过程十分复杂，你既要发现不同事物的相对生命强度，同时还要发现你本身的整体性和内在的自我。

据我所知，这个发现整体性和生命结构的过程不能被简化，它深奥且难懂。偏好与生命结构的混淆、分离，思想交流和理清别人强加给我们的文化偏见和观点的困难，解决了所有这些难题，就会让我们感到一切都是值得的。真正的品质一定会逐渐出现，并成为真实的事物而被鉴别和信赖。

我们做这个实验时会发生什么？为什么我会认为这种实验是一种预估事物生命结构程度的可靠方法？我们的头脑受到观念、图像和思想的干扰。正因如此，我们无法准确地看到不同事物中的相对生命或整体性的程度。但是，它们的生命强度却可以通过与我们内在自我的相似程度来衡量。然而，即使在做这种评判时，我们依旧受到干扰，因为我们对自我的观点也会受到图像、思想和观念的影响。随着我们的成熟，我们逐渐了解到我们的思想或自我仅仅是某个更宏大的事物或自我的一部分。我把这种更大的自我称为本心（Original mind）。然后依据这种本心在建筑中的反映程度，我便能判断其整体性或生命的程度了。由于本心是自我的一部分（也可以说自我是本心的一部分），原则上无论我何时进行该测试，都可使用。但如果我要成功地进行判断，就必须去除关于我的思想或者自我的错误观念。

这是一项艰巨的任务。

第 8 章 自我镜像

波斯碗和蓝色圆圈瓷片

有鸟图案的碗看起来更亲切,我们会首先被其吸引。蓝色圆圈的瓷片更加简朴,更有设计感。但最终,经过一段时间的仔细观察,发现蓝圈瓷片更具持久力,并且是更好的、更深刻的自我写照。

波斯碗,9 世纪

钦塔马尼设计的土耳其瓦片,16 世纪

哈萨克地毯和安纳托利亚地毯

第一眼会觉得哈萨克地毯色彩更为鲜亮,更像自我。另一张有破损,没有明显的吸引力,但经过一段时间的了解,下方重复图案的祈祷地毯更为深刻持久,更能反映自我。但这可能需要花费数年才能发现。

哈萨克地毯,18 世纪

安纳托利亚地毯残片,15 世纪

第 8 章 自我镜像

两件中国史前青铜器

四羊方尊上的卷角羊头美丽且深邃,而上方的青铜盉乍眼一看似乎有些奇怪。但经过长期观察,会发现盉与我们的内在自我有着更为清晰、显著的联系。无论如何,最终我们都会意识到这一点。

中国青铜器:青铜盉

中国青铜器:四羊方尊

马蒂斯的两幅画

早期的摩洛哥画作是马蒂斯伟大的作品之一：它带来直接的感受，直抵自我。作为自我的一部分，毫无疑问它具有强大的力量。剪纸作品《国王的悲伤》第一眼看上去让人感到惊恐、不安，慢慢地它的威严感逐渐减弱。经过数年的观察，即便摩洛哥画作更美，我相信《国王的悲伤》才更接近内心永恒的自我。

摩洛哥拱门，亨利·马蒂斯，1923 年

国王的悲伤，亨利·马蒂斯，1943 年

幸运的是，有一个反向作用能帮助我接近本心。当我尝试该实验时，当我观察事物并追问它有多像自我的写照时，当我遇到这个实验揭示出的我的内在矛盾和困难时，我开始逐渐丢弃因图像和观念而看似美好的事物，只保留那些真正充满生命的事物。随着这一过程的延续，它磨去了我对于自我固执己见的观念，并慢慢代之以更真实的自我。这样不断地尝试执行自我镜像实验，逐渐让我越来越接近本心。当然，我做得越多，本心在判断建筑整体性和生命上就越有用。本心越纯粹，我的观察就越准确，就能越准确地评判建筑。

我们看到，出现在建筑或艺术作品中的生命是能够被测量的，但它只能依赖观察者发展启蒙的程度衡量或估算。

根据笛卡儿的标准，这种观察的方法会被认为无效。笛卡儿式的科学观察方法是每个观察者都可使用的方法。事物能被测量的生命强度取决于它与自我的相似程度，也取决于它让观察者感知到健全的程度。乍一看，这个观点体现了主观性的最高级别，而这正是笛卡儿方法想要排除的。

但是如果客观上生命现象不能通过其他任何方法被测量呢？在这种情况下，笛卡儿方法的狭义限制将成为我们在建造适宜环境时所面临的困境所在，因为它会武断地将生命的观念置于可合理测量或观察的范围之外。我认为，我们自20世纪50年代以来不断建设的丑陋且毫无生气的环境之所以会出现，是因为公众和权威舆论对能在笛卡儿框架内衡量或讨论的事物最为满意。这使得真正的品质变得毫无可能。

为了修正这个问题，并把建筑的生命这一概念引入普遍的科学话语体系中，我们应该调整什么是可测量的以及该如何测量等科学观念。

这并非科学发展历程中的新鲜事，在科学发展的历史进程中，我们在不断调整能测量的事物和方法。在这个历史进程中，采用自我镜像测量生命结构的存在尽管非比寻常，但它仅仅是观察方法的又一进步，需要实事求是地对待这个现实。

8 / 多种文化，一个量度

我清楚地意识到，本章的内容会给职业建筑师以及几个世纪以来奉行科学思想的人带来巨大的麻烦。从任何理性的经验主义思维来看，真理只会在"自我"中找到，而非"自我"之外的世界，这个观点似乎是值得怀疑的。同时，即便在一个需要努力通过共情、共同参与、人类学智慧理解"他人"的世界中，我们也应该在自我中寻找终极真理，而非那个"他人"的世界，这一观点看似疯狂。

但是，我十分清醒，并坚信它完全正确。我一辈子都与来自不同文化背景的人一起工作（包括秘鲁、墨西哥、印度、日本、巴西、以色列、德国等）。我想，在这些案例中，我之所以成功，是因为渴望成为那个人；

我将自己当作一个印度人、日本人、秘鲁人，从内心出发理解作为一个印度人、日本人、秘鲁人是什么样子的，并在内心深处明白身处这些文化中的人们的真实感受。

我深刻地意识到不同文化、不同气候以及不同地区的差异，并建造了突显这种差异的建筑。我相信这些事情一定会被理解，建筑学的基本规则是：（1）询问人们想要什么；（2）完全地给予他们，这样人们内心的尊严才能得到保护。

但是当一切都说完也做完的时候，自我以及自我镜像仍然是隐藏于更深层的问题。我认为，在所有的当代文化中，人们的传统被剥夺了，这与其说是因为摧毁了古老文化，不如说是因为今天的主流文化剥夺了人们内在的固有感知，剥夺了人们的真实感受，也剥夺了人们真实的"喜欢"。

虽然每种文化中的真正喜欢是不一样的，但是我完全可能通过创造真正喜欢的事物而成功地创造一个日本人真正喜欢的事物，而不是按照日本风格的现代准则去设计。事实就是全球基于金钱的民主进步导致了这种深刻的同一性，（到目前为止）这种同一性均建立在虚假之上，建立在否认人类真正意义的基础之上。完全认同人类的真正意义，认同创造反映人类真实内在结构的生命结构，是一件比文化带来的细微差异更深刻严肃的事情。

如果能够正确理解这种内在真理，我们就有能力引入文化差异。事实上，它将会自然而然地显现，因为只要人们做与"自我"相似的事情，文化差异便会自动显现。但是，如果遵循现代参与式民主、技术社会或是货币经济的机械客观标准，就会驱走我们内心的真正价值。这一切都只是言过其实或夸大其词，用一些伪装成来粉饰太平。

自20世纪70年代起，我一直在观察本章所表述的真理是如何令人不安的。我相信这些真理实质上非常深刻，以至于成长在20世纪的我们深深地感到不安。然而无论显得多么令人不快，它们必须被理解。虽然这有些麻烦、难以接受、难以理解，也与现代格格不入，但我相信它们是正确的。

它们描绘的事物，无论看起来多么不可能，都是世界中存在的事物：它都是对事物的本质描述之一。

注释

1. 其中许多观点将在第8章中进一步阐述。第四卷的章节也有进一步的拓展，尤其是第2~3章、第5章、第9~10章。

2. 在物质层面讨论物质和自我之间建立联系的问题是非常复杂的，第四卷试图定义这种联系。无论这个自我到底是什么，在任何情况下它都是个人的。它是抽象的、普遍的，是所有事物的基础，极具强烈的个体风格，因此在第四卷中，我经常把它称为"我"。在第四卷中，我提出生命结构必须是物质的，当然也有部分心理属性和部分物理属性。我认为正是这个世界特征，进而解释了本章的实验结果。

第 9 章
超越笛卡儿：科学观察的新模式

一个建筑的两个方案：A 和 B，能否凭经验辨别哪个更具有生命？我们能否让人们就这一问题基于事实毫无偏见地达成共识？

1 / 呼吁对体验的认同

现代科学中我们称之为客观性的真实特征，主要源于其成果能够被认同这一事实。笛卡儿的方法是针对具有一定界限的事物活动进行观察，这与现象的认知局限和机器化的观点有所关联。这种方法创造了一种环境，当我们在该环境中做同样的实验时，都会得出大致相同的结果。正是这一点才能使我们得到共识，反过来又引导人们将这个共识称为"客观"描述。

因此，对于任何客观现象而言，至关重要的就是对其本质的观察会带来相同的结果。为了对任何一种现象有一个客观了解，我们必须找到能够带来共识结果的观察方法。这样我们才能说这一现象是客观的，然后才能逐渐认同对其一致的描述。

本卷描述的方法并非建立在认同结果的笛卡儿方式之上，但我相信该方法对充分认识世界中的生命而言十分必要。为了看到生命现象真实的模样，采用的方法不能以观察和结果能被认同为基础而依赖于机械。

例如，在观察第 1 章和第 5 章中案例的生命和整体性时，我并没有将自己置身其外。相反，每次观察时我都努力领悟哪一个更像我自己的镜像，我对哪一个更有感觉，哪一个更具生命力，哪一个让我体验到自我更好的整体性。然后找出与我的观察紧密相连的事物。在当代科学标准中，这并不是被大家认可的观察方法。然而如果不用这种方法，我在本卷中提出的观点也许根本不会出现。

因此，这并非打开通往奇幻的主观世界大门的问题。本卷的内容与笛卡儿方法论认可的实验和观察一样客观，一样依赖于经验，也一样能获得被认可、可重复的实验结果。但是，它拓展和补充了科学观察的方式，从而允许观察者以客观的方式在观察中引入自我。

我已表达过这样的观点，即空间应被理解为具有生命的实体，是一种基于所建立的递归结构而变得越来越具有生命的事物。当然，这种理解空间的方式不可能在固守任何事物都是机器的观察方法范畴内使用。因为本书中所阐述的物质/空间的概念都具有这样一个特点，那就是它与机器不同，任何一种被迫假装一切都是机器的观察方法都不可能看到它的本来面目，或者承认它的特性。

然而我所展示的用以构建空间/事物新认知的经验事实，是每个人都能够使用的。我在此处特别指出，空间的不同部分具有不同程度的生命强度。但正是因为笛卡儿式的观察方法让我们看不到这些事实，或是这类事实，这些观察和这些观察到的事实在当今已经不为人所知。这就是我们有缺陷的、反生命的观念在现代形成的根本原因。

第 9 章 超越笛卡儿：科学观察的新模式

写这卷书时，我从一种不同的观察方式开始。我凭直觉相信，对我们内在感受的观察，以及不同的艺术作品对我们的内在产生不同程度影响的事实，都起源于真实的现象。因此，我通常将注意力集中于对事物（尤其是建筑）感受的深度上。中心感知体场域及其作为所有建筑根基的整体性这一深刻特征都可用于我的观察研究，因为这种观察方法使我能够把任何事物的相对生命当作客观物质进行研究。

我想要强调的是，这种观察方法就像笛卡儿的方法一样，依然要参考经验，其本质依旧是经验性的。它破除空想，并力求避免推测臆断。在这个意义上，它与笛卡儿方法一样是经验性的。但是，笛卡儿方法只允许将观察聚焦于世界机器这个表象上的现实，而我的方法同时关注内在的真实感受。

因此，我的结论基于经验，反映经验，并描述经验。这里所讨论的经验是指人们对内在感受的体验。但是这些体验的综合结果最终依旧指向世界的事实，即不同场所具有不同的生命强度。正因如此，我们对于这些事实的认识是能够被认同的。

2 / 一种更为普通的生命测试

我在 20 世纪 70 年代后期第一次发现了自我镜像测试。那时我又惊讶又高兴，因为自己找到了一种简单的测试方法，可以对人工制品的特质和生命进行实证研究。

在接下来的几年中，我发现这种特殊的测试仅仅是一系列类似测试中的一种，所有这些测试都强调把观察者体验到的整体性作为经验方法的基础。

现在，因为这种经验方法已经成为了我实践方法的基石，所以我和我的同事并没有将自我镜像测试作为唯一的测试手段。它对于日常使用的方法而言有些太与众不同，对普遍的专业研究而言又有些令人震惊。近年来，当我在比较不同的建筑设计方案时，我们更可能追问自己：哪一个能让我们对自己的生命产生最强烈的感受，哪一个拥有着最强的生命力，哪一个能触动内心的最深处，哪一个在我们内心创造出最强烈的整体感受。首先，作为观察测试的基石，即具有最多生命的系统对我们自身的整体性影响最大。也正是这种对我们体验到的内在整体性的观察，成为了我们新方法的基石，这种新方法能让我们依据自己所感知的整体性多寡，来区别被观测系统生命的多寡。

读者可能想知道为什么我没有在第 8 章立刻开始论述基于观察者整体感受的常规测试。因为，直到 20 世纪 80 年代中期所有这一切才变得清晰，当时我已经写完了第 8 章，为了保证这一章是一篇让人信服的文章，也为了维持自我镜像测试本身的原型，我决定保持原有的章节安排。自我镜像测试仍是一种最根本的观察方法，它是其他方法的基础，但它不是实践中可用的最简单的方法，也不是日常最惯用的方法。

而且，较为常规的测试方法更为灵活，更易于使用。我发现就日常使用而言最有用的是这个问题："比较 A 和 B，哪一个让我感受到自我最多的整体性？哪一个最能让我触碰到自己的生命？哪一个让我最深刻地体验到生命？"通常回答这些问题并不容易，但这一般都是可以完成的。

3 / 测量技术

测量这一概念的本质具体如下。如我所言，任何中心感知体相对其他中心感知体的生命强度都是客观的。但是为了量化这种生命强度，很难使用当前科学中惯常认为的"客观"方法。相反，为了得到实际结果，我们必须将我们自己作为测量工具，采取一种新形式的测量过程，这种过程（必须）依赖人类观察者以及观察者对他/她自己内在状态的观察。尽管如此，以这种方式进行的测量在通常的科学意义上却是客观的。

该测量过程背后的本质在于，当比较两个不同的中心感知体时，我们追问自己，究竟哪一个在我们身上引发了更大的整体感受。能使人产生更大整体感受的就是拥有更多生命的。按照传统认知，这样的测量过程似乎具有高度的主观性，因此对于不同的观察者而言可能会得到不同的结果。如果是这样的话，那么整个客观观察的概念就没有意义了。相反，我们发现不同观察者在实验后得到的结果非常相似，这也是我所提出的新方法的本质，他们的观察结果趋于一致。因此，不同观察者观察结果的一致性为我们提供了认知该本质的关键，即生命强度的观察是客观的。

大约在 1978 年，我第一次开始尝试这种测量方法。从那年起，我开始发现自我镜像的测试只是诸多可用的测试方法中的一种，所有这些测试方法基本上都是相关且相似的。所有这些方法都要求观察者审视客观外部世界中某个系统在其自身所引发的主观感受和内在整体感受，并将审视结果作为对被观测系统的客观认知的获得方法。

自 1978 年起我尝试的测试方式包括了常规测试，在一些测试中我会直接要求受试者在两个对比系统出现时报告自己所感受到的生命气息的相对程度，还有一些测试我会要求他们汇报在看到对比事物时体验到的感受的相对深度。甚至还有这种测试，我要求观察者在两个比较系统出现时汇报自己接近上帝的相对程度。还有很多种测试方法。我听说过另一种日本的比较测试：合气道（一种日本武术）大师在比较两个动作时，他们会比较在自己身体内体验到的状态；这些练习合气道的人具有敏锐的洞察力，并能够通过自己内在感受到的和谐程度来衡量设想动作的优劣。[1]

在所有这些测试中，观察者在比较 A 和 B 两个系统时，观察自己的内在状态，判断 A 或 B 中哪个更具有生命力。

其中可以使用的问题有：

- 以下两者哪一个会激发自我对于生命更强大的感知?
- 以下两者哪一个更能让我意识到自己的生命?
- 以下两者哪一个引起了(正如合气道的问题)我、我的身体以及我的思想更大程度的和谐?
- 以下两者哪一个更能让我感到身体内的生命气息?
- 把我自己当作一个整体,涵盖了我所有维度以及众多对立内在的整体,接下来我会问,以下哪一个和最好的自我更像,或者更契合永恒的自我?
- 以下两者哪一个让我有虔诚之感,或者哪一个激发了我内在的虔诚?
- 以下两者哪一个更能让我感知到上帝,或者让我感到离上帝更近?[2]
- 当试图观察我人性的张弛时,哪一个给我的人性带来更大的延展?
- 以下两者哪一个有更多的感受,或者更准确地说,哪一个让我体验到内在的一种深层统一的感受?

这些测试的共同点在于:在面对两个被测量或比较的系统时,都要求观察者真实地感受他们所体验到的内在整体性的多寡。[3] 因此,在比较时都要求观察者汇报其内在体验。

4 / 人性的加强与减弱

为了解释不同的测验,我在这里详细论述其中的一个:观察者体验到他或她自己人性的上升与降低、加强与减弱的程度。[4] 这是我在一天的不同时刻、不同地方关注感受内在完整程度的另一种特殊方式,也是感受哪种事物是最接近自我的另一种方式。

如果一天中的每时每刻都仔细观察自己的状态,就会注意到自己在不同的时间可能会更高尚或更缺乏爱心:时而无精打采,时而又充满了慈爱以及对世界的欣赏;时而是个混蛋,时而又像天使般满怀爱意;时而关爱他人,时而又伤害他人。总之,如果每天时时刻刻都仔细关注自己的经历,就能观察到自己的人性在不断地加强与减弱。

例如,前不久我走在伯克利电报大街上,打算前往一家唱片店。途中我停了下来,与一个经常坐在那里的流浪汉闲聊了一会儿。我坐在他旁边的人行道上。他跟我聊着他观察到的人,说着他们怎么好又怎么不好。就在聊天前,我能从他身上感受到他遇到了一件难事,我们便坐下来讨论这件事。然后,他突然把手放在我的手上,三根手指按在我的手背上。他停了几秒钟没有说话,然后,他慢慢地拿开了自己的手。在这个时刻,我感到自己的人性极大地加强。当他的三根手指触碰到我的手时,我的人性在那一刻变得更强了。在几分钟的无声交流中,我比平时更像是一个人。

当然,这并没有持续多久。当我离他而去的时候,我的人性又开始下降。我走进了商店,几分钟后,买了一张唱片并到前台付

宾夕法尼亚谷仓的装饰　　　　　　　　巴西利亚的象征性装饰

当我站在左侧宾夕法尼亚谷仓的装饰物前，或者站在巴西利亚的象征性装饰物前，哪一个会更加治愈我的灵魂？面对左侧的木板，我感到我的人性在增强；面对右侧的装饰，我感到我的人性在逐渐萎缩

款。我和店员说了几句话。他拿着我的信用卡。我们闲聊了一阵，他是个不错的小伙子。一切都没什么特别。这只是一个机械的交易。信用卡没什么特别。但是，我的人性在进行信用卡支付活动的时候稍微减弱了一些，只减弱了一点点。

这些事情时刻都发生在我们每个人的身上。根据发生在我身上的事情以及我所做的事情，在世界上经历的每一时刻，我的人性都在不断地加强或减弱；有时它在一瞬间会稍微大一点，有时它在一瞬间会稍微小一点。

不只是人类的处境引发了我人性的加强和减弱，还有周围的一切、我的经历、我所体验的物质世界，以及我所遇到的活动和行为。甚至连建筑细节都是如此，它们不同程度地支持我或否定我。一段普通的铁栏杆也可能是非常积极的。这没什么大不了，但当我看着它，意识到与它一起存在时，我会非常轻微地感觉自己更像个人，更有价值了。或者在另外一个场合中，我看着墙上的恒温箱，可能产生了相反的感觉。恒温箱本身并不难看，它很普通。但当我思量它，想到与盒子里的那个东西一起存在时，我会非常轻微地感觉自己不那么像个人，我的人性又开始下降了。

请思考本页的两个例子。面对宾夕法尼亚谷仓表面的装饰，当我站在前面思量它，把自己沉入其中时，感觉我的人性正在不断上升、不断加强。但巴西利亚的装饰给我的感受不一样。这种装饰的确有象征性，应该代表或暗示了一种新精神，一种令人振奋的精神。然而事实上，当我站在前面思量它，把自己沉入其中时，我却感受到我的人性在减弱。

所以，事物中的生命力对我有着直接的影响。一个结构上更有生命力的事物让我更像一个人，一个结构上没有生命力的事物让我不那么像一个人。我在世界上经历的每一时刻，都能感到自己的人性在不断地加强或减弱。当然，它来自我，是由我引发，但它也是由我与世界的相互作用引起的；它因我遇到事物的不同而不同。

当我站在左边宾夕法尼亚谷仓的装饰前，或站在巴西利亚符号性的装饰前，我的灵魂是否更加强健？面对左边，我感受到自己的人性放大了；面对右边，我感受到自己的人性减弱了。

5 / 比较

每天都会有这样的经历。

当我 1992 年访问达拉斯时,东道主带我参观了很多地方。我们从达拉斯艺术博物馆开始参观。博物馆前有一个广场,广场上有一个巨大的铁质雕塑。在达拉斯烈日的暴晒下,那个地方严酷又简陋,让我感到自己的人性减弱了,我不那么像个人了,我的人性正在下降。但在博物馆的右侧有一小段长约 300 英尺的人行道,沿着人行道种有一些浅绿色的小树,它们枝繁叶茂,让人们感到了习习的微风;它们都不是很大,但构成的林荫路让人感到愉悦、凉爽、阴凉,甚至亲切。当我站在那里时,当我沿着人行道行走时,我的人性再次上升了,它正在加强。此刻,我更像一个人。

我的人性增强:达拉斯艺术博物馆一侧的大道

然后我去了得克萨斯商业银行大厦。大厦前面有座椅和灌木。设计者试图在创造一些让人感到愉悦且实用的东西。但是一些细节却使它显得有些滑稽不太恰当。这些座椅并不是真正的座椅,它们太窄了,你无法坐在上面。它们就像是座椅的图像,而不是真正的座椅。有趣的是,尽管如此,场地的右侧与左侧还是略有差别。场地右侧的座位旁有灌木丛。这是毫无意义的,没有人会坐在那里,没有人会喜欢坐在那里。我在那里感到自己的人性在减弱。但是左侧的情况则略有不同。那里的一些灌木丛已经长大了,它们的下部已然形成了一种亲密氛围。尽管座椅不太妥当,但这种亲密感让人感到愉悦;我感到自己的人性再次轻微地上升了。[5]

我的人性减弱:得克萨斯商业银行外的座椅

有读者可能会问,当得克萨斯州一处(喷泉、艺术博物馆、林荫路和座椅)的品质如此显而易见,或者如此匮乏的时候,为什么还需要做这样一个晦涩难懂的石蕊测试来检

"A"为建筑师设计的维多利亚与阿尔伯蒂博物馆加建部分的渲染图，英国伦敦

验人性的加强或减弱，而人们真正想说的就是这些树木和座椅很好，而艺术博物馆广场不好。

事实的确如此。但是我们要记得，在20世纪后期盛行的教条颠覆了判断建筑优势的标准。许多建筑师有意设计出类似艺术博物馆广场的东西，刻意避免简洁美好的场所（如座椅与小树）（例如，嘲笑一些做出这种设计的建筑学学生，尤其是女学生）。

同一批建筑师为了捍卫当时流行的建筑观，费力建立起一个虚假的价值体系，在这个体系中，是否具有生命力已毫无意义。这是由一种建筑文化造成的，在这种文化中，一些建筑师公开嘲笑更具深层意义的想法，并竭尽全力歪曲这些问题的常识性理解，以此支持当时虚假的价值观。

正如我在这里试图去做的那样，我们需要以一种正式的方式建构确切的方法，必须将其视为解决极端困难（恶性）情况的一种手段，在这种极端困难的情况下，人们的常识被颠覆，许多人不再清楚该如何以真实的方式回应建筑中的生命力。

直到今天，这种情况还在继续。维多利亚与阿尔伯特博物馆馆长用冠冕堂皇的说辞，为自己在伦敦建造这样一个丑陋的建筑进行辩护，这番引述的说辞与人们日常生活中所持有的普遍价值观与见解截然相反。照片中展示了维多利亚与阿尔伯特博物馆的效

"B"相同基地的另一种可能的方案

果图。[6] 在这个例子中，"A"是刻画方案的图片，而"B"是此处替代方案（想象）的图片。A建筑的形状刻意违反生命结构的大多数特征（我认为它是刻意的，只是努力让建筑艺术化，这严重偏离了生命结构的特征，因而不可能是巧合）。

如果我们问自己，在博物馆和街道上增加这种结构是否有助于我们感受自身的整体性，我相信答案几乎是显而易见的，那就是不会。当然人们也可以运用其他标准进行判断，街道是否成为最深刻自我的更好写照？它（在任何意义上）能让路人更接近真实的自我吗？它让我感到生命力了吗？

当然，在建造博物馆加建部分的过程中，存在许多重要的问题。比如到达博物馆时，设有清晰标记的入口至关重要；还要考虑交通的影响，以及当人们到达这里时，可以看到或感受的重要事物。与博物馆中陈列品的关联也需考虑。这个建筑设计可能在所有准则上都是错误的。但是我想要说的是，影响我们自身的整体性的准则包含以上所有的准则。关于观察者整体性体验的测试并不幼稚，它是那部分环境的生命根源。

因此，借助一个非常简单的工具，人们就可以通过合理的、明确的、简单的方式判断建筑给伦敦城市环境带来的生命力。

用如此简单的标准讨论百年来无法解决的复杂（评价建筑品质的标准）话题，这的

让花园小径直接连通住宅的粗略尝试

S形曲线。即便是一张粗糙的硬纸板，也能看出效果好了许多

对曲线进行修饰并给出真实尺寸，以获得更精确的曲线效果

确会让见多识广的人们感到尴尬。但无论如何，这就是我在本书中要阐述的部分要点，也是我的后笛卡儿观察方法论的要点。它们非常清晰明了、易于操作，并且可以快速得出结论。

我们在政治上是否对这种观察方法的结果感到满意则是另外一回事。这种方法不接受愚昧。这与愚蠢地坚持晦涩难懂的艺术观念截然不同。正因为如此，有些人可能会开玩笑地否认这种方法，因为他们认为这触及了他们正在实行的智力游戏的核心。维多利亚与阿尔伯特博物馆的馆长或许是爱上了自己构想出的前卫特征，才会做出这样的事情。但是，这种测试是真实的、有效的，是以实验为依据的。[7]

当然，这种判断方法不仅能在整体比较两个设计方案时作出全局判断，而且更重要的是，这个方法为我们提供了一种创作平面与设计的工具。它让我们检视设计流程中的每一个步骤，并对下一步可能采取的不同做法的生命力与健康程度作出判断，让我们每一步的选择都是最健康的，然后再去做下一个决策。我认为这种经验性方法或许是有帮助的，它不仅支持判断，还有助于设计的发展。

在下一个例子里，我将展示加利福尼亚州伯克利的一栋住宅入口。我的员工从前门和入口开始，对这所住宅进行改造和重新设计。原先的入口阴暗且令人不适，住户想改造它。这项工作并不简单。所以，我们收集了一些粗糙的硬纸板排列起来，想看一看该如何处理。正如本页第一张图片所示，我们从一开始就采用了一种非常直接的方法，把硬纸板大致摆放在入口处。这几乎没有任何

第 9 章 超越笛卡儿：科学观察的新模式

根据前一系列的模型建造完成的前门花园

感觉或获得感觉的潜力。当然，作为一种生命意义的象征，或让人感悟自我灵魂的事物，它并没有实际功能。如第 356 页第二张照片所示，为了观察如何能做得更好一些，我们把纸板弯曲并布置成 S 形曲线。这一次有了些许希望。你会感受到自己的生命力或灵魂确实因为它的存在而有所提升。随后，我们按照砌体材料的实际尺寸制作纸板，并继续

在最终铺设工作之前,尝试两种有窗洞的墙面可能的铺设方式。尽管很难做出决定,但我们慢慢地发现,右侧的铺设方式在观察者身上创造出一种更为完整的氛围,而这正是我们所选择的。窗户周围多出来的灰色区域,虽然乍一看并不完善,也并不精美,但与左侧的铺设方式相比,更为传统,更加"完美"

建造,看看这条曲线还能如何优化。这确实很有价值。最终,这堵墙由混凝土浇筑而成,与第356页第三张照片所示的线条关系大体一致。完成后的照片如第357页图所示。

我们在这里看到如何运用一个非常简单的标准,而且仅需遵守并不断运用此标准,就能建造出令人愉悦的花园围墙和入口。这个方法可用于建筑设计发展演变的各个方面——平面、概念、结构、体量、布局、细节,这个方法就是第二卷所论述的生命进程的基石。

本页和第359页的例子展示了一些深刻而微妙的差异,这是通过观察者是否体验到身心健康这一准则进行判定的。在第一张照片中,可以看到并置在相邻两个墙面上的模型。我在建造朱利安大街旅馆的时候制作了这些模型,这栋旅馆是位于加利福尼亚州圣何塞的流浪者之家。我们在工作坊中制作了4000块手工瓷砖,用来贴在建筑的第二层立面上。玫瑰橘色的瓷砖将铺设在斜的棋盘网格中,瓷砖的空白处则用灰泥填充。我现在得努力寻找瓷砖网格与窗框的连接方式。在案例A中,瓷砖将一直铺设至窗框,并根据实际情况切割瓷砖以完成图案。在案例B中,瓷砖避开了窗框,灰泥涂抹在窗框的周围。案例B的想法是将窗框边上的瓷砖抽走,并用灰泥填充窗框边的区域。

读者从第359页图中可以看出,我最终选择了B而没有选择A,这个决定并不好做。当第一眼看到这两个并置的样品时,人们可能倾向于选A。A比较传统,看起来较为整洁;在某种程度上,甚至可能更易将A判断为"整体"。在制作这些模型的时候,我们

第 9 章 超越笛卡儿：科学观察的新模式

最终完工的朱利安大街旅馆的窗户。我们从尝试的数个方案中，选择并建造出了最具生命力的那一个

在现场也有同样的感受。然而我意识到，尽管 B 有一些奇怪，但值得仔细研究。然后我做了自我镜像测试，同时仔细检视了我的内心感受。虽然 B 并不常见，但我发现当这些准则用在 B 上的时候，它对于提升我的内在整体性有些许正向的影响。

我在这里必须强调，这并不容易发现。这个判断很难把握，极不明显，只有当我和我的同事再三询问自己，在反复比较 A 和 B 的情况下，判断才变得清晰起来。这个例子中简单地问"哪一个更美？"或"哪一个更有生命力？"可能会让大家轻易地选择 A。只有非常微妙且谨慎地检视人的内心感受，才能揭示 B 在观察者的内心创造出更为强健的身心或人性感受，从而让人们在深层意义上更真实地活着。

6 / 建筑的评价和追求

建筑的全部问题，特别是我们这个时代的问题，都是建筑评价的根本问题。什么是好的，什么是坏的？什么是更好的，什么是更坏的？

对于我们这个社会而言，这些问题至关重要。如果我们能够在评价这些问题时达成一种共识，并且这个共识是可靠的、有根据的、真正共享的，那么每个人都会认同它，我们的城市与生活环境就会逐渐变好。只因人们的评价就能逐步推动，促进成长，使它们变得更好。然而近几十年来这种情况并不多见，这些问题有太多模棱两可的答案。人们各抒己见，几乎每个人都有不同的哲学观。

同样的情况也发生在每一位建筑师与建造者身上。如果我们有一个健全的、清晰的共识来评价什么是好的，什么是坏的，什么是更好的，什么是更坏的，那么就可以顺利进行决策，获得良好的结果。但是我们目前没有这样的工具。我们的确有观点，但是评价标准并没有真正可靠的根基。因此，每位建筑师、设计者都有些迷惘，他们想把工作做好，但又拿不定主意，不确定自己这么做有什么意义——这一切都是因为他／她／我们工作的每一时刻所作出的评价，都建立在不稳定的基础之上。

什么是生态适宜的，什么是具有社会与精神价值的，什么是视觉上美的，什么是灵魂上舒适的——这些问题全都包含在整体性的总体评价之中。将观察者自身体验到的整体性作为被观察系统的完整性的衡量标准，所有这些测试都以相似的方式帮助观察者理解系统中存在的客观生命力强度。只要不同的观察者采纳了所有这些内容，将能在比较广泛的层面达成共识。

了解这些观察的最终目的是观察世界的系统，而不是观察观察者的反应，这一点至关重要。如果我们通过检视观察者在溪流中所体验到的整体程度来比较两条山涧的话，就是在比较系统的生命强度、整体程度以及生态健康程度，也就是衡量溪流本身的生命力强度，而不是衡量观察者的满意程度。如果我们比较一座雄伟大桥的几种不同设计方案，正如在最近关于旧金山奥克兰海湾大桥设计的辩论中所要求的那样，人们能看到且感受到有些设计比其他设计更有生命力，因为它们可以让我们自身感到更加完整，这些设计更加具有生命力。

所有方法都是一种普遍观察方式的特殊情况，这种观察依赖于观察者对他或她自己整体状态的研究，而这种整体状态先于被观察的不同事物或系统，然后用观察者的经验作为被观察系统的衡量标准，以确定系统生命力的客观程度。

这一切只能基于我们愿意接受非笛卡儿或后笛卡儿形式的客观性标准。

7 / 从现代科学先例中产生新的观察形式

这是一种崭新的观察形式，我相信它有助于证明，即使是新的形式，也与现代科学的其他观察方法之间存在着连续性。

衡量一个非常简单的中心感知体的生命力，这样的行为即使在当代思想中也是常态。

让我们回到整体的最初定义。整体是一个由中心感知体组成的系统，这些中心感知体共同作用，创造出空间某一特定部分的完形。一般而言，我们很容易就能区分一些中心感知体，并将它们与其他非核心的空间碎片区分开来。我们每天都会不假思索地做一些事情，当把苹果、苹果芯或苹果核视为一个实体时，我们还会注意到这个中心感知体比邻近的许多重叠空间更加突出、更加连贯。又或者说，当我观察白底上有一条黑线，黑线就可能被识别为一个中心感知体。黑线非常清晰，有边界，对称，颜色对比鲜明；黑线作为中心感知体的出现是因为这些特征带来了分化。圆形作为实体的客观特征就是我们众所周知的认知心理学。

同样，我用类似的方法证明一张纸上的一个点所创造的整体是由一系列凸空间片段构成的。[8] 直到能够确定这些空间片段集合比其他可能的空间子集更加连贯，更加集中，我们才能定义出整体。这些判断通常并无争议。事实上，格式塔心理学家在20世纪30年代所做的实验恰恰表明，人们或多或少会以相同的方式作出这样的判断。[9] 心理学家识别出一种被称为"praegnanz"（简洁、完备）的特征，这种特征创造出图像的显著性，并使图像作为整体脱颖而出——我称之为中心感知体的"力量"。1930年，已经有了关于定义中心感知体力量大小（把简单的情况可称为"图像的美"）的详细文献。约至1940年，这种图像的美被证实，它依赖于凸显性、边界、分化等特征[10]，这就是我所定义的15种属性的前身。这种图像的美，我将其称为"生命"品质的一种弱形式。

下面我们思考一些更复杂有趣的例子：例如，中心感知体在帕伦博酒店花园的运作方式。如果你看第107页列出的帕伦博酒店露台上的中心感知体，或许就不会强烈地质疑该页上的列表。就此而言，我们可以说这些中心感知体的相对强度或生命力是如此简单直接，因此大多数人都会认可。然而，在这种情况下，某些中心感知体会更加突出，而其他中心感知体则没那么突出，这种判断就达到了一定的复杂程度，这将向衡量这些中心感知体的纯数学分析提出挑战。有一天，为认知这些中心感知体而设计的计算机程序或许能够挑选出这些中心感知体，并按照它们的生命强度进行排序。在这种情况下，我们将朝着一个复杂水平不断迈进。那时，人们的认知将成为比当前任何数学理论都要可靠的测量工具。

假设我现在将帕伦博酒店露台视为一个整体并尝试衡量其生命强度。我们将获得一个中心感知体，但现在它是一个非常复杂的中心感知体。我们将它与一些时髦的餐厅进行比较，思考如何评价其生命强度。我们现在进入了建筑评价领域。喜欢后现代主义的人可能会选择时髦的餐厅而不是帕伦博露台。帕伦博酒店露台的生命强度并不那么明显。这是可以质疑的，直到我指出它包含了多少个中心感知体，并要求对这些中心感知体的密度进行核查，我们才觉察到它的生命力是如此强大。[11] 在这种情况下，我们仍然可以用中心感知体的数量或密度来平息这个争议。但这是一种基于特定计量方法的分析性评估，它可以用来支撑有争议的评价。但是评价本身作为一种"纯粹的评价"，即衡量本身，需要一种直接的方法。

在第8章的最后我列举了一些难度较大的比较案例。一对中国的青铜器与马蒂斯的画作，准确评判哪一个更具生命力，需要观察者有一定的自我认识。这种自我认识可能需要很长一段时间才能培养出来，而且往往需要一个人用数年时间来观察事物，并在提升了他或她的辨别能力之后，这种自我认识才会存在。在这种情况下，很难把握"选择那个会给我带来更多的身心健康"这一规则，因为这种感受如此深刻，而要获得感受或了解这种创造出身心更为健康的事物所需要的自我认识却并不容易。

近年来，一些高度复杂且饱含争议的实验开始表明，它们最终也是客观的。肯·皮尔西格（Ken Pirsig）在他的小说《禅与摩托车维修艺术》中就描述了相似的实验。我的一个学生克里斯蒂娜·皮扎·德·托莱多（Cristina Piza de Toledo）证实，当我们对事物进行配对比较，并向人们询问哪个更加具有生命力时[12]，人们对这种品质有着惊人且深刻的共识。[13] 加利福尼亚大学伯克利分校建筑系教授哈乔·奈斯（Hajo Neis）的研究也得出了类似的结论。[14]

有人可能会说这些研究仅仅是关于偏好的复杂评判，但是其他实验已经开始证实了这些现象（可以通过我提及的类似技术进行衡量），它们对世界的实际影响远远超越了单纯的快乐或愉悦。1967年，罗伯特·萨默（Robert Sommer）和肯·克雷克（Ken Craik）对有窗的房间和无窗的房间进行了比较。[15]

这是在建筑师提倡无窗教室的时候完成的实验，因为人们认为窗户会分散孩子们的注意力，妨碍他们学习。在实验研究中，人们被要求坐在一个房间里编写一则故事。然后把在无窗房间里的人和有窗房间里的人写的故事混在一起，由一个非实验相关的独立人员按照"抑郁"的标准评分。实验中采用了多种指标。最终实验客观表明，人们在无窗房间里比在有窗房间里更可能抑郁，更可能缺乏创造力。当然，这种方法仍然符合笛卡儿原则。然而，这里也暗示了一种方法，在这种方法中，观察者状态的整体性是至关重要的工具。

人类学家、精神病学家和社会学家也介绍了其他类似的观察结果，包括伦·杜尔（Len Duhl）、兰迪·赫斯特（Randy Hester）和克莱尔·库珀·马库斯（Clare Cooper Marcus）。[16] 实验要求人们直接报告他们周围的环境，并判断周围的环境条件是温润的、健康的，还是舒适的，等等。所有这些案例都呈现出这样一种观点，即人类经验的主观报告对建筑评估具有重要影响。然而实验者没有想到的是，这些主观报告描述的也是客观系统的客观状态。

艾丽丝·科尔曼（Alice Coleman）在1985年对英国高层公共住房的大规模研究中又迈出一步。她采用幸福与健康的间接指标证明许多政府的公共住房项目在客观上对居民造成了伤害。[17] 然而，科尔曼的研究强调了运用我在此描述的观察方法所遭遇到的困难。她所研究的住宅区环境对于成长型家庭来说非常糟糕，这对于大多数观察者而言是显而易见的。无论是用"生命力"，还是用"观察者体验的整体性"，又或是仅用普通的常识来衡量，这些住房项目很显然没有滋养它们的居民。在1985年的思维环境里，这些感受不会被视为客观现实的合理或可靠指标。而另一方面，走廊中的便溺等指标则被认为是可靠的，它们的衡量方法与笛卡儿观察方法一致。因此，尽管科尔曼的观察是我所提出的观察类型的先驱，但她的研究工作也仅能说明，到20世纪80年代，我们还无法接受这样的观察方法是合理的。

1985年，除了对事物的主观感受之外，所有关于人们感受的报告都无法作为依据。为了证明它们是对世界上真实存在的事物的客观评价，走廊里的便溺和其他机械指标都被用来证明这是一种严格的、合理的社会学问题。但这的确是一种糊弄人的把戏。这确实是用来解决许多住房项目客观上存在问题的一种迂回方式，也是试图摆脱当时的科学无法使其成为合理调研对象的一种方式。

另一个类似的例子也很有启发性。1989—1992年期间，伯克利曾因在玫瑰大街和沙特克大街的十字路口建造一栋公寓楼而引发争议。当开发商介绍项目的时候，有100多人参加了听证会。他们以各种方式表示反对，认为这个项目并不合适。然而，他们再次感到有必要用机械的术语表达理性观点："这会造成停车问题""交通拥堵会更严重""会有污染"，等等。我相信他们真正想说的是新建的建筑与社区不和谐或不匹配，但这仅仅偶尔有人会说出来。它太高了、太大了，它的建筑特征令人极不舒适。这种观察结果是清晰的、合理的，是在场的上百人共同的观察结果（可能还有数千人并未到场），但并不具备科学或社会学的合理性来阻止这个项目。如果他们只是简单地说"这项目感觉不对"，这似乎不能当作阻止这个项目的充分理由，因为它看起来是主观的，而不是客观的。提到交通、停车和污染，目的是把它们与机械对应物联系起来，让这些清晰的感受具有合理性。但问题的本质就在于这种清晰与客观的感受，也就是说，这个项目必须缩小体量以便与社会和谐相处。

在所有情况下，我们以一种或另一种形式，看到了这样一种观念最初的雏形，即观察一个人的内部状态可以为我们提供可靠与客观的信息，这些信息体现了人的外部世界中某个系统所具有的客观的生命力或无生命力特征。

到目前为止，我所引用的研究仍被视为社会科学领域的研究，这表明心理学的因素应该会对建筑评价产生影响。它们在心理学层面具有有效性，而不是物理学层面。另一方面，我提出的方法尽管延续了这些研究，但仍然向前迈进了非常重要的一步。我认为这些明显是"心理学"的方法，能够客观地观察世界中某个系统的客观状态，因此该方法应当作为这种状态的衡量方式——从而成为物理学的一部分。

我的提议是，这些对观察者内在状态的观察，不仅反映了人的态度或心理，实际上还可以用来衡量外部世界本身的真实情况。

8 / 新观察方法的核心

因此，我提出的方法不同于目前公认的观察方式。它与广泛共享的直觉直接相关，并将直觉提升为一种符合正式标准的观察技巧。这个方法要求你记录自己的内心感受和内在整体性，以此衡量外部世界某个系统的生命强度。虽然这个方法对现代科学来说是崭新的，但对古人而言并不陌生。孔子曾告诫，一个统治者只有在倾听自己内心的时候，他的统治才有效果。[18] 苏格拉底也给出过类似的建议。

这种技巧也是最复杂的佛教经典之一《清净道论》的基础，书中教导信徒识别、感受、体验他或她每时每刻准确的内在状态。[19] 正如佛教徒所修习的那样，这种方法的关键在于认知健康的内在状态，继而转向内在与外在世界中的现象，这些现象会导致或帮助观察者构建内在的健康状态。在这种状态里，健康被视为最重要与最基本的内在条件。

《清净道论》教导信徒识别内心的意识图景，这种意识由89种不同的意识刹那构成。巴利语称之为"cittas"（心）。教导的主要过程之一就是发现这样一个事实：有的"cittas"是健康的 [巴利语 "kusala"（善的)]，有的"cittas"是不健康的 [巴利语 "akusala"（不善的)] 有趣的是，《清净道论》一书中清楚地表明，准确地区分健康与不健康的内心状态是非常困难的。学习区分自己的这些状态是一个人取得进步的主要方法。

一个人通常很难准确地表明自己的内心状态，而针对这个问题的训练技巧可以让人们更加准确、熟练地认识到自身的内心状态[20]，这就是所有当代心理学文献的主要焦点，其中包括了弗雷德里克·皮尔斯（Frederick Perls）以及其他数百人的格式塔心理学研究。

我所提倡的方法的创新之处，就在于它是人类经验由来已久且不可或缺的组成部分，人们可以精确地关注到自身的内心体验，这并不是主观与个人的问题。相反，它被用作且被认可为一种基本的衡量工具，衡量观察者之外的真实世界的结构。

所有这一切都取决于这样一个事实，当关注自身的整体性时，我们发现外部世界的条件会提升我们自身多少整体性是可以被预测的。我们还发现，这些状况对人类观察者产生的影响是可靠的和可重复的。我们的感受不仅是一种主观的、不断变化的东西，它本身也是一种可靠的工具——这种感受的状态就是客观真理的来源。

最终，正是这种衡量技巧为我们提供了一个主要观点，即生命强度是世界的一种经验性、可观察的品质。

9 / 与笛卡儿的关系

我敬仰笛卡儿。我记得多年前读到《沉思》中的一段话，他大致是这么说的："如果持续运用制造小型思想机器的想法进行观察与实验，你将会发现这台机器是不是与这个世界相仿。如果全世界有成千上万的人开始做这些实验，那么两三百年之后，我们将几乎了解这个世界的一切运作方式。"[21]

这是我的概述，我只记住了这些内容，

因为再也找不到原文了，所以可能稍微有些修饰。但当我读这段文字的时候，我惊讶地发现笛卡儿不仅发明了我们数百年来一直沿用不变的观察方法，而且还清楚地知道它将会带来什么。早在1614年，他就预言了现代科学史。

我想将笛卡儿的方法称为让我们找到与世界达成共识的第一种观察方法。现在，第一种观察方法让人们以观察者的身份立于世界之外，真正地观察世界；这个方法主宰了现代科学。它事实上成为我们获取世界客观信息的唯一方式。

我相信我在本章中所描述的方法可以作为第二种观察方法。如果我对力量的认识是正确的话，它将媲美第一种方法，并成为第一种方法的补充。

第一种方法帮助我们了解机器意义上的世界运作方式。有了这种方法，我们就创造了在科学认知广度上的奇迹。第二种观察方法可能会给我们带来更多的奇迹。它或许可以引领我们通往另一个世界的大门，在那里我们观察到、感受到、意识到存在的另一种层次，这是超越科学与技术的机械观点：这一层次是建筑的基础，也是我们与世界联系的情感和精神基础。

第二种方法与第一种观察方法都揭示了世界真实结构中的客观真理，意义重大。它意味着美的特征、生命的本质、我们存在的更深层次，甚至是上帝的本质，也都有可能成为可见的真理。就像现代科学的图景那样，它们的图景或许是客观存在的，并且我们能最终审视这些图景。我相信这可能是我在此概述的观察方法的长期结果。

我们必须清楚的是，在笛卡儿的方法和我所定义的方法之间并不需要选择。在任何情况下，如果运用类似机械的方式进行观察，那么选用笛卡儿的方法是最合适的。假设未知的事物是一台机器，并且能够找到一个表达其行为方式的模型。但如果最相关的问题是不同系统的相对整体性，那么笛卡儿的方法本身将不再有效。然后，我们需要一种方法精确且客观地识别不同系统的相对整体程度。这种情况就必须使用我所描述的方法。如果我们遵循两种方法——笛卡儿的方法用于外部的机械事物；而我解释的方法则用于研究或判断整体性，那么我们将构建一种能够包含自我并且可以识别宇宙个性本质的世界图景。[22]

注释

1. 合气道的例子是斯考特·亨特分享给我的。我非常感谢他。毫无疑问，这个测试还有许多其他版本。

2. 当然，这个问题只有当观察者认为它具有明确含义时才有可能成功。

3. 仍然是相同的测试，迈克尔·N. 科贝特（Michael N. Corbett）在《更好的居所》（A BETTER PLACE TO LIVE）（Emmaus, Pennsylvania: Rodale Press, 1981）一书中描述了一个非常谦逊、简单的版本："我敏锐地捕捉到一种愉悦的感受，在那个时候，我意识到建筑设计应该通过人们使用空间的感受加以判断……"（113）。

4. 以下讨论基于我1922年在达拉斯市政厅的一次演讲。

5. 在后来的访问中，我在达拉斯市议会会议厅（City Council Chamber of Dallas）列举了这个例子以及许多其他类似的例子，那里约有100人在听我的演讲。他们都很熟悉这些例子。当我陈述每一个案例时，我都可以看到人们点头赞同。我在达拉斯街道的经历并不是我所独有的：我选择了一些大家都经历过的案例。我认为那天几乎所有听我演讲的人都有类似的经历。身处达拉斯艺术博物馆（Dallas Art Museum）的前院时，大多数人都会感到自己的人性正在减弱。在艺术博物馆旁边的小林荫道上，大多数人都感到人性有所提升。

我们在这里看到，每个人的人性都会增强或减弱。它基本上会以相同的方式与强度出现在我们每个人的身上。当然，个体差异仍然存在。我们不可能得到完全相同的判断。但从广义上讲，如果我们仔细观察自己的内心感受，关注我们自己的人性时时刻刻的起伏，我们就会发现，我们在以同样的方式体验着这些事物，并且在很大程度上获得了相似的感受。

6. 摘自《纽约时报》，1999年2月2日。

7. 因此，对于一些读者来说，这种近乎人为的、过于复杂的价值与品质的定义，以及确定其存在与否的罕见方法，是当前混乱的社会形势所要求的，也是我们需要为建筑艺术重新建立的坚实基础。这种感觉十分实用，十分有用，它指引我该如何行动。那些让我感到更完整的事物是我们要努力的方向，是我们要做的事情，只有这样才能远离那些让我不那么健康的事物。

8. 这些凸显的部分是我在第3章中定义的中心感知体。

9. （Wolfgang Köhler），GESTALT PSYCHOLOGY（New York: Liveright, 1929），以及 THE PLACE OF VALUE IN A WORLD OF FACTS（New York: Liveright, 1938）；Kurt Koflka, PRINCIPLES OF GESTALT PSYCHOLOGY（London: Routledge & Kegan Paul, 1955）。

10. 这一点已经有非常彻底的探讨，参见: Marian Hubbell Mowatt, "Configurational Properties Considered Good by Naive Subjects," AMERICAN JOURNAL OF PSYCHOLOGY 53 (1940): 46-69, 重印于: David Beardslee and Michael Wertheimer, eds., READINGS IN PERCEPTION（New York: Van Nostrand, 1958），pp. 171-187.

11. 当然，即便这样也很容易发生变化。1985年的露台（如第4章所示）美轮美奂。到了1997年看上去也还不错，但生命所剩无几。前任主人的儿子重建了露台，曾经神奇的事物现在看起来仅是令人愉悦罢了，重建改变了中心感知体。

12. 肯·皮尔西格（Ken Pirsig）在其著作《禅与摩托车维修艺术》（ZEN AND THE ART OF MOTORCYCLE MAINTENANCE）中也描述了这类实验（New York: Morrow, 1974），其中描述了一个虚构的（但部分是自传性质的）英国文学教授，他使我们看待世界的方式发生了巨大的变化。他通过实验证明不同学生论文的相对质量是一个事实，并非仅仅是观点。

13. （Cristina Piza de Toledo），OBJECTIVE JUDGMENTS OF LIFE IN BUILDINGS（未发表的硕士论文，加利福尼亚大学伯克利分校，1974年）。

14. 哈乔·奈斯（Hajo Neis）进行了各种各样的实验，要求参加实验的人们比较不同物体、情境和人工制品的生命或品质的强度。这些尚未发表的实验结果来自加利福尼亚大学伯克利分校建筑系的哈乔·奈斯教授。

15. 参见罗伯特·索莫（Robert Sommer）关于无窗房间对创造力影响的各种研究；此外，针对教育设施研究的参考文献可在互联网上查询。

16. 位于加利福尼亚大学伯克利分校。

17. Alice Coleman, UTOPIA ON TRIAL: VISION AND REALITY IN PLANNED HOUSING（London: Hilary Shipman Ltd., 1985）。科尔曼采用了一些指标（如通道里的尿骚味、墙上的脏话等）作为当地居民健康感受的负面指标。针对环境的不同特征，该研究的统计数据具有高度的可靠性，这种可靠性与这些负面指标直接相关。

18. 孔子，《中庸》（THE UNWOBBLING PIVOT），Ezra Pound 翻译（London: Peter Owen, 1968）。

19. 参见：例如，Nina van Gorkom, ABHIDHAMMA IN DAILY LIFE（Bangkok: Dhamma Study Group, 1975）和 BUDDHISM IN DAILY LIFE（Bangkok: Dhamma Study Group, 1977），二者总结了佛经的经典教义。

20. Frederick S. Perls, GESTALT PSYCHOLOGY VERBATIM（Lafayette, California: Real People Press, 1969）。例如，1960—1980年间，付出了巨大努力的人类潜能运动包含着这样一种智慧，即一个人如果能够意识自己的内心感受，将其精确地体验并记录下来，那么他或她就是健康的。

21. Descartes, MEDITATIONS.

22. 这是第四卷的主题。

第 10 章

生命结构对人类生命的影响

绪论

为了帮助我们了解生命结构的图景，以及生命结构与人类自我的关系，我现在要研究一个非常现实的问题、一个对每个人都至关重要的问题：生命结构对人类的生命有什么影响？

我试图说明在手工艺品与建筑中，其生命结构的存在程度是可以判断和衡量的，即通过估量人们自身体验到的生命强度来衡量。因此，世界的生命结构不仅真实客观，而且似乎与人类的自我本质密不可分。

因此，人们几乎不会怀疑世界的物理结构，尤其是对我们有巨大影响的建筑世界，因为我们大部分时间都身处其中。我们的福运、我们的未来、我们的生存能力，都与周围世界是否存在生命结构密切相关。

我将在本章中试图解释建筑与人互动的运作方式及其风险程度，事实上，我们在日常生活中清醒的每一时刻，都被世界的生命结构深深地触动着。

1 / 世界如何影响人类？

我将复杂结构描述为自然界、建筑、手工艺品中的生命结构，这种复杂结构对我们的日常生活有什么影响？

常识似乎告诉我们，物理环境会影响我们的生活。人们常说，建筑的形态当然也会影响我们的生活能力、我们的幸福感，也许还会影响我们的行为。人们相信温斯顿·丘吉尔（Winston Churchill）曾经说过这样的话："我们塑造建筑，建筑也塑造我们"。但它们是如何影响我们的呢？[1]

我要说的是，物理世界的几何学、物理世界的空间对人类有最为深远的影响：它影响人类最为重要的品质，那就是我们内心的自由，也就是每个人的生命意识。这关系到内心的自由、精神的自由。

我要说的是，当物理环境具有生命结构的时候，正确的物理环境就会滋养人类的精神自由；当物理环境缺乏生命结构的时候，错误的物理环境就会破坏或削弱人类的精神自由。如果我是对的，这将表明物理世界的特征可能会对人类最宝贵的特征产生影响。正是生命，也就是环境的生命结构，产生了这种影响。

那些由具有生命力的中心感知体所构成的环境，符合第7章所论述的功能条件，也符合特别的自我镜像测试，因此，这样的环境反映出与文化及社会相符的人的自我，这样的环境拥有支撑人类存在的15种属性，这样的环境也是我们感到最为自由的场所。那些缺乏这种结构的环境，就是我们感到死寂、毫无生命力的地方。

那些本身具有生命力的环境滋养、支撑着我们的情感自由和精神。在一个拥有生命结构的环境中，我们每个人都更容易充满活力。

2 / 精神自由

像自由这种难以捉摸的东西，或许还是人类更为深刻的能力，它真的取决于环境吗？墙壁、窗户与道路的粗野形式，是否会影响到一个人的自由或整体性，是否会影响这种微妙而珍贵的东西？

我认为它有很大的影响，但又很微妙，就类似于人体内微量元素的作用。众所周知，许多物质对人体健康有着不成比例的影响，例如一些维生素，甚至某些稀有金属。这些物质既不占人体摄入的主体，其直接产物也不占人体生物结构的主体。尽管如此，它们却是必需的微量元素，因为正是它们让关键酶的构建成为可能，而关键酶本身是催化蛋白质合成的至关重要且高度重复的成分。

这些微量元素之所以必要，是因为它们在各类反应过程中起着催化作用。它们反复作用于每天千百万次的反应之中。如果没有这种催化作用，身体的主要及更为整体的反应过程就极易出现问题。环境的几何性质，也就是环境具有的生命结构或者非生命结构，都会对我们的情感、社会、精神以及生理健康有着与微量元素相似的、近乎相同的影响。

一个健康的人有解决问题的能力，会不断地成长，朝着渴望的目标奋进，为他人的幸福贡献出自己的力量，为世界创造价值，可以爱，可以激动，可以享受。一个健康的人自然有能力做积极的事情，不仅能够做好，而且能够自由地做。这种积极行为是自己产生的，不能人为地在一个人的体内创造出来，但它需要释放，需要空间。这种积极行为的确需要得到支持。而它只取决于一个人对这些事情的专注程度，与其他事情无关。但即使是在快乐之中，这种稳定的心理状态，也会因为其他尚未解决或无法解决的冲突吞噬了人们日常生活中精神与身体的空间，从而受到不同程度的伤害。

这种来自外部因素的破坏性干扰具有多种多样的形式。这些因素可能是饥饿、疾病或是人身危险，这一切显然在迫使人们感到忧虑，这种忧虑超越了所有更为隐蔽的问题。这种忧虑可能源自不健康的社会环境，例如一个功能失调的家庭；也可能源自内心无法化解的情绪冲突。[2] 只要冲突没有得到解决，便无法顺利推动任何事情。一旦消除或解决需求、冲突与干扰的更大来源，生物体中更加微妙的积极追求生活的那些方面，便会开始接纳个人渴望的挑战、欲望与目标。

更为隐蔽的问题也会产生重重心事，进而对个人造成伤害。例如，工作场所中的冲突会耗尽一个人的精力，让他无暇顾及其他任何事情。令个体悲伤的事情同样如此，总会至少持续一段时间，有时甚至持续很长时间。冲突产生的时候，会让一个人无法正常工作。[3] 人们忧虑其他事情，忧虑某人的精神疾病或神经病症，忧虑家庭问题、金钱问题，忧虑厌倦的工作，忧虑被残忍对待，忧虑宝贝孩子的幸福，所有这些忧虑都可能在尚未解决的时候占据主导地位。

哪怕是较弱的程度，更为隐蔽的问题也具有相同的效果。一句随意的言论就可能让某个人在一两天内丧失工作能力；一双不合脚的鞋子、一次头痛，甚至是屋外摩托车发出的刺耳噪声，都几乎无法让人集中精力，无法让人有效地解决问题，最终无法创造性地开展工作，无法去爱，无法快乐。它们消耗了太多的能量与精力，因而难以克服这些问题。

当然，人们常说挑战使人更具斗志。攀登至今无法企及的山峰、在家里解决棘手的问题、在困难中摸索解决的方法、沿着难以行走的海岸浅滩持续奔跑，所有这些都让人斗志昂扬，让人更加活力四射。在阁楼里忍饥挨饿的艺术家（据说）比受到宠爱和支持的艺术家更有可能创作出伟大的作品。奥维尔·莱特（Orville Wright）和威尔伯·莱特（Wilbur Wright）觉得过多的金钱会摧毁他们的创造才能，因此他们拒绝了大笔的资助，这也正是他们在发明飞机时最珍视的因素。

因此，由困难和冲突所引起的干扰，其本质必须要恰当理解与准确衡量，然后才能说我们对其影响有了清晰认识，无论这种影响是消极的还是积极的。

3 / 自由和失去自由

现在让我们来谈谈人类自由的话题。我认为，最好的环境是每个人都可以尽可能地活着，在智力、身体和道德上充满活力，并且可以在环境中尽情发挥自己作为人的潜力。人们也可以假设，每个人都会自然而然地尽一切可能去生存。对享受生活、追求生活、充实生活的向往，是人类天然的驱动力。这就是一个人最自然地渴望与追求的东西。

心理学家马克斯·韦特海默（Max Wertheimer）曾经写过一篇名为"三天的故事"的短文，他在文中提出了一个关于自由的简单而特别的定义。韦特海默在文章中描写了一个不断寻找自由定义的男人。[4] 什么是自由？什么是真正的自由？他在故事中一遍又一遍地问。为了找到一个满意的答案，他通过苏格拉底式的自我对话不断地提出可能的答案，然后拜访不同的人，前往不同的地方求证答案是否正确。

例如，他有一次想到了一位身处监狱的犯人，他虽身陷囹圄，却又异常自由。显然，他认为自由的定义并不是未陷入牢狱之灾。监狱限制与囚禁本身并不是失去自由的原因。所以他继续提出下一个假设，继续前往其他地方，拜访其他人，探访其他情况。

在韦特海默的寓言故事中，这样的探索持续了三天。在故事的结尾，韦特海默的主人公避开了关于自由的所有浅显定义，穷尽了一切能够想到的其他定义，最终得出结论，

第 10 章　生命结构对人类生命的影响

失去自由。遵循当代普遍标准的典型案例：当前被广泛接受的公共住房模式。但这是一个毫无生命的结构，自由也被掠夺。在这个环境中，无尽的压力支配一切，人们无法获得想要的自由

真正的自由就是一个人对任何特定环境作出适当反应的能力。完全自由的人，是无论她或他遇到什么都能适当地采取行动的人。

什么是缺乏自由？无论是内心的强迫症，还是精神的僵化，或是政治体系，又或是笼子里的铁栏杆，任何导致这种反应能力受阻的事物都会造成自由的丧失。缺乏自由是指无论出于内外何种原因，丧失了适当行动的能力。

我们在这里看到了环境如何导致自由的丧失。迫使高层管理人员不恰当地处理员工之间的人事问题，这家公司就是在减弱自由。一栋建筑在日常事务中产生许多微弱的精神压力，以至于人们无法集中精力来处理需要解决的事务上，这会减弱自由。鼓励人们过度思考环境形象而忽视环境的日常感受与实际现实，也会减弱自由。

地球上每一种人类社会都存在着各种各样的状况，这些状况限制着人们，减弱了自由，让他们难以充盈地生活。许多状况就来自环境及其物理结构。

让我们思考一个干预自由的建筑实例。本页展示的是一个住宅项目，这个住宅的停车场直接通向房屋（这个建筑位于佛罗里达州劳德代尔堡，但可能几乎遍布于今天世界的任何地方了）。它创造出了让人们很难对其生活经历作出适当反应的环境。由于这里没有公共用地，因而人们没有真正的机会体验任何共享的、公共的或共同的互动。人们对于这种互动的意愿或许十分微弱。

但当这种意愿出现时，作为一种自然冲动，它却无法得到满足，而事实上这种冲动被阻挡、挫败和隐藏，这种行动的自然表现被更改与削弱了。

我们从另一个角度思考这个住宅项目。家庭无法表达他们的个性。每个家庭都不一样。但是家庭被关在一个建筑盒子里，这个盒子只考虑最基本的生理功能（做饭、睡觉、上厕所），它减少和削弱了个体成长的机会。

两种思考角度都说明这个住宅项目破坏了自由，干扰了自由。

那不勒斯高层公寓,妈妈和孩子都很难获得自由

4 / 压力储存库

通过思考压力现象,我们将更加深入地理解环境对人类自由的负面影响。

广义而言,每一个尚未解决的问题、烦恼与冲突,都会给个体带来一定程度的压力。[5] 压力最初是具有功能性和富有生产力的。它以调动身体的方式解决问题。整个系统调动起肾上腺素和其他化学物质产生特殊的警觉性与能量。这一切都有助于解决与消弭冲突并去除烦恼的根源。只要生物体没有处理完每次遇到的冲突或困难,它就会增加调动起来的压力。但每个人承受压力的能力是有限的。尽管这种能力因人而异,但对于所有人而言,这种能力仍然极为有限。

事实上,人体内有一个压力储存库。需要处理的压力会在不同时间以不同程度灌入压力库中。但是当压力到达储存库上限时,有机体有效处理压力的能力就会下降。这就产生了通俗意义上的"压力"。生物体超负荷了,出现的问题多于能够解决的问题。调动的总压力超出了生物体能够有效处理的范围,情况开始慢慢恶化。当压力过大时,创造性功能就会受到损伤。有时,它最终会完全崩溃。

关于压力的现代研究最重要的发现,或许就是压力是可以累积的,因为它就是一种货币。金钱困扰带来的压力、身体疼痛带来的压力、尚未解决的争端带来的压力,眼眸中的光芒带来的压力,这一切都是一种压力。因此,每种看似全然不同的压力最后全都灌入了同一个压力储存库。

几乎所有未处理的问题,哪怕是再小的问

第10章 生命结构对人类生命的影响

伯克利大学艺术博物馆外的墙体

题，也会增加压力并降低一个人正常工作的能力。只要面临的挑战小于压力库的储存限度，人就会积极地解决问题，并在迎接挑战的过程中变得更有活力，更有能力，更有回报。

当压力储存库超过可能的限度时，效果就恰恰相反，积累的压力会阻碍生产效率、恋爱关系、艺术与才智的创造力，妨碍人们发挥效力。

为了更加准确地了解压力的积累，以及环境中的生命结构与人类自由之间健康关系的瓦解，请看加利福尼亚州伯克利大学艺术博物馆外的一堵墙。与普通的垂直墙不同的是，这是一堵倾斜的墙体。地面和墙体均由混凝土构成，混凝土从平坦地面到垂直墙面连续倾斜与弯曲，从而形成墙体。我认为建筑师觉得这样或许很有趣，或许令人兴奋，又或许可能只是"不同"。但它实际上却产生了非常小的压力。行人完全无法分辨倾斜的部分是从哪里开始的，因此可能会被绊倒。路人必须远离墙体，时刻注意脚下，并且为

了避免撞到墙上，人们不得不放弃正在思考的事情以提高注意力。如果你想坐在墙上，这是办不到的。墙体顶部离平地太远；你的腿够不到。所以这堵墙看似有趣，但实际上有些昂贵，而且还带来了不必要的压力与不适。这些本来都是可以避免的，只需要一堵16英尺高的普通矮墙，墙体要够厚，顶部要够宽，当你走过时可以看到墙，如果你累了，可以坐在上面等候朋友或者吃三明治。

当然这只是一个小尺度的例子。如果我们只需要解决这种小问题，人类的生活将会简单许多。这么说似乎有些小题大做；或许对于只想找点乐趣的建筑师来说就过于苛刻了。

接下来我们思考一个更加复杂的建筑案例。这个案例是关于带小孩的家庭生活，这些家庭住在第五层、第六层或更高层的公寓建筑中。问题非常明确：带孩子的母亲，以及狭小的公寓。当孩子们想和朋友玩耍的时候，他们要跑到6层楼以下的地面才行。孩子们的母亲也希望他们在地面玩耍，但这样

做的结果是，孩子们得不到精心照顾，一旦发生什么状况，母亲根本无法及时赶到。公寓实在太小了，母亲不可能把孩子关在公寓里。所以当孩子们下楼玩耍时，母亲一直担心孩子们有可能遭遇绑架或者车祸，但别无选择。如果她觉得这样做压力太大，就会把孩子们留在公寓里玩耍，在玩闹了一个小时之后，由于公寓太小容纳不下这么多小伙伴，孩子们弄坏了家里的东西，随后母亲便放弃把孩子们留在家里，任由其下楼玩耍，这一切似乎无法避免。母亲日复一日地承受着这些压力。如果她想下楼看着孩子，那就没办法做饭，其他负面效果便会接踵而至。这里没有两全其美的办法。不管怎样，孩子需要监护，但又不能一直留在家里的状况，还会持续几年的时间。这种压力循环包含了一系列"无法两全"的因素。它只是发生在某些公寓楼中的负面冲突力量系统的一个案例：对于不是很好的公寓楼来说，只是诸多问题中的一件事情而已。

我们通过第二个例子说明这里的要点，像博物馆墙体那样的结构中有一个系统，它既耗费精力，还会使生活变得艰难，进而扰乱人们生活的良性发展。尽管这个案例的范围与效果比艺术博物馆墙体要大一些，但引发压力的本质是相同的。

每个案例都增加了人们必须面对的压力。它让一切都变得更加困难，难以实现有意义的生活。上述两个案例的压力并不能灌满一个人的压力储存库。但当这些小压力的数量成倍增加时，就会产生累积效应，这种效应不是积极的，而是消极的。

正是在这些要素的微妙相互作用之中，环境对人类生命产生了积极或消极的影响。

5 / 与现实的割裂

压力储存库溢出越多，冲突笼罩的人也就越多，这使他们无法在平日里努力拼搏奋斗。他们在挣扎，但持续与整个现实相割裂，与通过解决问题、克服困难、迎接挑战、战胜挑战而获得自由的经验相割裂，使他们不断受到伤害。[6]

因此，环境中看似微小的冲突也会造成压力，而且还会进一步激化。这些冲突致使人们与现实割裂：冲突形成了一个与人类日常活动相去甚远的世界，换句话说，这个世界完全是为虚构的人创造的。

30年前，电影制作人让-吕克·戈达尔（Jean-Luc Godard）创作了一部科幻恐怖电影《阿尔法城》，他试图在电影中构想出一种死寂冰冷的未来都市，那里的人们像机器人一样行动。[7]下一页展示了一栋真实的建筑，该建筑由特里·法雷尔（Terry Farrell）设计建造，现位于伦敦泰晤士河畔。在第378页上，那不勒斯的高层公寓楼挤在一起，以及最近由埃托雷·斯科拉（Ettore Scola）执导的现实主义电影《一个贫穷青年的日记》[8]，讲述的是大量重复的公共住房所造

第 10 章 生命结构对人类生命的影响

伦敦泰晤士河南岸的环境——并非恐怖片中的景象,而是来自现实。它唯一营造出的是一种深深的恐惧。当然,这也并非一种滋养的环境,无法让我们做自己,或是感到自由

成的压抑环境将一个年轻人击溃的故事。

每个案例中的人们都感受到了惊恐。非人道的环境以及我们在环境中所遭受的非人道对待并非虚构,也并非文学作品。我们很容易在内心重现那些无助与绝望的感受,上述案例已经表明了受困于那个贫瘠世界的现实情况。我们能在内心感受到它。我们穿过空旷的办公大楼,穿过寂静的购物中心,穿过空荡荡的旅馆房间,那里除了床、浴室、小窗户和胶合板门之外,什么也没有。我们知道这种绝望是多么真实,这种氛围对我们的支撑是多么单薄微弱,更确切地说,它将把我们带到绝望的边缘。

6 / 一个令人类生命着迷的世界

借用韦特海默对于自由的定义,我们可以描绘出人类生活的最佳环境。这种环境将会最大可能地给予人们自由,允许人们真正获得自由。具有生命力的环境是一种鼓励并容许每个人对发生的事情作出适当反应的环境,因此这种环境是自由的,这种环境激励每个人最为卓有成效地成长。在这种环境中,人们的性情与内心力量可以尽情地释放,从而让人们关注自我的成长。在这种环境中,只要人们渴望成长,就能选择成长的地点与方式,可以自由地成长。

从特征与结构角度而言,这种环境远不如建筑师表面看到的那样井然有序。这种环境更为杂乱,却具有比专业所期望的更为深层的秩序,这种环境更像是拥有数百种物种的岩池,是一种包含了巨大结构的微妙生态秩序,然而从表面与几何特征上来看,它几乎又是无序的。

这种环境具有我在本卷中描述的那种生命力结构。这是一个高度复杂的中心感知体系统,就像是自然界的中心感知体那样,相互支持,各个部分都充满活力。

这种环境让你释放自己,成为自己;让你获得自由,感到安心。一个哈欠、一抹微笑、一次彻底的放松都会让你成为自己,为你提供在社会上生存所需要的东西,同时保护自己、治愈自己。

这种放松和自由取决于与冲突、压力相反的布局。更准确地说,部分取决于"相反"的布局,也就是从环境中消除能量浪费的冲突性布局。这种"相反"的布局释放出人力,以迎接更具挑战性的任务,并让人们获得为人的自由。

《建筑模式语言》中列举的253种模式就属于这种类型。[9] 在仔细研究了每种模式后,发现所有模式都描述了一些冲突,更准确地说,所有模式描述的是某些冲突力量系统,这些冲突会出现在错误的环境中,但在正确的环境中能被克服与解决。例如,房间双侧采光指的是房间中的光线如果仅来自房间的一侧,由于光线反射不足,人们无法看清彼此的脸庞,这样就形成了深层的压力。

第 10 章 生命结构对人类生命的影响

林兹咖啡厅中喝咖啡的人

雪中的校园，学生们还没有醒来

这种情况下，建筑结构难以改动。只有提升建造智慧，避免建造单侧结构，或者缩减房间进深，使得光线充分反射，才能解决问题。

独立区域，指的是一个庞大的民族国家，出于气候或文化的原因，地方区域拥有其自身特征，但当国家过于强大时，这种特征便会遭到践踏与破坏。这种模式（当时处于1970年，人们对超级大国非常熟悉，而对小国则很陌生）非常强大，让处于紧张对峙的势力集团产生了重大的历史与政治影响，最终导致苏联与南斯拉夫解体，以及整个非洲、东欧和印度大陆的独立建国。在这个例子中，冲突的力量更容易在小国格局中得以化解，因此政治力量和政治智慧推动世界朝着这个方向发展，承认了个体文化身份的自主性。

在两个案例中，只要布局存在错误，冲突就会一直存在。但将冲突隐藏起来没有任何好处。这样做只会增加压力，且不利于形成挑战性任务。在任何情况下，人们只感受到不断累积的无形压力，而不会将其视为一种具有创造性的挑战。

有些人觉得许多模式与"过去的老样子"很相似，因而认为《建筑模式语言》的编写是为了重现一种怀旧的氛围。然而，书的内容要务实得多。这些模式语言描述了253种发生在人类生活环境中最为常见的、隐蔽的、冲突的力量系统，这一系统展示了什么样的布局能够消除压力循环、释放人们的自然力量，从而为人类的积极力量、积极情感、积极交往提供自由发挥的空间。

一个存在这些模式或其他类似模式的世界，往往支持人类努力奋斗，追求生活，寻求幸福。

第 10 章　生命结构对人类生命的影响

林兹咖啡厅中的卡座

7 / 安德烈·柯特兹的巴黎

请看下面几页中一些体现巴黎场景的照片[10]，它们都是现实世界的真实写照。

这不是一个毫无压力的世界，相反，其中的许多照片 [全部由安德烈·柯特兹（André Kertész）于 1930 年左右在巴黎拍摄] 都反映了人们与贫穷、困苦、束缚等各种问题抗争的场景。甚至在今天，这些问题也会令人不知所措。

然而，在这些照片中可以看到自由，看到深刻、鲜活的生命。我们会看到，照片里的人是自由的，无论有多少压力或困难，但在某种程度上他们的内心都是自由的。这一点是能够被察觉的。这就是为什么我们认为安德烈·柯特兹是一位伟大的摄影师，为什么在他捕捉到的世界里我们能看到一些生命中最为重要的事物。

柯特兹镜头中的这些人是自由的，这究竟是什么意思？环境支撑了他们自由的意愿，这又是什么意思？

我指的是，照片中的物质世界支撑着这些人，正是因为这个物质世界，以及人们与它的互动方式，才使得照片中的人是自由的。

公平地说，我认为这些照片中的巴黎之所以能够成为一个伟大的、褒有生命的场所，就在于它所释放出的生命强度。但照片中显现的自由是令人费解的，因为这些人显然在与疾病、饥饿、贫穷、污秽、冷酷、孤独等巨大的压力抗争。因此，我们需要理解这种

让小鸟看到太阳

第10章　生命结构对人类生命的影响

互动的本质。

鸟笼放在屋顶，得以看到天空；舞者聚集在一起；老人把假肢放在桌上并闭上眼睛；流浪汉在塞纳河畔破晓之时寻找残羹剩饭；孩子们观看《潘奇与朱迪》演出时目瞪口呆；老妇遛着猫穿过马路；阳台上穿着衬衣翻看报纸的男人捕捉到了夕阳最后一丝余晖；失去双腿的卖花小贩并未吸引到匆匆路过的女士的目光；小窗里向外张望的爱侣；老妪看着河岸边打印店里打印出的照片；河水流淌；树叶飘落；尘埃落定；清晨静静等待的垂钓者；某处汽车的轰鸣；女人在浣洗衣物。

显然，柯特兹照片中展示的是生命意义深远的例证，我们看一眼就会了然。这些照片既快乐又悲伤，是现实生活的真实写照，既非完全令人愉悦，也不全然令人忧伤，这种生活没有过度修饰，也并非没有冲突。这些照片只反映了现实该有的样子，了解死亡会到来，知道就在那一刻生命是鲜活的，这些都记录了真实的经历，人们以此种极致的方式体验到了生命的本质。

环境如何促进或支撑自由？在这些具有生命结构的、陈旧且不太精致的，甚至相当粗糙的巴黎照片中，是什么在支撑自由，让人们获得自由？

简而言之，许多本来可能消耗能量的冲突或周期性的外在压力均已清除，这里都是处于平衡状态的事物，没有外来的压力，就像一片没有周期性外力影响的草地一样。

那么，如何理解这些生命体验也是中心感知体，又或是由中心感知体所引起的？请看那张阁楼上浣衣女的照片。这并不是一个漂亮的阁楼，也不是一个理想的洗衣房；她的工作很艰苦，一点也不舒适。那么为什么这张照片传递了生命感受？因为洗衣是阁楼的一部分，是屋顶的一部分，也是这个房屋整体结构的一部分，人们能够感受到生命的整体性。这是因为洗衣板、水槽局促地挤在一个原本废弃的角落里。这里不存在浪费，也没有挥霍金钱，尽管艰难、沉闷，但很完整。

清早塞纳河畔的垂钓者，河面没有一丝涟漪，这样的场景是如何与具有生命的中心感知体产生联系的？每位垂钓者作为中心感知体，占据着自己的位置，这些人和鱼竿构成的中心感知体是大场景的一部分，每个中心感知体都在帮助周围其他的中心感知体。

以上所有这些能够被创造出来吗？柯特兹所记录的这些瞬间的强烈生命，是否经过设计、合成，有意识地建构成为世界的一部分？建筑可以做到吗？

我认为是可以的。物质世界的整体性都是以非常具体的方式进入这些事物的：每个场景都因其本身独特的结构被标识出来。这一切之所以能够产生，都是因为那里有的只是世界的本质，没有多余的结构，这一切的产生都毫不费力。它给人一种放松、极致的生命感受，因为那里没有糟粕，没有开发商的交易，没有卖家的售卖企图，没有不真实的多余房间。正是照片中巴黎场景的这种纯粹，让这些生命形式得以存在。

这种去除非基本的、多余的中心感知体，只留下基本中心感知体的做法，能够在一个只有基本中心感知体的物质世界中被创造，并且可以从容不迫地避开所有并非绝对需要的中心感知体。

这种勇气非常难得，也许在历史上的任何时期对人类而言都很困难。在我们这个时代尤为如此。在我们这个世界上，有些人生活贫困，

清晨在宁静的水面上钓鱼的人

第 10 章 生命结构对人类生命的影响

翻看她支付不起的印刷品

清晨拾荒

独自在酒吧

在小小的屋顶公寓享受午后的阳光

完美的公园长椅

观看《潘奇与朱迪》演出的孩子们惊呆的模样

第 10 章 生命结构对人类生命的影响

老妪和她的猫在过马路

一起向窗外眺望

女孩没有理会无腿的卖花小贩

在阁楼角落里洗衣服

读报纸

凝视河面

第10章 生命结构对人类生命的影响

舞蹈、甜美、苦涩、丑陋,等待黎明的欢乐

其至连最基本的生活必需品也没有,而有些生活富裕的人往往拥有远超必须的物品。因此,仅由必需品构成的世界对我们而言是陌生的,它不存在于贫困中,不存在于奢华中,也不存在于广大中产阶级精心设计的便利中。

但是无论这种必要的氛围存在与否,它都深深植根于物质世界之中。这一切的产生只依赖于一种结构,这种结构的整体性纯粹,没有其他目的,仅有最为基本的事物。这根本不是一个消失的结构,而是必须呈现十分具体的结构。当河边摆上公共桌椅,野餐或许方便很多,但这无助于生存之躯的健康与幸福;沿着河岸的高速公路对男人、女人及河水之间的交流没有任何帮助;昂贵的餐厅为商务午餐、晚宴创造出寸土寸金的空间,但却无法允许那种必需品的出现。

像发现柯特兹的照片中那些积极的场景一样,我们很容易就能在一些反面案例中发现,空间的几何在人类深刻生命的出现或缺失中起到了重大的作用:空间内的中心感知体总是或支持或阻碍自由生命的演化。在柯特兹拍摄的一张照片中,女士们坐在长椅上聊天,长椅的整体包括了洒在长椅上的阳光、长椅对寒风的遮蔽、人们坐在长椅上、孩童在长椅后玩耍,这些都是中心感知体。尽管所有这些都属于我们通常叫作"行为"的范畴,但仍然能够从几何层面将它们理解为中心感知体的一部分,这些中心感知体相对而言更整体、更强烈。但是我们现在理解了这种整体性,它包含了瞬息万变的行动和事件中随着生命发展而生长和消退的中心感知体。这种新的整体性(其中也包含事件的中心感知体)可能仍旧与系统中其他中心感知体的支撑有所关联。譬如,它可能受益于建筑之间南向的空隙,这样阳光就可以撒在长椅上;这也可能受益于长椅椅背的坡度,增强了人们实际坐着的舒适感。

整体性也可以借助纯粹的行动这种中心

落叶填满了缝隙、回忆和尘埃

感知体来维持。譬如,如果长椅靠近人们散步和儿童车经过的小路,便可以维持长椅的整体性。如果树上的花朵吸引了小鸟,而鸟儿的鸣叫也增强了长椅的美感,那么小鸟就直接促成了长椅的整体性。花朵或许起到了间接作用,因为它们对栖息鸟类的树木的整体性有所贡献。所以,整体性是一个复杂的生命结构,它由各系统各方面的支持构成(有些系统也可能没有支持作用),这些系统围绕或充满了整体产生的空间。

8 / 自我镜像

如果要问巴黎的这些环境是如何发挥作用来帮助人们获得内在的自由时,问题的答案就在于生命结构。一个具有生命的世界包含了生命结构,我们一次又一次地观察到、感受到、体验到生命结构,我们被生命结构环绕并笼罩其中。强中心感知体、边界、粗糙程度、交替重复,所有这些都创造了生命结构,并且是按照促进事物发挥作用的方式创造了生命结构。但是,还有一个极其强大的因素,它与环境中产生的强烈的支撑感有关。简而言之,那就是我们在柯特兹的巴黎照片中感受到的那种极为强烈、深刻、舒适的结构。

什么是支撑感?时至今日,在那些被记录的场所中我们仍能感受到它。但是它究竟源于哪里?除了功能模式和生命的中心感知体之外,第8章和第9章的研究也给出了答案。我们发现,柯特兹的照片中有种非常深刻的生命结构，能够把我们和自我深深地联系起来。这就是这种舒适感的来源：它是我们灵魂的支柱。如果要以更正式、更经验的方式表述，我会说，那些在柯特兹照片中看到的场所的自我镜像非常强烈。

实际上，无论这些照片中的人们经历过什么样的苦难、抗争等人类都会经历的问题，他们都活在自我之中，被周围的世界包围并支撑着，每个微粒、每块石头、每条小路、每扇门窗都让他们想到自己，肯定着他们自己的存在。当然，这就是在自我镜像测试中表现最好的生命结构。这类具有美感和粗糙程度的事物最能提醒我们认知到自己真实的自我，那个忧伤、快乐、渺小且深刻的自我。

几乎没有比这更好的支撑形式了。这也并不奇怪，这种充实能让人们找到自己的内在力量，从而获得自由。因此我相信，环境的自我特征对我们有着直接的影响，它滋养着我们，支撑着我们。通过这种方式，它能够提供给我们一定的自由和获得自由的能力。

人们能感受到，在柯特兹时代的巴黎，大家都在努力地解决真实的问题，例如，截肢、失业、饥饿。然而近些年来，生活在毫无支撑能力的汽车旅馆或空荡荡的商场里的人们压力重重，毫无希望，令他们痛苦的并非真实的问题，而是缺乏参与感，失去了与地球、同伴乃至自己的密切联系。

照片中巴黎的生活是艰辛的，也是非常困难的。但它并没有带给人类致命的分离，这些都体现在前几页照片呈现的场景中，其中那些建筑也有所贡献。

柯特兹的照片之所以伟大，恰恰是因为这些照片让我们想起了这样的一个世界：生活是真实的，挑战是无止境的，即使在河边吸一口雪茄这样奢华的享受也弥足珍贵，因为它转瞬即逝。

这就是最能够支撑内在生命的环境，最终将竭尽全力地维持我们大多数人都期盼的生活。无论是在绝望的深渊，还是在最幸福的爱恋中，这种环境都能最大限度地支持真实的生活。尘土聚集，岩石坍塌，野玫瑰在裂开的水泥缝中绽放。

但这都并非简单的问题，不应该被过度简化。

让我们再次回到问题的根本。人类在能力、精神自由以及获取自由的能力上各不相同。纳尔逊·曼德拉（Nelson Mandela）身陷囹圄25年，但他的精神没有被击垮，他的内在自由始终支撑着他。我们几乎难以想象还有什么环境比监狱的牢笼或南非采石场更无法滋养人，但是他保持了自由，也许正是他的经历使他获得了更大的自由。

相反，还有另一些人可能完全不同，他没有自由，深陷于内疚、矛盾或意志缺失之中，即使身处滋养的环境，可能也会感到痛苦。

所以读者可能会问，这之间的关系究竟是什么？怎样就能认为环境帮助我们获得了自由，或阻碍了我们获得自由？

我认为，我们都能认可：环境具备滋养能力。这种能力源于环境和生命结构对我们的影响，这比外部作用的机械分析所能涵盖的范畴更复杂、更深刻。

它们之间的联系只取决于一个事实：当一个中心感知体由于其他中心感知体的支持而被提升，变得更具活力时，作为生命中心感知体的我们也会由于其他中心感知体的存在而被支撑、提升，变得更具活力。

归根结底，它就是这么简单，这么深刻。

克里斯托弗·亚历山大、胡里奥·马丁内兹、霍华德·戴维斯等，低成本住宅，墨西哥墨西卡利，1976 年

9 / 我们这个时代的尝试

我们是否向往柯特兹照片中的世界？我们现在是否可以去追寻这样的氛围？即使在与环境的关系严峻之时，我们是否也有可能创造出这样的氛围，创造出这样的爱？

这是一个十分重要的问题。在我们这个时代，如果无法复制这种自由，无法创造出另一个版本的自由，那么对柯特兹照片中显现的自由的分析就会稍显空洞。

直到几年前，我才觉得这是有可能实现的，或许我们渴望实现它。偶然间发现，当试图创造这本书中描述的那种生命结构时，我自己正在建造的建筑，竟然对人们产生了如此巨大的影响。

如果没有那些经历，我甚至不会想到编写这一章的内容。我第一次有这种感受，是在墨西卡利为一些墨西哥家庭建造低成本住宅。我采用的建造技术与在本卷中描述的理论密切相关，与第二卷和第三卷描述的过程密切相关。家庭成员本身在规划和建造过程中发挥了重大作用。当他们搬进去后，其中一个家庭成员何塞·塔皮亚（José Tapia）对我说：

我没有具体关注这个项目对我的工作产生的影响，也没有关注我的态度对社会的影响。但我注意到，我在现在的家里和以前的老

第10章 生命结构对人类生命的影响

房子里完全不同。在老房子里，我下班回到家以后，空余时间会去电影院、酒吧之类的地方，只是为了打发时间。现在，我喜欢新房子，因为它十分适合我，我在这里感觉很好，突然意识到还可以在家做很多其他的事情。我可以制作东西，可以和妻子商量如何进一步改善我们的房子，或者和我的兄弟在外面院子里做些什么……所以可以说，新房子改变了我自己，改变了我的生活。每天回家之后，我感觉自己更有力量，这种改变与社会无关，反而与我每天做的小事情有密切的关系。[11]

我知道，在墨西卡利为了让建筑富有生命，我曾试图捕捉当地传统建筑的精髓。但是直到那天与何塞交谈之后我才明白，一旦建筑具有了生命，人们就会感到自由，也就是说他们的生命会因此而改变。

1985年我在东京西边的埼玉县建造了东野高等学校之后，也收到了类似的回应，我的客户非常感谢我。虽然他也认为建筑很美，但这份感谢并非源于此，而是因为我"帮助他们找到了他们期盼的新的生活方式"。

为了感谢我为安·梅德洛克（Ann Medlock）和她的丈夫在华盛顿西雅图惠德贝岛上建造的住宅，她在这首诗里表达了同样感受：[12]

尽情享受美味珍馐，
在托斯卡纳长廊上品尝自酿的红酒，
我们谈论诗歌与绘画，
谈论事业、热情与追求。
朋友，我们相聚于此，
承蒙这一圣境的恩泽。

我在这里重复这些话显得有些不太谦虚。但很抱歉，为了论述我的观点，我必须讲述这些例子。直到我意识到我的建筑对人

克里斯托弗·亚历山大、胡里奥·马丁内兹、霍华德·戴维斯等，低成本住宅，墨西哥墨西卡利，1976年

两个享受建造邻里家园的男人，墨西哥墨西卡利，1976年

东野高等学校的景色，日本埼玉县，东京附近。克里斯托弗·亚历山大、哈约·奈斯等，1985年

们产生了如此这般的影响之后，我才逐渐明白自己正在探索的新建筑的根基比想象的还要深刻。

起初建造这类建筑，是因为我直觉上认为这样做是正确的。我尽可能地赋予它们生命结构，这很难。但当我逐渐获得成功，这些特质真正得以实现时，我发现人们的内心自由受到了影响，就仿佛他们的束缚被释放，仿佛在这些建筑中人们能够更诚实地做自己，成为他们想要成为的人。

如果没有这些体验，没有多次看到人们产生这种感受并描述出来，我也不会认为它们之间存在因果的关联，这种因果联系也是我在本章论述的内容。事实上，我不会想到柯特兹记录的巴黎影响着人们，支持着他们，并赋予他们生命。这种生命我们每个人都可以得到，它是具体的、可以追求的、可以创造的。[13]

正是缘于此，我才加强了对这一观点的信念，并在撰写四卷书时更加努力。人们在我建造的场所中的感受使我逐渐明白，我们是有可能建立这样一个世界的：人们的情感是自由的，具有完全的自我，大家都充满生命力，并且生活于自己的真实之中。

在这些场所中，人们有时会更加强烈地感受到自己的内在自由。世界的特质及其几何结构与人们如此紧密地联系在一起，与他们的痛苦、呼吸、思想联系在一起，使他们发自内心地感到自由，让他们采取恰当的行动，为他们建造一个能支撑自由的环境。

我们可以得出这样的结论，无论这种几何结构、这种世界出现在哪里，通过随处可见的生命结构，都更能增强赋予每个人思想和行动自由的能力，鼓励每个人过自己想要的生活。

第 10 章　生命结构对人类生命的影响

东野高等学校，日本东京，1985 年；节日的校园入口

10 / "当我第一次感受到自由的时候"

下面我将补充两个佐证，用以说明人类精神自由与当代生命结构的创造有关。这两个佐证都来自 1985 年我和我的同事在东京建造的东野高等学校。

1991 年 12 月 7 日珍珠港事件五十周年纪念活动，NHK 电台（日本广播公司）筹办了一档一小时的节目，展示了日美自 1945 年来的五个合作案例[14]，其中之一即为东野高等学校。电视台展示了照片，采访了学校的行政董事久江细井（Hisae Hosoi）以及其他老师和学生，讨论了校园的变化和生活现状。

节目的一个亮点现在仍深深地印刻在我的记忆中。导演采访到学校的一位年轻人，他是一位艺术生，十八九岁，穿一身黑，打扮得十分朋克。他是逃课接受采访的，和导演在教学楼后面谈话，这样就不会被叫回课堂。

记者问学生，校园对他意味着什么。他想了很久平静地回答："我在东京长大，我不知道在生活中应该做什么，或者说我也不知道我是谁。在我成长的这些年里，感觉自己一直待在监狱里……我感觉永远也无法逃离这个监狱……"。

他停下来，眼睛直直地看着摄像机，说道，"但当我来到这个校园以后……"他又停了下来，然后轻柔地、专注地望向镜头，"人生中头一次，我感觉到我是自由的。"

说完之后，他沉默了。

11 / 一部跳入水中的电影

有1000万观众目睹那位年轻人平静地说出了这些话。他的话让我感到非常震惊，但在震惊之余我思索着他说话的内容和方式，他表达的强度和他的话语都让我久久不能忘怀。

还有一件事情也发生在那所学校。

当开始东野高等学校的项目时，我询问（在武藏野市）老校区的老师，他们觉得新的校园生活应该是什么样的，什么会让他们感到快乐，什么会使得他们成为自己。起初，许多老师不想谈论这一话题，他们认为高中应该是一片柏油丛林，是在柏油操场中间矗立的一栋大楼，讨论这个问题有什么意义？

但我没有放弃。我告诉他们，我能理解这种懊恼，但是我们的目的是建造直指内心期望的场所。然后我一步步地引导他们，"请你闭上眼睛，想象一个最美妙的场景，在那里你可以成为梦想中的老师。请想象你置身于一个完美的场所，一所你能想象到的最美

雨中的东野高等学校花园。毫无疑问，该场所的物理结构创造了轻松的氛围

学校路边售卖的热食

好的学校。想象你正走向那里……现在，请继续闭上双眼，想象你朝那里走去，然后，你看到了什么？那个学校是什么样子的？你正在哪里行走？"

让我惊讶的是，很多老师都对我说出了下面的话，"那个地方……好像我正沿着一条小溪往前走，安静地思考、备课，想着我的下一节课。那里很安静，我可以在那里非常平静地散步。"

另一位老师描述，她正沿着池塘边走着。还有老师说到小溪或者小湖，每一次水都会出现在他们的描述中。所以，当我们开始设计校园平面时，就加入了这些水的元素，特别是湖。设计总平面时，我们在湖中间设计了湿地。

几年后的1989年，学生们在那里生活、学习。在年度的节日庆典中，一些学生拍摄了一部电影，那是一部关于学校的低成本超现实主义电影，时长8分钟。

电影的开篇，许多学生奔跑在东京街头，口干舌燥，像狗一样，舌头耷拉在外面。他们在街道上来回奔跑，表现得非常干渴，像燥热疲惫的狗一样喘着粗气，伸出舌头。一两分钟以后，学生们来到了校园，他们跑到校门口，向内凝望，仿佛进入了天堂。他们沿着入口道路奔跑着，一个接一个地跑进校园。当学生们接近湖边时，他们看到了湖水，一个个毫不迟疑地跳入水中。

他们开心地在水里游着，忘记了自己还穿着衣服。

电影结束了。

我经常会想到这部电影，每当问到学生或员工最喜欢学校的哪一点时，大家都会回答是湖。所以，电影始于最原始的情感，也正是我们在创造模式语言时听到的描述：想要沿着小溪散步的意愿一直充斥在他们的脑海。然后，我们获得了把湖作为校园最重要部分的灵感，湖修好后，大家都觉得这里的确是校园最重要的部分，最后才有了学生拍摄的超现实主义电影，他们尝试表达自己的

学生们拍摄的电影，表达了他们对学校的感受

享受彼时风景的学生，东野高等学校，日本东京，1988 年

感受，穿着衣服跳入水中。

学生们的电影就像一首自由的颂歌，让我感同身受。每个人内心真实的情感得到了释放。这种情感一表达出来，梦想就有了实现的可能，它也的确完全实现了。梦想、自由、感受水的能力、灵魂的自由，这些都成为现实。

有趣的是，还是在 1989 年，另一批学生自发制作了海报，表达他们对学校的感受。我路过一间从未去过的教室时，偶然看到了它。也就是说，无论学生们在哪里，学校都让他们感受到了内在的自由。

12 / 平凡的现实

有一次，细井（Hosoi）告诉我一件学校里让他记忆深刻的事情。男女生会独自去不易被打扰和发现的秘密场所，他告诉我，"学生们在那里找到了家的感觉"。

因为这样的评论，他遭到了学校其他管理者的批评，对此他极力辩驳说，在教育过程中真实的自由体验比服从老师和家长的监管更为珍贵，也更为重要。

今天仍旧可以感受到日本学生在学校里体验到的这种自由，这也是何塞·塔皮亚和安·梅德洛克在各自的家中体验到的自由。这里的每一个设计案例都源自符合自然规律

第10章 生命结构对人类生命的影响

学生的海报,表达了他们对学校的感受

的空间布局。这种自由有一部分源于通过真实的展开过程实现的真正自由,展开过程创建了平面和场地的联系。所发生的一切都是真实的、实际存在的,都来源于空间的对称特性,来源于世界平凡的现实。这其中有自由的气息,就像风形成的沙丘一样,它们的形成过程非常相似。我们认识到了通过展开过程释放力量的自由,也正因如此,我们能够在其中深深地呼吸。建筑的内部和外部空间都使人们获得自由,我想至少部分是因为这些空间有趋近于原型的特征,能直抵我们的内在,一旦我们在真实的场所中体验到自由,它就将我们和自我联系起来。[15]

注释

1. 20世纪中期一些研究人员探究了这个问题,尝试找出哪些要素将我们的生活与环境结构联系起来。事实证明,要找到这种联系的特征是极其困难的。如下研究对此进行了综述,Constance Perin, WITH MAN IN MIND (Cambridge: M. I. T. Press, 1970); Harold Proshansky, William Ittleson, and Leanne Rivlin, eds., ENVIRONMENTAL PSYCHOLOGY: PEOPLE AND THEIR SETTINGS (New York: Holt, Rinehart and Winston, 1970); Robert Gutman, ed., PEOPLE AND BUILDINGS (New York: Basic Books, 1972).

体现困境的一个典型案例是试图找出社区密度(一种物理模式)和社会心理健康指标之间的负相关关系。在过于拥挤和高密度的生活条件下,人们的精神健康会受到损害,平均水平较低。以老鼠为例,过度拥挤与器官损伤和死亡率之间确实存在这种相关性。以此类推,人类肯定也存在这种关系,这似乎是"显而易见"的。但事实上,这个"显而易见"的观点被证明是错误的。在一个经典的研究中,最积极的心理状态和社会健康状态出现在一个高密度的社区——Boston's North End,因为这个地区主要是意大利人居住的社区。意大利家庭和社区的凝聚力非常高,心理健康状况也比人口密度较低的地区要好。在华人社区也发现了类似的结果,这些华人社区也有很强的家庭凝聚力。从这个角度而言,心理健康和社会健康主要受社会结构和文化的影响,与物质环境没有任何直接联系[参见:Robert C. Schmitt, "Density, Health and Social Disorganization," AIP JOURNAL 32 (1966), 38-40]。这表明,要在物质结构和人类福祉之间找到纯粹而直接的联系是多么困难。它也让人们注意到寻找过于简单的联系相当危险。

这种茫然会让一些社会科学家得出这样的结论,从广义上讲,物质环境本身对人类的生命几乎没有直接的因果影响。常识告诉我们确实存在某种影响,但没有人能够确切地描述这种因果关系的特征。在心理学家和社会学家努力从事的认知尝试中出现了如此奇怪的现象,很可能是因为他们在寻找的事物过于简单。他们可能会问这样一个问题:环境的物理机构是否会导致(或诱发)人类的某种特定行为?例如,某种环境会让人精神健康吗?它可以使人们变得友好,让人勤奋吗?环境会让他们变得有意义吗?它能让人积极或消极,让人快乐或悲伤吗?

这个问题的答案大致是否定的,这并不奇怪。很明显,人们很难指望通过这些思考找到如此简单的关联。人类的行为要复杂得多。总体而言,人类是自主的生物,他们会做他们想做的事情。此外,社会行为、文化和人类行为规则使相互作用成为可能,并以某种方式参与到几乎每一个人类事件中。因此,建筑无法用其形状强迫一个人去做违背他意愿的事情。

当然,有时得出的结论(即建筑物的形状无关紧要)并不正确。对直接效应的研究使问题变得无关紧要,因此答案也就变得微不足道。在人类与环境的相互作用中,这种直接的影响并不是我们能够合理预期的结果。但我相信,现实中存在的影响是相当巨大的。

2. Abraham Maslow, TOWARDS A PSYCHOLOGY OF BEING (New York: Van Nostrand, 1968)。马斯洛对自我实现的讨论大致描述了这一过程。

3. Alexander H. Leighton, MY NAME IS LEGION, THE STIRLING COUNTY STUDY OF PSYCHIATRIC DISORDER AND SOCIO-CULTURAL ENVIRONMENT: FOUNDATIONS FOR A THEORY OF MAN IN RELATION TO CULTURE (New York: Basic Books, 1959) 的第一卷,尤其是第 133 ~ 178 页,(1)一个特定的人格无论如何都会在奋斗的过程中持续存在;(2)对这种努力的干扰产生的后果往往会导致心理障碍(p.136)。

4. 参见: Max Wertheimer, "A Story of Three Days" in Ruth Nanda Anshen, ed., FREEDOM: ITS MEANING (New York: Harcourt Brace, 1940), pp.52-64。

5. Hans Selye 等人针对压力以及我在此处总结的压力库模型进行了广泛的研究,参见: Hans Selye, THE STRESS OF LIFE (New York: McGraw-Hill, 1984).

6. 众所周知,人在混乱的环境中容易失去与现实的联系,许多精神病学家也讨论过这个问题。建筑师对这种过程中自身作用的认知较晚。关于未能认识到这一作用的一个例子就出现在彼得·艾森曼和亚历山大·艾森曼辩论提出的论点中,"Discord Over Harmony in Architecture: The Eisenman/ Alexander Debate"(与彼得·艾森曼辩论的部分记录),发表于 HARVARD GRADUATE SCHOOL OF DESIGN NEWS, Yvonne V. Chabrier 编辑,1983 年 5 ~ 6 月, Vol II, No. 5, pp. 12-17. 出版于 40 LOTUS INTERNATIONAL, 1983 年,IV, pp. 60-68; ARCH, 1984 年 3 月, Vol. 73, pp. 70-73; 日语版发表于 ARCHITECTURE AND URBANISM, 编辑 Toshio Nakamura, 1984 年 9 月, No. 168, pp. 19-28。

7. Jean-Luc Godard, ALPHAVILLE, 1965.

8. Ettore Scola, DIARY OF A POOR YOUNG MAN.

9. Christopher Alexander with Sara Ishikawa, Murray Silverstein, Max Jacobson, Ingrid Fiksdahl-King, and Shlomo Angel, A PATTERN LANGUAGE (New York: Oxford University Press, 1977).

10. 这部分的照片来自: Andre Kertesz, J'AIME PARIS (New York: Viking, 1974).

11. 引自: Christopher Alexander, Howard Davis, Julio Martinez, and Don Corner, THE PRODUCTION OF HOUSES (New York: Oxford University Press, 1985), p.311.

12. Ann Medlock, "Clergy", in END TIMES TWO (Whidbey Island, Washington: Bareass Press, 1996).

13. 对于读者来说,人类自由与环境形状之间的相互作用似乎是合理的,第三卷近 700 页的案例进一步解释了这一观点。虽然这些案例不直接反映自由这一主题,但却体现了在人类社会中创造生命结构及其形态的方式。因此这些案例仍然具有说服力,并将逐渐建立一种信念,因为它们展示了人类在物质世界中得到滋养的多种情形。

14. Director, Makoto Ozawa, NHK, Japan National Broadcasting Company, Tokyo, December 7, 1991.

15. 我认为,第四卷第 4 章真正解开了生命结构对人类精神自由能否产生影响这一谜题,在那卷书中我阐释了一个人的身心健康和整体性与这个人同世界保持内在关联的程度直接相关。我认为,这也取决于那个世界生命结构的生命强度。

第 11 章
空间的觉醒：建筑的作用原理

1 / 绪论

只有当建筑具有深远的意义和强大的功能时，建筑（或建筑的局部）才会具有生命。[1] 这句话的意思是，任何建筑的美和力量都完全源于所创造的中心感知体的深层功能本质。[2]

自然界中基本上不存在没有任何功能、只是纯粹装饰的物品。也没有任何系统是纯功能性的，但却没有观赏价值。自然界根本不会简单地将装饰和功能分开。传统建筑同样存在装饰与功能的统一，这与自然界非常相似。但是，近现代的建筑理念中却存在装饰和功能的割裂。我们越发意识到现代建筑在这方面多半是失败的。人们将功能认定为一个机械化的概念，将装饰认定为表面风格化的概念。这两种解释都无法令人满意。诚然，在我们这个时代，功能与装饰的割裂已经成为建筑失败的预兆。本章我要描述一个关于建筑的愿景，这个愿景中的观点涵盖了装饰和功能的所有内容，无需将二者割裂开来。

2 / 装饰和功能

接下来将描述的是建筑的功能性特征，其中所呈现的人类生命如同建筑的几何一样，都能以整体性来认知。也就是说，情感、行动、光线、舒适、气候、工程结构、生产制造、功能平衡、房间满足行为需求的能力，所有这些实用性的事物都能按照中心感知体来理解。我认为，在最深层的功能意义上，一个功能性建筑完全和谐本身就是整体和中心感知体场域的产物。这就意味着，建筑内部和周围实际的日常生活，本质上比我们通常的认知更具有几何特性，并且所有这些都可以且必须被理解为空间内形成的几何。

那么，装饰与功能之间的关系是什么？基于上一章的阐释，我们现在应该如何理解一栋"发挥作用的"建筑？

在20世纪早、中期，功能的概念基本是以机械论的视角被理解的。当试图理解一栋建筑应该做什么、如何分析建筑的作用时，人们会采用一种类似"目标"清单的方式描述建筑的功能。这些目标由建筑师或工程师重新定义并实现。这与目前人类学研究中布罗尼斯拉夫·马林诺夫斯基（Bronislaw Malinowski）的一个观念相吻合，他让我们了解到，人类学的功能也可以通过一种需求清单来理解，这种需求由文化机构以多种方式满足（或不满足）。

然而，这种目标或功能的观念本身即存在着尚未解决的谜题。那些制作功能清单的人们明白，这些清单本质上是随意的（取决于构建清单的建筑师或业主，取决于他们是否疏忽，是否缺乏洞察力等）。真实需求的清单在哪里？在哪里才能获得它？

第 11 章　空间的觉醒：建筑的作用原理

我记得曾为一个发生故障的快速交通换乘站做了一个多达 390 项需求的长清单。但我直觉上依然觉得这样的清单可能存在问题，可能有漏掉的项目，这一清单或许深刻，或许肤浅。这些条目意味着什么，或者说它们来源于哪里，从来没有答案。诸如丘奇曼（Churchman）、里特尔（Rittel）等作家的目标分析也并没有给出这个认知难题的解答。根本而言，这些目标往往是任意设定的，无法调整。

其中还有更多的困难。无论多么谨慎地说明需求或目标清单，都很难与建筑物的物质形式联系起来，美或形式本身会更难以捉摸。优美的形体、精致的装饰、优雅的外观，诸如此类的要素，虽然每一个都非常重要，但都不属于这一范畴。

因此，人们对建筑的看法是割裂的，其中存在着两个相互分离、相互矛盾的要素：功能与美观、装饰与功能，这样的观点难以融合。于是有的建筑师转向了形式主义（全力关注建筑美学的几何特性），有的建筑师变得充满社会意识，专注于社会进步、需求、生态等功能层面。

这种以装饰与功能的割裂为特征的时代在建筑界持续了近一个世纪，装饰与功能无法轻易得到统一。在 20 世纪，想要立刻找到设计或思考美观与功能的方法，似乎不太可能：首先，在认知上是不可能的，因为我们没有适当的认知手段；其次，在艺术上也不可能，因为我们无法构建出一个统一的思想框架，使功能与装饰能够在美的作品中融合、统一。这就是整个 20 世纪建筑界基本一成不变的状态。

但根据我在本卷中提出的秩序观念，原则上将这两个破碎的部分统一起来是有可能的。我们可以用一致的方式思考建筑，在这里美观与功能都会带来生命，可以将二者理解为一个连续的整体。

功能，就像整体本身，都以中心感知体为基础。功能只是整体中动态的一个方面。从静态来看，结构必须与其中的中心感知体系统有关。事物在世界中生存、活动，在它们与世界的互动过程中，不断地有中心感知体出现与消失。有些中心感知体是移动的，有些是暂时的。这些不断变化、移动的中心感知体以及它们的出现与消失，正是我们称之为生命的过程。

在我们称之为"功能"的这个过程中，静态系统与我们称为生命的中心感知体的动态系统可能是相互协调的，也可能并不协调。小溪中水的流动、生物圈中营养物的增长、建筑主梁的受力、街道上汽车的移动、雨水的滴落、人们坐下交谈，这些都是宇宙内中心感知体的多样变化。因此，当汽车穿过大桥，它们形成了中心感知体。每个汽车本身即为一个中心感知体，车流形成了一个中心感知体，一段交通阻塞产生了一个中心感知体。道路系统有其自身的几何中心感知体，这个系统与车辆的停放、行驶、驻车等系统要么相和谐，要么不和谐。

当二者和谐且相互适应之时，我们就将该系统称为具有功能特性的系统。

本质上，这种洞察来自这样一个事实，即目标并不在形式之外。我们无法用目标描述一个建筑，因为目标只会不断地倒退。我们认为合理的做法是将生命作为本能，将关于建筑生命的一切要素围绕着形式（几何结构）与功能（几何结构的作用）展开。

除了生命结构，世界别无他物，而这种生命结构正是我们需要思考的全部。我们可以通过生命结构完整地描述所有的功能，生命结构递归地存在于"生命中心感知体"这一概念之中。

3 / 凿子的工作原理

现在，请看一个简单的日式凿子，它有凿柄、凿箍、凿刃、凿尖等。凿子的每一个功能都与其中的某个中心感知体直接相关。凿刃的尖端是用于切割的边缘，这是完成切割的中心感知体，凿柄的尺寸和形状与手形十分吻合。

凿柄的端部包裹着一个金属箍，当你用锤子敲打时，它不会开裂。下端的金属箍是另一个中心感知体，防止木头裂开。凿子的金属部分较长，将凿刃与把手连接在一起，非常牢固。这个延伸的金属部分是另一个中心感知体，并且起到了把手和凿刃之间牢固的连接作用。把手这部分的木柄也是一个中心感知体，形成有受弯能力的连接。一把制作精良的凿子，其几何中心感知体与作用中心感知体（比如，我们使用凿子时，凿子与世界的互动方式）之间有着切实的联系，与我们以何种方式凿刻木头、如何握在手中、如何用锤子敲打等都有着切实的联系。

凿子功能性的生命，换句话说也就是一把好凿子具有哪些优点，不仅来源于这些中心感知体的存在，也来源于这些中心感知体之间的相互成就，正如阿尔罕布拉宫案例中瓷片墙面上的星形装饰一样。当凿子的金属柄逐渐变细时，相应的木柄也逐渐变细，如此一来，二者都使对方成为更强大的中心感知体；木柄与金属部分这两个中心感知体有相互加强的功效；木柄另一端金属箍的存在似乎加强了凿刃的存在，反过来也加强了金属箍本身的存在。

这种各中心感知体相互成就的观念，尤其在功能层面，一开始或许难以理解。在试图用功能性术语理解它之前，我只想请大家注意以下观察的结果：如果把凿柄末端的金属箍取掉，作为中心感知体的凿尖看起来就变弱了。当凿柄上的金属箍存在时，作为中心感知体的凿刃似乎更强大一些。由于木柄受击打的这一端相对粗壮，钢制的柄身作为中心感知体似乎更为强大了。

这些都是针对我们感知的观察。之后我们就会发现，这种多个中心感知体之间相互成就的现象，不仅是一种感知，也是世界的一种现实，实际上也是凿子工作原理的根源。一个制作精良的凿子由中心感知体构成，这些中心感知体相互成就，相互加强彼此的生命。

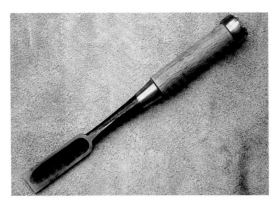

我的日本凿子

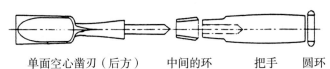

单面空心凿刃（后方）　　中间的环　　把手　　圆环　　凿刃（前方）

凿子的中心感知体

4 / 起居室的作用原理

包括普遍而言的建筑舒适性在内的所有生命都是中心感知体互动的产物。无论建筑内部是否具有足够的整体性,"整体性"这个概念都远超建筑装饰的美感范畴,它是事物中能否产生功能性生命的核心所在。

为了说明这一点,我们来描绘一幅建筑中心感知体强度发挥功能性作用的画面,想象一个所有建筑师都倍感困难的实际问题:如何建造一个舒适美观的起居室。[3] 他将会遇到以下问题,它们都与中心感知体有关:依据房间的几何结构,这些中心感知体可能是强中心感知体,也可能不是。只有当房屋形成某种形态,中心感知体才会是真的强中心感知体,才会有内在的生命,起居室因此才能发挥好它的作用。

一个主要的休息场所

一间好的起居室,最重要的是必须有一个安静的场所,在这个静态的位置上,人们会有安全感。它和椅子共同形成一个焦点,但又不受来往人流的影响。当人们进入房间时,都会自然而然地走向这里。如果房间里没有这样的场所,起居室几乎无法发挥其应有的作用:也就是说,人不太会待在那儿,不太会使用它,就算使用也不会很开心。

沙里宁住宅的起居室,克里斯托弗·亚历山大和大卫·索法,1990—1994年

处于序列终点的起居室

如果起居室位于行走序列的终点,那么它通常是安静的,这个位置有助于形成安静、稳定的氛围。这类功能性问题的回应也体现在中心感知体系统中。要解决功能问题,中心感知体系统需要从住宅的入口到起居室形成一个嵌套中心感知体的递归,然后,就像珠宝镶嵌那样,珠宝被层层衬托,由前方的中心感知体逐步加强,这个渐变最终抵达起居室。如果起居室位于房屋的尽端,人需要穿过整个房屋才能到达这个安静的空间安心休息,那么这间起居室就可以发挥其最大的作用。[4]

惠德贝岛梅德洛克·格雷厄姆(Medlock-Graham)住宅的起居室:宁静、面向森林,位于房间序列的尽端

另一个位于序列端头的安静房间

第 11 章　空间的觉醒：建筑的作用原理

入口和通道的位置

许多起居室很不舒适，原因在于它们的主要空间被糟糕的流线组织破坏了。人的行走流线切断了空间，更重要的是，破坏它作为休息场所的可能性。为了获得适宜的场所，我们必须构建出房间最为重要的中心感知体——一个没有动线的安静场所。正如河水弯道处安静的所在，水流在这里慢了下来，鱼群在这里得以聚集。这就意味着只有合理安排入口的位置，才能保障房间不受打扰，才能保障那个安静、聚焦的主要的中心感知体不受动线的打扰。简而言之，我们要按照有助于加强房间主要中心感知体而不是减弱的方式布置那些自然的路径。这些路径应该能够通向主要的中心感知体，或相切于其核心，但绝不能穿越它。[5]

左边远处的休息区很安静，因为穿越厨房的自然流线远离休息区，阿帕姆住宅的厨房，美国加利福尼亚州伯克利，克里斯托弗·亚历山大，1992 年

房间的空间体量

任何房间,尤其是起居室,只有当房间形状(房间体量)作为中心感知体本身发挥作用时,它才会在整体感受上变得舒适。我并不知道是否有普遍有效的比例法则,但所有一切都应遵循这一点:在每个案例中,比例必须是适宜的。一些案例中起居室的顶棚必须很高,而在另一些案例中顶棚可能很低。每个案例的舒适性都取决于由具体物质组成的、积极的内部三维形状。该形状往往由一定的球体构成。例如,一个高大宽敞、进深很长、具有美感的房间也许由两个球体构成,而另一个可能由许多小的球体构成。记得在参观莎士比亚出生地附近的一个农舍时,我看到了一个非常大的房间,面宽约28英尺,进深18英尺,但是顶棚非常低,只有7英尺高。那个房间很美,整体感觉像一个发光的扁平空间一般;顶棚是洁白光滑的石膏抹面。在这种情况下,这个宽大但低矮的房间是由许多小的球体构成的,但其体量具有优美的形状(优美外形)。所以,即使是房屋空间这种难以理解的问题,实质上也是由中心感知体的组成方式所决定的。[6]

房间的体量与局部

第 11 章　空间的觉醒：建筑的作用原理

靠窗的位置

窗户射进的光线形成了具有美感的中心感知体，成为重要房间的主要部分。
这里就是房间生命的来源

窗户的美感决定了起居室的成败。要拥有美感，窗户本身就必须是一个"场所"，这就意味着发挥重要作用的窗户不仅（通过窗户的形状、位置、窗格划分等）存在于二维的墙面中，还要在三维空间中发挥作用：在体量上，临近窗户的空间本身必须是中心感知体，必须是一个明确的场所。这样的窗户才会吸引你，当被这样的窗户引导向光亮时，你自己就能感到舒适。

同时，窗户不可能仅仅通过自身的美感和视野完成这一切，所有一切都必须遵循一个原则，即要为房间的主要区域带来生命。为了做到这一点，窗户作为中心感知体本身（尺寸、开窗、窗楞、视野）必须相互合作，以加强房间中的其他中心感知体。[7]

壁炉

人们需要在室内有个小的焦点。在西方社会，这种小焦点往往是壁炉，在日本大概是祭坛或壁龛。[8] 电视也有可能成为焦点，但是电视在当代房间里发挥的作用很小，因为它无法让人有"珍贵"的感受。焦点是一种能够让人围绕、引导人前往的事物。焦点的布局会是一项较难的工作，因为人们喜欢自行围绕在有阳光照射的主窗附近。因此，房间应该这样建造：壁炉创造的中心感知体与日光创造的另一个中心感知体应共同加强房间主要的中心感知体，而不是与其相互冲突。[9]

罂粟街阿帕姆住宅的壁炉,美国伯克利

壁炉

第 11 章　空间的觉醒：建筑的作用原理

作为室内要素之一的视野

绝大部分美好的房间都与明确且具有美感的室外环境有着良好的关系，这需要某个室外区域作为中心感知体（例如一簇花丛、远处的湖泊或山峰、桦树树叶缝隙中透过的光线等）达到这一效果。然后，房间内部的中心感知体（很可能是房内一个重要的位置）必须设置一条简单自然的轴线，这条轴线以室外（或远或近）的某个重要中心感知体为焦点，从而形成一个新的、举足轻重的中心感知体（连接两个焦点的轴线）。[10]

作为自然中心感知体的灯光

起居室里的灯

我们若想在房间内创造出愉悦的氛围，那么灯光的布置就不宜太过昏暗，也不宜过于明亮，灯光应该能够赋予夜晚的房间以生命力。当你思考这个问题时，意味着你已经想以这样的方式布置灯光。灯源的球面光线形成了中心感知体，支撑着创造房间生命的中心感知体系统（按我的经验，最有效的方法是在房屋建造的过程中，模拟真实的夜晚光线）。如果灯光布置在了正确的位置，但是形状或色彩过于花哨，那么灯本身就会成为一个中心感知体，它会吸引人们的注意力，而不是加强房里其他的中心感知体。能够加强房间的结构，灯光本身也没有产生新的、不相关的中心感知体，这种是最好的灯光。[11]

5 / 中心感知体的作用原理

重建的梅多洛奇起居室，1996 年

前几页论述的中心感知体是生命结构中一些最为重要的中心感知体，其中每一个中心感知体当然都很重要，但是更为重要的是这些中心感知体彼此之间互锁与依赖的关系。

房间中安静的核心区域是一个宁静的中心感知体；房间的宁静取决于与其相切的路径，这也是一个重要的中心感知体。当窗户形成一个焦点时，便会达到效果，此时的窗户对于房内其他的大中心感知体有加强作用，而非破坏作用。当有光线辅助时，体量就会向顶棚延伸，形成一个复合的中心感知体，支撑并形成整体结构。还有很多中心感知体也是如此。

在一个成功的房间里，这些中心感知体不仅仅是多个部分组成的聚合体。相反，它们以某种特定的形式自然地结合在一起，因此人们很难察觉到单个的中心感知体，只是意识到它是由一个流畅的整体构成的最大的中心感知体，也就是房间本身。为了能具体地说明这个问题，现在请观察一个新建成的起居室内的这些中心感知体。第 411 页图是我在英格兰梅多洛奇（Meadow Lodge）设计建造的起居室的手绘平面图，即使整个房间较为简单朴素，其中也包含了我所说的强形式的中心感知体。

壁炉前的围合空间形成了核心休息区。窗外的一棵树将室内与室外联系起来。房间唯一的一扇门布置在角落，将穿过房间的流线干扰最小化。钢琴促成了房间的积极空间，与"休息场所"的中心感知体和"窗户位置"的中心感知体非常和谐，相得益彰。安乐椅的位置恰当，虽然不是很对称，但却为整个房间塑造出积极空间。灯光的布置配合并环绕其他中心感知体，尤其是加强了房间核心处的休息场所。所有中心感知体相互配合、相互支撑。

这些功能性的事物简单朴素甚至平淡无奇，但在新建成的房间中，完成这样的任务其实非常困难。这些事物很容易想到，但要使其嵌入现实的物质世界中，并在房内同时创造出所有这样的舒适，是很困难的。这里创造出的结构应该是简约、巧妙、稳固的。

最重要的是：房间的所有功能，那些初看仿佛是功能性的问题，实际上都是中心感知体问题。为了给生命的产生做好准备，并解决可能的问题，我们必须找到正确的中心感知体。简而言之，为了使房间发挥作用，我们必须构建一个密实的、具有生命的结构。实际的问题在于如何布置和安排好所有这些中心感知体，从而使其相互和谐，共同作用。最难的部分也是最重要的部分，在于如何塑造、加强、布局这些中心感知体。

梅多洛奇起居室的重建草图，显示其内部组织与前厅、门、视野、室外的关系

6 / 装饰和功能的统一

在上一节起居室的案例中我们看到，主要的功能取决于构建的各种中心感知体以及这些中心感知体相互合作、彼此加强的方式。每个具有生命的房间，其功能性作用的本质都是几何性的。决定房间能否发挥作用的是生命中心感知体的几何强度、活力和生命强度。15种属性、中心感知体场域和整体性不仅掌控了建筑美好的外观，而且完全彻底地决定了建筑发挥作用的方式。

总之，我相信建筑的功能性生命是由中心感知体之间的场效应生成的，这与在装饰中生成中心感知体场域的场效应一样。当建筑发挥作用时，通过动态中心感知体的合作或整合，每个功能"问题"都能得到解决。中心感知体场域不仅是我们通常认为的装饰的支柱，而且也是功能的支柱。

在笛卡儿分析体系中，只有那些可以按照机械论方式理解的事物才是真实的。这就意味着，就一栋建筑而言，只有机械意义上的那些功能，比如结构效率、热工性能、声学性能等，才能当成"真实"的功能。

在此处我所描绘的整体图景中可以看

到，作为空间几何的每个中心感知体都影响并改变着其他中心感知体。整体是一个物质系统，其中不同的中心感知体通过几何场效应相互协调。在这个图景中，中心感知体会在几何和功能两方面彼此影响，因为中心感知体之间的所有影响都在一个相同区域内发生。装饰与功能一样重要，事实上，我们也不能将其分离。我们所称的装饰与功能，其实只是一个普遍现象的两面而已。[12]

法国 G 村的社会凝聚力

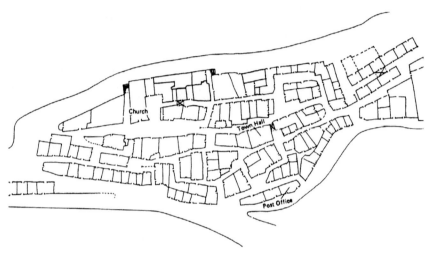

法国 G 村，比尔·希利尔和朱丽安·汉森。串珠结构或环形构成的中心感知体的密集程度使其作为整体发挥作用

为了进一步说明这个理念，让我们了解一下比尔·希利尔（Bill Hillier）和朱丽安·汉森（Julienne Hanson）的研究。他们对人类社区中的交流，以及社会结构和空间结构二者如何共同作用促进交流进行了非常彻底的探索。[13]

该研究包括整个欧洲社区的田野调查以及人类学文献中数据的广泛收集。在完成这本长达 270 页的关于实证调查与计算机模拟的书籍过程中，他们尝试将村庄及周边环境的平面与社区中人类交流的特性联系起来。希利尔和汉森的首要任务是寻找在这种人类交流中发挥支配作用的主要结构变量。

他们认为主要的功能性问题在于，人类交流状况的好坏取决于村庄或邻里所包含的串珠结构（the beady-ring structure）的程度。他们在研究中经常引用的法国传统 G 村平面中的串珠结构，是一种小的、凸状的积极空间组成的闭合环，通过道路进行连接。图

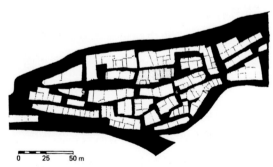

法国村庄 G，比尔·希利尔和朱丽安·汉森。图中黑色为道路系统和公共空间系统

中所示为 G 村的平面、公共空间、村庄内沿着此种路径结构的那些积极空间或凸状空间，以及因此产生的串珠结构。

他们最有力的研究结论是，村庄或邻里中人类交流的质量很大程度上取决于这种整体串珠结构的存在和密度。

下面我将从细节上进一步阐释该案例。

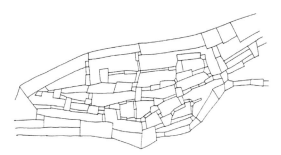

道路系统和公共空间系统如图所示，再细分为积极空间或凸状空间

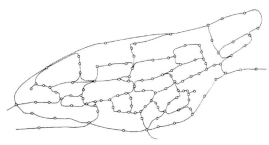

这里的圆圈（珠状）代表了凸状空间，线代表了邻近物和道路连接。这张图展示了村庄 29 个串珠结构，正如希利尔和汉森所示，这正是村庄的社会凝聚力和社会交往形式的首要来源

长期详细的分析结果证明，从人类学角度而言，最能使社区发挥作用的特性有如下三点：一是某种特定类型的中心感知体，即串珠结构；二是社区中这种串珠结构的密度；三是从住宅、商店通往这种结构的路径是否畅通。值得一提的是，研究清晰地展示了串珠结构是由局部中心感知体形成的总体结构，它呈环状，由小的积极空间形成，沿着环状道路连接。

这些（并非所有社区都有的）串珠结构是具有生命的中心感知体，当它们出现时，必定会加强房屋、花园和街道所形成的中心感知体。正是这些支持型中心感知体的出现，以及因此而增加的生命结构的密度，使社区发挥了应有的作用。[14]

在我看来非常重要的是，希利尔和汉森经过严谨的分析得出了与我在本章中的观点相似的结论，即空间与功能的统一。正如他们所说："社会必须按照其内在的空间性进行描述，空间也必须按照内在社会性进行描述"。[15] 在我的语言系统中，他们的观点其实与我相同，即功能和空间是无法分开的。相反，真正需要的是一种将功能与结构整合起来的视角，从而能够看到空间整体的生命特征。

两个柱础中的结构作用

让我们思考设计一个柱础时会遇到的"功能性"问题。在当今建筑和土木工程中，基于纯粹的结构问题进行的设计较为常见。假设为了论证栓接柱础所需的结构分析，一般会计算张力、压力和水平剪力，但没有弯矩。这是一种通常用于分析柱础的常见设计方法。

如果遵循这样的方法，在有限的功能层面观察柱础设计过程，我们可以得到这样一种设计方案：柱底有一片三角钢板，柱础上焊接了另一片三角钢板，两个三角钢板通过螺栓连接。螺栓本身和螺栓孔与钢材边缘之间的距离设计成剪力和压力所允许的最小值，然后就会得到类似 A 的柱础（第 414 页上图）。

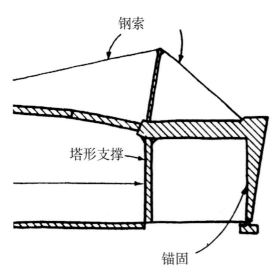

A. 纯栓接柱础。基于高效的目的采用栓接柱,基于文中八种功能的第五种,强调结构性能,但是几乎完全忽略了其他七种功能

B. 八种功能共存的平衡柱础。柱子和基础的形态使得中心感知体获得生命,这种结构以相同的强度强调了文中的八种功能

基于直觉,A 柱础看起来非常滑稽,与我所展示的具有生命的那些优秀案例完全不同。具有生命的柱子应该更像 B(左下图)。

这两种观点的差异,或者 A 和 B 两个设计之间的差异究竟源于哪里?我认为源于传统的功能主义设计带来的局限性。如果我们如实表述柱子的作用,其实柱础有许多功能,至少包括下面八种:

1. 柱础比柱子大,因此柱子才得以依靠。
2. 柱础具有定义周围积极空间的功能。
3. 柱础可以提供落座的场所。
4. 结构上柱础将竖向荷载传递至基础。
5. 基础同样也有水平抗力,用以防止柱子产生位移。
6. 从结构角度看,栓接如果在地震中受到破坏,可能会带来形变。
7. 此外,柱础的抗弯设计也会发挥作用。
8. 通过标定柱子的位置,并为柱子提供连接件,柱础在立柱时将会发挥重要的作用。

这八种功能都与柱础的设计相关。重点不是我们应该选择哪个,而是应该如何平衡所有八种不同的功能。

从纯粹的功能主义视角分析,之所以出现高效的栓接基础,是因为我们认定(第五种)功能十分重要,从而忽视了其他内容。栓接基础主要解决第五种功能问题,强调了其重要性,并或多或少地忽略了其他七种功能。如果我们认为这些要素的平衡无需刻意,且为设计师的选择,那么栓接基础可能会是一个有依有据、合理完美的解决方案。其他50种基础也许同样经过了计算,满足这八种功能不同权重的要求组合。栓接基础仅注重对抗水平力,完全不考虑柱子对周边场所

第 11 章 空间的觉醒：建筑的作用原理

高度现代化的铸模混凝土建造，柱子和柱础都被赋予了生命。美国加利福尼亚州马丁内斯住宅，克里斯托弗·亚历山大，1984 年

等其他项目的影响。

但是，如果将柱础视为一个需要加强生命的中心感知体，并且认可这种"生命"能够通过直接观察被理解和测量，那么我们就会得到更接近于第二张照片的柱础，在这里八种功能更加平衡。本页的照片展示了利用铸模混凝土平衡八种功能的现代柱廊的尝试，同时更加关注中心感知体，关注柱础、柱轴、凹槽、底部之间的空间等。

此处我们看到，应该如何构建柱底中心感知体的生命，以帮助平衡所有的功能问题，而且更重要的是，这种方式能够避免一两种功能的片面选择。

要想采用这种方法，我们不仅要关注功能本身，也要（更确切地说）关注整个系统的整体生命。该方法将空间视为整体，使空间变得更加和谐，具有更多的生命，成为更加统一的整体。[16]

沙克尔风格房间的生命

功能主义的问题清晰地聚焦于19世纪沙克尔风格的作品之上。许多人会认为沙克尔风格以其实用的独创性著称，这类作品源于彻底的、纯粹的实用主义，因此在其中我们能够最清楚地察觉功能主义问题。

照片中展示了沙克尔风格的作品：人们制作了木钉，把木钉钉在墙上，把椅子挂在木钉上，这种令人惊叹的实用将精神性推向了极致。为了庆典，人们想要保持地面干净整齐，没有杂物，因此就有了像挂衣服、挂篮子或其他物品一样的令人惊叹（极具灵感）的想法，他们把椅子靠背挂在墙上的木钉上。形式直接追随功能，将功能推至极致，其意义非凡且具有美感。

但我认为这样的分析是错误的。让我们观察沙克尔风格房间的布局，地板干净没有杂物，四周墙面是与人等高的松木板，沿着松木板有间隔地钉入木钉，挂上高背椅。

让我们按照中心感知体系统的方式思考。作为整体的房间纯粹且具有美感，椅子下方干净的空间是虚空（the void）。虚空是一种深刻的精神形式。松木板围成一个环，木钉和悬挂的椅子就像皇冠，它们形成了空间，环绕着空间，装饰、创造并强化了这个空间。总而言之，我们把房屋的空间比作一个皇冠、一个空的中心感知体，其周围环绕着其他中心感知体，每一个都与更小的中心感知体相连，就像中世纪的皇冠一样。

在我看来，沙克尔将椅子挂在墙上这一想法背后的驱动力就是创造这样的"皇冠"。我认为将其目的仅解释为清扫地面或为神奇且极其实用的木钉找到用武之地，这种纯粹的机械化解读是一种误解。只是因为我们对"实用性"的认知相当局限，非常狭隘，十分机械。

我认为对沙克尔主义而言，实用性包含了探寻纯粹精神之光的中心感知体系统。皇冠结构的发明、创造和延展说明了一切，因为正是这种结构灌输于其中，使得它们能够保持这种精神性。同时，我们在他们的房间中的确能够感知到这一点。即使我们认为沙克尔风格的房间就是一个机器，也是一个引导和加强房内人们精神状态的机器。

可是我们的困境是双重的：其一，我们不能理解这种中心感知体系统创造并引导人们精神状态的适宜方式；第二，我们无法轻易找到一种概念，能够帮助我们理解皇冠的形成，理解这种中心感知体系统并不仅是形

挂在木钉上的椅子

第 11 章 空间的觉醒：建筑的作用原理

整个屋子的沙克尔风格椅子悬挂在木钉上，形成一个皇冠状，给整个屋子带来了生气

式上的，而是形式与实用并存的。当然，清理地面仅是效果的一部分，巧妙地将木钉钉在墙上也只是效果的一部分。但是我们无法轻易理解实用和精神兼而有之的思维方式，因为对于现代的我们而言必须是非 a 即 b 的二者择一，要么就只是形式或几何的，而不是实用功能性的；要么就只是实用功能性的，但不是几何或精神层面的。这种概念的局限妨碍了我们理解完整复杂的生命本质，也阻碍了我们创造生命。

我在本书中描述的生命，只有当我们明白结构既是几何性的，又是功能性的，二者缺一不可之后，才能创造出生命。生命不是二者简单的叠加。形成皇冠生命的中心感知体包含了清洁无尘的地面，包含了源于完美虚空的精神状态，包含了由中心感知体构成的一种类似生命结构的木钉板。这种中心感知体的生命来源于其内在的几何特性，并且正是由于这种几何特性，它才变得实用且易于制作。

每个中心感知体中那些几何性和功能性的深度结合才是真正功能的本源，同时，我们的思想也要达到这样的结合。

一个沙克尔风格的盒子

让我们思考一种更小的案例。请观察这个沙克尔盒子上的指形接缝，该接缝始于形式美：采用了渐变、深层互锁和交替重复以得到具有美感的系统，它基本上就是一个纯粹的装饰，但恰巧也极为实用。假如我们只是将其一层层地重叠起来，然后用钉子固定，钉子之间的部分就很难粘合，敞开的边缘很可能起皱或开裂。所以我们钉入钉子，让接缝部分类似于钉子的形状，因此能够保证胶粘剂总在钉子的附近。

上述这些是从实用性进行考量的，那么它真的只是恰巧具有美感吗？我觉得并非如

一个典型的沙克尔风格木盒

此。经过深入探究，我认为这种样式始于对中心感知体场域的形式直觉，可能制作者都没有这样思考，只是想使接缝本身逐渐适应功能问题。但我要在这里重申，这个过程始于对美的直觉。我相信，制作者基于此才在工作时将精力集中于整体性，也就是中心感知体场域。当制作者开始思索重叠部分时，我想他一定尝试了许多种错误的中心感知体场域版本。这激发了制作者的灵感，引导他找到了我们在照片中看到的美感与实用兼具的解决方案。

首先，当制作者加入薄木片时，他意识到应使用木片的互锁模式进行连接，因为这样的方式最具美感。木板和空间的交替重复和重叠部分曲线的优美外形等，促成了盒子的美感和统一。

其次，作为直觉的意外产物，制作者发现对于形式的每种直觉都与必须要解决的实用问题相关。每种小中心感知体加强大中心

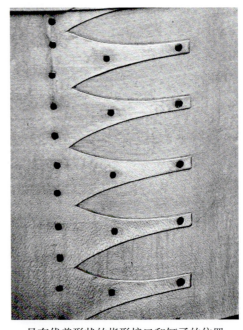

具有优美形状的指形接口和钉子的位置

感知体的方法，每种创造场域的方法，都与存在于真实盒子中真实材料的实际需求有关，都与为了获得其内部中心感知体的生命而必须要满足的实用问题有关。

因此，优美的外形赋予每个木片一定的弧度，使得中心感知体左端逐渐变大，右端逐渐变小，进而最大限度地加强了下方木片的中心感知体。

直接遵循中心感知体结构有着实际的益处。要钉入钉子的位置较宽，因为这个中心感知体必须宽；粘胶的位置较窄，因为这样才能使用不能弯曲或变形的薄木片。在形式意义上，每种中心感知体共同作用的方式，在真实事物中都有其实用价值。

通过中心感知体场域是可以创造出实际事物的，这似乎难以理解。它与我们当前的直觉认知背道而驰。但客观上讲这其实并不难理解。中心感知体场域阐释了中心感知体必须相互支持的观点。如果我们基于几何性视角出发，那么创造出的中心感知体场域会为实际功能创造出良好的条件。这是因为场域往往会创造出一个结构，其中各种中心感知体在功能上能够相互帮助。

另外，如果我们不考虑中心感知体场域，只根据实用性塑造事物的形态，虽然这样做有可能得到好的结果，但可能性很小。我认为，场域是最有成效的功能结构。如果忽视了场域，虽然并不意味着我们无法通过纯粹的功能、实用的方式找到出路，但是可能性非常之小。

7 / 功能源于装饰

在对展示数百个建筑案例深层功能的观察中，我一次次地注意到（没有任何反例），人们借助发现中心感知体场域，以及创造具有几何特性的中心感知体的能力，往往能创造出更加美好的事物。我认为这些都是源于制作者的经验，并尝试证明，总体而言这是正确的。

20世纪的观点现在仍旧盛行，学生们相信"美观"来源于对实际效用的关注。换言之，他们相信如果遵循实用与高效的原则，自然就会得到具有美感的事物，也就是形式追随功能！但如果观察我给出的案例，就会发现在制作过程中，形式未必追随功能。是的，这些事物非常实用，但它们之所以实用，是因为制作者在努力地增强中心感知体。这些案例中大多都着重强调功能追随形式，可以说创造具有美感的中心感知体才是驱动力。随之而来的实用功效的确是这一过程的重要组成，但绝不是我们今天相信的机械论意义上的驱动力。

目前这一观点还难以被接受。在与学生们讨论案例的过程中，我总是很难让他们相信，只有创造者有意识地创造出几何性的中心感知体场域，好的功能性结构才能实现。由于对美学的推崇而非清教思想，对很多学生而言，这种观点的本质似乎并不合规矩，甚至是旁门左道。学生们（往往是最理智、最聪明的学生）几乎都满怀激情地想要证明，美的事物一定来源于纯功能性的思考。当我指出这些结构中包含着具有高度形式感和几何性的中心感知体场域时,学生们就会回避这种思维方式。也许是在他们看来,我倡导的观点有些轻率或不合规矩。学生们认为,如果某物实用且高效,一定是因为该物的制造从功能与实效的角度出发。

会出现这种错误也很自然。基于我们这个时代的机械世界观,人们认为高效事物的出现一定是源于对效率的渴望。即便我指出,现在用来创造实用高效事物的方法,不足以创造出形式美,因此也无法解释形式美,学生们依旧难以理解。

我们可以通过钉子的案例再次进行说明。14世纪钉子的几何形状具有生命,其功能性和装饰性都达到了非凡的高度。相比之下,后期的钉子(譬如19世纪的钉子)则具有较少的生命,现代的钉子几乎没有生命,没有任何物理意义上的几何美感。

在中世纪,即使像钉子这样普通的事物都能如此审视。如下图所示,14世纪的钉子具有强烈的生命。作为物体和装饰,它具有美感和生命,同时又很实用。14世纪的钉子由于其尺寸和钉头的厚度,有着持久的生命和强大的力量,基本能够维持600年,这是20世纪的钉子几乎做不到的。

14世纪的钉子既是漂亮的装饰,又是耐用的物体,这是巧合吗?钉子中装饰和功能的关系是什么?我认为这并非巧合。可以说,中心感知体在"装饰"中发挥效用的方式,钉头的厚重,形式的"相似"本质,这一切都得到反映并复制在钉子的功能性生命中,体现在钉子的耐磨性、强度和耐久性中,体现在14世纪钉子的钉头绝不会像现代钉头那样易折断、易磨损这一事实中。

希利尔和汉森所研究的法国村庄具有高度的凝聚力。这不是纯粹由社会凝聚力产生的功能性生命,也不是纯粹由几何连贯性产生的几何美感。这是无差别的、根本的,是一种空间和社会共有的内在生命。

我们也能在14世纪的钉子中找到这种高强度的生命力。同样,它不仅是功能性的生命,也不仅是装饰性的生命,它就是生命,是空间本身的特征。

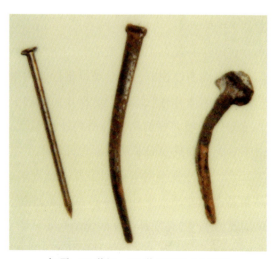

钉子:20世纪、19世纪以及14世纪

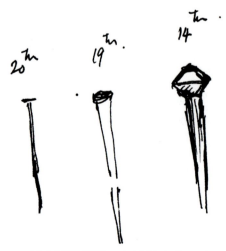

三个钉子的草图,反映了它们的品质

第 11 章 空间的觉醒：建筑的作用原理

8 / 作为空间和物质特性的生命

第二卷和第三卷中讨论的建筑是基于我们对世界的一个构想：我们呼吸的空气、构建我们城市街道的石头和水泥等都具有或多或少的生命，也就是说，无论如何它们都具有生命，只是程度不同而已。

作为建筑师、建造者、市民，我们的工作就是在空气里、在砖石中、在房间里、在花园中创造这种生命，在空间本身的组织中创造生命。这不仅仅是一种诗意的表达，而是一种理解世界及其构成方式的新概念。如果能接受这一观点，它可能会彻底改变我们对世界的认知。

不可否认，要理解空间、物质及其本身基本上都具有不同程度的生命，这是非常困难的。尽管前文中我已经在努力地展示生命繁衍生命、生命源于生命的递归机制，但是生命作为一种物质或空间还未定义的原始特征，如果不能进一步阐释，还是非常令人费解的。如果不是很多关于建筑的实际问题可以基于这个参考框架来理解，我认为大家甚至都不愿去尝试。

的确，到了第四卷，我才尝试彻底地阐释这一观点。不过，就目前而言，我们需要掌握一些至少能让我们理解其含义的观点。在本章后半部分，我将试图把空间里生命的出现与某种觉醒进行比较，就仿佛空间本身，即物质本身苏醒过来，它觉醒了。当我们在空间、建筑、山坡、艺术品中，在脸庞绽放的笑容中看到生命时，我们看到的正是这种不同程度的（实际是在无限种程度的）空间觉醒。

9 / 狄德罗的假设

我们认为，要分析任何功能，首先必须回答这个问题：为了让中心感知体更具价值，你付出了多少努力？也就是说，功能的基本法则（the basic rule of function）为：我们应该尽己之所能，让世界每个部分都有其价值，这句话听上去有些幼稚，但其实代表的是成熟的认知。

在大家熟悉的笛卡儿式思维模式中，我们将所感知到的中心感知体的生命理解成其他一些要素机械化驱动的结果。譬如我说过，前文展示的那个窗下座位之所以充满生命力，原因在于那些小小的窗格、两侧射入的光线、木头柔和的色彩以及座位上的垫子。[17]这些观察都是真实的。只是如果换为另外一扇拥有以上特征的窗户，也许我们同样会感知到生命力，但生命力的强弱却无法预测。

当然，这类事物本身以及上述的模式、特性也许能够让我们创造出生命，也确实能够创造出生命，但这些因素不具有确定性。相较而言，我个人对于生命的"内在"感知其实更确定一些。因此可以说，那些因素并不是最根本的，生命才是最重要的。如果按照笛卡儿体系思考，会把生命假定为一种结构，把重要特征假定为最根本的因素。但这只是一种思维的假设，细究之下，我们会发现这一假设并不正确。

若想更加正确无误、简单明了，那就应该直接表明：窗口这个位置具有生命；我可以觉察到生命；我可以直接观察到此处生命的程度。

有人可能会问，你所察觉到的生命强度具有多少客观性呢？我要再次重申，是否具有客观性并不是人们不愿轻易讨论这类事物的原因所在。真实的原因是，人们在思想层面不愿认为窗户具有生命。至于这里的生命力究竟有多强，人们倒不一定会真的意见不一。正如前文所述，如果让大家从成对的案例中挑选出生命力更为强大的那个，大家的结论基本是一致的。窗户具有生命这个说法，其实与大家经验认知也是一致的。

我必须要着重指出：空间各个部分具有强弱有别的生命力这一说法，并不违背我们的实际经验。如果环顾世界，观察空间各个部分，我们能够很容易地说出"这里生命力较为强大，而那里生命力较为薄弱。"与这个说法相违背的，恰恰是笛卡儿思维体系及机械主义科学假说在我们脑海中印刻的空间图景。笛卡儿体系明确地将空间描述为一种中性的、绝对抽象的几何介质。[18] 因为现代物理思想的基础是笛卡儿几何的代数和算术，因而所有现代物理思想都基本上与笛卡儿思想如出一辙。笛卡儿学说及其假设的确具有某些方法论的意义，也是一种具有效用的模式。但是，笛卡儿思想并非观测到的事实，它只是一种观点罢了，并无经验依据。每个空间都具有不同程度的生命这一观点，与目前的笛卡儿学说或假设格格不入，但是与经验本身并不相悖。

启蒙运动的重要人物丹尼斯·狄德罗（Denis Diderot）在 250 年前提出，需要将物质看作拥有生命的事物。下文引用的《达朗贝尔的梦》（D'Alembert's Dream）片段中，狄德罗将空间具有生命力这一说法称为"一个简单的假设"。狄德罗写道："你会逐渐发现，如果拒绝接受一个简单但具有普遍解释力的假设，就是拒绝将敏感性作为所有物质共有的一种属性，或者作为物质组织的一个自然结果。那么，你就是公然违背常识，陷入神秘、矛盾和荒谬的深渊。"[19] 换而言之，在狄德罗的观念中，相较于"将物质或空间视为中性机器"的机械论假设，"物质和空间具有不同程度的生命"这个假设更加容易理解，也更简洁明了。如果物质或空间本身被视作机器，却还能产生我们看到的那些特点，那简直堪比魔术了！

如果我们能够说服自己舍弃于事无补的机械图景，转而关注生命中心感知体图景（即使当代人觉得是奇谈怪论，但这个图景才是切实有效的），那么，我们必定会将现实理解得更加准确、深刻。

第 11 章　空间的觉醒：建筑的作用原理

10 / 空间本身具有生命属性

我给出的案例说明了一个事实，一栋建筑是有可能加强空间中存在的生命力的。一扇窗户的构建，其"窗户位置"加强了起居室的中心感知体，使得中心感知体更加重要，并且增加了空间中存在的生命。

如果正确地理解这个案例，它其实表达的是，的确存在某种需求、力量或进程的系统，同时也必须通过设计的结构来解决。但实际上这个观点在案例中是讲不通的。我们从来没有机会去真正理解，需求或力量得到解决究竟意味着什么。整个"功能主义"的讨论方式是一种精心设计的迂回表述，目的是让我们觉得自己已经理解了，但其实我们并没有真正地理解。

另一方面，假如我们完全相信这一观点，即空间本身确实可以在不同程度上存在生命。如图所示，由于创建的中心感知体场域的内在结构，起居室呈现出更强的生命力，那么，空间和物质具有某种程度的生命这一观点的确有助于我们建立具体的认知。

我曾说过，中心感知体能够协助彼此获得生命，这种"协助"既是功能上的，也是几何上的。但如果中心感知体之间视觉和功能上的协助是有所关联的，那么它们究竟是如何关联的？最可能的答案是在比功能性或几何性更深层次的领域中发生了什么。接下来的问题是，这个领域在哪里？答案可能是，发生所有这一切的领域就是出现生命的领域，是以某种方式"觉醒"的空间领域。

因此，一个空间领域的觉醒会唤醒下一个空间领域的觉醒，还会建立一种功能上的连接。到目前为止，这种神秘的结构体现为空间中出现的中心感知体，其实就是更基础领域中的一系列觉醒。

从这个意义上来讲，所发生的事情就是生命随着空间的觉醒而出现，生命是空间本身中出现的事物。当某种事物发挥作用，或者说产生"功能"的时候，它的空间在很大程度上被唤醒，它会变得富有生机，空间本身也会变得富有生机。

为了完全确定这一点，让我们再次回顾一个看似纯粹功能的案例：房间中的光线。当光线从不止一个方向照射时，采光会更好一些，这一点在《建筑模式语言》[20]中有详细的探讨。此外，如果仔细观察房间里舒适光线的真实特质，我们就会发现光线其实被分解为无数斑驳的光斑，光线在石膏抹面和墙面上形成渐变。甚至从室外大树和天空中照进房间的光线也是斑驳的，在房间内再次反射时，会进一步分解成上千个斑驳的光斑。

相反，如果一个房间的光线是单调的、人工的，就会让人感到不舒服，这样的房间阻碍了光线的自然反射和分解，房间的光照是人工的，均匀的，没有光线的"变幻"。

光线照射的房间是一个中心感知体。光斑加强了这个中心感知体，这个事实仅仅表示该中心感知体的生命是由更小的光线中心感知体支持的。如果试着理解如何处理光线，并且从每平方英尺的光通量或高效能源的使用需求这些角度分析光线，那么我将无法搞清楚，因为我可以无限地增加这类要素，并且永远不知该如何平衡这些要素，也不知道哪些要素最为重要。

当我不再问这些关于光线的机械问题（我永远也无法评估这些问题），而是从整体上平衡地看待这个问题时，它就变得清晰了。在这个问题中，我唯一感兴趣的是加强房间中心感知体的生命。为了完成这个任务，我需要寻找一些方法，通过这些方法使作为中心感知体的房间生命取决于更小的中心感知体。然后，我要精心构建这些小的中心感知体，清晰明确地增加房间的生命。

读者可能会问，我们如何确定光线需要的处理方式，又或我们如何确定光斑本身与房间到底哪个是更强大的生命。答案虽有些奇怪，但很简单。房间更强大的生命取决于每块光斑更强大的生命，我虽然不知道为什么这样的理解是对的，但我的确知道事实就是如此。

最基本的功能性观点是要认识到，机械的功能分析无论如何都是一个谜题，因为对于为什么某些事物会发挥作用，究其原因就会永无休止。真正符合我们常识的，同时也是当我们思考这些问题时真正会这样做的往往是（而且只是），从强大的生命中创造出更强大的生命，并且只对它自身负责。除此之外没有其他原因。

这个关于功能的新发现令人惊讶，让我们以新的方式看待功能本身。如果一件事物的特性来自其中心感知体场域，如果中心感知体之间主要的相互作用是通过加强其中心性而得以促进，那么原则上我们通常所谓的装饰与功能没有什么不同。如果我们能很好地理解"中心感知体场域"这一概念，那么我们就可以想象宇宙是由具有生命的空间/物质组成的。宇宙是这样的一种物质，其中中心感知体的出现会产生出强度越来越高的中心感知体。当中心感知体场域创建出来的时候，物质实际上产生了变形，发生了转变，充满了生命，甚至可以说"绽放出了光芒"。

如果这样去理解，功能与装饰的差别是不存在的。每个新生或者展开的中心感知体场域都是生机勃勃宇宙的一部分，我个人喜欢把它看作一种让人幸福的物质状态。随着整体的出现，宇宙也被整体地装饰了。产生新事物的规则正是那些我们意识到的所谓的"纯粹"装饰的规则。

按照这样的方式理解，一朵花、一条河、一个人，或一栋建筑，都具有相同的潜在作用。每个都可以根据这种纯粹的、令人幸福的结构的形成程度进行判断，也可以根据作为创造结果的宇宙之光的闪耀程度进行判断。

因此，我们最终还要认识到，即使我们当成"生命"或"功能"的事物最终也必须被理解为纯粹的结构，这种结构作为空间本身的一种属性，纯粹地存在于空间之中。正是物质/空间本身产生了生命。当物质/空间本身产生生命的时候，我们过去所谓的"功能"和我们过去所谓的"装饰"在原则上是没有区别的。

伯克利山的草地

11 / 摒弃心中所有功能性的解释，唯留中心感知体的生命

我认为，若想对功能作出评定，最佳的方式是对各中心感知体的生命强度进行评定；若想在实际设计中了解如何抉择，最佳的方式就是关注每个中心感知体的生命强度。从理性层面来讲，这种方法会让我们产生对世界的不同理解。

在机械化的实证主义思维方式中，假设确定了某种需求或功能，那么我们在设计中就必须"满足"那些功能。在这种认知方式中，几何与功能分属于两个完全不同的领域。如果我们的大脑认为二者分属两个领域，那么逻辑上二者也分属于不同的类型。

但是如果认为平衡的关键在于中心感知体的生命，那么我们将会这样认为：空间和功能不可分割，功能和几何不可分割。我们不会认为功能是一回事，空间和几何又是另一回事。我们的关注点只有一个，那就是生命空间（living space），其中包含着不同程度的生命。生命空间就是拥有生命的空间。因此，建筑师的职责就是对这些生命空间进行布局或重置，以加强空间的生命。[21]

中世纪铁匠锻造铁器时努力地加强空间的生命，打造出的铁钉具有生命。建筑师或工程师努力地加强空间的生命，建造的柱础拥有了生命。建造者在加工石膏板等材料时，同样努力地加强空间的生命，于是石膏板也拥有了生命。生物学家面对生态系统时，希望赋予一个池塘或一片森林以生命。区域规划师在规划人类居所、农业用地以及交通组织时，采用的也是生命空间得到最大限度强化的类似方式。同样，画家用色彩，雕刻师用凹凸，瓦工用釉色和样式想方设法地加强空间的生命。这些行为的主体各不相同，材料各不相同，但却最具装饰性，也最具功能性。每种情形下（即便是具有生物特性的物体中），人们所致力创造的无一不是生命空间。

为了进一步阐明空间或物质自身可能真的具有生命这一观点，本书接下来描述一个规模更大的自然界中的有机系统：一片草坪。设想在加利福尼亚州北部丘陵的灌木丛中有这样一片绿草、树木、灌木肆意生长的草地，通过人们的修剪整理，创造出了生命空间。这片草地首先要能够防范火灾。在火灾易发地区，这种中间是草坪、周围环绕灌木和树木的布局，有利于阻挡或减缓火势的蔓延。平时，人们可以在中央草坪上享受阳光。如果想组织家庭野餐，在周围的大树下就再合适不过了。那些低矮灌木形成的屏障以及围合的封闭小空间，成为蝴蝶和小鸟的活动场所。开阔的草坪上野花摇曳。四处零星种植的橡树形成了一个个中心感知体，非常壮观。树干四周的很多旁枝被修剪掉，高高的树冠抬头可见，动物和人都可以尽情享受橡树所创造的美好空间。这里只留下了一两棵来自澳大利亚的入侵树种——桉树，这样就可以避免其酸性树叶污染土壤；从苏格兰或法国移植来的金雀花在阳光中熠熠生辉，但同样修剪得非常矮小。这片草地是本土植物的家园，花朵繁茂、籽实丰美，具有无限韵味，自然繁衍的不同物种在此得以存续和发展。

草坪的强中心感知体源自草坪自身及其边界。灌木和低矮的小草交替分布，不仅为小鹿和其他小动物提供遮蔽，而且产生了几何形式上的交替重复。壮观的大树呈现出局部对称。站在微微倾斜的山坡上，可以俯瞰旧金山湾，这里形成了次一级的强中心感知体和次一级的局部对称。人和小鹿踩出的道路形成了其他局部对称和景观的呼应。草坪形成了一处虚空，每个部分与周围结构之间的界限都不太分明，因而每个部分都具有不可分割性。无论是在各处阴影之间、不同的植物类型之间，还是在不同的湿度或高度之间，都存在着渐变，这些渐变让多样的植物和昆虫组合在一起，使这个地方物种丰富、一派生机。

每个草坪中还存在着另一种呼应，即更大范围的土地与多座山峰之间的呼应。

这样的场所必然是具有生命的。但这个拥有生命的"它"究竟是什么呢，能说清楚吗？严格来讲，我们认为具有生命的事物（如石头、小路、旧篱笆、混凝土栏栅、大地、土壤等）虽然有小动物和微生物寓居其中，但大多为无机物。或许整个场所的生命可以表述为相互关联、彼此依赖的一张网，其中多个物种繁衍生息、互相促进。但这个拥有生命的"它"究竟是什么呢？

因为众多的中心感知体相互协作、共同生长，所以它拥有了生命。因为自身的结构和几何特性，所以它拥有了生命。拥有生命的它可以是地球、是岩石、是空间本身，还包括了空气，虽然空气也是无机的。但毫无疑问，这一切共同构建的它是具有生命的。

如果描述这个系统，我会坦白地讲，整个系统以及物质所在的空间本身都具有生命。不是空间之中存在着生命，也不是几个有机物填充在机械的无机基底之上，而是它本身就是鲜活的生命体。空间具有了生命力，将生命与空间割裂开来简直是无稽之谈。

如果你也有类似的感受，那么当你与狄德罗对话时，就不会说无生命的机械世界以及其间出现了几种有机生物，而是会坦率地跟他讲，上面的说法更简单、更直接。如果想要一个更加简单的说法，那就是相互作用的事物是具有生命的；以往在我们的眼中，

第 11 章 空间的觉醒：建筑的作用原理

日本屋脊瓦

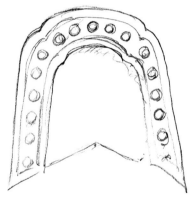

瓦片与其中心感知体的生命图示

空间只是包含些许生命物质的介质，它枯燥、冰冷、机械又缺乏活力，但其实空间本身就是有感情、有激情、有温度的。

为了进一步阐明空间或物质本身真的具有生命这一观点，接下来将再次尝试描述一个系统，只不过这次是一个较小的系统。我将要描述的是我家的一片日式屋脊瓦。这片屋脊瓦样式传统，非常可爱，我打算把它放置在屋顶最高处的山墙端部。[22]

通过观察这片屋脊瓦，我们能够更为真切地理解这种纯粹的生命，理解可能出现在事物中的这种纯粹的"中心性"。如果仔细观察，你就一定会发现，瓦片发挥了生命中心感知体的作用。一开始，你也许无法充分认识到，它之所以具备生命中心感知体的特性，原因在于空间内所包括的其他生命中心感知体之间存在着相互依赖的关系。一开始，我们只看到这片瓦的中心感知体的确位于"中间"的空间，这里是整个瓦片的一个巨大的倒 U 形空间。

现在，我们开始研究这个倒 U 形的瓦片为什么会发挥中心感知体的作用。我们发现其中心性源自这个倒 U 形周围其他中心感知体的存在。其他中心感知体包括边界、边界的凸起以及沿着边界的那些近乎圆形的球体。

因此，与之前的其他案例一样，正是由于瓦片所包含的其他小型中心感知体的互相作用，瓦片才具备了中心性。瓦片周围的小型球体构成的次中心感知体很有力量感，正是因为它们以那种方式环绕着倒 U 形的主空间，才赋予了 U 形力量。边界本身也是中心感知体，作为中心感知体，它的力量与生命进一步加强了整个瓦片创造出的生命。当然，作为一个整体，瓦片形态精致优美，这也为它所创建的中心感知体带来了更强的生命力。

我们继续追问：这个它究竟是什么？创造出的中心感知体是什么？我们称之为形状或设计的几何结构给空间带来了哪些变化？在空间中，这块黏土创造的中心感知体究竟是什么？

为了探索这个问题的答案，我打算对这些中心感知体加以观察：瓦片中的每个中心感知体在帮助更大的中心感知体获得生命时，自己同时获得了感受和深度。这一观点非常重要。瓦片边缘的球形不仅是圆形这个形状，还有着特殊的生命特性。如果你向内省视，尝试理解它们的生命，审视你对生命的感受，就会发现生命之所以出现，是因为每个球体都在或单独或共同地帮助瓦片这个整体创造生命。这些在整体中存在的球体本身，以及它们帮助整体获取生命这一事实，二者共同作用，使得它们作为个体中心感知体也获得了自身的生命。正是在此过程中，它们才变得弥足珍贵。

如果联想人类的足部，你或许对此会有更加鲜明的认识。足部是一个中心感知体。当服务于整个身体这一有机体时，它自身也获得了作为中心感知体的生命。这个生命来源于它帮助了人这个中心感知体创造出更大的生命。足部因此具备了更为深远的意义。但如果砍断了足部，或者将足部单独看待，则完全不同。如果脱离了活生生的人的腿部，足部就会因为无法促进和维持更大整体的生命而不再具备这样的特殊属性。

以下两点适用于每一个具有生命的中心感知体：

1. 每一个中心感知体都是在支持和激活某个更大中心感知体的同时获得了自身的生命。
2. 正因如此，中心感知体才变得如此珍贵。

此处的第二点尤为关键。让我们再来观察一下日式屋脊瓦片上的圆形，它们不仅是圆形，而且非常珍贵。当空间变得珍贵了（或者被塑造得珍贵了），中心感知体才会在空间中出现。因为能让更大的中心感知体得以显现、获得生命、变得珍贵，中心感知体才变得珍贵。这个过程正是中心感知体自身价值倍增的过程。在这期间，空间发生了突飞猛进的变化：一开始它是中性的，但当它成为更强的中心感知体时，就变得无比珍贵了。中心感知体的这种珍贵是每个中心感知体的核心属性。

12 / 生命的递归特征

中心感知体场域的本质虽然神奇，但我们现在已经能够基本掌握。下面我们将再通过一些案例思考中心感知体场域的递归本质。

池塘中生命的递归特征是可见的

第 11 章 空间的觉醒：建筑的作用原理

生命结构的递归特征，显现于前门门廊

首先，请观察第 428 页图中的鱼塘。这里有水面、波纹、游鱼，塘边垂着灌木，池面浮着荷花、荷叶，塘底有淤泥、岩石上有石蚕、苔藓，水中有污泥，水正在流动。与前文的案例一样，这里的每一个中心感知体都具有生命，而且它们的生命因为周围其他中心感知体的存在而得以加强。以鱼儿为例，在活水中鱼儿的生命力更强，因为水中的氧气能不断得到补充。水面上的岩石和荷叶形成了阴影，能为鱼儿提供乘凉之所。作为中心感知体的水流，它的生命因为鱼塘边缘处的漩涡和湍流而得到加强。

接下来请看本页的插图。一个摆着长椅、种有李子树的入户空间。这里有大门、台阶、长椅、篱笆、紫叶李子树，以及门廊和街道之间的空间。大门使该空间更具生命；该空间的生命又加强了长椅的生命；紫叶李子树使长椅更具生命；篱笆阻挡了动物以及街道上过往的车辆，又使李子树更具生命。

在以上所有案例中，所有的关键是，当一个中心感知体协助另一个中心感知体获得生命时，究竟发生了什么？每次协助的具体形式的确不尽相同，但唯一共同的要素是，每一次的协助，获益的中心感知体的生命都会增强。而这，就是生命现象的本质。在机械思维框架下，对每一种协助的形式我们都要寻找其作用机制，关注点也总在于各案例之间的差异。但是，我多年的实践与思考表明，中心感知体之间形式不一的协助具有基本的相似性，尽管这一结论似乎难以分析，也无法用其他术语加以解释，但这才是最为重要的。

在每一个案例中，由于其他中心感知体、它们的生命以及它们彼此加强的方式，每个中心感知体的生命都会得到加强。这种作用既具备几何性，也具备功能性。这种作用发生于空间之中，因为它的作用方式，我们才会看到物体中被加强的普通又平凡的生命力。

因此，生命本身就是发生在空间中的一个递归效应。只能以递归方式将其理解为生命之间的相互加强。首先，中心感知体场域凭借自身纯粹的几何系统加强中心感知体，之后又通过协助作用在几何场域中创造了生命。

13 / 东福寺

如果秩序的本质真的存在于某种无法预料的空间和事物中，如果既有装饰性又有功能性的生命体在此处以物质觉醒的形式显现出来，那么我们也许偶尔会有一些直觉可以证明这样的观点。我的确曾时不时地捕捉到这种直觉。

1967年我在日本访问，一位叫濑底恒（Tsune Sesoko）的朋友对我的兴趣以及我对事物的感受非常了解。当时，他与两位60多岁的书法家（这两位当时仍属于正宗的禅宗传统派）讨论我的日本游览计划，打算征求他们的建议。两位书法家给濑底恒建议，推荐我去参观京都那座叫"东福寺"的寺庙，那里是"硕果仅存的能够探访、了解旧时方式的场所"。我接受了他们的建议，记下了寺庙的名字。抵达京都后，我住在一位德国建筑师朋友那里，告诉他我想去参观东福寺。他说，"不，不，我不建议你去东福寺，你应该去大德寺（Daitoku-ji），那里才是最宏伟的。"我犹豫了一下，告诉他我想听从之前书法家们的建议，但他坚持认为那个建议并不好，还告诉我他会亲自带我去大德寺，让我亲眼目睹它的宏伟。我争辩了几句，但并没有用，他依旧非常坚持。我只好客随主便，听从了他的建议。

第二天我们去了大德寺。大德寺在形式上相当考究，但我完全不喜欢。它就像一副空壳，一个为了让游客参观而保护起来的旅游景点，完全丧失了生命力。譬如，长满苔藓的花园里那几条漂亮的小路上，有很多粗重的铁链和写着"请勿横穿草坪"的小标牌，小路和苔藓因此被隔开了。只转了几分钟，这种刻意就让我无法忍受。我决定不再在此地参观，而是自己寻路去东福寺。向朋友表达了歉意之后，我乘坐一辆人力三轮出租车出发了。

我一个音节一个音节地给司机念出东福

第 11 章 空间的觉醒：建筑的作用原理

森林中的寺庙

寺的名字，重复了好几遍，直到他明白我要去哪里。车子走了很远，我已不清楚我们到了哪里。大概经过一小时的车程，我们离开了市区，到达城市边缘的山丘与城区的交界处，几乎已经快到乡村了。直到抵达一片几近废弃的地方，车子才在一面巨大的石墙外停下。司机用手比划着告诉我，他会在这里等我。我下了车，绕过石墙，走进了寺庙建筑群。寺庙内部的氛围让人心生震撼，目之所及尽是野草、灌木和岩石。那里植物蔓生，自然而荒凉，但我能感受到寺庙有人照管，建筑也并非闲置不用。我漫步其间，穿过几座简约的大型建筑，这里就像一座虽然正常运转但又稍显荒废气息的农场。这里不算完美，但每处都在运转。我在东福寺漫步了一两个小时，徜徉在建筑之间，欣赏了小小的沙园、峡谷上的木桥以及寺庙的主殿。不知不觉间，我发现自己正走在一条狭窄的小道上，沿着这条小道，我远离了寺庙，走到了小山的侧面。小道大部分是沿着山边凿出来的石头台阶，有的台阶隐入草丛之中。小道很长，台阶不高，两侧树篱夹道，一直向上延伸至山顶。路越来越窄，接近山顶时，有两处低矮的树篱，藤蔓繁茂，将小道掩映其中。

东福寺局部

东福寺的枯山水园

忽然之间,前方没有路了,无法再继续前行。我惊诧不已。树篱长得非常密实,小道就这样终止了。台阶的尽端有一小块地方,我转身坐了下来。其实,除了我坐的这块高台阶,这里也没有其他地方可坐。我的视线转向下方的寺庙,我定睛欣赏,虽有些累,但很开心自己能安静地坐在那里。我的耳边只有风声,寺庙的声音已杳不可闻。这

第 11 章　空间的觉醒：建筑的作用原理

东福寺的桥

时，一只蓝色的蜻蜓飞来，落在我身旁的台阶上，它就静静地停在那里。当时，我的内心充满了震撼，我突然明白，这里的一切都是建造者精心设计好的。不论这种感受在现在听上去有多么奇怪，多么不可思议，我都非常确信是他们创造了这个场所，他们明白蓝蜻蜓会飞来停在我的身旁。无论今天听者感觉如何，但在当时当地，我坐在台阶上时，有一点我坚信不疑：那就是建造这里的匠人技艺水平之高，是我之前从来不曾见识过的。我清楚地记得，因为意识到自己的无知，当时战栗不已。我突然发现，这个世界上有一种技艺和知识水平，远远超出我之前所有的认知。

我就那样坐了两三个小时。之后我在寺庙里徜徉了一整天，它的美让人赞叹不已，每时每刻我的内心都充满了对其建造理念的敬畏。让我感触最深的，是这里的建造者有一种我从未见过的高超技艺，这里的草木、台阶、微风、蜻蜓，都是经过他们的双手精心布置的结果。

直到今天，那种震撼之感也是绝无仅有的。人类对于自然的理解在这里可谓登峰造极。寺庙的每一处角落，都是由中心感知体场域形成的。即便是我当时散步的那条小道，也都充满着中心感知体。在几何或结构层面，每处的生命都来自某种序列，来自某种中心感知体场域构成的层状结构。这一点在那条小道上表现得尤为明显，就是那条小道带领我一直走到了山顶，遇到了蜻蜓。

每处场所、每个部分都不甚规则。大自然觉醒了，在人的协助下自然觉醒了，是如此欢快、明亮。我无比渴望再次回想起它，那场景是如此鲜活，如此宁静，如此完美。然而我知道，当我看到它并从中穿行之后，我已与以往的自己有所不同。[23]

14 / 空间的觉醒

本章的内容会让第 1 章和第 2 章中阐释的"建筑结构性"这一概念更加丰满。这个概念主张,生命存在于每个事件中,存在于每栋建筑中,甚至存在于日常的功能性生活中;空间结构的产物在此迸发出真正的生机。

本质上,这种概念古已有之。唯一与以往不同的是,现在这种概念可以通过符合其他科学观点的结构性形式加以解释和理解。即使在现代物理学领域,虽然笛卡儿思想派必定不会赞同,但尤金·维格纳(Eugene Wigner)[24] 也曾提出过类似的概念。历史上,佛教思想和美洲印第安人的世界观中同样有过类似的观点。[25] 在佛教关于世界的构想中,万物皆有一定程度的生命,这一点在无数古籍中都有记载。弗朗西斯·库克(Francis Cook)曾就此对一个具体案例作出了清晰严谨的总结。[26] 在当代的生物学领域中,日本生物学家今西(Imanishi)[27] 有过类似的说法。怀德海(Alfred North Whitehead)的思想和著作中也表达了相似的观点。[28]

在这一概念中,世界的每一部分,建筑、岩石、草叶、玻璃、门窗、绘画、砖石、绘画中的色块,所有这些都具有生命。怀德海认为,没有生命的事物是不存在的。具有生命的可能是物质的固有属性。物质内的高度有序绝非偶然。物质的生命就是秩序的本质。这样看来,每一栋建筑,就像空间中的其他部分一样,都具有或多或少的生命,每栋建筑的每个部分同样具有或多或少的生命。

在本章中,针对这一观点我从结构层面进行了详细的阐述,说明它是如何发挥效用的。每栋建筑都具有生命,每栋建筑的每个部分也具有生命,这一观点在现有框架内十分必要且相当实用。我们可以从结构入手建立对该观点具体的认知。同时,由于生命结构、中心感知体场域、场域的强度等作为空间中明确而真实的结构存在,自然而然地促成了这个观点。

即使理解到了这一步,建筑的本质任务,即明白中心感知体的本质并创造单个中心感知体,可能依然远未明确。若要进一步了解建筑的这一本质任务,我们需要清晰地认识到,每一个中心感知体都是空间结构中生命的核心和诱因。也就是说,我们必须采用近似于万物有灵论的思维方式,将每一个中心感知体看作空间获得觉醒、获得生命的根源;同时要相信,当中心感知体将其原有的潜在生命呈现出来之时,所有的功能、装饰以及秩序才得以形成。[29]

所有这些都会对我们的认知产生影响。如果想明晰中心感知体发挥效用的方式,我们就必须正视这一观点,即空间本身具有获得生命的力量,而中心感知体也是空间本身这个物质实体中出现生命的根源。这个说法与笛卡儿科学完全不同,有些人可能感到奇怪,甚至心生不安。

即使愿意接受,我基本上也没有探讨如何才能更好地理解这一观点。当空间"获得生命"时,产生于空间中的这个生命究竟是什么?中心感知体的生命成倍增加,建筑、

第 11 章　空间的觉醒：建筑的作用原理

装饰、甚至于生物因而获得了生命，可中心感知体的生命究竟是什么？

本卷中已有的论述全部维系于这一点。正是因为它，整体才具备了客观事实的基础，建筑可以通过客观方式得以理解，这一观点也才有了依据。[30] 在本卷的附录 4 中，我概述了空间的本质。因为如果打算将这一观点纳入现代物理学的框架，可能需要从数学角度加以理解。

在第二卷、第三卷和第四卷中，我们将更深入地研究"生命"的概念。我们需要知道如何对生命进行测量，如何对既定的中心感知体固有的生命强度进行估算，最重要的是确定生命的含义。为了让读者们理解"生命"这一概念，我会努力提供一个经验基础，同时说明，若要真正理解，我们有必要采用一个前所未有的、出人意料的概念。

第四卷将表明，我们必须从根本上明白，只有中心感知体获得更多生命时，空间才会觉醒；并用空间之觉醒来衡量该中心感知体与人性之"我"，也就是"自我"的关联程度。当中心感知体产生时，人会产生空间觉醒的感受，而且这种感受清晰可辨。这种体验非常生动，难以言表，怎样表述好像都不够精准。在狭隘的笛卡儿框架内，如果有人说自己发现了这种觉醒，那会十分尴尬，所以大家都会控制自己不这样表述。但是，大家认识到，就像花蕾绽放成花朵一般，在任何一个中心感知体出现的地方，空间本身就会以某种方式觉醒。这一认识说明，空间具备一些我们还不够了解的特点，值得多加关注。当一栋建筑发挥效用时，当世界让人们感到舒适欣喜之时，空间本身就觉醒了。此时，人们觉醒了，花园觉醒了，窗户觉醒了，人类、动物、植物，还有其他生物，连同墙壁、光线都一起觉醒了。

若是希望以上观点都得以成立，我们需要将空间理解为一种能够觉醒的物质。这就是我稍后将要提到的"大地"（the ground）。大地是空间结构中能够觉醒的"某物"。在概念层面，我们可以想象它位于空间之后、空间之中或空间之下。或者，我们也可以把它想象成空间本身。但此时的空间概念，比我们在 20 世纪物理学中对空间的认识应该深刻得多。

注释

1. 在此之前对建筑功能的一般描述，参见：Christopher Alexander, Sara Ishikawa. Murray Silverstein, Max Jacobson, Ingrid Fiksdahl-K.ing, and Shlomo Angel, A PATTERN LANGUAGE（New York：Oxford University Press, 1977）。

2. 奇怪的是，很少有建筑学的书籍以一种真正揭示建筑本质的方式，讨论这种生命强度以及它与建筑的关系。极少的论述参见：Bruno Taut, HOUSES AND PEOPLE OF JAPAN, 1937（Tokyo：Sanseido Co., Ltd.1958）。和 John Ruskin, THE STONES OF VENICE（New York：J. Wiley, 1851），尤其是第 1 章中关于石墙的制作和性质的论述。

3. 下面的例子不仅展示了中心感知体的工作方式，而且还解释了这些中心感知体通常是如何从互助的 15 种属性中获益的方式。其中一些案例在模式语言中进行了讨论。在下文中，我给出了参考文献的相关页码。《建筑模式语言》中的讨论更具"功能性"。在和我的同事撰写《建筑模式语言》时，我还不完全清楚基于整体性的空间几何与功能相统一的含义。

4.《建筑模式语言》，私密性层次，第 610 页。

5.《建筑模式语言》，角门，第 904 页。

6. 参见《建筑模式语言》中关于顶棚高度的讨论，天花高度变化，第 876 页，以及室内空间形状，第 883 页。

7.《建筑模式语言》，窗前空间，第 833 页。

8. 日本传统房屋里像祭坛一样的小龛，里面陈列着仪式用品或漂亮的物品。

9.《建筑模式语言》，炉火熊熊，第 838 页。

10. 参见《建筑模式语言》，俯视外界生活之窗，第889页。

11.《建筑模式语言》，投光区域，第1160页关于光线的讨论。

12. 装饰和功能是单一结构的不同论述，参见：Cyril Stanley Smith, A SEARCH FOR STRUCTURE: SELECTED ESSAYS OF SCIENCE, ART, AND HISTORY（Cambridge, Mass: MIT Press, 1981）。

13. Bill Hillier and Julienne Hanson, THE SOCIAL LOGIC OF SPACE（Cambridge: Cambridge University Press, 1984）。Hillier和Hanson成功地定量分析了村庄和社区的各种社会关系，以及社会关系与承载它们的物质空间结构的相互关联。早期描写社会事件与空间关系的作家，常常把他们的分析看作社会事件的分析，并把这些社会事件对空间的依赖或受空间的影响作为必要的背景。Hillier和Hanson认为，为了理解他们实验的真正含义，有必要把空间和社会系统看作一个不可分割的整体。我和他们的观点一致，相信这两者必须统一，我认为将社会事件和它们发生的物质空间分离毫无益处。

14. 同上，尤其是第262~268页。

15. 同上，第26页。

16. 当然我应该澄清，我并不是说第414页中做柱础的工匠们有意识地使用了我所阐述的中心感知体概念。接下来的其他例子也是如此。我要说的是，这些工匠们的做法基本与加强中心感知体生命的概念相同。第四卷的第4章和第5章就讨论了在传统文化背景下可能采用的形式。

17. 第5章通篇，尤其是这一章的结尾，第238~244页。

18. 参见：R. Catesby Taliaferro, THE CONCEPT OF MATTER IN DESCARTES AND LEIBNIZ（Notre Dame: 1964），尤其是第33页。

19. Denis Diderot, D'ALEMBERT's DREAM（1769; reprint, New York: Penguin 1976）, pp.158-159.

20. A PATTERN LANGUAGE, LIGHT ON TWO SIDES OF EVERY ROOM, pp.746-751.

21. 不管我说了多少遍，这个概念对我们来说都很难理解，因为我们是在机械实证主义的思维方式中成长起来的。要理解它几乎是不可能的。即使我一次又一次地对自己重复这一点，过去几十年来的思维方式仍然让我将功能和几何、功能和装饰这两个概念分开。但慢慢地，我的大脑逐渐形成了清晰的概念，我掌握了一个基本理念，那就是没有这种分离，它是一种生命空间，我的任务只是强化它的生命。

22. 这个瓦是我的同事哈约·奈斯教授送给我的礼物。它从我们在日本的一家分包商那里买的，圣诞节时送给了我。即使就其本身而言，它也形成了一个非常美丽的中心感知体。

23. 1992年我又去了一次东福寺。令我痛苦的是，我发现它已经成为和大德寺一样的游客观光地。我在这一章描述的气氛基本上都消失了。这条小路也完全消失，被附近的一个开发区吞没了。

24. Eugene Wigner, "Limitations on the Validity of Present-day Physics," in Richard Q Elvee, ed., MIND IN NATURE: NOBEL CONFERENCE XVII（San Francisco: Harper and Row, 1982）, pp.118-133，尤其是 pp.129-130.

25. 例如，在托马斯·伯杰（Thomas Berger）的小说《小巨人》LITTLE BIG MAN（New York: Dial Press, 1964）中，夏延酋长老洛奇皮克斯（Old Lodge Skins）说："但是白人相信一切都没有生命：石头、泥土、动物、人，甚至他们自己也没有生命。尽管如此，如果这些事物坚持努力地创造生命，白人就会把它们消灭掉"（p.214）。

26. Francis Cook, HUA-YEN BUDDHISM: THE JEWEL NET OF INDRA（University Park: The Pennsylvania State University Press, 1977）.

27. Professor K.inji Imanishi, SHIZENGAKU NO TEISHO（IN SUPPORT OF GEOCOSMOLOGY）（Kyoto: 1983）and SEIBUTSU NO SEKAI（THE WORLD OF LIVING THINGS）（Kyoto: 1941）.

28. 参见：Lawrence Bright, O.P., WHITEHEAD's PHILOSOPHY OF PHYSICS（London: Sheed and Ward, 1958）.

29. 到目前为止，这似乎仍旧很神秘。你可能会说，这一切都很好，但中心感知体的生命究竟是什么？你如何衡量它？你如何观察它？在这个阶段我的回答应该是这样的：请耐心一点。实验和操作技术的确很重要，第8章和第9章中给出的实验方法仍需改进。然而，首先要确定的不是详细的操作和测量技术，而是明确这是否是一个合理可行的理念。约翰·道尔顿在1810年就提出了原子和分子的存在，用以解释各种化学实验。但直到100年后，人们才能够真正看到原子，或者通过直接观察来验证它们的存在。同样，生态学家最近引入了"生态位"这一概念来解释生态系统中的各种结构。在这个建议提出之初，真正重要的是人们对它的含义是否能够大致信服，它是否有助于理解事物并让这些事物更加连贯合理。同样，认为中心感知体是空间中的结构，并且具有生命，这一观点令人震惊，我们首先需要搞清楚这个观点是否指向光明，以及我们可以用它来做些什么。我在第8章和第9章中所描述的测量和客观评估的详细问题，自然会在之后阐释。

30. 我已经在第4章中指出，如果我们认为中心感知体的生命是真实存在的，那么我们就可以用它来解释其他中心感知体的生命是如何以递归的方式存在的。简而言之，如果我们停止怀疑，并且认同确实存在这样的事物，那么我们就会看到不同中心感知体的生命是如何相互依赖，建筑的生命又如何由其各组成部分中心感知体的固有生命所创造的。

结语

所有建筑的基础

我展示的体系包涵了建筑的一切。该体系始于"整体确实存在于空间中"这一构想,始于"中心感知体"的概念以及中心感知体之间相互促进的方式。然后,这一构想延伸至"生命结构"的概念,其中包涵使中心感知体之间的相互促进成为可能的15种属性等细节,以及这种结构在自然界以及令人深感满意的人造物品中均普遍存在的观察结论。

我认为,这种连贯的、完整的认知基础应该能够构建出适宜的建筑。近百年来我们所遭受的苦难,其原因都在于建筑的古老根基(前认知传统)已经基本消失,同时也是因为迄今为止我们用来定义新建筑(现代建筑)的那些毫无规则、随心所欲的努力完全没有连贯的基础。

我提出了一个能够赋予建筑新的内涵和意义的认知基础或平台。我所呈现的这个平台最重要的一点,就是它是基于大多数人真正或真实的体验,植根于观察。这其中的经验性和事实性使得我们能够在原则上达成共识。

过去100年建筑界困惑的主要原因在于缺乏基于常识、观察的连贯基础,该基础需与人类的感受达到一致。困惑是因为在该做什么、什么值得做、目标是什么这些问题上产生了分歧。总体而言,这些分歧都没有经过实验验证或逻辑推演。现代主义、后现代主义、批判性地域主义、有机建筑、弱势群体建筑、高技派建筑,人们对这些不同立场的讨论深度就像对最新潮流服装的讨论一样。逻辑的缺乏导致世界上产生了受金钱、权力、形象控制的建筑。

所有这一切的原因在于,由于20世纪所崇尚的多元的思想氛围,人们很容易表达出自己的信仰,但不易讨论什么是好的,什么是正确的。事实上,这种对严肃讨论"什么是好的"这一问题的回避,正是20世纪建筑全面溃败的原因。

但我认为,这个问题是不能回避的。评判的标准是所有建筑的核心问题,而且是必须面对的核心问题。评判的核心不能依靠对自身正确性的高呼,相反,我们必须找到一种能被大家内心认可的核心。这样我们才能肯定地对自己说,是的,这确实是我们应该继续前行的基础,也是我们必须前行的基础。

显然,我不能仅凭我的主张就证明这里的论述构成了这样一个基础。如果生命结构的本质是人们未来思考建筑的基础,那一定是(也只能是)因为人们自己发现这是一条充满前途的道路,它与人们对艺术、审美、公正在内心深处的感受相吻合,这同样影响了建筑和城镇的结构。

我的论点其实非常简单。无论我们是否选择觉察到或关注到整体,它都是真实存在的,它是一种空间中展开的数学结构。我相信这种空间的整体视角建立在对于物质存在科学严谨的观察之上,这种总体的视角展示了结构作为整体出现在空间中的方式,也体现出结构是局部对称和中心感知体的产物。

结语

我认为建筑和建成环境的生命源于整体性。由于空间的特性与对称和其中的中心感知体密切相关，因此中心感知体能够相互促进，从而愈发充满了生机。由此可见，空间中结构的深刻程度在逐步增强。我们可以在伟大的人类艺术遗产中找到这种结构。但需要重视的是，自然界会产生同样的结构和相同的结构体系。我们在自然界中观察到的结构同样来自整体性，它们的生命也来自中心感知体之间的深度协作，这为我所倡导的建筑提供了基础。

通过阐释生命结构的存在，我希望人们开始明晰，生命现象比我们目前认同的生物生命更伟大、更深刻、更普遍。

在现代科学中，生物的生命已经越来越生动地呈现于学者的视野之中。我们构建了生物生态系统网络自我维持、自我繁衍的新图景。这幅图景充满活力，充满希望，非常壮观。但究其本质，这依然是根深蒂固的机械论思想下的图景。

我认为，我已经证明这幅图景过于简单，缺乏深度，不可能是正确的。在建筑和艺术领域现存问题的推动下，在渴望创造伟大建筑、美好建筑和具有生命的建筑的鼓舞下，我尝试让大家关注这样一个观点：生命作为一种现象并非只发生于生物有机体和生态系统之中，它是存在于世界上各个场所和系统中的一种特性和结构，无论是无机物还是有机物。

我尝试去证明，作为一种现象的生命与自我复制的机器相比具有更深刻的意义，它依赖于空间的本质。因此，它能够为所有的建筑奠定基础，能够为生命世界奠定基础。

这一基础比当代生物学提供的基础更具普遍性，因为它暗示了即便在静止的结构（譬如石头、房间、砂砾、色彩）中也会出现生命。这种产生于无声的石头和混凝土中的生命，与人类存在的本源有着密切的联系。

我认为生命结构是所有生命的核心，生命结构存在于空间的数学特性中。它是一种可识别的、可计算的、可测量的特质。它来源于空间本身，其结构性的原因只关乎不同中心感知体呈现的方式，以及由此产生的结构分化。

我所描述的生命结构真实存在且非常具体，无论生命结构是否展现于某一特定空间，或以何种程度展现，生命结构都是客观事实。因此我们几乎可以确信，当生命结构在世界某个区域出现时，我们会作出相应的反应。仅仅是看到生命结构或靠近它，就会感受到生机。我认为至少可以说，它是美好建筑的关键。这是一个长期以来被视为直觉的观点，超越了科学分析的范畴。但是它的确可以被定义，也可以被分析。

建筑的未来因对生命结构的重视而发生根本改变。如果有意识地、刻意地在街道和建筑中创造生命结构，那么我们将有机会创造出一个真正有生机的世界，它所能达到的深度与传统建筑匠人、传统手工艺人所完成的别无二致。

正如第10章的论述，我们有理由认为，生命结构的存在是人类自由的根基，能让人们获得实现自由的能力。这种生命结构包裹于文化之中，建立在文化的基础之上，与文化相混合。因此，生命结构有着至关重要的实用性和社会影响力。可以说，为了全人类的福祉，必须基于生命结构创造世界，世界必须包含生命结构。

在第二卷和第三卷中，我将讨论创造生命结构的方法。我们需要了解如何创造和维持生命结构。创造生命结构绝非易事，只有遵守严格的方法或者过程，才能创造出生命结构。

为了找到能够在世界中创造生命结构的实用的建筑理论，我们需要重新回到过程的古老原型，并以此指向遥远的未来，指向生命结构作为人类最根本任务的未来时代，虽然这个时代与我们当前的能力和认知还有一定的距离。

生命结构与古代的原始形式十分类似，它不是现代的，也不是古典的，而是源自最深刻、最原始的原型。然而，正如当年的金门大桥一样，它也存在于最现代的技术之中。物质空间通过我们对自我内在的认知构成实体。实体的物质和组织方式为新建筑提供了风格和实用基础。

生命结构涵盖了关于建筑的一切重要的东西。最重要的是，它包括了建筑的功能。我认为，最能发挥作用的建筑将是具有最大程度生命结构的建筑。

此外，也许最让人感到意外的是，生命结构在一定程度上与我们的自我相连。最深刻的生命结构反映了我们最深的自我，也反映了作为个体极具深度的每一个人的自我。

这是一种看待建筑的新方法，其思维基础是认为空间、物质本身具有不同的生命。空间是一个生命结构，这种结构将功能、几何、感受的集合融汇于其中。空间不仅有不同程度的生命结构，而且本身也具有生命。空间本身就像自我一样，满足功能，发挥作用，拥有生命结构，拥有生命。空间所呈现的生命是空间本身的属性。

第二卷、第三卷以及第四卷所呈现的建筑基于这样一个对世界的构想，即在这个世界中，我们呼吸的空气、建构房屋街道的石材和混凝土皆有生命（或没有生命）。总之，万物皆有不同程度的生命。建筑师、建造者、市民们的工作则是在空气、石头、空间与花园中创造生命，在空间本身的组织中创造生命。这不仅是诗意的表述，也是一个关于世界如何理解、如何构建的全新的物理概念。

附录

整体性与生命结构中的数学

附录 1
第 3 章的补充说明
整体性的定义

本卷中一系列附录都在尝试为该卷中我的观点奠定基础，这些观点不仅是一种认知建筑的新方法，也是一种新的理解物质本身的方法，此篇为系列附录的第一篇。

整体性 W，是物质/空间的各个部分都会呈现的特征。我认为，整体性受清晰的数学定义影响，且以良定义的数学结构为特征。

仔细观察任意一个空间区域 R。为了方便起见，我们可以在空间加入点或者网格，进而使得网格中点的数量是有限的，而非无限的。我们可以设 R 包含了 n 个点。在模拟真实世界的情形下，R 中的 n 个点之间往往存在"着色"、类型或特征的差异，因此区域 R 具有可见或可识别的结构。产生结构最简单的着色方式就是将一些点着色为白点，而其他点为黑点。在二维案例中，R 会成为一幅具有特定形态的平面图形。当着色并非抽象而是对应具体的物质时，这些点可被指定为与某种实际物质对应的标签。譬如它们可能为具体或抽象，可能指代多个物理或化学特征。因此，区域 R 旨在以其整体几何形状和组织形式表征真实世界的某一部分。

接下来我要说明如何在区域 R 上构建整体性 W。在包含 n 个点的区域 R 中，有 2^n 个可区分的子区域。将其中一个典型的子区域称为 S_i。接下来，通过识别不同子区域 S_i 的相对连贯程度来构建 W。

不同的空间区域有着不同的连贯程度，这是非常普遍的经验事实。例如，我们认为一个苹果是连贯的。当我们观察构成半个苹果的点集时，我们会认为它比整个苹果的连贯性差。同理可证，苹果籽也是连贯的。而且相对连贯性的概念不仅适用于在某种意义上完全的整体集合。苹果的核以及包裹核的壳构成的部分具有适度的连贯性。虽然任选苹果的一部分不会那么连贯，但在某种程度上仍然具有连贯性。那些没有联系的点集，例如掺杂在一起的苹果皮、苹果核乃至苹果籽等都依然具有少量的连贯性。

虽然在所有可能的子区域上构建完整的秩序是不可能的，但显然我们在直觉上对每一个不同的子区域都会指定不同的连贯程度。我们的确认识到了世界的连贯性。这种连贯性正是我在第一卷中提到的生命。整体性 W 的结构取决于我们明确区分生命差异的能力，以及利用这些差异建立结构的事实。[1]

为了明确不同生命强度这一概念，我们在 R 的子区域中引入生命的度量 c。R 的每一个子区域称为 S_i，i 的范围从 1 到 2^n。第 i 个子区域 S_i 的生命度量是 c_i，每个 c_i 都是 0 到 1 之间的一个数，并且 R 的每个子区域都将给出生命度量。最连贯的区域的生命度量 c_i 为 1 或接近 1，最不连贯区域的生命度量 c_i 为 0 或接近 0。[2]

生命 c 的度量有许多不同的、可行的标准。有些 c 可通过实证的方式度量，而其他 c 可借助 R 的结构函数通过数学计算度量。最终，对任何一个整体，我相信都有一个取决于实证的、客观的生命度量。在第 8 章、第 9 章中讨论了确定 c 的实验方法。然而，也可以通过计算近似值来定义这种实验方法能够确定的生命，即将 S_i 的生命作为 R 或 W 内部结构的函数。在这个附录中我将给出这种方法的案例。[3] 在其余附录中，我将不再详细说明测量 c 或计算 c 的具体方法。下文中，不管 c 的具体定义是什么，c_i 可以简单地理解为相对生命的某种度量，其中最连贯的区域 S_i 的生命度量为 1，最不连贯的生命度量为 0，其他区域的生命度量取 0 与 1 中间的某值。

我将 R 最连贯的子区域称为中心感知体。依据其生命强度，某一区域可以被或多或少地中心化。生命度量 c_i 值接近 1 的最连贯的子区域 S_i 被称为 R 的中心感知体。即使在中心感知体内，仍然存在相对生命强度的差异，有的区域比其他区域更加连贯，但是它们都在其生命中呈现出空间中心性的现象。

为使对 W 的理解更简明，我们可以做一个近似，忽略最不连贯的区域 R（排序在后 99% 的区域），只保留那些有着强大生命的极少数中心区域。这时留下的结构比 W 小很多，但与 W 相比可控性要更好，我们仍然可以称之为 W，但要将其理解为 W 的近似。在这种近似中，W 的整体被理解为一个中心感知体系统，包含按照相应的生命强度排序的 R 中最连贯的区域。例如在一个真实的空间区域中，假设网格 W 有 100 万个点，它就包含了 $2^{1000000}$ 个子区域。在这些可能的子区域中，W 的整体性可能仅由其中的 1000 个子区域就能决定，它们在 R 的所有子区域中占有极低的比例（远远小于 0.000000000000001%，准确说是 $1/2^{999990}$）。虽然是基于 R 的子区域的微小分形，但是这一剧烈缩减的系统 W 依然有 1000 个按照其相对生命排序的中心感知体，并仍然能够很好地概括区域 R 的整体性。

我将整体性 W 定义为带有度量 c 的区域 R 创造的系统以及那些所有测度高于阈值因而划为中心感知体的子区域。实际上，R 区域的几何性和基于 R 的中心感知体通过度量 c 产生的排序的交互作用创造了整体性 W。

关于整体性 W 本质的阐述可将其视为对图像拓扑的概括。拓扑的概念可以总结如下：它依赖于直觉，某种程度上一个特殊的多维结构 R 的特征依赖于 R 的连贯子集构成的系统。[4] 如果赋予连贯子集的度量为 1，赋予不连贯的子集度量为 0，那么度量 1 的集合建构了 R 的连贯性。[5]

尽管拓扑的对象丰富且意义深远，但所有的拓扑都源于这种单纯的直觉：即结构的特征源自特定的相互联系的子区域系统，源自这些子区域相互重叠、相互影响的方式。[6]

我在本附录中描述的工作就是基于一种类似但更复杂的直觉。这种直觉表明，我们在任何区域 R 中感知到的秩序在本质上都取决于区域 R 中不同子区域的相对生命强度。

但是与拓扑不同，拓扑中的子区域只有两个可能的连贯度（0 为不连贯，1 为连贯）。我们现在考虑的是在一个生命值范围内的、由不同子区域构成的 R 的系统。其中有的子区域生命值为 1，有的子区域生命值为 0.9，有的生命值为 0.5，有的生命值为 0.001，还有的生命值为 0.000001。

请注意，此种论述需要我们认同如下的直觉观点，即 R 的不同子系统（或子区域）的确具有不同的生命强度。本文中对应于生命强度直觉观察的假设，在目前的物理学中并没有与之相对应的测量与观察的正式方法。[7]

整体性 W 比拓扑更加普遍、更有趣味，因为它能够识别出真实普通世界的结构。我们再次从某一特定的集合 R 出发。与拓扑不太相同，这里并非只有两类子区域——开集或闭集。相反，我们在 R 的不同子区域上建立了生命度量，并且发现不同子区域的生命强度或连贯性都不尽相同。

注释

1. 我认为，将所有空间表示为一个相互嵌套的中心系统的想法是由 Alfred North Whitehead 在一篇论文中首次提出的，在 "Boolean algebra of sets" 中找不到其他相关的参考文献。怀特黑德提出了一个他称之为有机体的连贯实体系统。他的总体想法是，所有的实体都可以被理解为空间中的一个"有机体"系统，这些有机体是相互嵌套和重叠的。我觉得，怀特黑德的"有机体"与我在本书中所描述为中心感知体的实体大致相同。

2. 从技术上讲，子区域 S_i 是空间的子集，它们不一定是连通的，而且确实包括了彼此远离且没有中间空间的点。

3. 参见附录 2 的第 445 页、附录 6 的第 465 页，在那里局部对称被用作生命的一个度量标准。

4. 假设有一些图形 R（例如莫比乌斯环或克莱因瓶）。R 的拓扑是由 R 中相互连通的子区域定义的集合。包括 R 的所有连通子区域的集合 T 是 R 的拓扑。我们知道，这个拓扑 T 让我们可以识别某些特定的结构，这些结构是由存在于它们之中的子集的相对连通性所决定的。粗略地讲，我们可以用 T 中子集的重叠定义图形 R 的连接方式，从而构成我们直观理解为拓扑的连贯性。

5. 组合拓扑学利用本质的直觉，通过有限覆盖来近似描述给定图形，其中测度 1 的集合是 R 的单纯复形。一般拓扑学将这种直觉无限扩展，其中度量值 1 的集合被定义为开集，而所有其他集合的度量值都被定义为 0。基本拓扑概念的定义和研究参见：L. S. Pontryagin, FOUNDATIONS OF COMBINATORIAL TOPOLOGY（Rochester, N.Y.: Graylock Press, 1952），or M. H. A. Newman, ELEMENTS OF THE TOPOLOGY OF PLANE SETS OF POINTS（Cambridge: Cambridge University Press, 1951）。

6. 拓扑不变量（群等）实际上只是用来记录不同连贯性的一种简单的表达方式（尽管非常深奥）。

7. 参见第 8 章和第 9 章的进一步讨论。事实上在任何给定结构中，一些集合的确比其他集合更为突出，Max Wertheimer, Kurt Kofkla, and Wolfgang Kohler 等格式塔心理学家已经在一系列的著作中仔细地讨论过这一事实了。参见第 3 章的参考文献。它已经成为近来 Rene Thom 的数学研究课题，SEMIOPHYSICS: A SKETCH,（Redwood City, Calif.: Addison Wesley, 1990），3-6, 41-43.

附录 2
第 3 章的进一步补充说明
关于整体性（W）的一个详细案例

在未来，我希望有数学研究背景的读者能够运用清晰的数学方法（计算机或其他方法）继续研究整体性理论，尼科斯·萨林加罗斯和一些研究人员已经开始了这项工作。对于那些需要非常精确地了解附录 1 中给出的详细含义的读者，我将附录 2 作为附录 1 的补充。附录 2 包含了一个单独的案例。该案例旨在通过完整详细的计算，以具体方式阐释 W 的抽象内涵。

这个案例实际上十分微小。W 的本质依赖于给定模式 R 中子集的相对生命。如果 R 包含 100 个点，则会形成 2^{100} 个可能的子集，这些子集都可能在 W 中发挥作用。逐一详细地检查这些子集将会是一件无法完成的工作。但是为了理解 W 的真正含义，我认为非常有必要针对一个现实案例仔细观察不同子集的相对生命。

因此我选择了一个十分小的模式（如图所示），我选择的这个模式可近似地看作只有 7 个点。因而只有 $2^7=128$ 个子集，这个样本规模足够小，我们能够观察所有子集，对其可视化，并进行讨论。我选的这个案例还有一个优势，在 1960 年我和我的同事在哈佛大学认知研究中心所做的实验中，对这个模式和其他相似的模式已经进行了实证性研究。[8] 与其他模式相比，已发表的数据描述了该模式相应的连贯性。[9] 第 5 章中已经总结了这些数据。[10] 其他已发表的数据描述了不同的实验对象对该模式的反馈以及与其他模式的相似之处。附录 3 总结了这些数据。[11] 通过这个案例，可以看到理论定义的整体性 W 如何使我们能够对其整体性的真实与实际影响作出具体而准确的预测。

因此，这个案例足够小，我们能够对子集和中心感知体进行详细检查，同时又具有实证性研究的背景，可以让我们进行理论结果和实验结果的比较。

本页底部所示的模式是一个 7 厘米长、1 厘米宽的图形，处于灰色背景之中，包含了七个 1 厘米见方的方块，每个方块的颜色为黑色或白色。在展示的模式中，三个方块是黑的，四个方块是白的，我将称其为模式 R。它由七个方块构成，只是两个相邻白色方块边界并没有被标识出来。

为了确定模式 R 的整体性，我们需要观察 R 所有不同的子集，并检查它们的相对生命。整体 W 是由 R 的最连贯的子集组成的系统。为了简化对子集的检查，我们采用非常原始的 1 厘米网格将 R 分成"点"，这些点实际是 1 厘米乘以 1 厘米的方块。在这种情形下，R 有 7 个点。这样我们就可以计算出 R 的整体 W 的一阶近似值。

模式 R：由七个方块构成的模式，三个黑色方块、四个白色方块

由于 R 中有 7 个点，R 便拥有 2^7 或 128 种可能的子集 S_i。只有一小部分子集在某种意义上是"连贯的"，这些连贯的子集共同作用形成一个系统，从而构成了 R 的整体。为了简化 R 子集的检查任务，我们去除了有不连贯点的集合[例如（13）或（24）]，仅考虑有连贯点的集合[例如（123）或（3456）][我们用数字从左往右标识这些点，例如，（13）表示该模式由第一块和第三块组成]。在 128 个子集中，有 100 个子集是不连贯的。我对其不做考虑，是因为它们作为中心感知体过于弱小，难以在整体中发挥作用。我也忽略了由单独点构成的 7 个集合。R 剩下的 21 个子集都多于一个点且都是连贯的。长度为 7 厘米的 1 个，长度为 6 厘米的 2 个，以此类推，长度为 2 厘米的 6 个。这 21 个连贯集合是 R 中最有趣的集合，对 R 的整体性贡献也最大。

下面我们继续讨论这些连贯集合。例如，集合（12）左边是一个黑色方块，右边是一个白色方块。在模式 R 中，这类集合没有明显的生命或连贯性，这类集合在 R 的完形中几乎没有发挥作用。另外，集合（1234）的两块黑色方块像三明治一样在中间夹着两块白色方块。该集合具有作为中心感知体的力量。显然，该集合作为可见要素或次整体出现在 R 中，并在 R 中形成强中心感知体。因此，该集合正是我们想要在 W 中找到的集合之一。

我们可以一个个地检查 R 的 21 个连贯集合，并确定其生命或相对生命，以查明它是否能够形成中心感知体。如果我们这样做，所有连贯的系统，即中心感知体将会标识出 W。

但是我并没有这么做，因为即使这个简单模式也是一项艰苦的工作，因此我们选择一个数学函数来获得每个子集的生命近似值，进而得到 W 的近似值。该函数的简单示例为 $c_{\text{symm}}(S_i)$：

$$C_{\text{symm}}(S_i) = \begin{matrix} 0 & \text{如果 } S_i \text{ 不连贯} \\ 1 & \text{如果 } S_i \text{ 连贯且左右对称} \\ 0 & \text{如果 } S_i \text{ 连贯但不左右对称} \end{matrix}$$

该函数基于子集的局部对称。每个连贯对称的子集度量为 1，其他所有子集度量为 0。换种方式而言，R 的最强中心感知体都是局部对称的连贯集合。[12] 如第 447 页图所

集合（12）

集合（1234）

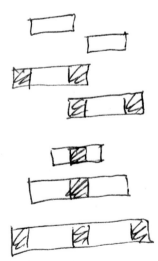

如上图所示，在模式 R 中包含了八个由局部对称构成的中心感知体。基本上，这八个中心感知体连同它们的相互嵌套一起形成的系统，构成了模式 R 的整体 W

示，通过生命度量 c_{symm} 来定义 R 的整体性 W_{symm}。正如我们在图中看到的，R 仅包含七个面积超过 1 平方厘米的对称片段。可以说，这七个对称的部分是该模式中最强的中心感知体，这七个中心感知体构成的系统是该模式的整体 W_{symm}。

这种特殊的函数 c_{symm} 非常重要，可以说，该函数实际上与我们观察到的整体的中心感知体相对应。例如，上文提及的不连贯的集合（12）是不对称的，连贯的集合（1234）是对称的。

通过生命度量 c_{symm} 描述的整体 W_{symm}，虽然经过简化，但被证明有着出人意料的、非常良好的预测能力。正如第 5 章的论述，与模式 R 相似的 35 种模式的生命能够通过认知、记忆、感知速度、描述容易程度等多种手段进行测量。模式 R 在我们所检查的 35 个条带中排位第八。它与一些模式相比更加连贯，与另一些相比又不够连贯。事实证明，通过度量对称性确定的整体性 W_{symm}，（与其他模式相比）能够很好地预测实验中的排序。虽然并不完美，但也相当不错。因此 W_{symm} 在某种程度上能够预测，同时解释这些模式的认知方式。[13] 在附录 3 中我们看到，不同观察者观察整体时给出的相似的一阶近似值。

然而，尽管有实证性的成功，但还是要明白集合的局部对称 c_{symm} 仅仅是近似，仍旧无法很好地识别出模式中自然出现的中心感知体。例如，在模式（白黑白黑黑白白）中，片段（2345）以（黑白黑黑）排列，可以看成中间有白色的黑色凸块，因此成为模式实际的中心感知体。但该片段是不对称的，因而无法用 c_{symm} 认定，所以 c_{symm} 会出错，它无法选择出所有重要的中心感知体。

此外，在模式 R（黑白白黑白白黑）中，带着强烈黑白对比的集合（1234）与只是白块的集合（23）相比，成为一个实际上更强大的中心感知体。但是，以上两种集合都是对称的，且这两种集合都是 $c_{symm}=1$。因此在模式 R 的真实 W 中，c_{2345} 应该大于 c_{23}。因此，在这方面 c_{symm} 并不精确。除非另作说明，准确地说，c_{symm} 并不与 R 中子集的生命排序完全对应，因此只构建出一个与世界上实际存在的 W 近似的 W。

即便如此，c_{symm} 给出了极为出色的近似值，这件事也非常有意义。正如亚历山大和凯里（Carey）实验结果，c_{symm} 正确地预测了不同黑白块模式的相对整体生命。[14] 同时，正如亚历山大哈赫金斯（Huggins）的实验结果，c_{symm} 也正确地预测了黑白块模式的整体相似性。[15]

按照前文所述，数学结构 W_{symm} 虽然复杂且精确，但是依旧不完全正确，只能将其认定为近似值。为了得到更准确的结果，我们可以采用更为复杂的数学度量 $c_{2nd\text{-}symm}$，它能够计算 28 个连贯子集中每一个所包含的局部对称数量，从而预测出生命值。然后输入这个数值形成全新的、更复杂的 W 值，我们将其称为 $W_{2nd\text{-}symm}$。计算 $W_{2nd\text{-}symm}$ 将会十分复杂和困难。实际上，第二种更复杂的 W 依旧只是真实 W 的近似值，也就是 $W_{真实}$ 取决于这个模式中多种中心感知体的实证强度。

萨林加罗斯的文章，以及克林格（Klinger）

模式"白黑白黑黑白白"

和萨林加罗斯共同撰写的文章也提出了其他更复杂的算术函数,用于测算中心感知体生命的可能度量。[16] 他们提出的测算方法也包括局部对称,但在计算中加入了其他特征。这些方法与建筑物相对生命的实证测试结果非常吻合。

因此,通过实证或数理的不同函数均可得出中心感知体的近似生命强度。最终,就像在数学、物理学中一样,人们会对其形成非常深刻的认知,从而定义一个数学模型 W 作为真实整体的高度近似值,它基本上类似于 $W_{真实}$,并且易于计算。

基于计算机技术,可以运用一个可迭代执行的递归函数。我们可以采用某种度量方式计算所有集合的 c_i 的一阶近似值。然后我们会反馈该结果,用第一次迭代作为基础计算第二次迭代,以此类推,按照我们的设想进行多次迭代。这种技术很接近第 4 章中定义整体生命强度所设想的基本数学定义中的递归。

我希望这个案例能让读者感受到 W 的本质。基于不同子集的真实的相对力量或生命,很难获得我们称为 W_{true} 的理想值,这是因为它需要对 R 的所有子集进行大量实证性测量。然而,这个理想 W 得出时就是整体,并最终是这项工作的主题。正如我们所看到的,通过子集的对称测量或其他测量方法建构出的 W_{symm} 虽不够精确,但为我们提供了有用的、非常准确的整体性近似值。像其他科学模型一样,它们是不完美的,但却为正在研究的结构的实际表征提供了深入的见解。

注释

8. 克里斯托弗·亚历山大与比尔哈金斯首次发表了人们关于这些黑白块模式实验的观点,参见:"On Changing the Way People See," PERCEPTUAL AND MOTOR SKILLS 19(1964):235-253。

9. 克里斯托弗·亚历山大与苏珊·凯里首次发表了黑白条纹相对生命的感知实验,参见:"Subsymmetries," PERCEPTION AND PSYCHOPHYSICS 4, no. 2(1968):73-77。

10. 第 5 章,第 191 页。

11. 附录 3,第 458 页。

12. 根据这个测度,中心感知体被定义为集合 C_i=1。

13. 正如 Alexander 和 Carey 提到的"次级对称"(Subsymmetries)。

14. 同上。

15. 参见:Alexander and Huggins, "On Changing the Way People See."

16. Nikos Salingaros, "Life and Complexity in Architecture from a Thermodynamic Analogy," PHYSICS ESSAYS(1997, Vol. 1, no. 10),165-173,以及 Allen Klinger 和 Nikos Salingaros, "A Pattern Measure," ENVIRONMENT AND PLANNING B:PLANNING AND DESIGN(2000, volume 27)537-547。圣安东尼奥市得克萨斯大学数学系以及加利福尼亚大学洛杉矶分校计算机科学系。

附录 3
第 3 章与第 4 章的补充说明
理解整体性的认知困境

理解世界中存在的整体并不是一件容易的事情。我们的语言结构会误导我们，使我们更注重情境的某些特定特征，忽视其他特征。因此当我们面对它时，往往看到的是带有偏见或扭曲的图景，并非真实的整体本身。

我在第 3 章中表明，人类对整体认知扭曲的过程是导致建筑多种弊病的原因。戴维·玻姆也有类似的观点。他是这样表述的："当然，科学界普遍倾向于用一种支离破碎的自我世界观思考和感知，这是一个长期以来发展起来的宏大运动的一部分，这一运动几乎遍及我们今天的整个社会……然而，正如已经指出的那样，从长远来看，被这种支离破碎的自我世界观所引导的人，除了试图用行动将自己和世界分隔之外，别无选择……"[17]

的确，我们能看到世界的整体性正在被误读，或者说根本没有被理解，仅从我们在城乡多处看到的建筑，从其对已有整体性经常性的暴力破坏方式，以及进而对城乡景观的摧毁便可略知一二。现代建筑最大的问题在于其往往无法加强和支撑已有的整体。这就是为什么我们对其感到如此失望，这就是为什么现代建筑看上去如此令人不适，与生命格格不入。

这一主题还将在第二卷的第 13 ~ 15 章进行详细的论述。实际上，第二卷的全部内容都在描述这个世界上必须进行的过程，这一过程确保了设计、规划或施工的每一个行为都与存在的整体性相一致，并有助于促进整体性。这就是整体，这就是生命的基础。

但是问题在于，如果我们无法看到世间存在的整体性，那么自然无法采取与整体性保持一致的行动。

若干年前，在拉德克利夫学院学生的实验课程中，我很震惊地发现大多数学生无法看到简单模式中的整体性。相反，他们看到的是这些模式扭曲的图景，用武断的理性方法认知它们，而非对内在深层整体性作出反应。我还发现，要劝他们放弃扭曲的认知，并帮助他们看到整体的本质，需要花费巨大的努力。下面我将简要地总结我的实验结果。[18]

在基础实验中，我采用了第 5 章所描述的 35 个黑白块模式。在这个实验中，我请大家在一块灰色的板子上摆弄这些纸带，并根据相似性对它们进行分组，也就是将相似的纸带排列在一起。

结果表明，实验的主体（拉德克利夫学院学生）往往排列出这样两种布局：一种分组方式（第 450 页的上图）显示纸带的模式从左至右的差异性；另一种（第 450 页的下图）则按照纸带的整体模式或结构进行排列。

在上图的布局中，纸带的分类就像图书馆分类一样，按照从左至右的顺序显示模式类型。第一列包含了左起有两个黑色方块的纸带，第二列包含了左起有一个黑色方块的纸带，以此类推。这的确是一种纸带分组的理性方式，并且与我们大脑的训练方式一致。

在下图的布局中，纸带按照模式分组。那些具有相似结构或相似布局的整体被放置

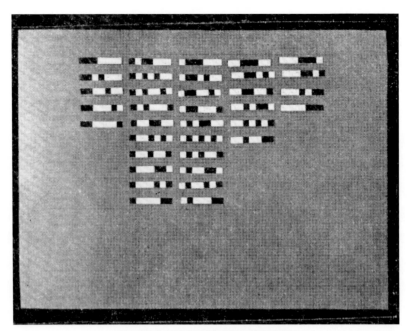

基于从左至右阅读模式的典型布局

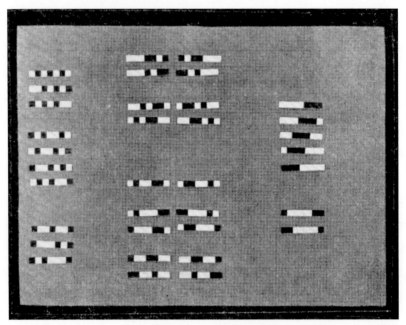

基于模式整体性的典型布局

在一起。例如，左边一列是由许多小单元构成的不连续模式；右边一列是徐缓的长块构成的组。所有包含两个黑色块、一个白色块、再一个黑色块的图形，无论这组图形是从左到右还是从右到左，是在纸带的一段或者在中间，都划为一组。

可以看出，第二种布局基于整体性。反之，第一种布局则是基于随意的分类方式，而不是基于整体性。1960年，比尔·哈金斯（Bill Huggins）和我都发现拉德克利夫的学生大多数没有观察到整体性，且无法观察到整体性。而且，要让他们改变自己的观念，以便看到整体性是极其困难的。[19] 另一方面，在其他实验中我们发现幼儿常常能够看到整体性，智力有障碍的人通常也能看到整体性。[20] 只有成人和受过高等教育的拉德克利夫学生是通过从左至右的阅读方式对模式进行分组，反而忽略了模式的整体性。

首先，我们需要了解基于整体性的第二种模式分组方式和第一种不基于整体性的分组方式的真正内涵。请观察附录2中描述的黑白块模式"黑白白黑白白黑"。在该模式的整体性中，以下集合是最强大的，即集合"黑白白黑"和"白白黑白白"最为强大。集合"白白"和"黑……黑……黑"强度稍弱，但依旧十分重要。这些强中心感知体的系统定义了这一特定的整体。整体的感知者基本都是按照这样的方式观察该模式，因此按照相似的结构进行模式分组，即按照相似的中心感知体系统进行分组：例如，模式"黑白白白黑白黑"和"黑白黑白白白黑"都包含了黑色块中夹着长白块。

但是，通过从左至右的阅读顺序观察的认知者没有看到整体的结构，相反他们注意到了其他不同的结构，在这里不同中心感知体的相对强度（整体性的关键）被扭曲了。她选择将左端的集合"黑"、"黑白"、"黑白白"作为最强的集合，不是因为这些集合真的强大，而是因为她决定让这些集合在头脑中变得强大，以便采用一种"字母顺序"的分类体系。

哈金斯和我的确对此都感到十分惊讶，我们发现80%的拉德克利夫学生（那些受过高等教育、20世纪60年代的聪明人）都聚焦于模式中任意的、在我看来微不足道的方面。

有人可能认为，两种认知方式都选择了认知模式有效的一面，并且两种认知模式都一样有效。也有人可能认为，选择按照左起的阅读顺序进行排列的认知者完全有能力看到整体性，他们只是选择了模式的另一方面作为分类基础。

但我相信，这个实验表明大多数受过教育的人看不到他们周围的整体性。因此，我们的实验只是一个更为严肃的文化社会问题的实验室版本：事实上，在一个基于现实的机械观文化中（尤其是我们当今的文化，不仅机械化而且高度文字化），原子论/顺序论的现实观是典型的，因此人们看到整体性的能力总体上大大减退了。

情况并非总是这样。在许多所谓的原始社会中，整体认知是认知的标准模式。大量证据表明，那些来自所谓传统文化的人们，都具有一种从整体看待事物的观察能力。我们也因其有能力创造出伟大的艺术而仰慕这些文化。当我们认识到，他们总是能准确地看到我们无法看到的极为重要的整体性时，反倒认为他们原始落后而我们见多识广，这真是大错特错了。

同样，儿童能够比成年人更好地看到整体。我相信这是因为当整体出现时，我们只有思维开阔，才能看见它。正是语言和教育破坏了认知整体的能力，使我们无法看到它。如果对这些部分持有概念、理论或先入为主的观念，我们就会将注意力集中于单个事物上，而无法把处于平衡状态的中心感知体系统看作一个散布的、扩张的统一体。

更令人担心的是，对于一个受过教育的

"现代人"而言，恢复他或她自然的整体认知似乎不是一件容易的事情。在哈金斯和我与拉德克利夫学生做的第二个系列实验中，我们发现一个人一旦接受了顺序观察的教育，再教其以整体的方式去观察是极其困难的。我们试图设计出一种训练形式，使一个人的认知朝着整体性的方向发展。因为我们有一个客观的方法测试一个人观察黑白纸带的方式，所以可以在他们接受各种训练之后，测试其观察方式是否真的转向了整体模式。

在几个月的时间里，我们尝试了许多不同的训练技巧。我们让人们摆弄这些模型，用它们建造，从整体性出发进行观察，闭上双眼，想象它们。这些都没有用，这些技巧都没有实际的效果。目前我们找到了唯一的一种技巧，它能够成功地改变人对整体的认知。

这一成功的方法是这样的：向受试者展示35种模式中的一种，观察几秒钟，直到他知道是哪一种。然后向受试者展示35种不同模式以一种令人混淆的方式聚集交错形成的矩形排列，没有任何可预测的排序。这种排列在屏幕上闪现一秒钟，要求受试者在这一秒钟内找出展示过的、某种特定的模式。如果她成功了，就能赢得一枚五分镍币（在1960年可以买一杯咖啡），但是想要赢得这枚镍币很困难。这项任务非常艰巨，其难度大致相当于一秒内在一页书上找出一个单词，这一秒钟你甚至连一行也读不了。

在这种情况下，一个个地看根本不行，没有时间这样做。但是在实验一秒就截止的压力下，受试者逐渐找到了能在仅有的一秒钟内找到目标模式的方法。他们所做的和必须做的，是以一种发散的、迷茫的方式凝视整个排列，试图让自己保持一种茫然、善于接受的状态，同时观察整个展板。你也可以自己试着做一下。在这种接受模式下，你必须在精神上"向后"移动，远离模式，然后开始以不同的方式观察：你几乎要让自己的眼球移动到脑袋后方。你在精神上远离屏幕，睁大双眼，这样你不是在寻找任何特定的模式，而是看到了整体。这种怪异的做法强迫你看到了"整体"。

以这样的状态，即使在很短的一秒内，你也能"看到"正在寻找的目标模式。你看得并不真切，因为没有专注于它。但是在整体中，你意识到了它。正是在这样一种目光不聚焦、极为被动和易于接纳的感知状态下，你寻找的模式似乎就出现在面前。你不需要搜寻它，它却来到了你的面前。

接触过这种高速寻找训练的人中超过半数学会了如何进行整体观察，然而训练前只有20%的人能做到。显然，这个练习足以改变人们被教授的、基于"口头"或概念的寻找方法，而是用一种整体的方式取代它，让人们真正看到以前就存在的整体。[21]

该实验很有启发意义，它告诉我们要想看到整体，需要一种发散的视角，我们选择不去聚焦或强制朝某个方向集中注意力。相反，我们看、观察、汲取的是眼前看到的整体结构。

正如我在第3章中论述的，词汇、概念和知识都在干扰我们看到整体性的本质。为了准确地看到整体性，我们一定不能挑出那些人工强调的中心感知体，比如恰巧拥有名字的中心感知体，因为它们往往不是整体性中最突出的部分。相反，我们必须要做的是，以一种安静、接纳、茫然的方式留意那些真实结构中最显著的中心感知体。

还有一个类似的实验，同样试图帮助人们不将眼神聚焦，不要集中注意力去观察现实的本质。法国精神病学家休伯特·本努瓦（Hubert Benoit）在《LET GO》一书中进行了详细的描述。[22] 在该实验中，本努瓦同样说明，只有摒弃对语言结构的依附，我们才能更近距离地看清事实的本来面目。他所描述的现实，即禅宗现实，本质上与我所描述的整体性是同一事物。

注释

17. David Bohm, FRAGMENTATION AND WHOLENESS (Jerusalem: Van Leer Jerusalem Foundation, 1976), 14-15.

18. Alexander and Huggins, "On Changing the Way People See."

19. 同上。

20. 儿童和智力障碍受试者的实验尚未发表。

21. Neison Zink 和 Stephen Parks 各自独立发现了相同的现象。他们发现，挂在人眼前的一盏小灯将视线聚焦得非常狭窄，使得周边的视野会变宽、变深，并迫使视线集中在整体上。参见：Zink and Parks, "Nightwalking: Exploring the Dark with Peripheral Vision," WHOLE EARTH REVIEW (Fall 1991): 4-9.

22. Hubert Benoit, LET GO (New York: Samuel Weiser, 1973)，最初以法语出版，参见：LACHER PRISE (Paris: Le Courrier du Livre, 1958).

附录 4
第 4 章和第 11 章的补充说明
描述中心感知体生命结构和自举场域所需的一种新型数学场域

第 11 章所呈现的唤醒空间的图景需要一种全新的数学空间观。我们可以简单地对这个概念进行陈述。我们将中心感知体视为空间中的一个类似于几何场域的空间现象。在这种意义上，中心感知体是纯粹的几何问题，只取决于空间中其他中心感知体的排列。我们所谓的中心感知体的"生命"是一种几何结构特征，是场强的度量。

有人认为，中心感知体是现实生命的一个精确点，是日常和普通意义上出现在空间中的生命中心。因此，被我们最初视为纯几何的几何中心感知体也是真实生命的中心感知体。生命通过物质本身的组织产生于物质。所有这一切都来源于中心感知体场纯粹的递归结构。

为了用一致的数学和物理术语描述这种说法，我们必须对物质现实的图景进行重要的调整。今天我们大多数人在成长过程中都对物质现实有某种观点，即本质上是物质创造了现实。该观点使用了某些相互作用场（引力学和量子力学）的术语描述宇宙中的物质，这些术语已经在微观和宏观层面成功地描述了我们的物质世界。

然而，为了解释本书描述的现象，空间的数学图景必须是一幅带有附加特征的图景，到目前为止它只在数学、物理学中有所暗示。

在第 4 章中，我展示了一根立柱，其中每个中心感知体都在帮助加强其他中心感知体，也展示了整个柱子如何被看作中心感知体合作的"场域"。在后面的章节中，我们看到了关于中心感知体系统更为复杂的案例，例如巴黎塞纳河畔的社区，在功能之上叠加功能，我们也看到该系统在功能方面深刻的运行方式。

但是这种观念对我们当前的物理学的影响程度尚不明了。平凡的事物不在这些中心感知体"系统"中，也不在它们合作形成中心感知体系统的事实中。系统合作形成更为复杂的系统和新的特性，这是我们对世界普遍认知的一部分。这在我们当前对于物理学、生物学和化学的理解中十分常见。

这里的非凡之处在于其他方面。我描述过这样的事实，即每个中心感知体都具有确定的生命或强度。柱子本身最初的强度很低，当相邻柱子之间的空间本身也形成强中心感知体时，柱子就会"变强"。这就意味着当柱子旁的中心感知体（两柱之间的空白）出现在场景中时，由柱子界定的中心感知体的强度或生命变强了。同样，当柱头出现时（另一个中心感知体进入场域），那么由柱子形成的中心感知体和柱间空间形成的中心感知体的强度再次提升。现在的柱头中心感知体强度也在增加，因为另外两种中心感知体的出现，比中心感知体单独存在时更强。接下来，当我们把柱头换成按模具塑造的柱头时，其他所有的中心感知体的层次和强度将会再次大幅提升。

这就是独特的事物。这根本不是牛顿空间的典型类型。实际上，它也不是相对论空间的典型类型，甚至不是量子力学空间的典型类型。

在我们当前对物理和物质世界的认知中，通常认为系统是由元素组成的。一般而言，作为整体的系统能够通过元素的协同作用产生性质。因此作为整体的系统，其行为可能是全新或无法预料的，这也十分常见。在数学术语中，这意味着描述整个系统行为的度量或函数通常与单个要素相关度量的简单算术组合不同。它可能是与相关要素进行度量的一个非常复杂的函数。然而，与单个要素相关的度量本身并不会因为这些要素在更大的系统中的出现而改变。[23]

这是典型的宇宙机械观。当我们制作时钟时，时钟各个零件的基本性质不会因它们出现在时钟里而改变。机械论的观点认为，不同要素的合作可以在整体中产生新的度量。然而，单个要素的单个度量是由局部定义的，而非由全局定义，并且在要素进入组合时保持不变。

但这与我刚才论述的中心感知体场域中的中心感知体完全不同。中心感知体的生命取决于中心感知体所在的整体场域，这就意味着每个中心感知体最基础的特性（它的生命强度）不是由中心感知体本身定义，而是由其在整个中心感知体场域中的位置决定的。

这个观点会让人想起马赫原理，即任何粒子的运动会受到整个宇宙的影响。事实上，宇宙中每个中心感知体的生命在某种程度上都依赖于其他中心感知体的生命，这一基本观点甚至可以看作普遍化的马赫原理。[24] 这一观点认为，就中心感知体而言，每个中心感知体最基础的特性（强度、生命或中心性）受到它与其他所有中心感知体相对位置的影响。因此，一个中心感知体的强度永远不能仅从它自己的局部结构理解为该中心感知体本身的一个局部性质。中心感知体的强度始终具有整体特性，受到其他一切事物的影响。中心感知体的强度不能通过自身测量，因为完全取决于它在整体中的位置。这个观点需要我们改变对空间或物质的看法。

这就是我在第 4 章提出的由中心感知体递归定义的本质。但我在前文并没有论述清楚，目前我们还没有掌握关于该递归场域任何便捷的数学表达。

我所讲述的这种递归场域的概念在我们当前的空间和物质概念之外，意思是指目前物理学中没有任何一个数学概念具有第 4 章或第 11 章中定义的递归场域的特性。

典型场域有一个场强，它总是依赖于场外的其他事物，并由此产生场域。例如，重力场在整个空间中取值。这些值是由物质在整个空间中分布的函数得出的。的确，重力的分布会使物质重新分配，从而引起磁场的变化。但是重力不是重力本身的函数。电磁场有两个场——电场和磁场，每一个都取决于另一个的变化率。同样，系统与自身相互作用会产生非常重要的影响。但是磁场的值不是其他位置磁场本身值的函数。磁场中每一处的数值都取决于它本身之外的其他事物（例如，磁场是电场变化率的函数），并且可以通过对其他事物的认知来计算。

但是，正如第 11 章所描述，中心感知体场中的强度取决于场域自身的值。显然，场域具有这样的性质：在给定的点上，场强是其临近空间分布的多个场强的函数。场强是其他场强本身的函数。所以在某种程度上，场是自主的。

经典物理学中没有这种自主方式的场。我还没有成功地推演出自主场的数学模型。我颇为确定的是，该场一定是某种层级结构，其中不同的场强相互嵌套。同时，我猜测场强与第 4 章、第 11 章论述的局部对称有很大的关系。但是到目前为止，我还没有建构出具有必要特征的场。

在我们理解的物质世界的每个阶段中，我们总是假设空间具有一个确定的数学结构，正是这种空间的数学结构赋予这个世界众所周知的特性。特别是目前被广泛认可的对空间的数学描述，即假设其因果关系是局部效应。这是我们用其描述空间的数学中性几何结构的结果。[25] 正是这一空间假设受到了中心感知体场域概念的挑战。为了基于中心感知体场域认知空间，我们需要一种不同的模型，空间本身必须具有不同的数学结构。

我们想给空间的每一点定义一个度量。我把这个度量称为该点的"场强"。场的强度可测量任何给定点上中心感知体的强弱，以及场的生命强度。

如果场的运转与我们在许多实证案例中看到的相同，与我所描述的柱子案例相同，那么我们需要一种具有如下特征的场：当我们增加某点的场强时，其他点的场强也在增加。事实上，每一点的强度都是临近其他点强度的函数。假设空间的每一点上都有一个灯泡，那么就很容易理解了。该点灯泡的亮度就是该点的场强。在某种程度上，灯泡是连接在一起的。我们需要具有此种特性的连接，当一些灯泡更亮时，或在某处加入一个新灯泡时，也会使系统中其他灯泡更明亮。

空间是一种物质，内部的中心感知体及其生命都取决于整体的中心感知体的布局，或取决于非局部的更大层级的场域，该观点具有非凡的前景。这意味着世界在全新的认知方式中是不可预测的，因为中心感知体场域能够在单个的中心感知体上产生生命层级，这一点仅从局部结构出发是难以想象的。它甚至包含了"生命是什么"这个问题的某种答案，也回答了"生命的特质而非机制是什么"这一问题。这是一个 300 年来机械物理学和生物学都未能解开的谜团。每个生命系统都是中心感知体场域。在我刚刚解释过的观点中，可以想象某些中心感知体的布局具有非常强大的组建力量，它们在中心感知体内部创造了全新的强度，从而彻底改变了空间的物质特性。[26]

自举效应是指中心感知体相互影响且相互加强的方式，它被视为空间和物质的基本特性。这种特性或许会让我们以一种连贯的方式来理解生命，理解生命是一种全新的、非机械化的现象，认可生命能够在所谓无生命的物质中创造出来。但这一切都只能在一个物质本体（空间本体）的认知框架内才能理解，即物质本体是一种不同于我们之前所理解的物质，因为它允许递归场域出现。

归根结底，我们可能必须从根本上改变我们的世界观。100 多年来，我们一直认为宇宙中的物质由粒子构成，粒子在空间中漂浮、移动。近年来，人们逐渐意识到，（就像气泡中的泡沫，即使在所谓的真空中）空间本身也具有精细的结构，物质的空间与真空的空间仅有些许差异。因此我们一直在向一种宇宙观迈进，即宇宙是由某种空间构成，在该空间"涟漪"产生的位置上，我们所谓的物质就出现了。

但是，我在此处提出的新设想使得物质本身远比我们到目前为止的假设更具活力。迄今为止，我们一致认为空间中的"涟漪"在本质上是一成不变的。例如，原子、电子等基本粒子相结合时，都被认为或多或少具有一些不变的特征。目前我们往往会将物质看作某种基本粒子的排列模式，这些粒子本身在它们创造出的组合中基本保持不变。

我认为这不一定是正确的。在空间中出现的中心感知体可能会根据出现的环境而有所不同，根据这种环境，它们可能会变得越来越强大。其实大家都明白，原子中的电子和自由电子是完全不同的，分子中的原子和原子本身也完全不同。但是我们假设这种差异很小，在将组合视为基本粒子排列的思想框架内仍然很容易解释。

如果中心感知体具备我先前提及的递归场域特征，那么中心感知体及其场域的本质就将表明空间和物质具有更为神秘且更为开放的特征。似乎空间/物质本身可以改变，我的意思是空间在其局部性质上确实发生了根本性的变化，因为它逐渐变得更有秩序了。所有空间都能在其中布局中心感知体。当一个中心感知体出现于某空间时，其他中心感知体由于它的出现而得到加强。中心感知体的整体结构会影响空间本身。由于每一个中心感知体都加强了其他中心感知体，我们就有了一种物质（空间/物质），它显然具有自发地在内部创造生命的能力，因为在任何一点（一个中心感知体）产生秩序都可以增加整体的秩序，并强化出现在其他中心感知体的秩序。

这个观点与量子力学的非局部解释一致，该观点认为一个粒子运行轨迹或特征可能会受到宇宙其他区域结构的影响，甚至受到那些与之没有任何因果或机械相互作用的区域的影响。[27]

在形成中心感知体的地方，空间本身会逐渐创造出生命。我们理解的生命是一种状态，这宝贵的生命（或中心性）以我所描述的递归方式在空间中创造出来。也就是说，基于数学观点，我们必须从"觉醒"的空间中有所觉悟。

注释

23. 场域方程参见：Erwin Schroedinger, SPACE TIME STRUCTURE (Cambridge: Cambridge University Press, 1960) 全文，以及 Charles Misner, Kip Thorne, and John Archibald Wheeler, GRAVITATION (San Francisco: W. H. Freeman, 1973)，第 1 章、第 3~4 章、第 10~11 章、第 20 章以及第 22~26 章。

24. Ernst Mach, SPACE AND GEOMETRY (La Salle, Illinois: Open Court Publishing Company, 1960)。关于马赫原理的讨论参见：Thorne, Misner, Wheeler, GRAVITATION, 第 21.12 小节，第 543~549 页。

25. 解析几何或坐标几何对空间结构的一致概念，使得我们认为空间是一种中性的、没有生命的物质，这都归功于笛卡儿。该构想的首次提出参见：笛卡儿的 GEOMETRY, vol. 6 of OEUVRES DE DESCARTES, Charles Adam and Paul Tannery (Paris, 1897—1913)。

26. 参见：Mach, SPACE AND GEOMETRY。同样的观点也在一般性哲学术语中讨论过，详见：Alfred North Whitehead, PROCESS AND REALITY。还有更具体的观

点，即宇宙中生命的存在将引起量子力学层面的深刻变化，从而随着空间和物质的实际结构的变化而变化，该观点已被一些学者于近期讨论，包括 Roger Penrose, THE EMPEROR'S NEW MIND（Oxford：Oxford University Press, 1990），以及 Howard Pattee, "Biology and Quantum Physics, " in TOWARDS A THEORETICAL BIOLOGY: I. PROLEGOMENA, C.H. Waddington, ed.（Chicago: Aldine Publishing, 1970）.

27. 例如，J. Clauser 在 S. Freedman and J. Clauser, PHYS. REV. LETT. 1972, 28, 934 41 发表的实验；以及 Alain Aspect, P. Grangier and G. Roger, PHYS. REV. LETT. 1981, 47, 460 66 的实验。这些均表明现象之间存在着非因果联系。由于相距太远，光速的因果相互作用无法在它们之间进行。

附录 5

第 3 章的补充说明

作为整体函数的电子运动

世界的运转取决于存在于空间中的整体，这一事实并非建筑物或艺术品所独有的。它是世界的基本特质，甚至支配着亚原子粒子的活动。物理学的最新发现表明，亚原子层级的物质活动可能完全受整体的控制。

该推测在双缝实验中得以证实。在这个实验中，发热电线发射出电子，使得这些电子穿越两条平行的狭缝，然后撞击墙壁。该实验的设置如下图所示。

为了理解下面的讨论，你首先要明白每一个电子都是一个小的驻波（就像一个小的湍流漩涡），像子弹一样在空中穿梭。在本页右下角的放大图中，你可以看到一些小亮点。每一个亮点都标记着一个电子撞击墙壁（感光剂）的位置。这些点是子弹击中墙面的痕迹。

此外，你必须明白发热电线是可控的，所以这些像子弹一样的电子是间歇性发射的，一次一发。因此，此处不是所有电子相互作用的一大股电子流，而是一簇十分缓慢的电子流。这是一个从根本上减缓的过程，在该过程中一次仅有一个电子被发热电线发射出来，穿过狭缝，撞击到墙面上。

现在观察这些电子神秘而奇妙的活动。当只有一个狭缝打开时，电子穿过狭缝在墙上形成了一种整体性的痕迹，它和你通过狭

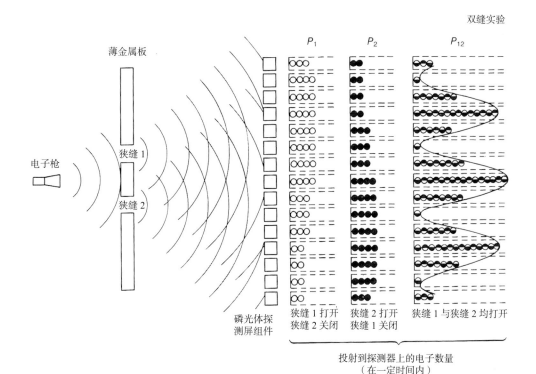

双缝实验

P_1、P_2 是狭缝 1、2 分别打开时电子投射在墙上的分布状况。P_{12} 是双缝均打开时，电子投射在墙上的分布状况

缝喷漆得到的图形是一样的：中间很厚，两侧逐渐变薄。电子撞击最密集的点最靠近狭缝，在那里电子通道是一条直线，较不密集的点距离狭缝较远，随着与狭缝的距离变远，密度均匀地降低。实际上电子撞击墙面的痕迹呈现出正态分布。你可以在前页看到该正态分布图示。竖列 P_1 为（只有）狭缝 1 打开时电子撞击墙面的分布状况，竖列 P_2 为（只有）狭缝 2 打开时电子撞击墙面的分布状况。这一切都非常简洁明了。

当两个狭缝同时打开时，结果出现了戏剧性的变化，变得一点儿也不简单了。双缝打开后电子撞击墙面形成的图形变成了黑白交替的条带，几乎所有电子都射向白色区域，基本上没有电子射向黑色区域。该模式如图中 P_{12} 竖列所示。

在光波的实验中，图形也是相似的。200 年前，法国物理学家奥古斯丁·让·弗雷恩（Augustin Jean Fresnel）发现了光波的干涉，即所谓的干涉条纹。数学上是这样解释的，波阵面穿过双缝，然后撞击墙面，通过波的相互抵消或不抵消，形成明暗区域。对电子而言，也有类似于光波的解释，它在数理上很好地解释了这一现象，这就是著名的量子力学波动方程。双缝实验能够在数理上得到解释，因此很好理解。

但是真正地理解该实验完全是另一回事。问题在于，尽管电子在某些方面类似于波，但更像小子弹。在我的照片中，你可以在感光剂的亮点中看到它们类似子弹的特征。在波的实验中，对条纹的解释是有效的，这是因为来自光源的波穿过双缝，它们聚集在一起时产生了干涉。但一个特定的电子就像一颗小子弹，根本无法同时穿过两个狭缝。它只能穿过一个狭缝，不是穿过狭缝 1，就是穿过狭缝 2。当我们基于这一点试图理解

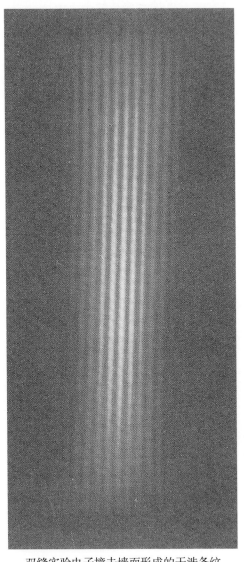

双缝实验电子撞击墙面形成的干涉条纹

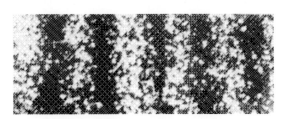

干涉条纹的放大图可以看到单个电子形成的单个光点，因此证明电子像子弹一样逐个射出。但是干涉条纹的是由波引起的。正是这一关键点表明电子必须在某种整体结构的引导作用下运动

暗带和亮带的模式构成方式时，神秘谜题就出现了。

需要记住的是，电子一次一个缓慢地到达墙壁，逐渐在感光剂上形成图案。我们想象只有狭缝 1 打开，狭缝 2 关闭的情况。注意观察墙上黑箭头标记的区域，竖列 P_1 中有四个白球，意味着在该区域中有四次撞击。这是常规曲线中密度相对高的点之一，许多电子穿越狭缝 1，在该点区域撞击墙面。

现在请观察我打开狭缝 2 以后（竖列 P_{12}）会发生什么。突然间，该点变成了墙面上诸多空白区域之一，电子不再撞击这部分墙面（箭头所指的位置），值得注意的是，这会影响所有的电子。如果它只是以某种方式影响通过狭缝 2 的电子，就不会那么神秘了。但是，狭缝 2 的打开影响了穿越狭缝 1 的电子。那些曾经穿越狭缝 1、撞击箭头所指部分墙面的电子突然不再这样运动了。现在这些电子在移动，它们只撞击明亮部分，不撞击其余昏暗、阴影的部分。

所以，狭缝 2 的打开改变了电子快速穿过狭缝 1 的机械运动。然而，这些电子与狭缝 2 没有任何物理层面的相互作用，也没有与任何其他电子发生物理作用（请记住它们是一次发射一个）。狭缝 2 的打开如何影响穿越狭缝 1 的电子运动呢？

正是这个实验引起了物理学的革命，并奠定了量子力学的重要地位。在此处发挥作用的物理运动究竟是什么？这一神奇现象的物理或机械解释究竟是什么？70 年来，物理学家一直在试图解释它。

对物理学家而言，问题的关键如下。根据现代物理学的一般假设，一个物质粒子的运动只能通过与其他物质粒子的碰撞运动，或通过电磁力、重力、强作用力、弱作用力等其他力来实现。

然而在该实验中，穿过狭缝 1 的电子随着狭缝 2 的打开而移动（电子的运动轨迹发生了变化）。正如我所论述的，数学完美地解决了这一问题。我们把这一数学工具称为量子力学，它能够很好地预测该现象的所有细节。但这意味着什么？究竟是怎么回事？是什么力量促使电子按照这样的方式运动？[28]

理查德·费曼（Richard Feynman）的解释很有魅力：数学可以计算，但是你无法理解。用他自己的话就是："我们物理学专业的学生也不明白，那是因为我不明白，没有人明白……量子电动力学理论从常识的角度将真实描述得非常荒谬，但却与实验结果完全吻合。所以我希望你能接受自然本来的样子，她就是荒谬的。简而言之，我们无法想象将要发生什么。量子力学理论以它在数学上令人难以置信的准确性完美地解释了这一点。这是你需要知道的全部。"[29]

其他物理学家还是不太愿意接受这个事实：数学上能够计算，却无法解释。爱因斯坦本人对这样的解释并不满意，直到生命的终点仍然认为，正是这一点使量子力学有所缺陷。还有许多物理学家，虽没有费曼那样实事求是，但同样在努力寻找一种"解释"，让我们明白发生了什么。每年都会有更多的人试图解释它。自 1930 年起，这个问题一直都是人们持续讨论的主题，但最终也没有达成清晰明确的统一结论（即使在数学层面的解释非常完美，也能在该实验中作出准确的预测，达到了物理学以往从未达到的准确性）。曾经所做的尝试还有很多，其中包括了物理学发展史中最为牵强的一些解释。曾

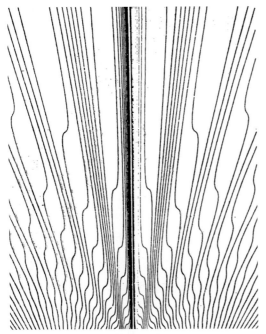

戴维·玻姆对控制双缝实验中的电子运动的引导场域的描述。我认为这是描述整体 W 的一种特别方法

经尝试的观点有：电子其实并不存在，在被观察到之前只是概率波；宇宙不断分离成数以亿计的交替平行的宇宙。这些看似疯狂的观点不是科幻小说，而是冷静的思考，它们在相关的物理文献中都可以查到。[30] 这些观点之所以能够得以传播，是因为在物理学的一般假设中，打开狭缝2是无法对穿过狭缝1的电子运动产生机械影响的，没有人能直观理解电子及其运动，以及运动的原因。

但是有一种直截了当的方式可以理解这一切，无需借助如此怪诞的假设。我们假设电子的运动受到实验结构整体的直接影响。为了让该解释起作用，我们必须假设电子"希望"与整体和谐共存。也就是说，电子以某种方式将整体视为真实的结构，并做出相应的运动。

有些物理学家最终还是得出了结论，尽管出乎意料，但这一定是正在发生的事情。甚至量子力学的发现者尼尔斯·玻尔（Niels Bohr）也清楚地预见到了这一点。玻尔一再强调，我们必须学会理解"正是作为一个完整系统的整个实验装置才是粒子运动的关键。"[31] 但是在过去的一个世纪中，仅仅是整体的几何结构就会影响电子运动，这样的观点很难让人接受。因为该观念与只有碰撞和力才能产生位移的假设相悖太多。我们在玻尔自己的著作中可以看到这一点："只有在这种情况下，我们才会选择要么跟踪粒子路径，要么观察干涉效应，这样才能逃离这个矛盾的结论：一个电子的运动取决于它未曾通过的狭缝。"[32] 换而言之，现代物理学中全部的理论方法（互补性、不确定性等）

单缝实验的整体

双缝实验的整体

都是精心设计的婉转说辞，实际上就是为了避免解释电子受到了整体的影响，这是因为物理学中没有阐释这种观点的方法。此外，没有人能够真正搞清楚"整体"的概念，我们需要学会将某一空间区域的整体看成某种精准的、特定的结构。

一旦将整体看成真实的结构，我们就能尝试精确地证明电子不同的运动实际上与整体结构的差异性相关。再次观察双缝实验的两种设置，其中一种有不对称且扁平的中心感知体系统。不难发现该中心感知体系统会撞击墙面形成模糊的分布模式。另一种设置是由两个相似的中心感知体系统构成的对称系统，其重叠方式与扔入两颗卵石散开的水波的水池十分相似。不难想象正是该中心感知体系统引导着电子在墙上形成干涉条纹。事实上，戴维·玻姆（David Bohm）和他的同事对这些问题给出了可能的解释。[33] 本页的图中展示了博姆和他的同事绘制的量子势图，该图用几何方式展示出空间的整体能够解释量子力学的数学结果。1988 年，博姆认为第一卷中定义的整体，本质上与他所谓的"隐序理论"的结构是一样，并且这就是电子运动的原因。[34, 35]

等到某天该观念被大家认可，将会引发物理学的革命。整体的强大足以引起电子运动轨迹的改变，这一观点将会在很大程度上改变我们对物质运动的认知。这种认同的心态使整体作为所有建筑的基础变得更容易理解。[36]

无论博姆的解释最终正确与否，其主要的观点依然存在。20 世纪的物理学实验已经确切地证明，电子是由运动的整体所引导的。这是对双缝实验进行冷静评估后得出的结论。事实上，无论我们是否明确地接受，它都是量子力学的结果。量子力学通过数学证实，粒子的运动受到粒子所处空间整体的物理作用。

用维吉尔（Vigier）等人的话来说："博姆的解释和布罗格利·博姆·维吉尔（Broglie Bohm Vigier）的解释都强调量子现象所表现出的新特质与后亚里士多德的还原论机制的整体完全不同。在后亚里士多德的还原论机制中，自然界的一切都只由分散且独立存在的部分构成，该部分的运动由一些基本的相互作用力所决定，这便足以解释所有的现象。"[37]

可以说，这是现代物理学中最重要的发现。亚原子粒子不能被当作孤立的元素，不能认为它只能通过作用力与其他元素相互作用。它们的存在及其运动都受周围世界整体关系的控制。正是整体成为现实的支配结构，这里的整体包括我定义的具体意义以及其他相似的意义。

如果这是正确的，那就表明我在第一卷中表述的整体观点以及对整体功能重要性的强调是有效的和必需的，这并不局限于建筑或艺术作品，甚至还包括那些我们在历史上坚信的机械化的事物。

注释

28. David Bohm, QUANTUM THEORY (Englewood Cliffs, N.J.: Prentice Hall, 1951), 尤其是第 8 章, "An Attempt to Build a Physical Picture of the Qyantum Nature of Matter," 144-172.

29. Richard Feynman, QUANTUM ELECTRODYNAMICS (Princeton, N.J.: Princeton University Press, 1985), 9-10.

30. 最奇特的解释已经得到很好的总结，详见：Nick Herbert, QUANTUM REALITY.

31. Niels Bohr, "Discussion with Einstein on Epistemological Problems of Atomic Physics," 1924 年首次出版, Wheeler and Zurek 再版, QUANTUM THEORY AND MEASUREMENT (Princeton, N.J.: Princeton University Press, 1983), 30.

32. 同上，p.24.

33. J.P. Vigier, C. Dewdney, P.R. Holland 与 A. Kyprianidis, "Causal Particle Trajectories and the Interpretation of Qyantum Mechanics," in B. J. Hiley and F. J. Peat, eds., QUANTUM IMPLICATIONS (London, 1987), 169-204.

34. Taped public dialogues, Krishnamurti Center, Ojai, California, 1988.

35. 参见：David Bohm, WHOLENESS AND THE IMPLICATE ORDER (London: Routledge Kegan Paul, 1980).

36. 近年来，建立在整体基础上的量子力学理论被物理学家认为是理解电子运动最经济、最准确的方法。过去围绕量子力学（哥本哈根式）的神秘感和模糊性几乎已经消失，取而代之的是一种观点，即这是处理物理问题最实用、最常识性的方法。参见：Peter Holland, THE QUANTUM THEORY OF MOTION: AN ACCOUNT OF THE DE BROGLIE-BOHM CAUSAL INTERPRETATION OF QUANTUM MECHANICS (Cambridge: Cambridge University Press, 1993).

37. P. Vigier, C. Dewdney, P.R. Holland 与 A. Kyprianidis, "Causal Particle Trajectories," 201.

附录6
第4章与第5章的补充说明
计算著名建筑的生命强度：更完整数学解释的一阶近似

在第4章、第7章和结论部分，我反复提到这样一个事实，即生命正如我所定义的，它具有数学属性。我的意思是，生命之所以具有数学属性，是因为空间本身具有数学属性。由于具有生命的中心感知体主要以对称和对称结构的形式出现，所以原则上任何结构都可以统计它们的数量和密度。这就意味着生命原则上具有可计算的属性，它是空间结构的结果。附录1、附录2和附录4中提到的一些概念展示了如何实现精确计算。[38] 在第5章中我详细介绍了35种黑白图案，展示了35种模式的"连贯性"等级（本卷中我称为生命的早期实验）是如何通过计算嵌套于结构各个层级的局部对称数量进行准确预测的。[39]

尽管取得了这些显著的成功，我仍旧认为距离找到针对建筑物的大规模计算方法十分遥远。这是因为附录2和附录4中描述的数学问题非常复杂，我很确定，这个数学问题在未来的一段时间内还是无法得到全面的解决。

但最近一项研究给出了粗略的一阶近似，尽管不够精确，但也是非常有力的研究结论。我认为有必要向大家展示这一结果，因为它强调了这样一个事实，即生命结构在原则上能够运用数学方法处理，因此可被视为物理学的一部分。

1997年得克萨斯大学数学系教授尼科斯·萨林加罗斯（Nikos Salingaros）构建了生命度量的一阶近似值 L，它主要基于本书的理论，并展示了如何应用该近似值对各种建筑物的生命强度进行近似计算。在一篇题为"热力学模拟下的建筑生命和复杂性"（Life and Complexity in Architecture from a Thermodynamic Analogy）的论文中，他提出的测度 L 给出了从古至今24个著名建筑的一阶近似值，包括帕提农神庙、蓬皮杜中心、索尔兹伯里大教堂、纽约肯尼迪国际机场TWA航站楼、悉尼歌剧院、圣索菲亚大教堂、阿尔罕布拉宫、布鲁塞尔霍塔公馆、朗香教堂以及诺曼福斯特设计的香港汇丰银行大厦。[40]

大体上我们可以按照如下方式认知萨林加罗斯的测度 L。我在附录2中提出，可以通过计算局部对称数量量化中心感知体的生命。[41] 这在非常小的结构（如我采用的黑白纸带）中是可以实现的，但在更大的结构中很难实现，同时，这种方法也没有考虑其他14种属性固有的递归特征。

萨林加罗斯建构了一种可用于较大结构的测算方式，不是统计实际中具有生命的中心感知体的数量，而是利用统计方法估算。这使得他的方法可以用于大型复杂的结构。

他的测算方式基于两个分变量——H 和 T。H 表征和谐程度，通过给五种不同的对称特征赋值估算结构中存在的局部对称数量。因此 H 的测算方法基本上就是以局部对称作为要素，但在使用这种方法时，不必计算数千个对称的数量，而是通过查找来估算对称的总体密度。

T 表征温度，估算的是尺度等级、对比度、边界，可能还包括强中心感知体。同样以一种粗略的方式，不用统计具有强烈生命的中心感知体的数量，而是估算这些属性出现的密度。

T 乘以 H 得到 L，L 反应了结构中局部对称、强中心感知体、尺度等级、边界和对比度的大致度量值。

论文中萨林加罗斯给出了计算不同建筑的 T 和 H 的规则。T 和 H 中的每一个都是五个参数的总和，每个参数只能取三个值，0，1 或 2（缺失、部分呈现或强烈呈现），这些都需要观察者进行估算。这种测算方法便于操作，也相当客观。

论文中，依据萨林加罗斯的测算过程可得到 24 个著名建筑的 T、H 和 L 值，如下表所示。

我发现这些初步实验结果非常具有启发性。阿尔罕布拉宫和泰姬陵都得到了 90 分的高分，圣索菲亚大教堂 80 分，索尔兹伯里大教堂 63 分。排位在最后的 TWA 航站楼只有 6 分，赖特的流水别墅 20 分，西格拉姆大厦 8 分，悉尼歌剧院 20 分。排名在中间的瓦茨塔 40 分，高迪的巴特罗之家 40 分。

你可能会认为这些数字很幼稚，因为分数配比是机械化的，与问题的精妙很不相称。

24 个著名建筑的生命强度							
按照 L 进行降序排列							
生命强度 L 由 $L=TH$ 定义							
时间	建筑	地点	建筑师		T	H	L
14 世纪	阿尔罕布拉宫	格拉纳达	不详		10	9	90
17 世纪	泰姬陵	阿格拉	不详		10	9	90
7 世纪	圆顶清真寺	耶路撒冷	不详		9	9	81
6 世纪	圣索菲亚大教堂	伊斯坦布尔	伊西多罗斯（Isidoros），几何学家		10	8	80
13 世纪	科纳拉克太阳神神庙	奥利萨邦	不详		8	8	64
9 世纪	巴拉丁礼拜堂	亚琛	梅斯奥多，建造者		7	9	63
11 世纪	凤凰堂	京都	不详		7	9	63
13 世纪	大教堂	索尔兹伯里	不详		7	9	63
1700 年	大广场	布鲁塞尔	不详		9	7	63
16/17 世纪	圣彼得	罗马	贝尔尼尼		10	6	60
公元前 5 世纪	帕提农神庙	雅典	伊克提诺斯		7	8	56
11/14 世纪	洗礼堂	比萨	沙维，建造者		7	8	56
1898 年	霍塔旅馆	布鲁塞尔	霍塔		8	7	56
1906 年	巴特罗之家	巴塞罗那	高迪		8	5	40
1954 年	瓦茨塔	瓦茨	罗迪亚		10	4	40
1974 年	医学院宿舍	布鲁塞尔	克罗尔		7	4	28
1977 年	蓬皮杜中心	巴黎	皮亚诺		6	4	24
1986 年	银行	香港	福斯特		3	7	21
1936 年	流水别墅	熊奔溪	赖特		4	5	20
1973 年	歌剧院	悉尼	伍重		4	5	20
1958 年	西格拉姆大厦	纽约	密斯·凡·德·罗		1	8	8
1961 年	TWA 航站楼	纽约	沙里宁		3	2	6
1965 年	索尔克生物研究院	拉荷亚	康		1	6	6
1955 年	朗香教堂	洪尚	勒·柯布西耶		1	2	2

的确，如果我们把数值与应用生命准则的评价结果（详见第1章、第2章、第10章）相比，与建筑师或其他人惯常接受的评价方法相比，就会发现很多奇怪的地方。泰姬陵90分，过高；帕提农神庙56分，过低。勒·柯布西耶的朗香教堂2分，太低了。是的，这里面一定有错误。该函数无法完美地预测生命强度，但的确发挥了意想不到的作用。可以说，实验的成功还是超越了实验中的错误。

这说明，一个编制简单的、基于对生命结构本质思考的算术函数，无论多么粗略，都会得到这样的结果。这说明了虽然问题本身非常微妙，但生命结构的生命强度中总能有一些是有形的，最终能够被测算。

当然，萨林加罗斯在表格中介绍了他自己的具体测算方法，但的确过于简单。这些测算方法只是基于每栋建筑的照片，因此只关注立面组织。此外，测度 T 和 H 还十分概略，没能达到详细分析生命所需的复杂程度，也没有涉及中心感知体场域固有的递归问题。当然，这只是研究的开始。

但是，当一个人考虑到事实上该方法有如此之多的"但是"，却仍然非常接近他对这些建筑直觉判断的结果时，他一定会对自己能在如此粗略的信息网中捕获如此大量有价值的信息而感到惊讶。

在物理学中，通过粗略的计算迅速得到一个不够准确的结果，只是为了验证在某数量级上一个理论是否正确，这是物理学由来已久的传统，是毋庸置疑的。对我而言，考虑到定义 T、H 和 L 的粗略程度，它们给出的结果与我们对生命的感受非常一致，这真的很了不起。

这并不表示它们就代表了最终定论，当然不是，许多结论需要经过仔细分析并加以完善。例如，朗香教堂的确非常厚重、黑暗、沉寂，无论朗香教堂内部有何种生命，萨林加罗斯的测算方法都没有捕捉到。这是意料之中的事情，因为他只关注教堂外部。同时，教堂沉重、严肃、冷酷的氛围，这一切创造的生命很难用算术的方法捕捉。因为这些都取决于结构内部的呼应、积极空间和内在宁静属性，这些都是萨林加罗斯第一个测算版本 L 尚未捕捉到的特性。[42]

从直觉上看，大家都认为贝尔尼尼的圣彼得大教堂更具有生命，这也许是因为萨林加罗斯的测算方法很大程度上依赖于他所谓的"温度"（结构的繁杂程度）。一种更复杂的测算方法（或许是 L 的第二版）将繁杂状态识别为干扰，会相应地降低 L。

一些建筑师倾向于否定萨林加罗斯的实验结论，因为他对建筑了解不够。我相信，这是因为许多现代主义建筑大师在实验中表现得很糟糕。卡恩的索尔克研究所排名倒数第二。即便那些对新方法思想开明的人也没有完全准备好接受如此激烈的评价，并因此认为萨林加罗斯还不够了解建筑。但在我认为他们是错误的，也许有些自欺欺人了。索尔克生物研究院和西格拉姆大厦很可能是现代主义运动的标志性建筑。但根据我对生命的分析，它们一定会被认为其中并不存在任何高强度的生命。

在这方面，萨林加罗斯的测算方法相当准确地处理了现代建筑中的这些难题，并迫使我们更加仔细地审视哪些建筑具有真正的生命，哪些没有。可以说，正是萨林加罗斯对建筑流派的一无所知，使得他的测算方法才更值得信赖，因为不存在固有的偏见。它只是出于物理学家的愿望，即找到一种尽可能符合实证的测算方法。

萨林加罗斯的 L 测算出的生命强度合理地对应了这些建筑中的生命体验，我们可以用第 10 章中自我镜像的测试来验证。实验的有力结论鼓舞人心，但当人们认识到萨林加罗斯论文中提到的算术测量方法只是一个非常粗略的一阶近似时，可能会倍感鼓舞。因为它得到的结果能够以惊人的准确性匹配和预测实验。该测试方法确实以近似的形式预估了建筑中的生命结构，即生命中心感知体存在且相互支持的程度。

霍华德·戴维斯（Howard Davis）教授（俄勒冈大学建筑学院）在研究过萨林加罗斯的结论后对我评论说，他认为应该对这一系列的测算方法加以测试，直到找出更有效的方法为止。在他看来，不只是立面需要测算，平面、剖面也都应该参与测算。他指出，人们在这些建筑上感受到的排序大都由 H（对称性）主导，而温度 T 在预测排序的过程中作用较少。T 在圣彼得大教堂、泰姬陵和福斯特的香港汇丰银行中都得到了非常高的分数，而在朗香教堂、帕提农神庙得到的分数相当低。[43]

通过详细的实验，我认为有一种测量方法能够更加准确地测算生命强度，这种方法对简约、尺度等级进行测算，能够计算虚空、内在宁静的出现频率，并增加了尺度等级的比重。

无论如何，萨林加罗斯的工作为未来的研究领域打开了大门。通过观察者测试整体感受或自我镜像实验，再加上建构建筑中 15 种属性的算术函数的努力，应该很快就会找到更加强大的测算方法。

所有这些测算方法都有可能，因为中心感知体是通过对称和分化形成的，而这些都是结构中可以通过数学进行计算的。因此生命本身是空间中数学运算的结果。未来，当我们对有空间、对称、中心感知体和递归进行更精细、更复杂的研究时，我希望也会得到更精妙的结论。我们要做的只是努力破解它。

但是生命的相对程度已经存在，它存在于可计算的、数学的空间结构中。

注释

38. 参见：第 448~450 页。
39. 参见：第 190~194 页。
40. Salingaros, "Life and Complexity in Architecture from a Thermodynamic Analogy," 如前所引，第 165~173 页。
41. 参见：452 页。
42. 萨林加罗斯已经开始努力完善和扩展他的第一版测算方法，在第二版中，他更加强调尺度等级和中心感知体的嵌套。
43. 私人信件，1998 年 5 月。

致谢和图片来源

在过去的 24 年里大家对这四卷书的内容、观点、讨论和出版所给予的帮助令我不胜感激。在第四卷的结尾,我用满满的爱与重视再次表达了这份感激。

第一卷　生命的现象

此外，我还要感谢以下图片、照片和插图的版权持有人和机构。所有未提及的图片版权均归作者所有（以下页码为原著页码）。

前言

p. 9 © 1990, Amon Carter Museum, Fort Worth Texas, Bequest of Eliot Porter; p. 11 F.W. Funke; p. 12 left: Arthur Upham Pope, *A Survey of Persian Art*, Soroush Press, p. 419; p. 12 right: Kenzo Tange and Noburu Kawazoe, *Prototype of Japanese Architecture*, MIT Press, 1965, p. 130; p. 13 top left: Georg Kohlmaier and Barna von Sartory, *Das Glashaus*, Prestel Verlag, 1981, plate 612, p. 655; p. 13 top right: Georg Kohlmaier and Barna von Sartory, *Das Glashaus*, Prestel Verlag, 1981, plate 487, p. 543; p. 13 bottom: Yoshio Watanabe; p. 14 left: Leonardo Benevolo: *The History of the City*, MIT Press, 1980, fig. 1364; p. 14 top right: Thom Jestico; p. 14 center right: Lee Nichol; p. 14 bottom right: Hiroshi Misawa;

第 1 章

p. 19 right: Artemis Verlag; p. 20 Paschall; p. 21 Jan Derwig; p. 31 K. Nakamura; p. 33 Ace; p. 34 © 1990, Amon Carter Museum, Fort Worth, Texas, Bequest of Eliot Porter; p. 35 © 1990, Amon Carter Museum, Fort Worth, Texas, Bequest of Eliot Porter; p. 36 Magnum Photos, Inc., © 1946 Henri Cartier Bresson; p. 37 bottom: Alfred Eisenstaedt/LIFE Magazine © Time, Inc.; p. 39 Henri Cartier-Bresson; p. 40 Hirmer Verlag; p. 41 Hans Jrgen Hansen; p. 42 Roland and Sabrina Michaud/Rapho; p. 43 top: Andre Martin; p. 43 bottom: Japan Folk Crafts Museum, Tokyo; p. 44 top left: Andre Martin; p. 44 bottom right: Staatliche Museum, Berlin-Preussischer Kulturbesitz. Museen fr Islamische Kunst; p. 45 Roderick Cameron, *Shadows from India*, William Heinemann, Ltd., 1958, p. 73; p. 46 Carl Nordenfalk, *Celtic and Anglo-Saxon Painting*, George Braziller, 1977, plate 1, p. 33; p. 47 top: Soetsu Yanagi, *The Unknown Craftsman*, Kodansha; p. 47 bottom left: Inge Morath; p. 47 bottom right: © Smithsonian Institution, Freer Gallery of Art; p. 48 top left: Gunvor Ingstad Traetteberg, *Folk Costumes of Norway*, Dreyers Forlog, 1966, p. 28; p. 48 top right: José Ortiz Echage; p. 48 bottom: Roland Michaud/Rapho; p. 49 Ajit Mookerjee, *Tantra Art*, Kumar Gallery, 1966, plates 2-4; p. 50 Art Resource; p. 51 Alfred Eisenstaedt/LIFE Magazine © TIME, Inc.; p. 52 top left: Artemis Anninou; p. 52 top right: H.S.K. Yamaguchi; p. 52 bottom: Alfred Eisenstaedt/LIFE Magazine © TIME, Inc.; p. 53 top: Artemis Anninou; p. 53 bottom: Michel Hoog, *Paul Gauguin: Life and Work*, Rizzoli International Publications, 1987, p. 185, plate 128; p. 54 top: Hal Davis; p. 54 bottom left: Kaku Kurita/Gamma-Liaison; p. 54 bottom right: Jean Leymarie, Herbert Read, and William S. Lieberman, *Henri Matisse*, University of California Press, 1966, p. 112, plate 82; p. 55 top: Pedro Guedes, *Encyclopedia of Architectural Technology*, McGraw-Hill Book Co., 1979, p. 304; p. 55 bottom: Andreas Feininger; p. 56 Alfred Eisenstaedt/LIFE Magazine © TIME, Inc.; p. 57 The Metropolitan Museum of Art, Mr. and Mrs. Henry Ittleson, Jr., Fund, 1956 (56.13); p. 59 bottom: Elliot Kaufmann Photography; p. 61 Magnum Photos, Inc. © 1955 Henri Cartier-Bresson

第 2 章

p. 64 left: Bruce Dale, © National Geographic Society; p. 64 right: Joseph Rodriguez, National Geographic Society Image Collection; p. 69 top left: Magnum Photos Inc. © 1959 Bruce Davidson; p. 69 top right: Vallhonrat ; p. 70 bottom left: © Kevin Fleming; p. 70 bottom right: Joanna Pinneo; p. 71 left: Photo Stuart Franklin; p. 71 right: Photo Stuart Franklin; p. 73 right: Elliot Kaufmann Photography; p. 75 left: Carl Nordenfalk, *Celtic and Anglo-Saxon Painting*, George Braziller, 1977, plate 1, p. 33

第 3 章

p. 88 Ullstein Bilderdienst; p. 91 Photo Emil Otto Hoppe, © 1994 The E.O. Hoppe Trust, All Rights Reserved; p. 93 Magnum Photos, Inc. © 1962 Henri Cartier-Bresson; p. 97 top: Jack D. Flam, *Matisse on Art*, E.P. Dutton, 1978, p. 118; p. 97 bottom: Jack D. Flam, *Matisse on Art*, E.P. Dutton, 1978, p. 136; p. 99 top: Tony Hey and Patrick Walters, *The Quantum Universe*, Cambridge University Press, 1987; p. 99 bottom left: Tony Hey and Patrick Walters, *The Quantum Universe*, Cambridge University Press, 1987, p. 10; p. 102 © Ken Heyman; p. 103 top: Magnum Photos, Inc. © Henri Cartier-Bresson; p. 103 bottom: Byzantine Institute; p. 104 top: © Ken Heyman; p. 104 bottom: Magnum Photos, Inc. © 1938 Henri Cartier-Bresson; p. 105 Manuel Alvarez/Bravo

第 4 章

p. 117 top: Bob Gibbons; p. 117 bottom: Gareth Lovett Jones; p. 123 The British Architectural Library, Institute of British Architects; p. 126 left: Artemis Anninou; p. 126 right: Martin Hurlimann; p. 127 Georg Gerster; p. 133 right: Gwathmey Siegel and Associates, Photo David Hirsch; p. 135 top: Magnum Photos, Inc. © James Nachtwey

第 5 章

p. 146 Marguerite Duthuit-Matisse and Claude Duthuit, Henri Matisse, Vol. II, Claude Duthuit, Paris, Cat. #464, plate 70; p. 147 top left: *Record Houses 1987*, Vol. 175, No. 5, April 1987, p. 156; p. 147 top right: William W. Owens, Jr.; p. 147 bottom left: Eugen Gomringer, *Josef Albers*, George Wittenborn, Inc., p. 151; p. 147 bottom right: Shinkenchiku-Sha, The Japan Architect Co., Ltd., Tokyo; p. 148 center: Neuberger Museum of Art, gift of Roy R. Neuberger. Photo by Jim Frank; p. 148 bottom: Charles K. Wilkinson, *Iranian Ceramics*, Asia House Gallery Publication, 1963, plate 16; p. 149 top: Hans C. Seherr-Thoss; p. 149 bottom: Steen Eiler Rasmussen; p. 150 Roderick Cameron, *Shadows from India*, William Heinemann Ltd., 1958, p. 45; p. 151 Andre Martin; p. 152 Courtesy Bruce Goff; p. 153 Otto E. Nelson; p. 154 top: Steen Eiler Rasmussen, *Towns and Buildings*, Harvard University Press, 1951, p. 9; p. 154 bottom: Magnus Bartlett; p. 155 left: Michael J. Crosbie, "Gentle Infill in a Genteel City," *Architecture*, New York, July 1985, p. 46; p. 156 bottom: Kurt Erdmann, *The History of the Early Turkish Carpet*, Oguz Press, 1977, color plate III; p. 157 top left: Edward Allen, AIA; p. 157 top right: J. David Bohl; p. 157 bottom left: Arthur Upham Pope, *Masterpieces of Persian Art*, The Dryden Press, 1945, plate 103; p. 158 Toni Schneiders, Lindau; p. 160 top left: Otto von Simpson, *The Gothic Cathedral*, Pantheon Books, 1965, plate 33; p. 160 top right: © Foto Mas, Barcelona; p. 160 bottom: *Limousine City Guide*, Airport Transport Service Co., Ltd., Tokyo, Winter 1983, Vol. 4, No. 1, Cover Photograph; p. 161 top: Gregory Battcock, "Die Aesthetik des Televideo," *Design ist Unsichtbar*, Loecker Verlag, 1980, p. 363; p. 161 center: Gregory Battcock, "Die Aesthetik des Televideo," *Design ist Unsichtbar*, Loecker Verlag, 1980, p. 363; p. 161 bottom: Gregory Battcock, "Die Aesthetik des Televideo," *Design ist Unsichtbar*, Loecker Verlag, 1980, p. 363; p. 162 left: Bildarchiv, ONB, Vienna; p. 162 top right: Aris Konstantinidis; p. 162 bottom right: Edward Allen, AIA; p. 163 Roland Michaud/Rapho; p. 163 bottom left: Foto Mas, Barcelona; p. 163 bottom right: Yoshio Watanabe; p. 164 © Estate of Andre Kertesz; p. 165 The Textile Museum, Washington, D.C., No. OC1.77; p. 166 Norman Carver, Jr.; p. 167 top left: Andre Held; p. 167 top right: Ludwig Goldsheider, ed., *Leonardo da Vinci*, Phaidon Publishers (Phaidon Press Ltd.), 1951, plate 121; p. 167 center

致谢和图片来源

left: Yukio Futagawa; p. 167 center right: F. J. Christopher, *Basketry*, Dover Publications, Inc., 1952, Ill. 20; p. 167 bottom: Aris Konstantinidis; p. 169 © 1990 Amon Carter Museum, Fort Worth Texas, Bequest of Eliot Porter; p. 170 top: Art Resource/Scala; p. 170 bottom: Fabio Galli; p. 171 Ishimoto Yasuhiro; p. 172 Christie's Images; p. 173 Nolli plan of Rome; p. 174 top: Soetsu Yanagi, *The Unknown Craftsman*, Kodansha; p. 175 top: Serare Yetkin, *Turk Hali Sanati*, Bankasi Kultur Yayinlari, 1974, color plate 1; p. 175 bottom: Staatliche Museen zu Berlin-Preussischer Kulturbesitz-Museum fr Islamische Kunst; p. 176 top: Private Collection; p. 176 middle: Werner Stuhler and Herbert Hagemann, *Venetia*, Universe Books, Inc., 1966, plate 23; p. 176 bottom: Arthur Upham Pope, *A Survey of Persian Art*, Vol. II, Soroush Press, p. 171, fig. F; p. 177 top left: Hisao Koyama; p. 177 top right: © George Heinrich, 1999; p. 177 bottom: Yukio Futagawa; p. 178 left: © Moshe Safdie and Associates; p. 178 right: Reha Gunay; p. 179 left: Yanni Petsopoulos, *Tulips, Arabesques and Turbans*, Abbeville Press, Inc., 1982, p. 2; p. 179 right: Novosti Press Agency; p. 181 top left: Japan Folk Crafts Museum, Tokyo; p. 183 top: Novico; p. 183 bottom: Musée Historique des Tissus, Lyons, no. 35488 (972.IV.I); p. 184 top: Roar Hauglid, *Norske Stavkirker*, Dreyers Forlag, 1976, p. 173, fig. 143; p. 184 bottom: Arthur Upham Pope, *Masterpieces of Persian Art*, The Dryden Press, 1945, plate 27; p. 185 Yukio Futagawa; p. 186 top: M. Wenzel; p. 186 bottom: The Library of Congress; p. 187 Oleg Grabar, *The Alhambra*, Harvard University Press, 1978, overleaf; p. 188 Don Juan Antonio F. Oranzo; p. 192 Ab Pruis; p. 193 Francoise Henry, *The Book of Kells*, Alfred A. Knopf, 1974, plate 123; p. 194 Hans C. Seherr-Thoss; p. 195 left: Kiyosi Seike, *The Art of Japanese Joinery*, John Weatherhill, Inc., 1977, plate 1; p. 195 right: Roar Hauglid, *Norske Stavkirker*, Dreyers Forlag, 1976, plate 278; p. 196 top right: Hiroshi Morimotu; p. 196 bottom: David Sellin; p. 197 top: Seth Joel, Metropolitan Museum of Art; p. 197 bottom: Kiyosi Seike, *The Art of Japanese Joinery*, John Weatherhill, Inc., 1977, p. 80, fig. 51; p. 198 Roland Michaud/Rapho; p. 199 Art Resource; p. 200 Charles K. Wilkinson, *Iranian Ceramics*, Asia House/Distributed by Harry N. Abrams, Inc., 1963, plate 49; p. 201 top left: Elias Petropoulos; p. 201 top right: Hans C. Seherr-Thoss; p. 201 bottom: Smithsonian Institution, Freer Gallery of Art; p. 202 William F. Winter; p. 204 top: Evelyn Hofer; p. 204 bottom: Leonardo Benevolo, *The History of the City*, MIT Press, 1980, p. 314, fig. 497; p. 205 Scala/Art Resource; p. 206 top left: Elias Petropoulos; p. 206 top right: Bildarchiv Preu icher Ku turbesitz; p. 206 bottom left: Staatsbibliothek Berlin, Picture Archive; p. 206 bottom right: Ludwig Goldscheider, *Leonardo da Vinci*, The Phaidon Press, 1951, No. 40; p. 207 top: Ursula Pfistermeister, Artelshofen; p. 207 bottom: Steen Eiler Rasmussen, *Experiencing Architecture*, MIT Press, 1962, p. 140; p. 208 John van der Zee, *The Gate*, Simon and Schuster, 1931, endpaper.; p. 209 Werner Stuhler and Herbert Hagemann, *Venetia*, Universe Books, Inc., 1966, plate 56; p. 210 © Smithsonian Institution, Freer Gallery of Art; p. 212 bottom: Andre Martin; p. 213 Otto E. Nelson; p. 214 top: Eugenio Battisti, *Filippo Brunelleschi, The Complete Work*, Rizzoli, 1981, p. 71; p. 214 bottom: Bernard Rudofsky; p. 217 top: Dr. Eva Frodl-Kraft; p. 217 bottom: Yukio Futagawa; p. 218 bottom: Otto E. Nelson; p. 219 top: Everest Films, Norman Dyhrenfurth; p. 219 bottom: Edward Allen, AIA; p. 220 top: Steen Eiler Rasmussen, *Experiencing Architecture*, MIT Press, 1962, p. 68; p. 220 bottom: Gunner Bugge and Christian Norberg-Schulz, *Stav og Laft I Norge (Early Wooden Architecture in Norway)*, Byggekunst, Norske Arkitekters Landsforbund, 1975, p. 122; p. 221 Gunner Bugge and Christian Norberg-Schulz, *Stav og Laft I Norge (Early Wooden Architecture in Norway)*, Byggekunst, Norske Arkitekters Landsforbund, 1975, p. 122; p. 223 bottom: Turizm Tanitma Bak; p. 224 top: Arthur Upham Pope, *A Survey of Persian Art*, Vol. IX, Soroush Press, p. 561; p. 224 bottom: Magnus Bartlett; p. 225 Rijksmuseum, Amsterdam; p. 226 left: F.W. Meader, *Illustrated Guide to Shaker Furniture*, Dover Publications, Inc., 1972, fig. 162, p. 82; p. 227 top: David Sellin; p. 227 bottom: Yukio Futagawa; p. 228 Janice S. Stewart, *The Folk Arts of Norway*, Dover Publications, Inc., 1972, p. 15, fig. 7; p. 229 Roderick Cameron; p. 230 F.W. Funke; p. 232 top: Bruckmann; p. 232 bottom: Hans Jurgen Hansen, *Architecture in Wood*, The Viking Press, Inc., 1971, p. 88; p. 233 Yukio Futagawa; p. 234 Norman Carver, Jr.; p. 235 Michel Hoog, *Paul Gauguin, Life and Work*, Rizzoli International Publications, Inc., 1987, p. 70, plate 40

第 6 章

p. 247 A.R. von Hippel, *MIT Historical Collection*, The MIT Museum; p. 248 Peter S. Stevens, *Patterns in Nature*, Little, Brown, and Company, 1974, fig. 152, p. 183; p. 249 Dr. A.V. Grimstone; p. 250 top: Bruce Dale, © National Geographic Society; p. 250 bottom: Edward Weston; p. 251 Harold E. Edgerton, MIT; p. 252 top: B.J. Hammond; p. 252 bottom left: C.H. Waddington, "The Modular Principle and Biological Form," in Gyorgy Kepes, *Module, Proportion, Symmetry, Rhythm*, George Braziller, Inc., 1966, p. 22, fig. 2; p. 253 E.J. Bedford; p. 254 Mount Wilson and Palomar Observatories, © Carnegie Institution of Washington; p. 255 top: James E. Gelson; p. 255 bottom: © Loren McIntyre; p. 256 I.W. Bailey; p. 257 Jean Hanson and H.E. Huxley; p. 258 top: E.W. Muller; p. 258 bottom: W. Roggenkamp; p. 259 top: F.N.M. Brown; p. 259 bottom left: Tet Borsig; p. 259 bottom right: Tet Borsig; p. 260 Theodor Schwenk; p. 261 Cyril Stanley Smith, "Structure, Substructure, Superstructure," in Gyorgy Kepes, *Structure in Art in Science*, George Braziller, Inc., 1965, fig. 7, p. 33; p. 262 top left: Cyril Stanley Smith, "Structure, Substructure, Superstructure," in Gyorgy Kepes, *Structure in Art in Science*, George Braziller, Inc., 1965, fig. 6, p. 32; p. 262 top right: F.T. Lewis; p. 262 bottom: Peter S. Stevens, *Patterns in Nature*, Little, Brown, and Company, 1974, p. 177, fig. 146; p. 263 Peter S. Stevens, *Patterns in Nature*, Little, Brown, and Company, 1974, p. 141, fig. 115b; p. 264 Tet Borsig; p. 265 top: © The Harold E. Edgerton 1992 Trust, courtesy Palm Press, Inc.; p. 265 bottom: Gyorgy Kepes, *The New Landscape*, Paul Theobald and Co., 1956, fig. 190, p. 174; p. 266 Eastman Kodak Company; p. 267 Carl Struwe; p. 268 Dr. L. Wegmann; p. 269 © Charlie Ott/The Nature Conservancy; p. 270 Dr. R. Schenk; p. 271 top: H.J. Williams; p. 271 bottom: Peter S. Stevens, *Patterns in Nature*, Little, Brown, and Company, 1974, p. 221, fig. 181c; p. 272 Nigel Calder, *The Key to the Universe*, Penguin Books, 1978, p. 121; p. 273 H.P. Roth; p. 274 W. Furneaux, *British Butterflies and Moths*, Longmans, Green & Co., 1932, plate V, fig. 1; p. 275 Peter S. Stevens, *Patterns in Nature*, Little, Brown, and Company, 1974, p. 82, fig. 54; p. 276 Thomas Hornbein; p. 277 top: Edward Weston; p. 278 Cyril Stanley Smith, "Structure, Substructure, Superstructure," in Gyorgy Kepes, *Structure in Art in Science*, George Braziller, Inc., 1965, fig. 2, p. 30; p. 279 top: D'Arcy Wentworth Thompson, *On Growth and Form*, Vol. II, Cambridge University Press, 1959, fig. 208, p. 538; p. 279 bottom: Theodore Andrea Cook, *Spirals in Nature and Art*, E.P. Dutton & Company, 1903, fig. 37; p. 280 top: D'Arcy Wentworth Thompson, *On Growth and Form*, Vol. II, Cambridge University Press, 1959, fig. 554, p. 1092; p. 280 bottom: Hans Christian von Baeyer, *Taming the Atom*, Random House, 1992, fig. 14; p. 281 © Ken Heyman; p. 282 Eastman Kodak Company; p. 283 Barry C. Bishop, National Geographic Image Collection; p. 284 U.S. Navy; p. 285 Dmitri Kessel, Time/Life, © Time, Inc.; p. 286 Georg Gerster, Photo Researchers; p. 287 top: Tet Borsig; p. 287 bottom: Evelyn Hofer; p. 288 H.J. Williams; p. 289 © 1990, Amon Carter Museum, Fort Worth, Texas, Bequest of Eliot Porter; p. 291 Loren McIntyre, National Geographic

第一卷　生命的现象

第 7 章

p. 300 Colin Thubron, *Jerusalem*, Time-Life Books, 1976, p. 123; p. 301 Rijksmuseum; p. 303 bottom left: Kari Haavisto; p. 303 bottom right: *Christie's International Magazine*, September-October 1988, p. 47; p. 304 top: *Mountain Travel*, Sobek: 1993 Adventure Annual by the Adventure Company, p. 12; p. 304 bottom: Kari Haavisto; p. 307 top left: © The Henry Moore Foundation; p. 307 bottom: Marguerite Duthuit-Matisse and Claude Duthuit, *Henri Matisse*, Vol. II, Claude Duthuit, Paris, Cat. #464, plate 70; p. 310 © Ken Heyman; p. 311 © William Garnett

第 8 章

p. 322 top: Walker Evans; p. 322 bottom: Theo Crosby; p. 323 left: Gonul Oney, Turk Cini Sanati: *Turkish Tile Art*, Yapi ve Kredi Bankasi'nin bir Kultur Hizmetidir, 1976, p. 116; p. 323 right: Kakiemon Kiln; p. 324 left: Lefevre & Partners, London, *Catalog of 71 Rare and Oriental Carpets and Textiles*, Friday, February 3, 1978, #13; p. 324 right: Lefevre & Partners, London, *Catalog of 71 Rare and Oriental Carpets and Textiles*, Friday, February 3, 1978, #14; p. 325 Eric Arthur and Dudley Witney: *The Barn: A Vanishing Landmark in North America*, M.F. Feheley Arts Company Limited, 1972, p. 110, fig. a; p. 326 Arthur Upham Pope, *A Survey of Persian Art*, Vol. VII, Soroush Press, plate 200; p. 327 F.W. Funke; p. 328 top: Hirmer Fotoarchiv, Munich; p. 328 bottom: Magnus Bartlett; p. 329 top: D.A. Harissiadis; p. 329 bottom: Chicago Historical Society; p. 330 top left: Robert Grant; p. 330 top right: The Mies van der Rohe Archives, The Museum of Modern Art, New York; p. 330 center left: Leonardo Benevolo, *History of Modern Architecture*, Vol. II, MIT Press, 1971, p. 453, fig. 510; p. 330 center right: Boesiger/Girsberger, *Le Corbusier 1910-60*, George Wittenborn, Ind., 1960, p. 53; p. 330 bottom left: Aris Konstantinidis; p. 331 top left: George Knight; p. 331 center left: Paul Warchol; p. 331 center right: Michael Graves; p. 331 bottom right: Lucien Herve; p. 332 top left: Courtesy the Frank Lloyd Wright Foundation; p. 332 top right: Ezra Stoller, © ESTO; p. 332 bottom left: T. and R. Annan; p. 332 bottom right: Martin Charles; p. 333 top left: G.C. Mars, *Brickwork in Italy*, American Face Brick Association, 1925, p. 119, plate 124; p. 333 bottom left: Aris Konstantinidis; p. 333 center right: Leonardo Benevolo, *History of Modern Architecture*, Vol. II, MIT Press, 1971, p. 759, fig. 981; p. 333 bottom right: Dimitris and Suzana Antonakakis, Lyttos Hotel, Wien, March-April 1988, p. 9; p. 338 top: Alex Starkey; p. 338 bottom: Barry Shapiro; p. 339 top: Hans Jurgen Hansen, *Architecture in Wood*, The Viking Press, Inc., 1971, p. 85, fig. a; p. 339 bottom: Foto Marburg; p. 340 top: © Eames Office; p. 341 Gonul Oney, Turk Cini Sanati: *Turkish Tile Art*, Yapi ve Kredi Bankasi'nin bir Kultur Hizmetidir, 1976, p. 34; p. 341 bottom: Chic Harris; p. 345 top: The Metropolitan Museum of Art, Rogers Fund, 1958, © 1999, MMA; p. 345 bottom: Yanni Petsopoulos, *Tulips, Arabesques and Turbans: Decorative Arts from the Ottoman Empire*, Abbeville Press, Inc., 1982, p. 72, plate 54; p. 346 top: Ulrich Schurmann, *Caucasion Rugs*, Klinkhardt and Biermann, Braunschweig, p. 73, plate 9; p. 346 bottom: Kurt Erdmann, *The History of Early Turkish Carpet*, Oguz Press, 1977, color plate III; p. 347 top: © The Metropolitan Museum of Art, photograph by Seth Joel; p. 347 bottom: © The Metropolitan Museum of Art, photograph by Seth Joel; p. 348 top: Art Resource; p. 348 bottom: Art Resource

第 9 章

p. 358 V & A Picture Library, Photo Peter MacKinven

第 10 章

pp. 384 to 392: Courtesy the Estate of Andre Kertesz; p. 410 Country Life Picture Library.

尽管我们已经尽了最大努力寻找和联系版权持有人，但仍有不尽如人意之处。一旦接到通知，我们将尽早更正任何的错误与疏漏。